ICRP *Publication 116*

外部被ばくに対する放射線防護量のための換算係数

2010年10月 ICRP主委員会により承認
2010年11月 ICRUにより採択

公益社団法人
日本アイソトープ協会

ICRP
Publication 116

Conversion Coefficients for Radiological Protection Quantities for External Radiation Exposures

Editor
C.H. CLEMENT

Authors on behalf of ICRP

N. Petoussi-Henss, W.E. Bolch, K.F. Eckerman, A. Endo, N. Hertel,
J. Hunt, M. Pelliccioni, H. Schlattl, M. Zankl

Copyright © 2015 The Japan Radioisotope Association. All Rights reserved. Authorised translation by kind permission from the International Commission on Radiological Protection. Translated from the English language edition published by Elsevier Ltd.

Copyright © 2012 The International Commission on Radiological Protection. Published by Elsevier Ltd. All Rights reserved.

No part of this publication may be reproduced, stored in a retrieval system or transmitted in any form or by any means electronic, electrostatic, magnetic tape, mechanical photocopying, recording or otherwise or republished in any form, without permission in writing from the copyright owner.

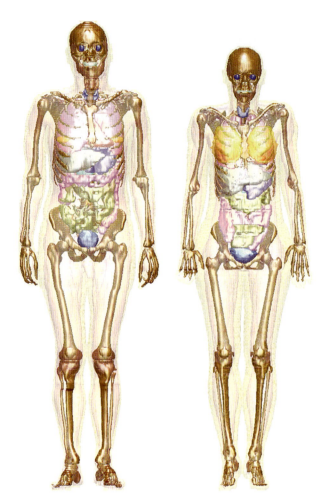

図 3.1　ICRP/ICRU 標準コンピュータファントムによる成人の男性（左）と女性（右）
Publication 116 のデータセットは，このファントムの開発から始まり，線量換算係数の計算，そして計算結果の評価に及ぶ，10 年近い活動の成果である。（→ 関連の記述は 3.1 節）

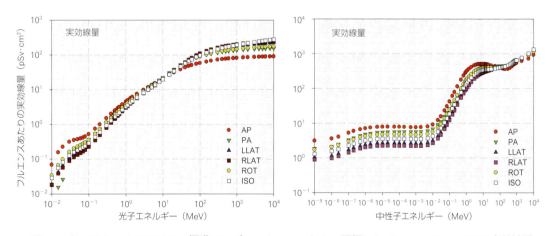

図 4.4 と 4.20　ICRP/ICRU 標準コンピュータファントムで評価した *Publication 116* の実効線量
左が光子の評価結果であり，右が中性子の評価結果である。（→ 関連の記述は 4.1 節と 4.3 節）

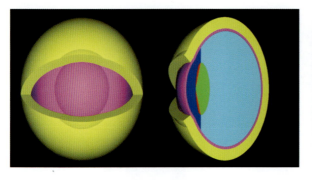

電子についての検討　　　　　　　　　　　　光子についての検討

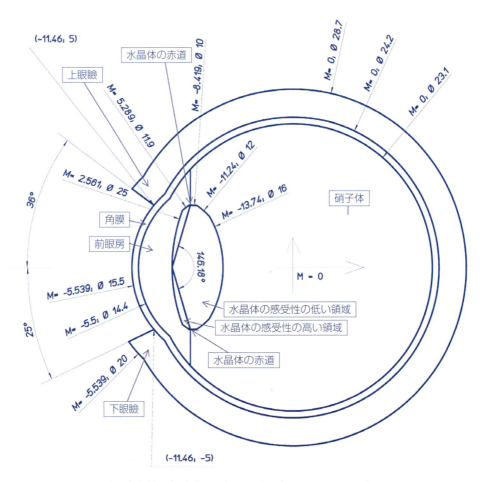

図 F.1 と F.2　眼の水晶体吸収線量を評価する際に採用された眼モデル

眼の水晶体は，近年の知見から，従来の評価より放射線感受性が高いとの可能性が示唆されている。眼の水晶体内で急な線量勾配を示す，電子や低エネルギー光子のような弱透過性放射線について検討を深めるため，モンテカルロ計算で詳細に様式化された眼モデルを採用した（下）。このモデルを用いて，電子については裸眼モデルの被ばく（上左）を仮定し，光子については数学モデルの頭部（上右）に組み込んで評価した。中性子についても，このモデルで評価を行った。（→ 関連の記述は付属書 F）

邦訳版への序

本書は ICRP の主委員会が 2010 年 10 月に承認，ICRU が 2010 年 11 月に採択した，2012 年 3 月刊行の，外部被ばくに対する放射線防護量のための換算係数の報告書

Conversion Coefficients for Radiological Protection Quantities
for External Radiation Exposures

(Publication 116. *Annals of the ICRP*, Vol. 40, No. 2-5 (2010))

を，ICRP の了解のもとに翻訳したものである。

翻訳は，遠藤章氏（(独) 日本原子力研究開発機構，ICRP 第 2 専門委員会）によって行われた。この訳稿をもとに，ICRP 勧告翻訳検討委員会において推敲を重ね，最終稿を決定した。原著の記述に対する疑問は原著者に直接確認し，誤りと判明した場合は修正し，読者の理解を深めるため，必要と思われた場合は一部に訳注を付した。

本書は「ICRP 74 外部放射線に対する放射線防護に用いるための換算係数」の ICRP 2007 年勧告にもとづく改訂版である。本書のデータは，放射線防護のために行う外部被ばく線量評価のあらゆる場面で活用されるもので，その中には，放射線障害防止法の告示別表で示される数値，放射線施設の遮蔽計算，線量の測定・評価の指針やマニュアルにおける利用も含まれる。

ICRP 116 は，換算係数の評価に用いる標準ファントムの開発から着手された，ほぼ 10 年にわたる労作である。また，近年の科学技術の進展に伴う新しい放射線防護のニーズを鑑み，より多くの種類の放射線と広いエネルギー範囲に対して換算係数が与えられ，高エネルギー加速器の利用や航空機搭乗時の宇宙線被ばくにも対応可能となった，とのことである。

最後に，原著者のひとりでもある翻訳者の遠藤章氏をはじめ，関係各位のご尽力に深く感謝したい。

平成 27 年 3 月

ICRP 勧告翻訳検討委員会

(公社) 日本アイソトープ協会
ICRP 勧告翻訳検討委員会

委 員 長　丹羽　太貫　(ICRP 主委員会，福島県立医科大学)
副委員長　今村　惠子　(前 聖マリアンナ医科大学)
委　　員　神田　玲子　((独) 放射線医学総合研究所)
　　　　　佐々木康人　(湘南鎌倉総合病院附属臨床研究センター)
　　　　　鈴木　　元　(国際医療福祉大学クリニック)
　　　　　藤元　憲三　(元 (独) 放射線医学総合研究所)
　　　　　吉澤　道夫　((独) 日本原子力研究開発機構)

(※ 委員および所属は校閲時)

監 修 者─────────────────
　　伴　　信彦　(ICRP 第 1 専門委員会，東京医療保健大学)
　　石榑　信人　(前 ICRP 第 2 専門委員会，名古屋大学)
　　遠藤　　章　(ICRP 第 2 専門委員会，(独) 日本原子力研究開発機構)
　　米倉　義晴　(ICRP 第 3 専門委員会，(独) 放射線医学総合研究所)
　　甲斐　倫明　(ICRP 第 4 専門委員会，大分県立看護科学大学)
　　本間　俊充　(ICRP 第 4 専門委員会，(独) 日本原子力研究開発機構)
　　酒井　一夫　(ICRP 第 5 専門委員会，(独) 放射線医学総合研究所)
　　立崎　英夫　(ICRU 委員，(独) 放射線医学総合研究所)

抄　　録

　本報告書は，ICRP の 2007 年勧告（ICRP, 2007）に沿って，様々なタイプの外部被ばくに対する実効線量と臓器吸収線量を得るためのフルエンスから線量への換算係数を提供する。これらの係数は，成人の標準男性と標準女性（ICRP, 2002）を表す ICRP/ICRU 公式のコンピュータファントム（ICRP, 2009）を用いて，これらを人体内での放射線の輸送をシミュレーションする EGSnrc，FLUKA，GEANT4，MCNPX，PHITS などのモンテカルロコードと組み合わせて計算した。

　考慮した入射放射線とエネルギーの範囲は，単一エネルギーの外部ビームで，光子は 10 keV～10 GeV，電子と陽電子は 50 keV～10 GeV，中性子は 0.001 eV～10 GeV，陽子は 1 MeV～10 GeV，パイ中間子（マイナス／プラス）は 1 MeV～200 GeV，ミュー粒子（マイナス／プラス）は 1 MeV～10 GeV，そしてヘリウムイオンは 1 MeV/u～100 GeV/u である。

　このシミュレーションでは，理想化された全身照射ジオメトリーを考慮した。これらのジオメトリーには，前方‐後方，後方‐前方，左側方および右側方軸に沿った一方向の幅広い平行ビームと，ファントムの長軸の周りを 360° 回転する方向を含めた。ファントムの完全な等方照射も考慮した。

　シミュレーションは，課題グループのメンバーが本報告書のために特別に実施した。計算品質の保証のため，特定の放射線と照射ジオメトリーのデータセットを，複数のグループが別々に，同じ標準コンピュータファントムで異なるモンテカルロコードを用いて作成した。

　これらのシミュレーションから，標準ファントム内の臓器ごとの吸収線量を決定した。フルエンスから実効線量への換算係数は，得られた臓器線量換算係数，放射線加重係数 w_R，そして組織加重係数 w_T から，ICRP *Publication 103*（ICRP, 2007）に規定されている手順に従って導出した。

　光子，中性子および電子の実用量は，ICRP *Publication 74*（ICRP, 1996）と ICRU Report 57（ICRU, 1998）で考慮されたエネルギー範囲において実効線量の換算係数に対し引き続き良い近似を与えているが，本報告書で考慮したさらに高いエネルギーでは良い近似ではない。

　本報告書の換算係数は，ICRP/ICRU の基準値である。これらの換算係数は，様々なオリジナルのデータセットを使い，平均化，平滑化およびフィッティング手法を適用して確立された。これらの換算係数の一部は付属書に表形式で示し，すべての換算係数は，添付した CD-ROM に ASCII フォーマットと Microsoft Excel のフォーマットで収載されている。

iv 抄　録

　光子，電子および中性子の入射による眼の水晶体の吸収線量を決定するために，様式化された眼のモデルを用いて，モンテカルロシミュレーションを行った。同様に，電子とアルファ粒子に対する局所的な皮膚の等価線量換算係数は，組織等価スラブに垂直入射する平行ビームの輸送をシミュレーションするモンテカルロ計算によって導き出した。

　さらに，粒子フルエンスあたりの吸収線量として定義される光子と中性子の線量応答関数を本報告書で示した。これらを利用すれば，ボクセルジオメトリーの限られた空間解像度だけでなく，髄腔の微視的レベルにおける線量の増加または線量の減少についての評価も補えるであろう。

キーワード：外部放射線，換算係数，実効線量，骨格の線量評価

目　　次

頁　（項）

抄　　録 ……………………………………………………………… iii
招待論説 ……………………………………………………………… xi
序　　文 ……………………………………………………………… xv
要　　点 ……………………………………………………………… xvii
総　　括 ……………………………………………………………… xix
用語解説 ……………………………………………………………… xxiii

1. 緒　　論 ………………………………………………………… *1*　（1）
   1.1 参考文献 …………………………………………………… *3*

2. 外部被ばくに対する放射線防護に用いられる量 ………………… *5*　（14）
   2.1 フルエンスとカーマ ……………………………………… *5*　（15）
   2.2 放射線防護に用いられる線量 …………………………… *6*　（20）
      2.2.1 吸収線量 …………………………………………… *6*　（21）
      2.2.2 平均吸収線量 ……………………………………… *7*　（25）
      2.2.3 等価線量と放射線加重係数 ……………………… *7*　（27）
         光子，電子およびミュー粒子 ……………………… *8*　（29）
         中　性　子 …………………………………………… *8*　（30）
         陽子とパイ中間子 …………………………………… *9*　（31）
         アルファ粒子 ………………………………………… *9*　（33）
         核分裂片と重イオン ………………………………… *10*　（34）
      2.2.4 実効線量と組織加重係数 ………………………… *10*　（35）
         実効線量の決定 ……………………………………… *11*　（38）
         標準ファントム ……………………………………… *11*　（40）
         実効線量のための性の平均化 ……………………… *12*　（42）
      2.2.5 線量限度 …………………………………………… *12*　（45）
   2.3 実　用　量 ………………………………………………… *13*　（46）
      2.3.1 線量当量 …………………………………………… *14*　（49）

目次

- 2.3.2 エリアモニタリングに対する実用量 …………………… 15 (56)
  - 周辺線量当量 $H^*(10)$ …………………… 16 (60)
  - 方向性線量当量 $H'(d, \Omega)$ …………………… 16 (62)
- 2.3.3 個人モニタリングに対する実用量 …………………… 16 (65)
- 2.4 参考文献 …………………… 16

3. ICRP/ICRU 標準ファントムの臓器吸収線量の決定 …………………… 19 (68)

- 3.1 ICRP/ICRU 標準コンピュータファントム …………………… 19 (68)
- 3.2 考慮した照射ジオメトリー …………………… 21 (72)
  - 3.2.1 前方 - 後方ジオメトリーと後方 - 前方ジオメトリー …………………… 21 (73)
  - 3.2.2 側方ジオメトリー …………………… 22 (74)
  - 3.2.3 回転ジオメトリー …………………… 22 (75)
  - 3.2.4 等方ジオメトリー …………………… 22 (76)
- 3.3 放射線輸送のシミュレーションに使用されるモンテカルロコードの概要 …… 22 (79)
  - 3.3.1 EGSnrc コード …………………… 23 (83)
  - 3.3.2 FLUKA コード …………………… 24 (86)
  - 3.3.3 PHITS コード …………………… 25 (91)
  - 3.3.4 MCNPX コード …………………… 26 (95)
  - 3.3.5 GEANT4 コード …………………… 27 (98)
- 3.4 骨格組織の線量を評価するための特別な考察 …………………… 28 (102)
- 3.5 皮膚の線量評価 …………………… 31 (107)
  - 3.5.1 確率的影響 …………………… 31 (108)
  - 3.5.2 確定的影響 …………………… 32 (110)
- 3.6 参考文献 …………………… 32

4. 外部被ばくに対する換算係数 …………………… 35 (111)

- 4.1 光子 …………………… 40 (119)
  - 4.1.1 人体における光子によるエネルギー沈着の特徴 …………………… 40 (119)
  - 4.1.2 光子に対する計算条件 …………………… 40 (121)
  - 4.1.3 光子に対するモンテカルロコードによる違い …………………… 41 (127)
  - 4.1.4 光子に対する臓器線量換算係数の分析 …………………… 42 (129)
  - 4.1.5 光子に対する実効線量換算係数の分析 …………………… 44 (131)
  - 4.1.6 光子に対する ICRP *Publication 74*（ICRP, 1996）との比較 …… 44 (132)
    - 臓器吸収線量 …………………… 45 (135)

| 実効線量 ……………………………………………………… 47 (140)
| 4.2 電子と陽電子 ……………………………………………………… 48 (141)
| 4.2.1 人体における電子と陽電子によるエネルギー沈着の特徴 ……………… 48 (141)
| 4.2.2 電子と陽電子に対する計算条件 ……………………………………… 49 (145)
| 4.2.3 電子と陽電子に対するモンテカルロコードによる違い ……………… 50 (149)
| 4.2.4 電子と陽電子に対する臓器線量換算係数の分析 ……………………… 50 (150)
| 4.2.5 電子と陽電子に対する実効線量換算係数の分析 ……………………… 54 (157)
| 4.2.6 電子と陽電子に対する ICRP *Publication 74*（ICRP, 1996）
          との比較 ………………………………………………………………… 54 (158)
| 4.3 中 性 子 ……………………………………………………………… 56 (159)
| 4.3.1 人体における中性子によるエネルギー沈着の特徴 …………………… 56 (159)
| 4.3.2 中性子に対する計算条件 ……………………………………………… 57 (162)
| 4.3.3 中性子に対するモンテカルロコードによる違い …………………… 58 (168)
| 4.3.4 中性子に対する臓器線量換算係数の分析 …………………………… 58 (169)
| 4.3.5 中性子に対する実効線量換算係数の分析 …………………………… 61 (172)
| 4.3.6 中性子に対する ICRP *Publication 74*（ICRP, 1996）との比較 ……… 62 (174)
| 4.4 陽　　子 ……………………………………………………………… 63 (175)
| 4.4.1 人体における陽子によるエネルギー沈着の特徴 …………………… 63 (175)
| 4.4.2 陽子に対する計算条件 ………………………………………………… 64 (176)
| 4.4.3 陽子に対するモンテカルロコードによる違い ……………………… 65 (181)
| 4.4.4 陽子に対する臓器線量換算係数の分析 ……………………………… 66 (183)
| 4.4.5 低エネルギー陽子に対する特別な考察 ……………………………… 66 (185)
| 4.4.6 陽子に対する実効線量換算係数の分析 ……………………………… 68 (189)
| 4.5 ミュープラス粒子とミューマイナス粒子 ………………………………… 70 (190)
| 4.5.1 人体におけるミュー粒子によるエネルギー沈着の特徴 ……………… 70 (190)
| 4.5.2 ミュー粒子に対する計算条件 ………………………………………… 70 (193)
| 4.5.3 ミュー粒子に対するモンテカルロコードによる違い ……………… 71 (196)
| 4.5.4 ミュー粒子に対する臓器線量換算係数の分析 ……………………… 72 (198)
| 4.5.5 ミュー粒子に対する実効線量換算係数の分析 ……………………… 73 (201)
| 4.5.6 ミュー粒子の電荷依存性 ……………………………………………… 73 (202)
| 4.5.7 様式化されたファントムを用いてミュー粒子に対して行われた
          従来の計算との比較 …………………………………………………… 74 (203)
| 4.6 パイプラス中間子とパイマイナス中間子 ………………………………… 75 (206)
| 4.6.1 人体におけるパイ中間子によるエネルギー沈着の特徴 ……………… 75 (206)

目　次

- 4.6.2 パイ中間子に対する計算条件 ………………………… 75 (**207**)
- 4.6.3 パイ中間子に対するモンテカルロコードによる違い ……… 75 (**209**)
- 4.6.4 パイ中間子に対する臓器線量換算係数の分析 ………… 76 (**210**)
- 4.6.5 パイ中間子に対する実効線量換算係数の分析 ………… 77 (**212**)
- 4.6.6 パイ中間子の電荷依存性 …………………………… 78 (**214**)
- 4.6.7 パイ中間子に対する従来の研究との比較 ……………… 79 (**215**)
- 4.7 ヘリウムイオン …………………………………………… 80 (**217**)
  - 4.7.1 人体におけるヘリウムイオンのエネルギー沈着の特徴 … 80 (**217**)
  - 4.7.2 ヘリウムイオンに対する計算条件 ……………………… 80 (**219**)
  - 4.7.3 ヘリウムイオンに対するモンテカルロコードによる違い … 80 (**221**)
  - 4.7.4 ヘリウムイオンに対する臓器線量換算係数の分析 ……… 81 (**222**)
  - 4.7.5 ヘリウムイオンに対する実効線量換算係数の分析 ……… 82 (**225**)
  - 4.7.6 ヘリウムイオンに対する従来の研究との比較 …………… 83 (**226**)
- 4.8 参 考 文 献 ……………………………………………… 84

5. 実用量と防護量に対する線量換算係数の関係 ……………… 87 (**228**)
   - 5.1 防護量の変更 …………………………………………… 88 (**236**)
   - 5.2 光　　　子 ……………………………………………… 89 (**238**)
   - 5.3 電　　　子 ……………………………………………… 90 (**239**)
   - 5.4 中　性　子 ……………………………………………… 92 (**240**)
   - 5.5 眼の水晶体の線量と実用量との比較 …………………… 94 (**243**)
   - 5.6 結　　　論 ……………………………………………… 96 (**247**)
   - 5.7 参 考 文 献 ………………………………………… 96

付属書 A 実効線量換算係数 …………………………………… 99 (**A1**)
   - A.1 参 考 文 献 ………………………………………… 99

付属書 B 光子に対する臓器吸収線量換算係数 ……………… 111 (**B1**)

付属書 C 中性子に対する臓器吸収線量換算係数 …………… 143 (**C1**)

付属書 D 骨格のフルエンスから線量への応答関数：光子 … 175 (**D1**)
   - D.1 骨部位別の光子骨格線量評価のための応答関数 …… 175 (**D2**)
   - D.2 骨部位別の光子骨格線量評価のスケーリングファクター … 178 (**D6**)

D.3 骨格平均光子吸収線量 ……………………………………… *179* (**D9**)
D.4 海綿質の線量を用いた骨格標的組織線量の近似 ……………… *179* (**D10**)
D.5 参 考 文 献 ………………………………………………… *180*

付属書E 骨格のフルエンスから線量への応答関数：中性子 ……… *193* (**E1**)
E.1 骨部位別の中性子骨格線量評価のための応答関数 …………… *193* (**E2**)
E.2 骨格平均中性子吸収線量 ……………………………………… *194* (**E6**)
E.3 海綿質の線量を用いた骨格標的組織線量の近似 ……………… *207* (**E7**)
E.4 参 考 文 献 ………………………………………………… *208*

付属書F 眼の水晶体の吸収線量を評価するための特別な考察 ……… *209* (**F1**)
F.1 光　　子 …………………………………………………… *211* (**F7**)
F.2 電　　子 …………………………………………………… *213* (**F10**)
F.3 中 性 子 …………………………………………………… *214* (**F13**)
F.4 参 考 文 献 ………………………………………………… *216*

付属書G 局所皮膚等価線量を評価するための特別な考察 …………… *223* (**G1**)
G.1 参 考 文 献 ………………………………………………… *226*

付属書H 航空機乗務員の線量評価のための
上半球半等方照射の実効線量 ……………………………………… *227* (**H1**)
H.1 参 考 文 献 ………………………………………………… *228*

付属書I 基準データの評価に使用した方法 ……………………… *231* (**I1**)
I.1 参 考 文 献 ………………………………………………… *232*

付属書J CD-ROM ユーザーガイド ……………………………… *233* (**J1**)
J.1 参 考 文 献 ………………………………………………… *235*

招 待 論 説

標準人，標準ファントム，基準線量係数：すべてがひとつに！

　1928 年の第 2 回国際放射線医学会議（ICR）における設立以来，ICRP は，放射線の有害な影響を制限するための概念，方法および指針を策定する任務を負っている。その対象は，当初，放射線の医療利用であり，最初の勧告で医療スタッフの作業時間数に関する被ばくの制限の概念を導入した。1950 年代には作業者と公衆の構成員の放射線被ばくが ICRP の関心の対象となり，被ばくの限度は，線量，すなわち，外部被ばくに対しては最大許容線量，内部放射体に対しては最大許容身体負荷量で表された。現代の放射線防護における被ばくの制限と，被ばくを制限することによるリスクの制限は，「実効線量」という量の使用に基づいており，この概念は，「実効線量当量」として 1978 年に ICRP によって導入されたものである（ICRP, 1978）。

　実効線量は，2007 年勧告（ICRP, 2007）で使われた主要な放射線防護量である。正当化の原則に従い，この量は，作業者と公衆の構成員の両方に対する被ばくの制限と，放射線防護の最適化に使用する単一の数値を与えるために必要な，内部放射体と外部放射線場による線量の合算を可能にする。合算の根拠は，被ばく集団内の健康損害である。実効線量と結びつけられた健康損害には，名目値を割り当てることができる。例えば，ICRP *Publication 60*（ICRP, 1991）と ICRP *Publication 103*（ICRP, 2007）では 0.05/Sv である。組織固有の吸収線量に重み付けを行うために使われる放射線加重係数と組織加重係数は，年齢と性別に関わりなく不変であり，したがって加重和，すなわち実効線量は，特定の個人には当てはまらない。実効線量は規制の枠組みにおける契約関係の基礎として役立ち，また代替となる作業行為との比較評価においても利用できる。しかし，実効線量は，特定の作業者や公衆の構成員について被ばくによる確率的健康リスク（遺伝性リスクと発がんリスク）を表すことはできないことに注意しなければならない。実効線量に基づいた線量限度，線量拘束値および参考レベルは，作業者と規制下にある免許所有者の間の契約関係において，また，規制の枠組みの中で免許所有者と公衆の間である役割を果たす。この役割の中で，ある被ばくに対する個人の実効線量の値を特定するプロセスに基準線量係数が使用され，このプロセスに対してそれらの係数は不確かさを有していない。

本刊行物は，ICRU Report 57（ICRU, 1998）としても出版されている ICRP *Publication 74*（ICRP, 1996）の更新以上の内容になっている。本報告書では，より多くのタイプの放射線が考慮されており，大幅に拡張されたエネルギー範囲にわたって，すべての放射線に対する係数が表にまとめられている。本報告書は，光子（10 keV～10 GeV），電子（陰電子と陽電子 50 keV～10 GeV），中性子（0.001 eV～10 GeV），陽子（1 MeV～10 GeV），パイ中間子（マイナスとプラス 1 MeV～200 GeV），ミュー粒子（マイナスとプラス 1 MeV～10 GeV）およびヘリウムイオン（1 MeV/u～100 GeV/u）を取り扱っている。これらの係数の計算は，今日の高度な計算環境や，一連のモンテカルロ放射線輸送コード，それを支えるデータと物理モデルが利用できることにより可能となった。本報告書の付属書と添付の CD-ROM は，様々な理想化された被ばくジオメトリーに対する入射エネルギーの関数として，成人の標準男性と標準女性について導き出された組織ごとの吸収線量係数を詳細に提示している。標準人の実効線量係数は，入射エネルギーの関数として，本報告書の中に表形式で示してある。

　外部被ばくの現在の実用量は，どの程度まで防護量の有効な指標であり続けているだろうか？　実用量の基準換算係数は，ICRP *Publication 74*（ICRP, 1996）において，光子，中性子および電子についてしか発表されていない。ICRP *Publication 74* と本報告書の間での光子と電子の線量係数の差は，総じてわずかであり，20～30％を上回らない。この差は主としてコンピュータファントムに固有な側面によるものである。低エネルギー中性子と高エネルギー中性子に見られる幾分大きな差は，エネルギーに依存した放射線加重係数の変更によるものであり，コンピュータファントムの変更によるものではない。本報告書の著者は，「……光子，中性子および電子の実用量は，幅広い粒子エネルギーと方向分布に対して，引き続き実効線量の良い近似を与えており，ほとんどの放射線防護の実務に実際に適用できる……」と結論づけた。ICRP *Publication 74*（ICRP, 1996）と本報告書の線量係数との数値的な一貫性は，「実効線量」という量が堅固な性質を有していることによる結果である。したがって，現在の実用量の係数は，「従来」のエネルギーでは放射線防護の要求を今も十分に満たしている。新たに追加されたタイプの放射線や，より高いエネルギーへの拡張への検討は，宇宙利用や高エネルギー加速器での放射線被ばくの観点から重要である。高エネルギーにおける実用量と放射線防護量の関係には，更なる研究が必要である。

　30 年以上にわたり，ICRP と ICRU はヒトの解剖学的構造のコンピュータモデル（ファントム）を正式には採択せずに使用してきた。その時々に利用されたファントムは，必要な解剖学的データの一部を提供した ICRP *Publication 23*（ICRP, 1975）の標準人の概念に，ある程度基づいていた。ICRP は ICRP *Publication 2*（ICRP, 1959）において，そのような標準人（Standard Man）の標準データを使用しはじめ，ICRP *Publication 23*（ICRP, 1975）において

データの範囲を拡大し，ICRP *Publication 89*（ICRP, 2002）において，年齢と性別についてさらに強化した。最終的に，成人の標準男性と標準女性を表すコンピュータファントムが，ICRP/ICRU 共同の *Publication 110*（ICRP, 2009）で正式に採用された。これらのファントムの採用は臓器・組織線量の計算においてまさに必要であり，ICRP の線量評価の枠組みの完成度を非常に高めた。本報告書は，この採用されたファントムのはじめての適用例であり，それによって得られる防護量の係数は，ICRP の 2007 年勧告（ICRP, 2007）に基づいている。

本報告書において表形式で提示した係数の値は，明確に定義された枠組みである ICRP の線量制限体系のために開発されたものである。これらの係数は，その意図された目的に資するために，標準コンピュータファントムを使って，注意深く評価され，精度が検証され，ICRP と ICRU による審査を経て文書化された手順に従い開発された。意図された使用範囲において，国際機関により刊行された係数に不確かさはなく，したがって，ICRP と ICRU は，これらの係数は，計量関連ガイドに関する共同委員会（JCGM, 2008）の指針により，基準データであると考える。

HANS-GEORG MENZEL（ICRU および ICRP）
KEITH F. ECKERMAN（ICRP 第 2 専門委員会）

参考文献

ICRP, 1959. Report of Committee II on Permissible Dose for Internal Radiation. ICRP Publication 2. Pergamon Press, Oxford.

ICRP, 1975. Report on the Task Group on Reference Man. ICRP Publication 23. Pergamon Press, Oxford.

ICRP, 1978. Statement from the 1978 Stockholm Meeting of the ICRP. *Ann. ICRP* **2**(1).

ICRP, 1991. 1990 Recommendations of the International Commission on Radiological Protection. ICRP Publication 60. *Ann. ICRP* **21**(1-3).

ICRP, 1996. Conversion coefficients for use in radiological protection against external radiation. ICRP Publication 74. *Ann. ICRP* **26**(3/4).

ICRP, 2002. Basic anatomical and physiological data for use in radiological protection: reference values. ICRP Publication 89. *Ann. ICRP* **32**(3/4).

ICRP, 2007. The 2007 Recommendations of the International Commission on Radiological Protection. ICRP Publication 103. *Ann. ICRP* **37**(2-4).

ICRP, 2009. Adult reference computational phantoms. ICRP Publication 110. *Ann. ICRP* **39**(2).

ICRU, 1998. Conversion Coefficients for use in Radiological Protection Against External Radiation. ICRU Report 57. International Commission on Radiation Units and Measurements, Bethesda, MD.

JCGM, 2008. Joint Committee for Guides in Metrology. International vocabulary of metrology—Basic and general concepts and associated terms (VIM). Sèvres.

序　文

本報告書は，国際放射線防護委員会（ICRP）と国際放射線単位測定委員会（ICRU）の共同刊行物である。

本報告書は，ICRP 第 2 専門委員会の線量計算課題グループ（DOCAL）のサブグループが編集した。このサブグループのメンバーは以下の通りであった。

N. Petoussi-Henss（議長）	A. Endo	M. Pelliccioni
W.E. Bolch	N. Hertel	H. Schlattl
K.F. Eckerman	J. Hunt	M. Zankl

本刊行物に寄与したその他の方々は以下の通りであった。

A.A. Bahadori	M. Sutton Ferenci	H.-G. Menzel
D.T. Bartlett	M.C. Hough	T. Sato
R. Behrens	P.B. Johnson	G. Simmer
M.B. Bellamy	D.W. Jokisch	K. Veinot
E. Burgett	M. Kraxenberger	X.G. Xu
B. Han	R.P. Manger	

本報告書作成期間中の ICRP 第 2 専門委員会の課題グループ DOCAL のメンバーは以下の通りであった。

2005-2009（メンバー）

W.E. Bolch	N. Petoussi-Henss	J. Hunt
（議長 2007-2008）	（副議長，外部線量評価）	H.-G. Menzel（2005-2007）
K.F. Eckerman	V. Berkovski	M. Pelliccioni
（議長 2005-2007）	E. Blanchardon	A. Phipps（2005-2007）
D. Nosske	A. Endo	M. Zankl
（副議長，内部線量評価）	N. Hertel	

2005-2009（通信メンバー）

L. Bertelli	R. Richardson	A. Ulanovsky
T. Fell	M.G. Stabin	X.G. Xu

2009-2011（メンバー）

W.E. Bolch（議長）	V. Berkovski	N. Hertel
D. Nosske	L. Bertelli	J. Hunt
（副議長，内部線量評価）	K.F. Eckerman	N. Ishigure
N. Petoussi-Henss	A. Endo	M. Pelliccioni
（副議長，外部線量評価）	T. Fell	M. Zankl

2009-2011（通信メンバー）

A. Birchall	C. Lee	M.G. Stabin
G. Gualdrini	R. Leggett	R. Tanner
D. Jokisch	H. Schlattl	X.G. Xu

本報告書作成期間中の ICRP 第 2 専門委員会のメンバーは以下の通りであった。

2005-2009

H.-G. Menzel	G. Dietze	F. Paquet
（委員長，2007-2009）	K.F. Eckerman	H.G. Paretzke
C. Streffer	J.D. Harrison（書記）	（2005-2007）
（委員長，2005-2007）	N. Ishigure	A.S. Pradhan
M. Balonov	P. Jacob	J.W. Stather
V. Berkovski	（2007-2009）	（2005-2007）
W.E. Bolch	J.L. Lipsztein	Y.Z. Zhou
A. Bouville		

2009-2013

H.-G. Menzel（委員長）	G. Dietze	J.L. Lipsztein
M. Balonov	K.F. Eckerman	J. Ma
D.T. Bartlett	A. Endo	F. Paquet
V. Berkovski	J.D. Harrison（書記）	N. Petoussi-Henss
W.E. Bolch	N. Ishigure	A.S. Pradhan
R. Cox	R. Leggett	

本報告書の ICRU の責任者は以下の通りであった。

H.G. Menzel	H.G. Paretzke

本報告書作成期間中の ICRU のメンバーは以下の通りであった。

H.-G. Menzel（委員長）	R.A. Gahbauer	H. Tatsuzaki
P. Dawson	D.T.L. Jones	A. Wambersie
P.M. DeLuca	B.D. Michael	G.F. Whitmore
K. Doi	H.G. Paretzke	
E. Fantuzzi	S.M. Seltzer	

要　　点

- 本報告書は，様々なタイプの外部被ばくについて，実効線量と臓器吸収線量の基準換算係数を提示している。これらの係数は，国際放射線防護委員会の 2007 年勧告（ICRP, 2007）に従って計算された。
- 計算に使用したファントムは，成人の標準男性と標準女性（ICRP, 2002, 2007）を表す ICRP（2009）公式のコンピュータモデルであった。これらの標準コンピュータモデルは，実際のヒトのコンピュータ断層撮影データに基づいており，したがってヒトの解剖学的構造のデジタル化された三次元表現である。
- 考慮した放射線は，単一エネルギーの外部ビームで，光子は 10 keV～10 GeV，電子と陽電子は 50 keV～10 GeV，中性子は 0.001 eV～10 GeV，陽子は 1 MeV～10 GeV，パイ中間子（マイナス／プラス）は 1 MeV～200 GeV，ミュー粒子（マイナス／プラス）は 1 MeV～10 GeV，そしてヘリウムイオンは 1 MeV/u～100 GeV/u である。これらのエネルギーは運動エネルギーである。
- ICRP *Publication 74*（ICRP, 1996）と ICRU Report 57（ICRU, 1998）で以前に報告したやり方，すなわち，公表されている換算係数値を使って基準値を確立したやり方，とは異なり，ここで示す臓器線量換算係数は，課題グループのメンバーが本報告書のために特別に計算した。計算品質の保証のため，特定の放射線と照射ジオメトリーのデータセットを，複数のグループが別々に，同じ標準コンピュータファントムで異なるモンテカルロ放射線輸送コード EGSnrc，FLUKA，GEANT4，MCNPX，PHITS を用いて作成した。
- 本報告書で表にまとめた換算係数は，ICRP/ICRU の基準値である。これらの換算係数は，様々なオリジナルのデータセットを使い，平均化，平滑化およびフィッティング手法を適用して確立された。
- 光子，中性子および電子の実用量は，ICRP *Publication 74*（ICRP, 1996）と ICRU Report 57（ICRU, 1998）で考慮されたエネルギー範囲において，実効線量の換算係数に対し引き続き良い近似を与えているが，本報告書で考慮したさらに高いエネルギーでは良い近似ではない。

参考文献

ICRP, 1996. Conversion coefficients for use in radiological protection against external radiation. ICRP Publication 74. *Ann. ICRP* **26**(3/4).

ICRP, 2002. Basic anatomical and physiological data for use in radiological protection: reference values. ICRP Publication 89. *Ann. ICRP* **32**(3/4).

ICRP, 2007. The 2007 Recommendations of the International Commission on Radiological Protection. ICRP Publication 103. *Ann. ICRP* **37**(2-4).

ICRP, 2009. Adult reference computational phantoms. ICRP Publication 110. *Ann. ICRP* **39**(2).

ICRU, 1998. Conversion Coefficients for use in Radiological Protection Against External Radiation. ICRU Report 57. International Commission on Radiation Units and Measurements, Bethesda, MD.

総　　括

（a）　本報告書の目的は，ICRPの2007年勧告（ICRP, 2007）に沿って，様々なタイプの外部被ばくについて，実効線量と臓器吸収線量を得るためのフルエンスから線量への換算係数を提示することである。この目的のために，成人の標準男性と標準女性（ICRP, 2002）を表すICRP/ICRU公式のコンピュータファントム（ICRP, 2009）を，人体内での放射線の輸送をシミュレーションするモンテカルロコードと組み合わせて用いた。ICRP/ICRU標準コンピュータファントムを以降，「標準ファントム」と呼ぶ。

（b）　考慮した外部から入射する放射線と運動エネルギーの範囲は，単一エネルギーの外部ビームで，光子は10 keV〜10 GeV，電子と陽電子は50 keV〜10 GeV，中性子は0.001 eV〜10 GeV，陽子は1 MeV〜10 GeV，パイ中間子（マイナス／プラス）は1 MeV〜200 GeV，ミュー粒子（マイナス／プラス）は1 MeV〜10 GeV，そしてヘリウムイオンは1 MeV/u〜100 GeV/uである。

（c）　線量換算係数を計算するため，以下の実績のあるモンテカルロコードを使って，標準ファントム内の臓器ごとに吸収線量を評価するシミュレーションを行った。EGSnrc（Kawrakowら, 2009），MCNPX（Waters, 2002; Pelowitz, 2008），PHITS（Iwaseら, 2002; Niitaら, 2006, 2010），FLUKA（Fassòら, 2005; Battistoniら, 2006），およびGEANT4（GEANT4, 2006a, b）。次に，フルエンスから実効線量への換算係数は，臓器線量換算係数，放射線加重係数 w_R，そして組織加重係数 w_T から，ICRP Publication 103（ICRP, 2007）に規定されている手順に従って導出した。

（d）　このシミュレーションでは，理想化された全身照射ジオメトリーを考慮した。これらのジオメトリーには，前方 - 後方，後方 - 前方，左側方および右側方軸に沿った一方向の幅広い平行ビームと，ファントムの長軸の周りを360°回転する方向を含めた。ファントムの完全な等方照射も考慮した。

（e）　臓器の吸収線量換算係数は，課題グループのメンバーが本報告書のために特別に計算した。計算品質の保証のため，特定の放射線と照射ジオメトリーについて選ばれたデータセットを，課題グループDOCALの異なる複数のメンバーが，同じ標準コンピュータファントムで異なるモンテカルロコードを用いて作成した。そして基準値は，個々のデータから，必要に応じて，平均化，平滑化およびフィッティングの手順を経て決定された。その結果得られたデータセットは，放射線防護の管理で使用することを意図したICRP/ICRUの基準値であり，し

（f） 光子，電子および中性子の入射による眼の水晶体の吸収線量を決定するために，様式化された眼のモデルを用いて，モンテカルロシミュレーションを行った。これにより，眼の構造のボクセル解像度が限られていた ICRP/ICRU ボクセルファントム（ICRP, 2009）よりも，より詳細に眼を表現することが可能になった。

（g） 課題グループの作業の一部に，光子と中性子に対する骨格の線量評価と線量応答関数（DRF）の決定があった。DRF を用いると，ファントムのボクセルジオメトリーの空間的解像度が限られることから，骨梁海綿質の正確な微細構造を考慮できない点，また，光子入射により骨梁で生じる光電子による線量増加と，中性子入射により髄腔で生じる反跳陽子による線量減少についての評価を補えるであろう。しかし，本報告書で採用した骨格組織の吸収線量の評価には，簡略化した骨格線量評価法を適用した。すなわち，活性骨髄と骨内膜の吸収線量を，個々の骨部位の海綿質，骨髄髄質の吸収線量と保守的に見なし，活性骨髄と骨内膜の骨格平均吸収線量を海綿質，骨髄髄質の吸収線量の質量加重平均と見なした。一貫性を確保するため，この方法をすべての粒子に対して適用した。なお，荷電粒子入射については，線量増加または線量減少に関して重要なメカニズムは存在しない。したがって，光子と中性子以外の外部入射粒子に対する骨格応答関数は，本報告書には提供されていない。

（h） 標準男性と標準女性コンピュータファントム（成人）に対する換算係数を，ICRP *Publication 74*（ICRP, 1996）と ICRU Report 57（ICRU, 1998）として出版された ICRP/ICRU 共同課題グループの報告書に示されている換算係数と比較した。これらの換算係数セット間の差に寄与する要因を，シミュレーションで使用したファントムの違い，また ICRP *Publication 60*（ICRP, 1991）と ICRP *Publication 103*（ICRP, 2007）の勧告で見られる放射線加重係数と組織加重係数の変更という観点から検討した。課題グループが扱った論点の1つは，現在定められている実用量が，どの程度まで防護量を適切に表し，外部放射線に対する放射線防護のほとんどの測定に対して満足な基礎を提供しているかであった。

（i） この目的のために，実効線量と ICRP *Publication 74*（ICRP, 1996）に示されている実用量の比を，光子（10 keV〜10 MeV），電子（2〜10 MeV）および中性子（0.001 eV〜200 MeV）についてプロットした。その結果，本報告書では，周辺線量当量 $H^*(10)$ は，光子に対して荷電粒子平衡下で実効線量の合理的な評価を現在でも変わらず与えていると結論づけた。電子に対して $H^*(10)$ は，10 MeV まで実効線量の合理的な推定値を与える。中性子に対して $H^*(10)$ は，約 40 MeV まで実効線量を過大に評価するか，または合理的な近似値を与える。

（j） 1章は緒論である。2章では，外部被ばく線量評価のために放射線防護で使用されている量の概要について，現在の定義に従って述べる。

総　括　xxi

（k）　3 章はシミュレーションの主要な側面を述べる。これには，計算に使用した ICRP ボクセルコンピュータファントムの概要や考慮した照射ジオメトリーの図が含まれる。様々なモンテカルロコードの特徴も簡単に述べる。本報告書で使用した骨格線量評価法と皮膚線量評価法について強調する。

（l）　4 章は，使用した計算パラメータと，得られた臓器線量換算係数と実効線量換算係数の簡単な分析を示す。男性と女性の係数セットに見られる違いに言及するとともに，ICRP *Publication 74*（ICRP, 1996）のデータとの比較を示し，議論する。

（m）　5 章では，実効線量を $H^*(10)$ および $H_\mathrm{p}(10)$ と比較する。さらに，眼の水晶体の線量と，個人線量当量 $H_\mathrm{p}(3)$ および方向性線量当量 $H'(3)$ との対比も示す。実用量に対して推奨データがすべて揃っていないため，ICRP *Publication 74*（ICRP, 1996）の発表以降の文献で報告されているデータを使って追加の比較を行った。

（n）　付属書 A は，すべての粒子と照射ジオメトリーに対して，実効線量の基準換算係数を示す。

（o）　付属書 B と C は，ICRP *Publication 103*（ICRP, 2007）で組織加重係数が割り当てられている臓器（赤色骨髄，結腸，肺，胃，乳房，生殖腺，膀胱壁，肝臓，食道，甲状腺，骨内膜，脳，唾液腺，皮膚）および残りの組織について，光子と中性子，それぞれに対するフルエンスから吸収線量への基準換算係数を提示している。臓器吸収線量換算係数は，成人男性モデルと成人女性モデルに対し，別々に示す。

（p）　上記のすべての粒子と臓器，そして残りの組織を構成する 14 の組織（副腎，胸郭外領域，胆嚢，心臓，腎臓，リンパ節，筋肉，口腔粘膜，膵臓，前立腺，小腸，脾臓，胸腺および子宮）を対象とした完全な表は，本報告書に付属の CD-ROM で提供されている。

（q）　付属書 D と E は，それぞれ光子と中性子の DRF を提示する。これらの関数を用いれば，標準ボクセルファントムの海綿質内と髄腔内のエネルギー依存の光子フルエンスまたは中性子フルエンスの値とたたみ込むことにより，骨部位別の，そして髄腔のミクロレベルで二次荷電粒子平衡が完全に達成されていないエネルギー範囲の，活性骨髄と骨内膜線量のより精巧な推定が可能となる。付属書 D には，骨格の線量評価（付属書 D の D.2 節参照）の 3 ファクター法を適用する際に必要となる，赤色骨髄と骨内膜の μ_en/ρ 比と線量増加ファクターの値も示す。

（r）　付属書 F は，いくつかの照射ジオメトリーで様式化された頭部と眼のモデルを使って計算した，光子，電子および中性子に対する眼の水晶体の吸収線量を評価するためのシミュレーションについて記述している。

（s）　付属書 G は，確率的影響と組織反応に関連した皮膚の線量評価に対する特別な考察を議論し，電子とアルファ粒子に対する局所的な皮膚等価線量換算係数を示す。

（t）　付属書 H には，航空機乗務員の線量評価において典型的に見られる条件を近似する

追加のジオメトリー（上半球半等方照射：superior hemisphere semi-isotropic irradiation）における，フルエンスから実効線量への換算係数を示す。

（u） 付属書Iは，異なるモンテカルロコードで決定されたオリジナルの計算データセットから，線量換算係数の基準データを決定するのに使用した方法を簡潔に述べる。

（v） 最後に付属書Jは，本報告書付属のCD-ROMについてのユーザーガイドである。

参 考 文 献

Battistoni, G., Muraro, S., Sala, P.R., et al., 2006. The FLUKA code: description and benchmarking. In: Albrow, M., Raja, R. (Eds.), Hadronic Shower Simulation Workshop, 6-8 September 2006, Fermi National Accelerator Laboratory (Fermilab), Batavia, IL, AIP Conference Proceeding 896, pp. 31-49.

Fassò, A., Ferrari, A., Ranft, J., et al., 2005. FLUKA: a Multi-particle Transport Code. CERN-2005-10 (2005), INFN/TC_05/11, SLAC-R-773. CERN, Geneva.

GEANT4, 2006a. GEANT4: Physics Reference Manual. 次のサイトで入手可能：http://geant4.web.cern.ch/geant4/UserDocumentation/UsersGuides/PhysicsReferenceManual/fo/PhysicsReferenceManual.pdf（最終アクセスは，2014年12月）．

GEANT4, 2006b. GEANT4 User's Guide for Application Developers. 次のサイトで入手可能：http://geant4.web.cern.ch/geant4/support/userdocuments.shtml（最終アクセスは，2014年12月）．

ICRP, 1991. 1990 Recommendations of the International Commission on Radiological Protection. ICRP Publication 60. *Ann. ICRP* **21**(1-3).

ICRP, 1996. Conversion coefficients for use in radiological protection against external radiation. ICRP Publication 74. *Ann. ICRP* **26**(3/4).

ICRP, 2002. Basic anatomical and physiological data for use in radiological protection: reference values. ICRP Publication 89. *Ann. ICRP* **32**(3/4).

ICRP, 2007. The 2007 Recommendations of the International Commission on Radiological Protection. ICRP Publication 103. *Ann. ICRP* **37**(2-4).

ICRP, 2009. Adult reference computational phantoms. ICRP Publication 110. *Ann. ICRP* **39**(2).

ICRU, 1998. Conversion Coefficients for use in Radiological Protection Against External Radiation. ICRU Report 57. International Commission on Radiation Units and Measurements, Bethesda, MD.

Iwase, H., Niita, K., Nakamura, T., 2002. Development of a general-purpose particle and heavy ion transport Monte Carlo code. *J. Nucl. Sci. Technol.* **39**, 1142-1151.

Kawrakow, I., Mainegra-Hing, E., Rogers, D.W.O., et al., 2009. The EGSnrc Code System: Monte Carlo Simulation of Electron and Photon Transport. PIRS Report 701. National Research Council of Canada, Ottawa.

Niita, K., Matsuda, N., Iwamoto, Y., et al., 2010. PHITS—Particle and Heavy Ion Transport Code System, Version 2.23. JAEA-Data/Code 2010-022. Japan Atomic Energy Agency, Tokai-mura.

Niita, K., Sato, T., Iwase, H., et al., 2006. PHITS—a particle and heavy ion transport code system. *Radiat. Meas.* **41**, 1080-1090.

Pelowitz, D.B. (Ed.), 2008. MCNPX User's Manual, Version 2.6.0. LA-CP-07-1473. Los Alamos National Laboratory, Los Alamos, NM.

Waters, L.S. (Ed.), 2002. MCNPX User's Manual, Version 2.3.0. LA-UR-02-2607. Los Alamos National Laboratory, Los Alamos, NM.

用 語 解 説

［見出し語は五十音順で配列。⇨ は参照先を示す。
原著の配列順による見出し語訳は本項末尾を参照。］

本報告においては，用語を以下のように定義する。

ICRU 4 元素組織　［ICRU 4-element tissue］

ICRU 4 元素組織は，密度 1 g/cm^3，質量組成は酸素 76.2%，炭素 11.1%，水素 10.1%，窒素 2.6% である。ICRU 球はこの想定された組成を有している。

黄色骨髄　［Yellow (bone) marrow］

⇨ **不活性骨髄**

応答関数　［Response function］

⇨ **線量応答関数**

海綿質　［Spongiosa］

体軸および体肢骨格にわたる皮質骨皮質内にある骨梁と髄組織（活性，不活性の両方）を合わせた組織を指す用語。海綿質は ICRP *Publication 110*（ICRP, 2009）標準ファントムで定義されている 3 つの骨領域の 1 つである。残り 2 つは，長骨幹の骨髄髄質と皮質骨である。骨梁骨，活性骨髄と不活性骨髄の相対的割合は骨格部位によって変わるので，海綿質の元素組成と質量密度は一定でなく，骨格部位によって変わる［ICRP *Publication 110*（ICRP, 2009）付属書 B 参照］。

確定的影響　［Deterministic effect］

⇨ **組織反応**

活性骨髄*　［Active (bone) marrow］

活性骨髄は造血機能を有し，そこで造られている多くの赤血球により赤色になる。活性骨髄は，白血病の放射線誘発リスクにかかわる標的組織となる。

　*（訳注）造血の活発さに着目して命名された，ICRP 独自の用語。解剖学の用語では「赤色骨髄」を指す。

荷電粒子平衡 ［Charged-particle equilibrium］

着目するある体積での荷電粒子平衡は，荷電粒子のエネルギー，数および方向がこの体積全体にわたって一定であることを意味する。これは，荷電粒子のエネルギーラジアンスの分布がその体積内で変化しないということと等しい。具体的には，その体積に流入する荷電粒子とその体積から流出する荷電粒子で，それぞれのエネルギー（静止エネルギーを除く）の合計が等しいことになる。

カーマ K ［Kerma, K］

電離性非荷電粒子に対する量で，dE_{tr} を dm で割った商によって定義される。ここで，dE_{tr} は質量 dm の物質に入射する非荷電粒子により dm 中で解放されたすべての荷電粒子の初期運動エネルギーの総和の期待値である。したがって，次の式で表される。

$$K = \frac{dE_{tr}}{dm}$$

カーマの単位は1キログラムあたりのジュール（J/kg）で，その特別な名称はグレイ（Gy）である。

カーマ近似 ［Kerma approximation］

カーマは，吸収線量の近似値として使われることがある。カーマの値は，荷電粒子平衡が存在し，放射損失が無視できる程度であり，そして非荷電粒子の運動エネルギーが解放された荷電粒子の結合エネルギーに比べて大きい場合に，吸収線量の値に近づく。

基準値 ［Reference value］

線量評価または体内動態モデルに使用するためにICRPが勧告する，ある量の値。基準値は，その値の根拠に多くの不確かさが含まれるという事実とは関係なく，固定され，かつ不確かさを伴わずに指定される値である。

吸収線量 D ［Absorbed dose, D］

吸収線量は次の式で表される。

$$D = \frac{d\bar{\varepsilon}}{dm}$$

ここで，$d\bar{\varepsilon}$ は物質の質量 dm 中に電離放射線によって与えられた平均エネルギーである。吸収線量の単位は1キログラムあたりのジュール（J/kg）で，その特別な名称はグレイ（Gy）である。

個人線量当量 $H_p(d)$ ［Personal dose equivalent, $H_p(d)$］

人体上のある指定された点の適切な深さ d における軟組織中の線量当量。軟組織はICRU4元素組織である。個人線量当量の単位は，1キログラムあたりのジュール（J/kg）で，

その特別な名称はシーベルト (Sv) である。特定の点は通常，個人線量計を装着する部位として与えられている。実効線量の評価には 10 mm の深さが推奨され，また，皮膚と眼の水晶体の等価線量の評価には，それぞれ，0.07 mm と 3 mm の深さが推奨されている。

骨　髄　[Bone marrow]

骨髄は柔らかく細胞密度の高い組織であり，長骨の円筒形の空洞や体軸および体肢骨格の骨梁の中の空洞に存在する。骨髄全体は，ストローマと呼ばれるスポンジ状・細網状の結合組織構造，骨髄（血球形成）組織，脂肪細胞，リンパ組織の小さな蓄積，多数の血管および類洞から構成される。骨髄には赤色（活性）骨髄と黄色（不活性）骨髄の 2 種類がある。

⇨　活性骨髄，不活性骨髄

骨髄細胞密度　[Marrow cellularity]

造血機能を有するある骨における骨髄体積の割合。骨髄細胞密度の年齢に対する骨部位ごとの標準値は，ICRP *Publication 70*（ICRP, 1995）の表 41 に与えられている。第一近似として，骨髄細胞密度は 1 から骨髄における脂肪の割合を引いた値と見なすことができる。

骨内膜（または**骨内膜層**）　[Endosteum (or endosteal layer)]

骨梁海綿質領域の骨梁表面とすべての長骨の骨幹部内の髄腔の皮質表面を覆う厚さ 50 μm の層。これは放射線誘発骨がんにかかわる標的組織と見なされている。この標的領域は，ICRP *Publication 26* と *30*（ICRP, 1977, 1979）で以前に導入されていた標的領域である骨表面に代わるものである。この骨表面は，骨梁の表面と皮質骨のハヴァース管の表面を覆う厚さ 10 μm の単一細胞層と定義されていた。

骨表面　[Bone surfaces]

⇨　骨内膜

実効線量 *E*　[Effective dose, *E*]

人体のすべての特定された臓器と組織における等価線量の組織加重合計であって，次の式で表される。

$$E = \sum_T w_T \sum_R w_R D_{T,R} = \sum_T w_T H_T$$

ここで，H_T は組織または臓器 T の等価線量，$D_{T,R}$ はタイプ R の放射線から受ける臓器または組織 T における平均吸収線量，w_R は放射線加重係数，そして w_T は組織加重係数である。この合計は，確率的影響の誘発に対し感受性があると考えられる臓器・組織にわたって行われる。実効線量の単位は 1 キログラムあたりのジュール（J/kg）で，その特別な名称はシーベルト（Sv）である。

実用量 ［Operational quantities］

外部被ばくおよび放射性核種の摂取を伴う状況のモニタリングと調査のための実用的な応用に用いられる量。これらの量は，人体の線量の測定と評価のために定義されている。

周辺線量当量 $H^*(10)$ ［Ambient dose equivalent, $H^*(10)$］

ある放射線場の中のある1点における線量当量であり，対応する拡張整列場により，ICRU球内の整列場に対向する半径上の深さ10 mmにおいて生じる線量当量。周辺線量当量の単位は1キログラムあたりのジュール（J/kg）で，その特別な名称はシーベルト（Sv）である。

職業被ばく ［Occupational exposure］

作業者が仕事の結果として受ける放射線被ばく。ICRPは，「職業被ばく」を用いるのは，操業管理者の責任下にあると合理的に見なすことができる状況の結果として仕事上で受ける放射線被ばく，だけに限定する。

赤色骨髄 ［Red (bone) marrow］

⇨ 活性骨髄

線エネルギー付与／制限のない線エネルギー付与，L または LET

［Linear energy transfer/unrestricted linear energy transfer, L or LET］

dE を dl で割った商。ここで dE は，物質中の距離 dl を移動中に電子との相互作用により荷電粒子が失う平均エネルギーである。すなわち，次の式で表される。

$$L = \frac{dE}{dl}$$

線エネルギー付与の単位は1メートルあたりのジュール（J/m）で，また keV/μm で表されることが多い。

線質係数 Q ［Quality factor, Q］

組織中のある点における線質係数は，次の式で表される。

$$Q = \frac{1}{D}\int_{L=0}^{\infty} Q(L) D_L \, dL$$

ここで，D はその点における吸収線量，D_L は着目する点における制限のない線エネルギー付与 L における D の分布，そして $Q(L)$ は L の関数として表される線質係数である。積分はすべての荷電粒子について，それらの二次電子を除いた L にわたって行う。

線量応答関数（DRF） ［Dose-response function (DRF)］

ある標的領域の吸収線量を当該領域の粒子フルエンスで表すために本報告書で使用している特有の関数。この関数は，標的領域の微細構造モデルと当該領域における二次電離放射

線の輸送モデルを使って導き出される。

線量換算係数 ［Dose conversion coefficient］

内部放射線被ばくと外部放射線被ばくの両方について，線量を物理量と関連づける係数。外部被ばくの場合は，物理量である「フルエンス」または「空気カーマ」が選ばれている。内部被ばく評価に関しては，この用語は「線量係数」とも呼ばれている。

線量限度 ［Dose limit］

計画被ばく状況で超えてはならない個人の実効線量，または臓器等価線量あるいは組織等価線量の勧告値。

線量当量 H ［Dose equivalent, H］

組織中のある点における線量当量は，次の式で表される。

$$H = DQ$$

ここで，D は吸収線量，また Q はその点における線質係数である。線量当量の単位は1キログラムあたりのジュール（J/kg）で，その特別な名称はシーベルト（Sv）である。

臓器吸収線量または臓器線量 ［Organ absorbed dose or organ dose］

「臓器または組織の平均吸収線量」を表す短いフレーズ。

臓器等価線量 ［Organ equivalent dose］

「臓器または組織の等価線量」を表す短いフレーズ。

臓器または組織内の平均吸収線量 D_T ［Mean absorbed dose in an organ or tissue, D_T］

ある特定の臓器または組織 T の平均吸収線量は，次の式で表される。

$$D_T = \frac{1}{m_T} \int_{m_T} D \, dm$$

ここで，m_T はその臓器または組織の質量，D は質量要素 dm 中の吸収線量である。平均吸収線量の単位は1キログラムあたりのジュール（J/kg）で，その特別な名称はグレイ（Gy）である。臓器の平均吸収線量は臓器線量とも呼ばれる。

組織加重係数 w_T ［Tissue weighting factor, w_T］

確率的影響による放射線損害全体に対する臓器または組織の相対的寄与を表現するために，臓器または組織 T の等価線量に加重する係数（ICRP, 1991）。それは次式のように定義される。

$$\sum_T w_T = 1$$

組織反応 ［Tissue reaction］

しきい線量と，線量の増加に伴う反応の重篤度の増加によって特徴付けられる，細胞集団

の傷害。「確定的影響」とも呼ばれている。組織反応は，場合によっては，生物反応修飾物質*を含む照射後の手順により変化しうる。

> *（訳注） 1980年代に名づけられた「確定的影響」は，近年の研究より被ばく後の治療で発症が抑えられることが明らかとなった。そのため，2007年勧告から「組織反応」という用語が導入された（Publication 103，(**A56**)項）。高線量を受けた後でも造血系幹細胞の増殖因子（G-CSF）の投与や造血幹細胞の移植により組織反応は抑制できる場合がある。生物反応修飾物質を含む手順とは，このような例を指す。

断面積 σ　[Cross section, σ]

あるタイプおよびエネルギーの入射荷電粒子または非荷電粒子によって生じるある相互作用に対して，標的要素の断面積は，次の式で表される。

$$\sigma = \frac{N}{\Phi}$$

ここで，N は粒子フルエンス Φ にさらされる標的要素あたりの当該相互作用の平均数である。断面積の単位は m^2 である。断面積に対してしばしば使用される特別な単位はバーンであり，1バーン（b）$= 10^{-28} m^2$ である。相互作用過程を完全に記述するには，相互作用から出てくるすべての粒子のエネルギーと方向に関して，断面積の分布の情報がとりわけ必要となる。そのような分布は「微分断面積」とも呼ばれ，σ をエネルギーと立体角で微分して得られる。

等価線量 H_T　[Equivalent dose, H_T]

ある臓器または組織Tの等価線量は，次の式で表される。

$$H_T = \sum_R w_R D_{T,R}$$

ここで，$D_{T,R}$ は特定の臓器または組織TがタイプRの放射線から受ける平均吸収線量，そして w_R は放射線加重係数である。等価線量の単位は1キログラムあたりのジュール（J/kg）で，その特別な名称はシーベルト（Sv）である。

標準人　[Reference Person]

成人の標準男性の線量と成人の標準女性の線量を平均化することによって，臓器または組織等価線量を計算するための理想化されたヒト。標準人の等価線量は，実効線量の計算に利用される。

標準男性と標準女性（標準個人）

[Reference Male and Reference Female（Reference Individual）]

放射線防護の目的のために，ICRP が定義する特性を有し，また ICRP Publication 89

(ICRP, 2002)で定義された解剖学的・生理的特徴を備えた，理想化された男性または女性。

標準ファントム ［Reference phantom］

ICRP *Publication 89*（ICRP, 2002）に定義された解剖学的・生理学的特性を持ち，ICRP *Publication 110*（ICRP, 2009）に定義された人体のコンピュータファントム（医学画像データに基づく男性または女性のボクセルファントム）。

不活性骨髄* ［Inactive (bone) marrow］

活性骨髄とは対照的に，不活性骨髄は造血機能を有さない（すなわち，直接造血を担うものではない）。不活性骨髄は，黄色骨髄系の大部分の空間を占有する脂肪細胞により黄色を呈する。

 *(訳注) 造血の活発さに着目して命名された，ICRP独自の用語。解剖学の用語では「黄色骨髄」と「脂肪髄」を指す。

フルエンス Φ ［Fluence, Φ］

dN を da で割った商。ここで，dN は断面積 da の小球上に入射する粒子の数である。したがって，次の式で表される。

$$\Phi = \frac{dN}{da}$$

フルエンスの単位は m^{-2} である。

方向性線量当量 $H'(d, \Omega)$ ［Directional dose equivalent, $H'(d, \Omega)$］

ある放射線場の中のある1点における線量当量であり，ICRU球内のある指定された方向 Ω の半径上の深さ d において，対応する拡張場によって生じる線量当量。方向性線量当量の単位は1キログラムあたりのジュール（J/kg）で，その特別な名称はシーベルト（Sv）である。

防護量 ［Protection quantities］

ICRPが放射線防護のために定義した，全身および身体各部の外部照射と放射性核種の摂取による電離放射線被ばくから生じる人々の損害の定量化を可能にするために，人体に関連づけられた線量。

放射線加重係数 w_R ［Radiation weighting factor, w_R］

光子と比べ，高LET放射線の生物効果比を反映させるために，臓器または組織の吸収線量に乗じる無次元の係数。ある臓器または組織の平均吸収線量から等価線量を求めるために用いられる。

ボクセルファントム ［Voxel phantom］

医学断層画像に基づく人体形状コンピュータファントム。ここで，解剖学的構造は，小さ

な三次元の体積素子（ボクセル）で記述される。これらのボクセルの集まりを，人体の臓器と組織を特定するために用いる。

参 考 文 献

ICRP, 1977. Recommendations of the International Commission on Radiological Protection. ICRP Publication 26. *Ann. ICRP* **1**(3).

ICRP, 1979. Limits for intakes of radionuclides by workers. Part 1. ICRP Publication 30. *Ann. ICRP* **2**(3/4).

ICRP, 1991. 1990 Recommendations of the International Commission on Radiological Protection. ICRP Publication 60. *Ann. ICRP* **21**(1-3).

ICRP, 1995. Basic anatomical and physiological data for use in radiological protection: the skeleton. ICRP Publication 70. *Ann. ICRP* **25**(2).

ICRP, 2002. Basic anatomical and physiological data for use in radiological protection: reference values. ICRP Publication 89. *Ann. ICRP* **32**(3/4).

ICRP, 2009. Adult reference computational phantoms. ICRP Publication 110. *Ann. ICRP* **39**(2).

用語解説の見出し語

〈原著配列順〉

Absorbed dose, D　吸収線量 D
Active (bone) marrow　活性骨髄
Ambient dose equivalent, $H^*(10)$　周辺線量当量 $H^*(10)$
Bone marrow　骨髄
Bone surfaces　骨表面　⇨ 骨内膜
Charged-particle equilibrium　荷電粒子平衡
Cross section, σ　断面積 σ
Deterministic effect　確定的影響
　⇨ 組織反応
Directional dose equivalent, $H'(d,\Omega)$　方向性線量当量 $H'(d,\Omega)$
Dose conversion coefficient　線量換算係数
Dose equivalent, H　線量当量 H
Dose limit　線量限度
Dose-response function (DRF)　線量応答関数 (DRF)
Effective dose, E　実効線量 E
Endosteum (or endosteal layer)　骨内膜（または骨内膜層）
Equivalent dose, H_T　等価線量 H_T
Fluence, Φ　フルエンス Φ
ICRU 4-element tissue　ICRU 4 元素組織
Inactive (bone) marrow　不活性骨髄
Kerma approximation　カーマ近似
Kerma, K　カーマ K
Linear energy transfer / unrestricted linear energy transfer, L or LET　線エネルギー付与／制限のない線エネルギー付与, L または LET
Marrow cellularity　骨髄細胞密度

Mean absorbed dose in an organ or tissue, D_T　臓器または組織内の平均吸収線量 D_T
Occupational exposure　職業被ばく
Operational quantities　実用量
Organ absorbed dose or organ dose　臓器吸収線量または臓器線量
Organ-equivalent dose　臓器等価線量
Personal dose equivalent, $H_p(d)$　個人線量当量 $H_p(d)$
Protection quantities　防護量
Quality factor, Q　線質係数 Q
Radiation weighting factor, w_R　放射線加重係数 w_R
Red (bone) marrow　赤色骨髄
　⇨ 活性骨髄
Reference Male and Reference Female (Reference Individual)　標準男性および標準女性（標準個人）
Reference Person　標準人
Reference phantom　標準ファントム
Reference value　基準値
Response function　応答関数
　⇨ 線量応答関数
Spongiosa　海綿質
Tissue reaction　組織反応
Tissue weighting factor, w_T　組織加重係数 w_T
Voxel phantom　ボクセルファントム
Yellow (bone) marrow　黄色骨髄
　⇨ 不活性骨髄

1. 緒　　論

（1）　作業者と一般公衆の実際的な放射線防護では，線量制限と最適化という基本原則を履行するため，電離放射線に対するヒトの被ばくを適切に定量化する線量計測量を使用する。規則や指針を履行し，規制の遵守を実証するために，ICRP と ICRU は，標準のデータ，モデルおよびファントムに基づく防護量と実用線量計測量の体系を開発した。

（2）　2007 年に ICRP は，従来 ICRP *Publication 60*（ICRP, 1991）で示してきた放射線防護体系に対する基本的勧告を改訂した。ICRP *Publication 103*（ICRP, 2007）で示された 2007 年勧告は，1990 年以降発表された放射線源による被ばくの管理に関する追加のガイダンスを更新し，統合し，かつ発展させたものである。2007 年勧告は，放射線防護のための ICRP の 3 つの基本原則，すなわち正当化，最適化および線量限度の適用を維持しているが，被ばくをもたらしている放射線源と被ばくを受けている個人に，それらをどのように適用するかを明確化したものとなっている。その他の改訂の中で，2007 年勧告は，「等価線量」と「実効線量」における放射線加重係数と組織加重係数の値を更新し，また放射線被ばくによる放射線生物学的影響に関する最新の科学的情報に基づいて，放射線損害の基礎となる計算を更新している。

（3）　等価線量と実効線量の概念と使い方は従来通りであり変更はないが，それらの計算に用いられる方法には多くの改訂が行われた。生物物理学的考察とともに，低線量における様々な放射線の生物効果比に関する一連の入手可能なデータの検討により，中性子と陽子に用いる放射線加重係数 w_R の値が変更され，中性子に対する加重係数の値は，現在では，入射または放出中性子エネルギーの連続関数として与えられている。荷電パイ中間子に関する w_R の値も含められた。光子，電子，ミュー粒子およびアルファ粒子に対する放射線加重係数は，ICRP *Publication 60*（ICRP, 1991）に示されている値から変わっていない。さらに，確率的健康影響に対する様々な臓器と組織の放射線感受性の違いを考慮する組織加重係数 w_T についても改訂が加えられた。被ばく集団におけるがん誘発に関する疫学調査と遺伝性影響に対するリスク評価を基に，一連の新しい w_T 値が相対的な放射線損害のそれぞれの値に基づいて選ばれた。これらの値は，性別・年齢を問わずあてはまるよう選ばれた，ヒトに対する平均値を示すものであり，したがって特定の個人に関するものではない。

（4）　さらに重要な変更は，今回，外部線源と内部線源からの線量を，人体の ICRP/ICRU 標準コンピュータファントム（ICRP, 2007）を使用して計算する点である。過去において当委員会は，特定のファントムを指定しておらず，両性具有の MIRD（Medical Internal

Radiation Dose：医学内部放射線量）タイプのファントム（Snyderら，1969），Kramerらの性別モデル（1982），CristyとEckerman（1987）の年齢別ファントムなど，いろいろな数学ファントムを使用してきた。実際のヒトの医学画像データから作られたボクセルモデルは，数学的な（または様式化された）ファントムよりももっと現実に近い人体の描写を与える。それゆえICRPとICRUは，外部被ばくと内部被ばくの両方について人体中の線量分布の計算に使える標準ファントムを定義するためにボクセルモデルを使うこととした。ICRP *Publication 110*（ICRP, 2009）に述べられているモデル（すなわちコンピュータファントム）は，成人の標準男性と標準女性を表し，ICRP *Publication 89*（ICRP, 2002）にまとめられている解剖学上の標準値に従った臓器質量を持つ。これらのファントムは，特に2007年勧告（ICRP, 2007）の実効線量の概念に対応する放射線防護量の計算のために作られている。ICRPの課題グループDOCALは，現在，男女それぞれの新生児，1歳，5歳，10歳，15歳の計10種類の小児年齢の標準ファントムを開発している。

（5） したがって，ボクセル標準モデルは成人の標準男性と標準女性のコンピュータ上の表現であり，放射線輸送とエネルギー沈着のシミュレーションをするコードとともに臓器または組織Tにおける平均吸収線量 D_T の評価に使用でき，その評価に基づいて等価線量と実効線量が計算できる。

（6） ある臓器または組織の等価線量は，その臓器や組織の吸収線量とそれに関与する放射線の放射線加重係数との積をすべてのタイプの放射線について合計することによって計算される。実効線量は，性平均等価線量と，実効線量の定義で考慮されている人体のすべての臓器と組織の組織加重係数との積を合計することによって計算される。組織加重係数は，更新されたリスクデータに基づいて，両性およびすべての年齢の集団に概数として適用するように考えられている。それゆえ，実効線量の換算係数は，特定の個人についてではなく，標準人について計算される。

（7） 放射線防護には重要な2組の量がある。防護量（例えば，等価線量や実効線量）と実用量（例えば，防護量の測定可能な代用物として使用するために定義された周辺線量当量や個人線量当量）である。線量限度の遵守は防護量で表され，外部放射線に対しては適切な実用量の測定によって線量限度の遵守が立証される。

（8） 3つの主要な防護量は，引き続き，臓器または組織の平均吸収線量 D_T，臓器または組織の等価線量 H_T，および実効線量 E である。防護量は，被ばくが起こる放射線場と計算によって関連づけられる。防護量と放射線場の橋渡しをするために，ICRUは外部放射線による被ばく量の測定のための実用量を開発した（ICRU, 1985）。

（9） 実用量は，周辺線量当量 $H^*(d)$，方向性線量当量 $H'(d, \Omega)$，および個人線量当量 $H_p(d)$ である。放射線防護の線量計測に用いられるこれらの実用量とその他の関連する量は，ICRU Report 51（ICRU, 1993）とICRU Report 66（ICRU, 2001）に記述されている。

（10）2007年勧告（ICRP, 2007）は，人体の内部と外部両方の電離放射線源による被ばくに対する防護で使用されてきた基本データの多くについて検討を求めている。本報告書は，外部被ばくに対しての結果だけを対象としたものである。

（11）本報告書の目的は，外部放射線被ばくに対する防護量の換算係数を示し，それらと現在使用されている実用量（ICRU, 1993）との関係を調査することにある。

（12）最近の放射線疫学研究は，白内障誘発のしきい値が以前想定されていた値よりはるかに低いかもしれないことを示している。眼の水晶体のしきい値は，現在，吸収線量で 0.5 Gy と考えられている（ICRP, 2012）。眼の水晶体の線量は，水晶体全体の平均線量を意味しており，水晶体内の線量勾配が大きい条件下では，この平均線量は白内障発生の原因となる放射線感受性が高い細胞層の線量を表していないかもしれない。本報告書はこの問題を扱い，ICRP 標準ファントムの固定されたボクセル構造内で得られるものより，より微細な解像度の様式化された眼のモデルを使って，モンテカルロ法によって得られた眼の水晶体の吸収線量換算係数を提示する。

（13）成人の標準コンピュータファントムと眼の水晶体の線量の評価のための様式化された頭部ファントムについて，物理量（例えば粒子フルエンスや空気カーマ）に関連づけた換算係数が，理想化された照射ジオメトリーの単一エネルギーの放射線に対して得られている。ここで示したデータは，防護量と実用量の比較の基礎を提供し，2007 年勧告（ICRP, 2007）が，これらの量に及ぼす影響を検討することを意図している。共同課題グループによるデータの検討は，放射線防護の線量評価に適用するための，信頼できかつ安定したデータセットをもたらすであろう。

1.1 参考文献

Cristy, M., Eckerman, K.F., 1987. Specific Absorbed Fractions of Energy at Various Ages from Internal Photon Sources. Vol. 1-7. ORNL Report TM-8381/Vol. 1-7. Oak Ridge National Laboratory, Oak Ridge, TN.

ICRP, 1991. 1990 Recommendations of the International Commission on Radiological Protection. ICRP Publication 60. *Ann. ICRP* **21**(1-3).

ICRP, 2002. Basic anatomical and physiological data for use in radiological protection: reference values. ICRP Publication 89. *Ann. ICRP* **32**(3/4).

ICRP, 2007. The 2007 Recommendations of the International Commission on Radiological Protection. ICRP Publication 103. *Ann. ICRP* **37**(2-4).

ICRP, 2009. Adult reference computational phantoms. ICRP Publication 110. *Ann. ICRP* **39**(2).

ICRP, 2012. ICRP statement on tissue reactions and early and late effects of radiation in normal tissues and organs: threshold doses for tissue reactions in a radiation protection context. ICRP Publication 118. *Ann. ICRP* **41**(1-3).

ICRU, 1985. Determination of Dose Equivalents Resulting from External Radiation Sources. ICRU Report 39. International Commission on Radiation Units and Measurements, Bethesda, MD.

ICRU, 1993. Quantities and Units in Radiation Protection Dosimetry. ICRU Report 51. International Commission on Radiation Units and Measurements, Bethesda, MD.

ICRU, 2001. Determination of Operational Dose Equivalent Quantities for Neutrons. ICRU Report 66. International Commission on Radiation Units and Measurements, Bethesda, MD.

Kramer, R., Zankl, M., Williams, G., et al., 1982. The Calculation of Dose from External Photon Exposures Using Reference Human Phantoms and Monte Carlo Methods. Part I: the Male (Adam) and Female (Eva) Adult Mathematical Phantoms. GSF Report S-885. GSF—National Research Centre for Environment and Health, Neuherberg.

Snyder, W.S., Ford, M.R., Warner, G.G., et al., 1969. Estimates of absorbed fractions for monoenergetic photon sources uniformly distributed in various organs of a heterogeneous phantom. Medical Internal Radiation Dose Committee Pamphlet No. 5. *J. Nucl. Med.* **10**(Suppl. 3).

2. 外部被ばくに対する放射線防護に用いられる量

（**14**）ヒトの電離放射線被ばくの記述と定量化には，特定の量と単位の定義が必要となる。ICRU と ICRP が勧告する定義は，これらの機関の様々な報告書や刊行物に示されている（ICRU, 1985, 1993, 2001, 2011; ICRP, 2007）。本報告書は，外部被ばくに対する放射線防護に関連する量の定義を示す。

2.1　フルエンスとカーマ

（**15**）ある特定のタイプの放射線場は，粒子の数 N，それらのエネルギーと方向分布，および時間的分布によって完全に記述される。この記述には，スカラー量とベクトル量の定義が必要である。放射線場の量の定義は，ICRU Report 60（ICRU, 1998a）の改訂版である ICRU Report 85a（ICRU, 2011）に詳しく示されている。方向分布の情報を与えるベクトル量は，主に放射線輸送の理論と計算の両方に適用され，一方，粒子フルエンスまたはカーマのようなスカラー量は，多くの場合，線量計測に適用される。

（**16**）放射線場の量は，放射線場のいかなる点においても定義できる。放射線場は様々なタイプの粒子から成ることがあり，粒子数に基づく場の量は，常にある特定のタイプの粒子に関連付けられている。これは，多くの場合，その量に粒子の名称（例えば中性子フルエンス）を加えることによって表される。「フルエンス」という量は，照射媒質の小さな球に入射するかまたはその小さな球を通過する粒子の数を数える考え方に基づくものである。

（**17**）フルエンス $\varPhi$ は，$\mathrm{d}N$ を $\mathrm{d}a$ で除した商であり，ここでの $\mathrm{d}N$ は断面積 $\mathrm{d}a$ の球に入射する粒子の数である。したがって，次の式で表される。

$$\varPhi = \frac{\mathrm{d}N}{\mathrm{d}a} \tag{2.1}$$

フルエンスの単位は m^{-2} である。

（**18**）フルエンスは，この球に入る粒子の方向分布に依存しない。放射線輸送計算では，フルエンスは多くの場合，粒子の軌跡の長さとして表される。そのときフルエンス $\varPhi$ は次式によって与えられる。

$$\varPhi = \frac{\mathrm{d}l}{\mathrm{d}V} \tag{2.2}$$

ここで，dl はこの体積 dV 中の粒子の軌跡の合計である。

(**19**) 非荷電粒子（光子や中性子などの間接電離粒子）から物質へのエネルギーの移動は，この物質中における二次荷電粒子の解放と減速によって行われる。この現象は「カーマ」という量の定義につながる。電離性非荷電粒子に対するカーマ K は dE_{tr} を dm で割った商によって定義される。ここで，dE_{tr} は質量 dm の物質に入射する非荷電粒子により dm 中で解放されたすべての荷電粒子の初期運動エネルギーの総和の期待値である。それは次の式で表される。

$$K = \frac{dE_{tr}}{dm} \tag{2.3}$$

カーマの単位は J/kg で，その特別な名称はグレイ（Gy）である。

2.2 放射線防護に用いられる線量

(**20**) 50 年以上にわたり ICRP は，概念，量，および基本勧告に基づいて，放射線防護のシステムを支えてきた。ICRP *Publication 103*（ICRP, 2007）で勧告されている最も新しい一連の防護量は，臓器や組織の平均吸収線量（「臓器吸収線量」または「臓器線量」とも呼ばれる）D_T，臓器や組織の等価線量（「臓器等価線量」とも呼ばれる）H_T，および実効線量 E である。等価線量と実効線量は，測定できないが，被ばく条件が分かれば計算できる。等価線量と実効線量は，職業的に被ばくする人および公衆の放射線防護のための限度を指定するために用いられる（2.2 節（**35**）-（**44**）項参照）。

2.2.1 吸収線量

(**21**) 放射線防護，放射線生物学および臨床放射線医学において，吸収線量 D は基本となる物理的線量である。吸収線量は，すべてのタイプの電離放射線にも，またいかなる照射ジオメトリーに対しても用いられる。

(**22**) 吸収線量 D は，d$\bar{\varepsilon}$ を dm で除した商として定義される。ここで，d$\bar{\varepsilon}$ は電離放射線により質量 dm の物質に与えられた平均エネルギーである。すなわち，次の式で表される。

$$D = \frac{d\bar{\varepsilon}}{dm} \tag{2.4}$$

吸収線量の単位は J/kg であり，その特別な名称はグレイ（Gy）である。

(**23**) カーマの値は，質量要素 dm の物質中における相互作用だけに依存し，一方，非荷電粒子に対する吸収線量の値は，この質量要素の周囲において解放され，この要素に入った二次荷電粒子にも依存する。吸収線量は，付与エネルギーの確率論的量である ε の平均値から導かれ，組織中での相互作用事象の不規則な変動を反映しない。吸収線量は物質中のいかなる点でも定義されるが，一方，その値は dm にわたる平均値，したがって，物質の多数の原子また

は分子にわたる平均値として得られる。通常，吸収線量は測定可能な量であり，測定によるその決定を可能にするための一次標準が存在する。

（24） 放射線防護量の定義において，微視的レベルでの物理過程の確率的分布を指定する試みは行われていない。そのような分布関数を明示的に考察する代わりに，実際的かつ経験的なアプローチが，線質の違いを考慮するために採用された。放射線加重係数は，低LET放射線と比べて高い生物効果を示す高LET放射線の生物効果を反映させるために，臓器または組織の吸収線量に乗じる無次元の係数である。これらの値は，放射線生物学的な実験と疫学研究の結果に基づく判断を通して，微視的領域に沈着するエネルギーの分布の違いを考慮するために選ばれている。加重係数の値は，入射放射線のタイプ，あるいは内部線源の場合は線源から放出される粒子のタイプに関連づけられている。

2.2.2 平均吸収線量

（25） 「吸収線量」という量は，物質中のあらゆる点において特定の値を与えるように定義されている。しかし実際の適用においては，吸収線量は多くの場合，もっと大きな組織体積にわたって平均化される。低線量に対しては，特定の臓器または組織の吸収線量の平均値を，放射線防護の目的のために十分な正確さで，その臓器または組織のすべての部分における確率的影響からの放射線損害と関連づけることができる。

（26） ある臓器または組織Tの領域における平均吸収線量は次式で定義される。

$$D_T = \frac{1}{m_T} \int_{m_T} D \, dm \tag{2.5}$$

ここで，m_Tは臓器または組織の質量，Dはその質量要素dmにおける吸収線量である。平均吸収線量D_Tは，臓器または組織に与えられる平均エネルギー$\bar{\varepsilon}_T$と臓器または組織の質量m_Tの比に等しく，したがって次の式で表される。

$$D_T = \frac{\bar{\varepsilon}_T}{m_T} \tag{2.6}$$

平均吸収線量の単位はJ/kgであり，その特別な名称はグレイ（Gy）である。臓器の平均吸収線量は臓器線量とも呼ばれる。

2.2.3 等価線量と放射線加重係数

（27） 防護量の定義は，タイプRの放射線による，特定の臓器・組織Tの体積中の平均吸収線量$D_{T,R}$に基づいている。放射線Rは，人体に入射する放射線のタイプとエネルギー，または体内に存在する放射性核種が放出する放射線のタイプとエネルギーによって決まる。そして，臓器・組織の防護量である「等価線量」H_Tは，次式によって定義される。

$$H_T = \sum_R w_R D_{T,R} \tag{2.7}$$

ここで，w_R は放射線 R（外部被ばくの場合は人体へ入射する放射線）の放射線加重係数である。この合計は，関与するすべてのタイプの放射線についてなされる。等価線量の単位は J/kg，その特別な名称はシーベルト（Sv）である。

（**28**）　ICRP *Publication 103*（ICRP, 2007）で与えられ，表 2.1 に示した中性子と陽子の w_R 値は，ICRP *Publication 60*（ICRP, 1991）に示された値とは異なっており，また 2007 年勧告では荷電パイ中間子に対する値が含められた。

表 2.1　放射線加重係数 w_R

放射線のタイプ*	放射線加重係数 w_R
光　子	1
電子，ミュー粒子	1
陽子，荷電パイ中間子	2
アルファ粒子，核分裂片，重イオン	20
中性子	中性子エネルギーの関数としての連続曲線 [図 2.1 と式(2.8)参照]

出典：ICRP（2007）。国際放射線防護委員会の 2007 年勧告。ICRP Publication 103. *Ann. ICRP* **37**(2-4)。

* すべての数値は，人体へ入射する放射線，または内部線源に関しては，線源から放出される放射線に関連づけられる。

光子，電子およびミュー粒子

（**29**）　電子，ミュー粒子および光子によって発生する二次粒子は，大体において LET 値が 10 keV/μm 未満の放射線である。これらの放射線には，常に 1 という放射線加重係数が与えられていた。この単純化で十分なのは，等価線量と実効線量の適用が意図されたもの（例えば線量の制限と評価，低線量域における線量管理）に対してのみである。個々の遡及的リスク評価を実施しなければならない場合には，もし適切なデータが入手できれば，放射線場と適切な生物効果比の値に関するより詳細な情報を考慮する必要がある。DNA に取り込まれたトリチウムまたはオージェ電子放出体で生じ得るような細胞内線量の不均一性についても，具体的な解析を要することがある。等価線量と実効線量は，このような評価に用いるには適切な量ではない［ICRP *Publication 103*（ICRP, 2007）参照］。

中　性　子

（**30**）　人体に入射する中性子の生物効果は，中性子のエネルギーに強く依存する。したがって，中性子の放射線加重係数は，エネルギーの関数として定義される（図 2.1; ICRP, 2007）。ICRP *Publication 60*（ICRP, 1991）のデータと比べて最も大きな変化は，低エネルギー域と 100 MeV より大きい中性子の運動エネルギーにおける w_R の減少である（さらに詳しい説明は ICRP *Publication 103* の付属書 B 参照）。中性子の放射線加重係数の計算のために，

中性子エネルギー E_n（単位：MeV）の以下の連続関数が定義されている。

$$w_R = \begin{cases} 2.5 + 18.2\,e^{-[\ln(E_n)]^2/6} & E_n < 1\text{ MeV} \\ 5.0 + 17.0\,e^{-[\ln(2E_n)]^2/6} & 1\text{ MeV} \leq E_n \leq 50\text{ MeV} \\ 2.5 + 3.25\,e^{-[\ln(0.04E_n)]^2/6} & E_n > 50\text{ MeV} \end{cases} \quad (2.8)$$

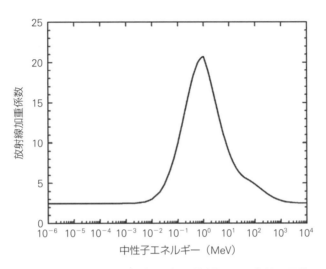

図 2.1　中性子に対する放射線加重係数 w_R と中性子運動エネルギーの関係

陽子とパイ中間子

（**31**）　放射線防護の目的のために，主に 10 MeV を超える高エネルギー陽子に関する放射線生物学的データに基づいて，すべてのエネルギーの陽子に対して単一の w_R 値 2 が採用されている。この値は，ICRP *Publication 60*（ICRP, 1991）で勧告された 5 という値に代わるものである。

（**32**）　パイ中間子は，大気圏内の高高度において一次宇宙線と原子核との相互作用の結果生じる放射線場で遭遇する，プラスまたはマイナスに荷電しているか，あるいは中性の粒子である。これらの粒子は，航空機内や宇宙における被ばくに寄与し，また，高エネルギー粒子加速器の遮蔽体の背後にある複雑な放射線場を構成する要素である。すべてのエネルギーの荷電パイ中間子に対して，単一の w_R 値 2 が勧告されている。

アルファ粒子

（**33**）　1990 年勧告（ICRP, 1991）では，20 という単一の放射線加重係数が勧告され，この値は 2007 年の勧告（ICRP, 2007）で変更されなかった。ヒトは，内部放射体（例えば吸入したラドン子孫核種，または経口摂取したプルトニウム，ポロニウム，ラジウム，トリウムおよびウランといったアルファ線放出核種）からのアルファ粒子に被ばくすることがある。外部被

ばくでは，アルファ粒子は組織中での飛程が短いため重要性は低い。

核分裂片と重イオン

(**34**) 核分裂片からの線量は，放射線防護，主に内部放射体の線量評価において重要である。放射線加重係数に関する状況はアルファ粒子の場合と類似しており，1990年の勧告（ICRP, 1991）以来，ICRPは放射線加重係数20を勧告してきた。外部被ばくに対して，宇宙での適用については，重荷電粒子が人体の全線量に著しく寄与するので，重イオンの放射線生物効果を評価する別のアプローチを用いなければならない。

2.2.4 実効線量と組織加重係数

(**35**) ICRP *Publication 60*（ICRP, 1991）で導入された実効線量 E は，組織等価線量の加重和として定義される。

$$E = \sum_T w_T \sum_R w_R D_{T,R} = \sum_T w_T H_T \tag{2.9}$$

ここで，w_T は組織 T の組織加重係数で，$\sum w_T = 1$ である。合計は，確率的影響の誘発に対して感受性があると考えられる人体のすべての臓器・組織にわたって行う。これらの w_T 値は，確率的影響による放射線損害全体に対する個々の臓器・組織の寄与を表すように選ばれている。実効線量の単位は J/kg で，その特別な名称はシーベルト（Sv）である。この単位は等価線量と実効線量，そして実用量についても同じである（2.3節参照）。

(**36**) 2007年勧告（ICRP, 2007）に従って w_T 値が指定されている臓器・組織を表2.2に示す。

(**37**) これらの w_T の値は，両性およびすべての年齢にわたって平均化された，ヒトに対する平均値を示すものであり，したがって，いかなる特定の個人の特性とも関連づけられていない（ICRP, 2007）。残りの組織に対する w_T 値（0.12）は，表2.2の脚注に挙げられた，男性・女性それぞれ13種類の組織に対する等価線量の算術平均線量に適用される。

表2.2 組織加重係数 w_T

組　　織	w_T	$\sum w_T$
赤色骨髄，結腸，肺，胃，乳房，残りの組織*	0.12	0.72
生殖腺	0.08	0.08
膀胱，食道，肝臓，甲状腺	0.04	0.16
骨内膜（骨表面），脳，唾液腺，皮膚	0.01	0.04
合　　計		1.00

出典：ICRP（2007）。国際放射線防護委員会の2007年勧告。ICRP Publication 103. *Ann. ICRP* **37**(2-4)。

* 残りの組織：副腎，胸郭外領域，胆嚢，心臓，腎臓，リンパ節，筋肉，口腔粘膜，膵臓，前立腺（男性），小腸，脾臓，胸腺，および子宮/子宮頸部（女性）。

2.2 放射線防護に用いられる線量　11

実効線量の決定

（38）実効線量の決定手順を図2.2に図示する。この図に示すように，吸収線量と等価線量は成人の標準男性と標準女性に対して別々に評価する。次に，男女別の等価線量を平均し，標準人の等価線量を得る。ついで標準人の性平均等価線量を組織加重係数によって重み付けし，表2.2に挙げたすべての臓器・組織について合計する。この手順全体は，小児の年齢別標準人に対しても適用することができる。

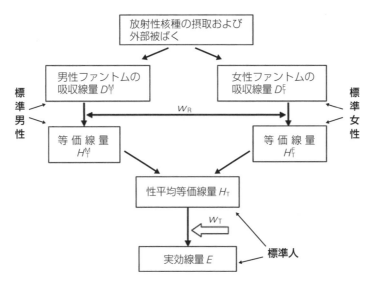

図2.2　性別標準ファントムを用いた実効線量の計算手順の図

（39）「等価線量」と「実効線量」は測定できない。体外の線源による放射線被ばくに対しては，これらの値は実用量を用いた放射線モニタリングか，あるいは放射線場の量を臓器等価線量または実効線量と関連づける換算係数を適用することによって決定される。外部被ばくの換算係数の計算には，様々な放射線場における線量評価に対して，コンピュータファントムが用いられる（3章参照）。

標準ファントム

（40）成人の標準男性と標準女性の等価線量と標準人の実効線量の評価は，コンピュータモデルまたはファントムを使用して行われる。過去にICRPは，特定のファントムを指定せず，両性具有のMIRD（Medical Internal Radiation Dose：医学内部放射線量）タイプのファントム（Snyderら，1969），Kramerら（1982）の性別ファントム，CristyとEckerman（1987）の年齢別ファントムなどの様々な数学ファントムを使用してきた。ICRPは現在，臓器・組織の等価線量の計算に，成人の男性と女性の標準コンピュータファントムを使用している。これらのファントムは医学断層画像に基づいたものである（ICRP，2009）。このファントムは小さな三次元の体積要素（ボクセル）で構成されている。ICRP *Publication 89*（ICRP,

2002）で成人の標準男性と標準女性に指定されている標準的臓器質量を近似するように，臓器の体積は調節され，組織の密度が設定されている。

（41） これらのモデルは，成人の標準男性と標準女性をコンピュータ上で表現したものであり，体外の放射線場による，また，体内取り込み後の放射性核種の壊変による臓器・組織 T における平均吸収線量 D_T を計算するために使用される。

実効線量のための性の平均化

（42） 放射線防護の目的のために，両性に 1 つの実効線量値を適用する。表 2.2 の組織加重係数は，男性と女性の乳房，男女の生殖腺を含むすべての臓器・組織に対する性平均および年齢平均された値である。この「平均する」ということは，本アプローチを適用するのは，放射線防護における実効線量の決定に限定されること，特に個人のリスクの評価には使用できないことを意味している。実効線量は，成人の標準男性と標準女性の臓器・組織 T に対して評価された等価線量から，以下の式に従い計算される。

$$E = \sum w_T \left[\frac{H_T^M + H_T^F}{2} \right] \tag{2.10}$$

（43） 残りの組織に対する等価線量は，他の臓器・組織に対するアプローチと同様，成人の標準男性と標準女性について別々に定められ，それらの値は式(2.10)に含まれている（図 2.2 参照）。残りの組織に対する等価線量は，表 2.2 の脚注に挙げられた，男性・女性それぞれに対する 13 種類の組織の等価線量の算術平均として計算される。成人の標準男性の H_{rem}^M と標準女性の H_{rem}^F の残りの組織の等価線量は，次式のように決定される。

$$H_{rem}^M = \frac{1}{13} \sum_T^{13} H_T^M \quad \text{および} \quad H_{rem}^F = \frac{1}{13} \sum_T^{13} H_T^F \tag{2.11}$$

ここで，T は表 2.2 の脚注にある残りの組織である。

（44） 防護の目的のための実効線量は，人体の臓器や組織の平均吸収線量に基づいている。実効線量は，標準人について定義され，評価されるものである（図 2.2 参照）。この量は，ある個人について特定の被ばく条件は考慮するが，その個人の特性は考慮しない値を与える。特に，組織加重係数は，両性の多数の個人にわたって平均化された結果を示す平均値である。

2.2.5 線量限度

（45） 線量限度は計画被ばく状況にのみ適用され，患者の医療被ばくには適用されない。ICRP *Publication 103*（ICRP, 2007）において，委員会は，ICRP *Publication 60*（ICRP, 1991）で勧告された線量限度は，現在でも引き続き適切な防護レベルを与えるものと結論づけた。作業者集団と一般公衆の両者に対し ICRP *Publication 103* において定められた名目損害係数は，数値は若干小さいが，ICRP *Publication 60* で与えられたものと一致する。これらのわずかな違いは実用上重大ではない（ICRP *Publication 103* 付属書 A 参照）。職業被ばくまた

2.3 実用量

表 2.3 計画被ばく状況において勧告された線量限度の値[*1]

限度のタイプ	年線量限度	
	職業被ばく	公衆被ばく
実効線量	定められた5年間の平均値として，20 mSv[*2]	1 mSv[*3]
以下の組織における年等価線量 　眼の水晶体 　皮　膚[*5,*6] 　手　足	定められた5年間の平均値として，20 mSv[*4] 500 mSv 500 mSv	15 mSv 50 mSv —

出典：ICRP（2007）。国際放射線防護委員会の2007年勧告。ICRP Publication 103. *Ann. ICRP* **37**(2-4)。

[*1] 実効線量の限度は，ある特定の期間の外部被ばくからの該当する実効線量と，同じ期間における放射性核種の摂取からの預託実効線量の合計である。
[*2] 実効線量はいかなる1年にも50 mSvを超えるべきでないという追加の規定がある。妊娠女性の職業被ばくには追加の制限が適用される。
[*3] 特別な事情の下では，単年における実効線量のより高い値が許容されることもあり得るが，ただし5年間をわたる平均が1 mSv／年を超えないこと。
[*4] この年限度は2011年4月にICRPによって150 mSvから下げられ，また，線量はどの1年においても50 mSvを超えるべきでないという規定が加えられた。
[*5] 実効線量の制限は，皮膚の確率的影響に対して十分な防護を与える。
[*6] 被ばく面積に関係なく，皮膚面積1 cm^{2}あたりの平均値である。

は公衆被ばくを問わず，線量限度は，既に正当化されている行為に関連する線源からの被ばくの合計に適用される。勧告された線量限度は表2.3にまとめられている。

2.3 実　用　量

（46）防護量である「等価線量」と「実効線量」は測定できず，それゆえ放射線モニタリングにおける量として直接使用できない。したがって，職業被ばくに係る規則を遵守していることの実証のため，そして経済的・社会的要因を考慮に入れて線量を合理的に達成できる限り低くする原則の適用のためには，実効線量または組織・臓器の等価線量の評価に対して実用量が用いられる。実用量は，線量当量（2.3節（49）-（55）参照）に基づき，外部放射線場における測定のためにICRUによって定義されたもので，周辺線量当量，方向性線量当量（2.3節（56）-（64）参照）および個人線量当量（2.3節（65）-（67）参照）である。周辺線量当量と方向性線量当量はエリアモニタリングに，個人線量当量は個人モニタリングに用いられる。

（47）実用量は，ほとんどの照射条件下にあるヒトの被ばく，または潜在被ばくに関係する防護量の値の合理的な推定値（この推定値は一般には保守側の高めの値である）を与えることを目的としている。実用量は，実際の規則またはガイダンスにしばしば用いられる。外部放

射線被ばくのモニタリングに対しては，ICRU（1985, 1998b）によって定義された実用線量が，多くの国々において放射線防護の実務に導入されている。

（48） 実用量が，新しく指定された実効線量および他の防護量の合理的な推定値を与えるかどうかを究明することは重要である。この課題は5章で議論する。

2.3.1 線量当量

（49） 線量当量 H は，組織中のある点における Q と D の積である。ここで，D は吸収線量，Q はその点における線質係数である。したがって，次の式で表される。

$$H = QD \tag{2.12}$$

（50） 電離放射線の生物効果は，組織中の荷電粒子の飛跡に沿ったエネルギー沈着の特性，特に電離密度と強く相関していると考えられている。放射線防護における適用においては，そのような飛跡の複雑な構造は，単一のパラメータである制限のない LET（L_∞）によって特徴づけられる。したがって，線質係数 Q は，水中における荷電粒子の制限のない LET の関数 $Q(L)$ として定義される。

（51） 線質係数の関数 $Q(L)$ は，ICRP *Publication 60*（ICRP, 1991）で以下のように定義されている。

$$Q(L) = \begin{cases} 1 & L < 10 \text{ keV}/\mu\text{m} \\ 0.32L - 2.2 & 10 \leq L \leq 100 \text{ keV}/\mu\text{m} \\ 300/\sqrt{L} & L > 100 \text{ keV}/\mu\text{m} \end{cases} \tag{2.13}$$

（52） この関数は，細胞系および分子系についての放射線生物学的な研究の結果，並びに動物実験の結果を考慮した判断の成果である。この関数の評価に対する放射線生物学データベースは，1990年以降ほとんど変わっていない（ICRP, 2003 参照）。

（53） 組織中のある点における線質係数 Q は，次式で表される。

$$Q = \frac{1}{D} \int_{L=0}^{\infty} Q(L) D_L \, dL \tag{2.14}$$

ここで，D はその点における吸収線量，D_L は線エネルギー付与 L における D の分布，$Q(L)$ は着目する点における対応する線質係数である。積分は，すべての荷電粒子について，それらの二次電子を除いた L にわたって行う。中性子の相互作用によって様々なタイプの二次荷電粒子が組織中に生じるので，この関数は特に中性子に対して重要である。

（54） 外部被ばくにおけるエリアモニタリングや個人モニタリングの種々のモニタリングの仕事に対して，異なる実用線量の適用を記述するため，表2.4に示すスキームを用いることができる。

（55） 個人被ばくを評価するために，個人線量測定が使われず，エリアモニタリングが適

2.3 実 用 量

表 2.4　外部被ばくモニタリングのための実用量

目　的	実 用 線 量	
	エリアモニタリング	個人モニタリング
実効線量の管理	周辺線量当量 $H^*(10)$	個人線量当量 $H_p(10)$
皮膚，末端部の線量の管理	方向性線量当量 $H'(0.07,\Omega)$	個人線量当量 $H_p(0.07)$
眼の水晶体の線量の管理*	方向性線量当量 $H'(3,\Omega)$	個人線量当量 $H_p(3)$

* モニタリング機器が $H'(3,\Omega)$ あるいは $H_p(3)$ を測定するように設計されていない場合は，$H'(0.07,\Omega)$ と $H_p(0.07)$ を適用してよい。

用される状況が存在する。このような状況には，航空機乗務員の線量の評価，予測線量の評価，および作業場と自然環境における線量の評価が含まれる。

2.3.2　エリアモニタリングに対する実用量

（56）　すべてのタイプの外部放射線について，エリアモニタリングに対する実用量は，組織等価物質からなる理論上の構成物である ICRU 球（直径 30 cm，密度 1 g/cm^3，質量組成は酸素 76.2%，炭素 11.1%，水素 10.1%，窒素 2.6%の ICRU 4 元素組織）の内に存在する線量当量に基づいて規定されている。ほとんどの場合，このファントムは考慮されている放射線場の散乱と減衰に関して人体に十分近い。

（57）　ICRU 球で定義されたエリアモニタリングの実用量は，点についての量であるという特性と加算性とを保っている。これは，それぞれの量の定義において，ある決まった深さを使用することによって達成されている。

（58）　拡張放射線場は，フルエンスとその方向分布およびエネルギー分布が，着目する体積全体にわたって，基準点における実際の場と同じ値を持つ仮想的な場として定義される。放射線場の拡張は，ICRU 球全体が実際の放射線場の着目する点と同じフルエンス，エネルギー分布および方向分布を持つ均一な放射線場にさらされていることを保証する。

（59）　すべての放射線が ICRU 球の指定された半径ベクトル Ω に反対向きであるように拡張放射線場内で整列している場合，拡張整列放射線場が得られる。この仮想の放射線場において，ICRU 球は 1 方向から均一に照射を受け，その場のフルエンスは実際の放射線場の着目する点におけるフルエンスの方向分布の積分である。拡張整列放射線場においては，ICRU 球のいかなる点における線量当量の値も，実際の放射線場に存在し得る放射線の方向分布に依存しない。放射線場の量をエリアモニタリングのための実用量に関係付ける換算係数は，拡張整列場と ICRU 球ファントムのモデルを用い，ファントムの外側は真空と仮定して，実際の放射線場の着目する点の粒子に対して計算されている。

周辺線量当量 $H^*(10)$

(**60**) エリアモニタリングについて，実効線量を評価するための実用量は，ICRU（2001）によって定義された周辺線量当量（$H^*(10)$）である。

(**61**) ある放射線場の中のある1点における周辺線量当量 $H^*(10)$ は，対応する拡張整列場により，ICRU 球内の整列場に対向する半径上の深さ10 mm において生じる線量当量である。

方向性線量当量 $H'(d,\Omega)$

(**62**) エリアモニタリングに対しては，皮膚と末端部（手，手首および足）の線量，さらに眼の水晶体の線量を評価するための量は，方向性線量当量 $H'(d,\Omega)$ であり，これは以下のように定義される。ある放射線場の中のある1点における方向性線量当量 $H'(d,\Omega)$ は，ICRU 球内のある指定された方向 Ω の半径上の深さ d において，対応する拡張場によって生じる線量当量である。

(**63**) 皮膚と末端部の線量の評価に対しては $d=0.07$ mm が用いられ，したがって，$H'(d,\Omega)$ は $H'(0.07,\Omega)$ と書かれる。

(**64**) 眼の水晶体の線量をモニタリングする場合，$d=3$ mm とする実用量 $H'(d,\Omega)$ の使用が ICRU によって勧告された。しかし，モニタリング機器が $H'(3,\Omega)$ を測定するように設計されていない場合は，$H'(0.07,\Omega)$ を代わりに用いてよい。

2.3.3 個人モニタリングに対する実用量

(**65**) 外部被ばくの個人モニタリングは，通常，身体に着用した個人線量計を用いて行われ，この適用に対して定義された実用量はそのような状況を考慮している。個人モニタリングに対して，実用量は個人線量当量 $H_p(d)$ である。

(**66**) 個人線量当量 $H_p(d)$ は，人体上のある指定された点の適切な深さ d における ICRU 軟組織中の線量当量である。この目的のための軟組織は，ICRU 4元素組織（ICRU, 1985）として定義されている。個人線量当量を評価するために人体上で指定される点は，個人線量計を着用する目的に左右される。

(**67**) 放射線防護量「実効線量」の評価には深さ $d=10$ mm が選ばれ，また皮膚，手，手首および足の等価線量の評価には，深さ $d=0.07$ mm が勧告されている。眼の水晶体への線量をモニタリングする特別なケースには，深さ $d=3$ mm が最も適切であると提案されている。

2.4 参 考 文 献

Cristy, M., Eckerman, K.F., 1987. Specific Absorbed Fractions of Energy at Various Ages from Internal Photon Sources. Vol. 1-7. ORNL Report TM-8381/Vol. 1-7. Oak Ridge National Laboratory, Oak

Ridge, TN.

ICRP, 1991. 1990 Recommendations of the International Commission on Radiological Protection. ICRP Publication 60. *Ann. ICRP* **21**(1-3).

ICRP, 2002. Basic anatomical and physiological data for use in radiological protection: reference values. ICRP Publication 89. *Ann. ICRP* **32**(3/4).

ICRP, 2003. Relative biological effectiveness (RBE), quality factor (Q), and radiation weighting factor (w_R). ICRP Publication 92. *Ann. ICRP* **33**(4).

ICRP, 2007. The 2007 Recommendations of the International Commission on Radiological Protection. ICRP Publication 103. *Ann. ICRP* **37**(2-4).

ICRP, 2009. Adult reference computational phantoms. ICRP Publication 110. *Ann. ICRP* **39**(2).

ICRU, 1985. Determination of Dose Equivalents Resulting from External Radiation Sources. ICRU Report 39. International Commission on Radiation Units and Measurements, Bethesda, MD.

ICRU, 1993. Quantities and Units in Radiation Protection Dosimetry. ICRU Report 51. International Commission on Radiation Units and Measurements, Bethesda, MD.

ICRU, 1998a. Fundamental Quantities and Units for Ionizing Radiation. ICRU Report 60. International Commission on Radiation Units and Measurements, Bethesda, MD.

ICRU, 1998b. Tissue Substitutes, Phantoms and Computational Modelling in Medical Ultrasound. ICRU Report 61. International Commission on Radiation Units and Measurements, Bethesda, MD.

ICRU, 2001. Determination of Operational Dose Equivalent Quantities for Neutrons. ICRU Report 66. International Commission on Radiation Units and Measurements, Bethesda, MD.

ICRU, 2011. Fundamental Quantities and Units for Ionizing Radiation (Revised). ICRU Report 85a. International Commission on Radiation Units and Measurements, Bethesda, MD.

Kramer, R., Zankl, M., Williams, G., et al., 1982. The Calculation of Dose from External Photon Exposures Using Reference Human Phantoms and Monte Carlo Methods. Part I: the Male (Adam) and Female (Eva) Adult Mathematical Phantoms. GSF Report S-885. GSF—National Research Centre for Environment and Health, Neuherberg.

Snyder, W.S., Ford, M.R., Warner, G.G., et al., 1969. Estimates of absorbed fractions for monoenergetic photon sources uniformly distributed in various organs of a heterogeneous phantom. Medical Internal Radiation Dose Committee Pamphlet No. 5. *J. Nucl. Med.* **10**(Suppl. 3).

3. ICRP/ICRU 標準ファントムの臓器吸収線量の決定

3.1 ICRP/ICRU 標準コンピュータファントム

（**68**）本報告書では，臓器吸収線量の計算に，成人の標準男性と標準女性を表す男性と女性の標準コンピュータファントム（ICRP, 2007）を使用した。これらのファントムは，ICRP/ICRU の基準換算係数の計算のためのファントムとして，ICRP と ICRU によって採用され，ICRP *Publication 110*（ICRP, 2009）で詳しく記述されている。この標準コンピュータモデルは，人体構造のデジタル化された三次元表現で，実際のヒトのコンピュータ断層撮影データに基づいている。これらのファントムは，成人男性と成人女性のそれぞれに対する標準の解剖学的パラメータについて，ICRP *Publication 89*（ICRP, 2002）に示されている情報と一致している。標準コンピュータファントム（すなわちモデル）は，身長と体重が標準データと同じような 2 つのボクセルモデル（男性 Golem と女性 Laura）を修正することにより作られた（Zankl と Wittmann, 2001; Zankl ら, 2005）。いずれのファントムの臓器質量も，ファントムの実際の解剖学的構造を大きく変えることなく，高い精度で標準男性と標準女性に関する ICRP のデータに合うように調整された。これらのファントムは，放射線防護の目的のために，電離放射線によるヒトの被ばくの評価に関連するすべての標的領域（すなわち，「実効線量」に寄与するすべての臓器と組織）（ICRP, 2007）を含んでいる。

（**69**）それぞれのファントムは，縦列，横列，およびスライスに配置された直方体のボクセルの三次元配列として表される。この配列のそれぞれの要素は，対応するボクセルが属している臓器または組織を指定している。男性の標準コンピュータファントムは，約 195 万個の組織ボクセル（周囲の真空を表すボクセルを除く）で構成されており，各ボクセルのスライス厚（ボクセル高さに対応する）は 8.0 mm，面内の解像度（すなわちボクセルの幅と奥行き）は 2.137 mm であることから，ボクセル体積は 36.54 mm^3 である。スライス数は 220 あることから，身長は 1.76 m，体重は 73 kg である。女性の標準コンピュータファントムは，約 389 万個の組織ボクセルから構成されており，各ボクセルのスライス厚は 4.84 mm，面内の解像度は 1.775 mm であることから，ボクセル体積は 15.25 mm^3 である。スライス数は 346 あり，身長は 1.63 m，体重は 60 kg である。個々に分割された組織構造の数は，各々のファントムにおいて 136 であり，53 の異なる組織の組成がそれらに割り当てられている。様々な組織の組成は，実質組織の元素組成（ICRU, 1992）と各々の臓器の血液含有率（ICRP, 2002）を反

20   3. ICRP/ICRU 標準ファントムの臓器吸収線量の決定

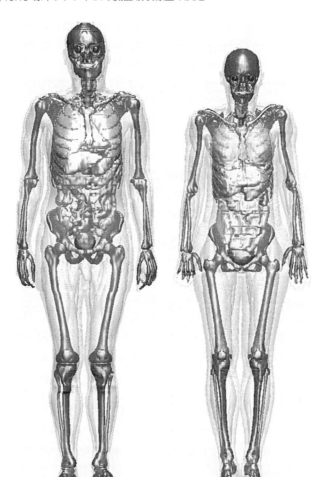

図 3.1　男性（左）と女性（右）コンピュータファントムの画像　以下の臓器は，表面の色の違いによって特定することができる。乳房，骨，結腸，眼，肺，肝臓，膵臓，小腸，胃，歯，甲状腺，および膀胱。筋肉と脂肪組織は透明に表示されている。描画のため，ボクセル化した表面は滑らかにしてある。（カラー画像は口絵参照）

映している。図 3.1 は，男性（左）と女性（右）のコンピュータファントムの正面（冠状）図を表している。

（70）　これらのファントムの基になった断層撮影データの解像度が限られていること，また，線源領域と標的領域のいくつかは寸法が非常に小さいことから，すべての組織を必ずしも明示的に表現できるわけではない。例えば，骨格において着目する標的組織は，海綿質の髄腔内の赤色骨髄と，これらの空洞の内側を覆っている骨内膜層（現在は厚さ 50 μm と仮定されている）である。これらの 2 つの標的組織は，寸法が小さいため，標準ファントム内に海綿質の均質な構成成分として取り入れなければならなかった。これらの組織領域では，光子と中性子のエネルギーが低いと，あるエネルギー範囲にわたって，二次荷電粒子平衡が完全には成り

立たない。骨格の線量評価において，これらの影響を考慮するためのより精緻な技術については，3.4節と付属書DおよびEで述べる。

（71） 同様に，眼の水晶体の微細構造は，標準ファントムのボクセルの形状寸法によって記述することができなかった。そのため，眼の水晶体の放射線防護に関係する限られた種類の粒子と照射ジオメトリーに対して，様式化された眼のモデルを使用した（付属書F参照）。さらに，表皮の基底細胞は放射線誘発リスクにさらされる皮膚組織であるが，標準ファントムのボクセルの形状寸法で表現することができない。そのため，電子とアルファ粒子に対するフルエンスあたりの局所的な皮膚線量は，組織等価スラブによって得た。この線量は，皮膚のほとんどの部分で放射線感受性のある層の深さにあたる 50～100 μm にわたって平均化を行ない得たものである（3.5節および付属書G参照）。

3.2 考慮した照射ジオメトリー

（72） 本報告書の換算係数を得るために，計算は，職業被ばくを表すと想定される幅広い一方向のビームによって，真空中に置かれたファントムが全身照射を受けると仮定して行った。いくつかの典型的な照射ジオメトリーを以下の項で記述する。図3.2に各ジオメトリーを図示する。

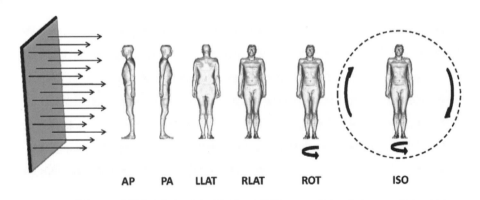

図3.2　考慮した理想化されたジオメトリーの略図　AP：前方 – 後方，PA：後方 – 前方，
LLAT：左側方，RLAT：右側方，ROT：回転，ISO：等方

3.2.1　前方 – 後方ジオメトリーと後方 – 前方ジオメトリー

（73） 前方 – 後方（AP）ジオメトリーでは，電離放射線は身体の長軸と直角の方向から身体の前面に入射する。後方 – 前方（PA）ジオメトリーでは，電離放射線は身体の長軸と直角の方向から身体の背面に入射する。

3.2.2 側方ジオメトリー

（**74**） 側方（LAT）ジオメトリーでは，電離放射線は身体の長軸と直角の方向から身体のいずれかの側面に入射する。LLAT と RLAT は，それぞれ，左側方ジオメトリーと右側方ジオメトリーを示す。

3.2.3 回転ジオメトリー

（**75**） 回転（ROT）ジオメトリーでは，身体は電離放射線の平行ビームによって照射され，そのビームは，身体の長軸に直角の方向から長軸のまわりを一様な速度で回転する。または線源が回転する代わりに，ROT ジオメトリーは，身体の長軸に直角の軸上にある静止線源からの電離放射線の平行ビームにより身体を照射する間，身体をその長軸を中心に一様な速度で回転する，と定義してもよい。

3.2.4 等方ジオメトリー

（**76**） 等方（ISO）ジオメトリーは，単位立体角あたりの粒子フルエンスが，空間中の方向や場所に依存しない放射線場と定義される。

（**77**） 上に定義されたジオメトリーは理想化されているが，実際の被ばく条件の近似とすることができる。例えば，AP，PA および LAT ジオメトリーは，かなり離れたところにある単一の線源と特定の身体の向きによって作られる放射線場の近似と考えられるので，これらは実際の職業被ばくのジオメトリーにほぼ近い。ROT ジオメトリーは，広く拡がった面線源からの照射（例えば，環境汚染から起こり得る）の近似と見なされる。この近似は，場の中に立っているか，または歩き回るヒトの長軸に直角に入射する放射線になる。ROT ジオメトリーは，身体の長軸を直角に照射する線源の放射線場の中でランダムに動くヒトのジオメトリーの近似にもなる。ISO ジオメトリーは，放射性ガスの大きな雲中に浮遊している状態，または散乱放射線が非常に多い状態で身体が被ばくする放射線場の近似になる。このジオメトリーはしばしば，航空機や宇宙での被ばく，住宅または環境中での天然放射性核種による照射，または放射性核種の環境への大気放出（すなわち半球状雲）による照射に対して想定される。

（**78**） 職業上の放射線被ばくをシミュレーションすることを意図した上述の被ばく状況では，身体は真空中に置かれると仮定されている。したがって，身体を取り巻く空気による放射線の散乱や吸収は考慮していない。

3.3 放射線輸送のシミュレーションに使用されるモンテカルロコードの概要

（**79**） 臓器線量換算係数は，課題グループ DOCAL のメンバーによって，本報告書のために特別に計算された。計算品質の保証のため，いくつかのデータセットを，課題グループの複

数のメンバーが別々に，同じ標準コンピュータファントムで異なる放射線輸送コードを用いて作成した。

（80） 人体形状ファントム中の吸収線量分布と線量関連量を計算するのに用いた手法を詳細に記述するのは，本報告書の範囲外である。ここでは，本報告書で提示する臓器吸収線量を得るために使用した放射線輸送コードの主な特徴の概要だけを述べる。

（81） これらの計算に用いた放射線輸送計算のモンテカルロ法では，最初に，着目する照射ジオメトリーによって設定された特定のエネルギーと方向に限定して粒子のランダムな放出をシミュレーションする。ファントム内における放射線の相互作用とその後の行路は，粒子または光子のエネルギー，方向および行路長の値を適切な確率分布からランダムに選択することによってシミュレーションされる。確率分布は，粒子または光子が物質を通過するあいだに起こる相互作用の物理現象によって決定される。その粒子または光子のヒストリーは，二次粒子や光子の生成を含めた様々な相互作用を受けながら物質内を通過するあいだ続き，粒子または光子が吸収されるか，着目する領域から出ていくか，あるいは着目すべき運動エネルギーをもはや持たなくなったときに終わる。

（82） 線量換算係数の正確さは，物理的入力パラメータ（例えば相互作用断面積）の不確かさや，粒子輸送シミュレーションと実際の被ばく状況との違いによって制限される。臓器吸収線量への換算係数の統計的な相対不確かさは，臓器の大きさ，身体中の位置，粒子エネルギーおよび照射ジオメトリーのような，いくつかのパラメータに依存する。

3.3.1　EGSnrc コード

（83） 本報告書で提示した計算値のために，電子－ガンマ－シャワーコードシステム EGSnrc バージョン 4-2-3-0（Kawrakow ら，2009）が使用された。このコードは，EGS4（Nelson ら，1985）の拡張および改良版であり，カナダ国家研究評議会（NRC）によって維持管理されている。光子，電子および陽電子の輸送を，数 keV から数百 GeV までの粒子運動エネルギーに対してシミュレーションすることができる。しかし，物理過程に関するいくつかの強化は，1 GeV 未満にのみ有効である。

（84） 光子輸送に対しては，束縛電子のコンプトン散乱と K 殻，L 殻および M 殻からの光電子をすべてのエネルギーについて考慮する。いずれの場合も，結果として生じる蛍光またはオージェ電子および Coster-Kronig 電子を追跡する。光子断面積の入力データは Seuntjens ら（2002）により更新されており，彼らは光電効果，レイリー散乱および電子対生成の断面積を改良するために XCOM データベース（Berger と Hubbell，1987）を使った。1 GeV 未満では，Brown と Feynman の式（1952）に基づく 1 ループ近似における放射コンプトン補正を適用する。しかし，大きな散乱角度に対する断面積を減少させる効果は，二重コンプトン事象の組み入れによって一部相殺される。電子対生成断面積については，85 MeV 未満の場合を除き，

極相対論的ボルン近似を使用し，85 MeV 未満では，Øverbø ら（1973）の手法に従って NRC により計算された，より精巧な断面積を用いる。光核反応は，臓器線量への寄与が 0.1 %未満と考えられるため考慮に入れていない。本報告書では，光子エネルギーが 2 keV 未満に低下した時点で光子輸送を終了している。

（85） 電子と陽電子の輸送計算は，ある特定のエネルギー以上で生成される二次粒子を輸送するクラス II 圧縮ヒストリー（condensed history）法（Berger, 1963）によって行う。1 GeV 未満の運動エネルギーに対する制動放射断面積は，米国国立標準技術研究所（National Institute of Standards and Technology: NIST）のデータベース（Seltzer と Berger, 1985, 1986）の値と一致している。そして，この NIST データベースは，ICRU（1984）が推奨する放射阻止能の基礎になっている。1 GeV を超えると，Koch と Motz（1959）に基づくクーロン補正相対論的断面積を使用する。1 GeV 未満では，初期設定の断面積（Kawrakow, 2002）を用いて電子衝突電離をモデル化する。より高いエネルギー，またはサンプリングが電離を生じない場合，古典的な Møller 断面積または Bhabha 断面積を適用する。弾性散乱の場合，スピン効果を考慮に入れる。電子対生成は，EGS4（Nelson ら，1985）のようにシミュレーションする。すべての粒子に対して，3電子生成過程を無視している。本報告書では，電子の輸送ヒストリーは，運動エネルギーが 20 keV を下回った時点で通常終了する。例外として，初期運動エネルギーが 50 keV 未満の電子に対しては，2 keV までヒストリーを追跡する。外部照射の場合，運動エネルギーが 500 keV 未満の電子は体内の臓器にめったに到達しない。放射線が到達した体内の臓器でも線量は低く，それは主として，標準ファントムの皮膚ボクセル内で生成される制動放射線によって与えられる。体内臓器の線量換算係数の統計的な相対不確かさを低減するため，「制動放射スプリッティング」と呼ばれる分散低減手法を使用した（Kawrakow ら，2009）。

3.3.2 FLUKA コード

（86） FLUKA（FLUctuating KAscades）コードは，物質中での粒子と光子の輸送計算をするための汎用モンテカルロプログラムである（Fassò ら，2005; Battistoni ら，2006）。このプログラムは，光子と電子（1 keV から 1 PeV），ニュートリノ，ミュー粒子（1 keV から 1 PeV），20 TeV までのエネルギーのハドロン［FLUKA コードと Dual Parton モデルおよび JET（DPMJET）コードをリンクさせることにより 10 PeV まで拡張］，すべての対応する反粒子，熱エネルギーまでの中性子，および 10 PeV/u までの重イオンを含む，約 60 種類の様々な粒子の放射線輸送をシミュレーションすることができる。放射性核種のインベントリの時間推移と，不安定な残留核から放出される放射線の追跡を直接行うことができる。本報告書では，FLUKA 2008 を使用した。

（87） ハドロン相互作用をシミュレーションするために，一次粒子のエネルギーに応じて

異なる物理モデルが使われる。FLUKA のハドロン－核子相互作用モデルは，数 GeV 未満の入射粒子エネルギーに対しては，共鳴の生成と壊変に基づいている。それより高いエネルギーでは，Dual Parton モデルを使用する。ハドロン－原子核相互作用では，さらに 2 つのモデルを使用する。3〜5 GeV/u 未満では，PEANUT パッケージを使用する。これには非常に詳細な汎用核内カスケード（GINC）と前平衡過程を組み込んでいる。高いエネルギーでは，精緻さに劣るバージョンの GINC に Gribov-Glauber 多重衝突メカニズムを含めている。すべてのエネルギーに対し，PEANUT モデルが初期設定されている。どちらのハドロン－原子核相互作用モデルも，その後に平衡過程が続き，そこで残留励起状態は，蒸発，核分裂，フェルミ崩壊，およびガンマ線脱励起を通じて散逸される。FLUKA コードは，光核反応（ベクトル中間子支配モデル，デルタ共鳴モデル，準重陽子モデル，巨大双極共鳴モデルによって記述される）をシミュレーションすることもできる。イオンによって生じる原子核相互作用は，外部イベントジェネレータとのインタフェースを通じて扱われる。ただし，低エネルギー範囲（150 MeV/u 未満）は例外であり，この範囲に対しては，ボルツマン・マスター方程式模型に基づくモデルが最近導入された。100 MeV/u から 5 GeV/u の間では，相対論的量子分子動力学（RQMD）ジェネレータが呼び出され，5 GeV/u を超えるエネルギーでは，DPMJET コードが使用される。

(88) 荷電粒子の輸送は，クーロン散乱の Moliere 理論に基づく多重散乱アルゴリズムを適用することによって記述する。エネルギー損失は Bethe-Bloch 理論，また制動放射と電子対生成から決定される。

(89) 運動エネルギーが 20 MeV 未満の中性子に対して，FLUKA コードは多群輸送アルゴリズムを使用する。この輸送アルゴリズムは，この中性子エネルギー範囲を 260 グループに細分化し，FLUKA コードのために作成された中性子断面積ライブラリに基づいている。これらのライブラリは 200 以上の種々の物質を含み，最新の評価済みデータから作られている。水素以外の原子核については，カーマ係数を使ってエネルギー沈着を計算する。

(90) FLUKA コードは，よく知られている組合せジオメトリー（combinatorial geometry）パッケージの改良版を使用することによって，非常に複雑なジオメトリーを扱うことができる。繰り返し構造（格子）とボクセルジオメトリーも扱うことができる。

3.3.3 PHITS コード

(91) PHITS（Particle and Heavy Ion Transport Code System）コードは，任意の三次元ジオメトリーにおいて，ハドロン，レプトン，および重イオンの輸送とそれらの相互作用をシミュレーションする多目的モンテカルロコードである（Iwase ら，2002; Niita ら，2006，2010）。本報告書では PHITS バージョン 2.14 を使用した。

(92) PHITS コードでは，20 MeV から 10^{-5} eV までの中性子輸送は MCNP4C コード

（Briesmeister，2000）で使用されるものと同様な手法でシミュレーションされ，評価済み核データライブラリに基づいている。20 MeV を超える中性子，そして 200 GeV までの陽子，中間子，およびその他のハドロンに対して，PHITS コードは JAM（Jet AA Microscopic Transport）モデル（Nara ら，1999）を使用する。JAM はハドロンカスケードのモデルであり，スピンとアイソスピンを明示的に取り扱うことにより，存在が確定している共鳴状態を含むすべてのハドロンの状態や，それらの反粒子をすべて扱うことができる。原子核－原子核衝突は，10 MeV/u から 100 GeV/u までのエネルギーに対して JQMD（JAERI Quantum Molecular Dynamics）シミュレーションモデル（Niita ら，1995）で記述されている。JAM と JQMD 計算で生成された残留核が励起状態にある場合の蒸発と核分裂過程には，GEM（Generalised Evaporation Model）（Furihata，2000）を使用する。今回の計算では，核子が引き起こす反応に JQMD モデルを採用した。荷電粒子と原子核のエネルギー損失は，物質の電荷密度と粒子の運動量により計算されており，エネルギー損失や角度に関するゆらぎが考慮されている。1 keV から 1 GeV までの光子と電子の輸送は，評価済み核データライブラリを用いて MCNP4C コードと同様の手法でシミュレーションする。

（93）PHITS コードは，(1) JAM モデルと JQMD モデルを使って核子－原子核衝突および原子核－原子核衝突から生成される二次粒子のスペクトルを適切に予測する，(2) カーマ近似の代わりにイベントジェネレータモード（Iwamoto ら，2008; Niita ら，2008）を用いて低エネルギー中性子の原子核反応から放出される荷電粒子のエネルギーを決定する，そして (3) LET または線エネルギーの観点から吸収線量の確率密度を評価する（Sato ら，2009）ことができる。

（94）PHITS コードは，組合せジオメトリー（combinatorial geometry）と一般ジオメトリー（general geometry）の表現方法を使って，計算モデルのジオメトリーを定義する。また，このコードでは，三次元ボクセルファントムを定義するために，繰り返し構造と格子ジオメトリーを記述する機能を利用できる。PHITS コードはグラフィックパッケージ ANGEL（Niita ら，2010）を使って，計算ジオメトリーや計算結果の二次元および三次元図を描く機能を有している。

3.3.4 MCNPX コード

（95）ロスアラモス・モンテカルロ放射線輸送コード MCNPX（Monte Carlo N-Particle eXtended）（Waters，2002; Pelowitz，2008）は，34 の粒子タイプ（核子と軽イオン）と 2000 以上の重イオン（$Z>2$）を，ほぼすべてのエネルギーにおいて追跡することができる。このコードは，中性子，光子，電子，陽子および光核反応に対して，標準の評価済みデータライブラリを使用し，他の粒子タイプや表形式のデータライブラリが得られないエネルギーについては，物理モデルを使用する。表形式の断面積データは，すべての核種について，中性子は

10^{-11} MeV から 20 MeV, 電子は 1 keV から 1 GeV, 光子は 1 keV から 100 GeV まで利用できる。LA150 断面積ライブラリ（Chadwick ら, 1999）は, 実験データと GNASH モデルコード（Young ら, 1996）を使った原子核モデル計算に基づいて, 42 の同位体（H, C, N, O を含む）に対して 150 MeV（陽子の場合は 250 MeV）までの中性子, 陽子および光核反応の断面積を提供する。本報告書では, MCNPX バージョン 2.6.0 を使用した。

（96） 光子, 電子および陽電子の輸送は, MCNP4C3 コードと同じである。MCNPX コードの電子の物理過程は, サンディア国立研究所の Integrated Tiger Series のコード（ITS3.0）（Halbleib ら, 1992）に基づいている。陽電子輸送にも電子の物理過程を使用する。

（97） 現在の物理モジュールは, LAHET コードシステムから受け継がれた Bertini モデルと Isabel モデル, CEM03 および INCL4（Kirk, 2010）から構成される。最新版のコードは, 中性子の弾性および非弾性相互作用で生成されるすべての二次荷電粒子を輸送するために必要な物理モデルを, 若干の制約はあるものの組み入れている。重イオンの物理モデルが組み入れられたことで, 反跳核の輸送が可能になっている。したがって, 陽子, 重陽子, トリトン, ヘリウムイオンおよびアルファ粒子などの比較的軽いイオンに加えて, 現在は組織内の重い反跳核（C, N および O）も輸送することができる。重イオンのモデルは, たとえ線源粒子が重イオンでなくても, いかなる物理モデルから生成される残留核もすべて自動的に輸送する。重イオンに対する現在の阻止能は, SRIM（Stopping and Range of Ions in Matter）の結果（Ziegler ら, 2003）に良く合致するように特別なやり方（Pelowitz, 2008）で調節されている。荷電粒子は, 運動エネルギーの下限値である 5 MeV にまで減速されると, 残りのエネルギーはその場所に沈着する。

3.3.5 GEANT4 コード

（98） GEANT4 コードは汎用モンテカルロコードで, 同コードの従来版と同様, CERN（欧州原子核研究機構）加速器における高エネルギー物理と応用のニーズのために開発された。このコードは, 国際的な GEANT4 共同研究（http://geant4.web.cern.ch/geant4）によって改良と維持がなされている（Agostinelli ら, 2003）。GEANT4 コードは, 250 eV から 1 TeV までのエネルギーの中性子, 陽子, ミュー粒子およびパイ中間子の輸送をシミュレーションすることが可能であり, 低エネルギー中性子に対しては meV の範囲まで拡張できる。

（99） 本報告書の計算では, GEANT4 バージョン 8.2 を使用した。ボクセル化されたジオメトリーを導入するために「G4 ファントムパラメタリゼーション」と呼ばれる機能を使用した（GEANT4, 2006b）。

（100） GEANT4 コードは, 不安定な粒子の輸送と壊変（G4Decay）の物理過程をシミュレーションする。すべての GEANT4 の物理過程とモデルに関する詳細は, プログラム物理ガイド（GEANT4, 2006a）に記述されている。GEANT4 コードに装備されている標準的な電磁

物理過程のリストは，光子，電子，陽電子およびミュー粒子と反ミュー粒子両方の相互作用過程を含む電磁物理から採用された。電子と陽電子の生成に対する初期設定のカットオフ値は，媒質中の飛程1 mm に設定した。すべての物質において，この飛程は，これを下回った場合に連続減速近似が適用されるエネルギーに相当する。

（101） ハドロン物理に関して，断面積データは利用できる3つの情報源から得ている。第1に，低エネルギー粒子と高エネルギー粒子に対しては，GEANT3-GHEISHA パッケージを用いてパラメータ化されたモデル（Fesefeldt, 1985）から計算されたデータである。このモデルは，非弾性終状態生成ばかりでなく，誘導核分裂，捕獲および弾性散乱などの物理過程を含んでいる。第2に，実験データまたは評価済みデータ（ENDF/B-VI やその他）に基づくデータ駆動型モデルを使用する。第3に，エネルギー範囲に応じて異なるアプローチを使用する理論モデルを用いる。3 GeV までの中性子と陽子に対しては，G4CascadeInterface に組み入れられた理論的モデルを使用した。これは，励起子，前平衡モデル，核破砕モデル，核分裂モデル，および蒸発モデルを伴う Bertini 核内カスケードモデルを含んでいる（GEANT4, 2006a）。

3.4 骨格組織の線量を評価するための特別な考察

（102） 放射線防護の目的のため，委員会は，確率的な生物影響に関連する線量評価上着目すべき2つの骨細胞集団を定義する。すなわち，(1) 放射線誘発白血病のリスクに関連する造血幹細胞と，(2) 放射線誘発骨がんのリスクに関連する骨芽前駆細胞である。造血幹細胞が，海綿骨中の骨梁表面近くに優先的に見られるという新しい証拠があるが（Watchman ら，2007; Bourke ら，2009），放射線防護のための現在のモデル化では，造血幹細胞が造血機能を有する活性骨髄の髄腔内に一様に分布すると仮定している。骨芽前駆細胞について，委員会はそれらの細胞の場所が骨梁と皮質骨の骨内膜の厚さ10 μm の単一細胞層であり，それぞれ骨梁とハヴァース管の表面に沿って存在していると以前に定義した（ICRP, 1977）。ICRP *Publication 110*（ICRP, 2009）では，骨芽前駆細胞の代替となる標的組織は，海綿骨の骨梁表面，そしてすべての長骨の骨幹部にある髄腔の内表面に沿って厚さ50 μm で存在すると再定義された。その結果，皮質骨とハヴァース管内の細胞はもはや線量評価の標的組織と見なされなくなった。本報告書では，骨芽前駆細胞に対して見直された50 μm の代替標的組織を「骨内膜」(endosteum) と呼び，記号 TM_{50}（骨表面の厚さ50 μm 内の骨髄全体）で表す。「骨表面」(bone surfaces) という用語は，もはや放射線誘発骨がんに関係する標的細胞層を表すためには使用しない。

（103） 放射線リスクを有するこれらの骨格の標的組織のいずれも，ICRP 標準ファントムのボクセル構造内で幾何学的に表現することができない。上述したように，男性と女性の標準

3.4 骨格組織の線量を評価するための特別な考察

コンピュータファントムの骨格は，皮質骨，骨髄髄質または骨梁海綿質のいずれかを定義するボクセルによって表される。骨梁海綿質は，その微視的な組織成分——骨梁，活性骨髄と不活性骨髄*——の均質な混合物なので，男女それぞれの標準ファントムの骨格のどの骨であるかに応じて，元素組成と質量密度のいずれもが変わる。したがって，海綿質と骨髄髄質の吸収線量を，活性骨髄または骨内膜の吸収線量に関連づける計算アルゴリズムを用いなければならない。骨梁海綿質の構成組織の元素組成を表 3.1 に示す。骨内膜 TM_{50} の元素組成は，ICRP *Publication 70*（ICRP, 1995）の標準髄細胞質において決められた特定の骨格部位における活性骨髄と不活性骨髄混合物の元素組成に等しいことにも注意すべきである。

表 3.1 ICRP の標準男性と標準女性コンピュータファントム（成人）の，血液成分を含めた活性骨髄，不活性骨髄および骨梁の元素組成

組織／ファントム	元素組成（質量%）											
	H	C	N	O	Na	Mg	P	S	Cl	K	Ca	Fe
活性骨髄												
男 性	10.44	35.58	3.38	49.76	0.02		0.10	0.20	0.22	0.20		0.10
女 性	10.45	35.86	3.38	49.47	0.02		0.10	0.20	0.22	0.20		0.10
不活性骨髄												
男 性	11.48	63.63	0.74	23.85	0.10		0.00	0.10	0.10	0.00		0.00
女 性	11.48	63.65	0.74	23.83	0.10		0.00	0.10	0.10	0.00		0.00
骨 梁												
男 性	3.91	15.69	4.14	46.33	0.29	0.19	8.92	0.29	0.02	0.01	20.18	0.01
女 性	3.91	15.69	4.14	46.35	0.29	0.19	8.92	0.29	0.02	0.01	20.18	0.01

出典：ICRP, 2009。成人標準コンピュータファントム。ICRP Publication 110. *Ann. ICRP* 39(2), 5.3 節。

(**104**) 本報告書で考慮される粒子のタイプとエネルギーの範囲が幅広いことを考慮し，課題グループは以下の吸収線量の近似推定値を活性骨髄と TM_{50} に一様に適用することにした。

$$D_{\text{skel}}(\text{AM}) = \sum_x \frac{m(\text{AM}, x)}{m(\text{AM})} D(\text{SP}, x) \tag{3.1}$$

および

$$D_{\text{skel}}(\text{TM}_{50}) = \sum_x \frac{m(\text{TM}_{50}, x)}{m(\text{TM}_{50})} D(\text{SP}, x) + \sum_x \frac{m(\text{TM}_{50}, x)}{m(\text{TM}_{50})} D(\text{MM}, x) \tag{3.2}$$

ここで，$D_{\text{skel}}(\text{AM})$ と $D_{\text{skel}}(\text{TM}_{50})$ はそれぞれ活性骨髄と骨内膜の骨格平均吸収線量，$m(\text{AM}, x)$ と $m(\text{TM}_{50}, x)$ は骨部位 x におけるそれぞれの組織の質量，$m(\text{AM})$ と $m(\text{TM}_{50})$ は骨格全体にわたって合計した両標的組織の質量，そして，$D(\text{SP}, x)$ と $D(\text{MM}, x)$ はそれぞ

---

*（訳注） 造血の活発さに着目して命名された，ICRP 独自の用語。解剖学の用語では，「黄色骨髄」と「脂肪髄」を指す。

表 3.2 ICRP の標準男性と標準女性コンピュータファントム（成人）の骨格組織の質量

臓器	骨部位	標準男性（成人）				標準女性（成人）			
		活性骨髄		骨内膜		活性骨髄		骨内膜	
		質量 (g)	質量 (%)	質量 (g)	質量 (%)	質量 (g)	質量 (%)	質量 (g)	質量 (%)
14	上腕骨，上半分－海綿質	26.9	2.3	9.41	1.7	20.7	2.3	7.16	1.8
15	上腕骨，上半分－髄腔			0.19	0.0			0.14	0.0
17	上腕骨，下半分－海綿質			11.25	2.1			8.32	2.0
18	上腕骨，下半分－髄腔			0.25	0.0			0.19	0.0
20	前腕骨－海綿質			16.31	3.0			12.03	3.0
21	前腕骨－髄腔			0.09	0.0			0.07	0.0
23	手首と手－海綿質			12.50	2.3			7.10	1.7
25	鎖骨－海綿質	9.3	0.8	2.50	0.5	7.2	0.8	1.90	0.5
27	頭蓋－海綿質	88.9	7.6	83.40	15.3	68.4	7.6	64.20	15.8
29	大腿骨，上半分－海綿質	78.4	6.7	43.34	8.0	60.3	6.7	33.53	8.2
30	大腿骨，上半分－髄腔			0.86	0.2			0.67	0.2
32	大腿骨，下半分－海綿質			47.83	8.8			23.67	5.8
33	大腿骨，下半分－髄腔			0.67	0.1			0.33	0.1
35	下腿骨－海綿質			87.38	16.1			79.91	19.6
36	下腿骨－髄腔			5.02	0.9			4.59	1.1
38	足首と足－海綿質			42.20	7.8			24.40	6.0
40	下顎骨－海綿質	9.4	0.8	2.00	0.4	7.2	0.8	1.60	0.4
42	骨盤－海綿質	205.2	17.5	51.70	9.5	157.5	17.5	39.70	9.7
44	肋骨－海綿質	188.8	16.1	29.80	5.5	144.9	16.1	22.90	5.6
46	肩甲骨－海綿質	32.8	2.8	9.80	1.8	25.2	2.8	7.60	1.9
48	頸椎－海綿質	45.6	3.9	11.50	2.1	35.1	3.9	8.80	2.2
50	胸椎－海綿質	188.8	16.1	26.90	4.9	144.9	16.1	20.60	5.1
52	腰椎－海綿質	143.9	12.3	23.40	4.3	110.7	12.3	18.00	4.4
54	仙骨－海綿質	115.9	9.9	20.60	3.8	89.1	9.9	15.80	3.9
56	胸骨－海綿質	36.3	3.1	5.50	1.0	27.9	3.1	4.30	1.1
	合　計	1,170.2	100	544.4	100	899.1	100	407.50	100

出典：ICRP, 2009。成人標準コンピュータファントム。ICRP Publication 110。Ann. ICRP **39**(2)。

れコンピュータファントムの骨部位 x における海綿質と骨髄髄質の吸収線量である。男性と女性の標準コンピュータファントムの活性骨髄と骨内膜の質量値を表3.2に示す。

（**105**）　高エネルギーの直接電離放射線に対しては，式（3.1）と（3.2）が放射線防護に適用する近似として合理的である。光子や中性子のような間接電離放射線に対しては，髄腔全体にわたって二次荷電粒子平衡が成立しないエネルギー領域が存在する。光子と中性子の両方の照射において，それぞれ異なってはいるが互いに補いあう理由により，海綿質においてこの荷電粒子平衡が成立しない可能性がある。約 200 keV 未満のエネルギーで海綿質に光子を照射すると，髄組織よりも骨梁において，より多くの光電効果の事象が生じる。その結果，光電子が骨梁から発生し，隣接する髄組織にエネルギーを沈着することで，活性骨髄と骨内膜の吸収

線量の増大が起こる（Johnsonら，2011）。骨内膜は厚さが50 μmと活性骨髄に比べて薄く，また多くの骨部位で骨梁表面に近いことから，骨内膜の線量増加は，活性骨髄のそれに比べて一層重要になる。これに対して，海綿質における約150 MeV未満のエネルギーの中性子による弾性衝突と非弾性衝突では，骨梁内に比べ髄組織の方が水素含有量が高いため，反跳陽子が髄組織内でより多く生じることになる。これらの反跳粒子は多くの場合，髄領域を横切り，残存エネルギーを周囲の骨梁で失う。その結果，広いエネルギー領域にわたる中性子照射に対する最終的な結果として，カーマ近似で予測される結果と比較して，髄組織の吸収線量は低くなる（KerrとEckerman，1985; Bahadoriら，2011）。

（106）　光子照射（10 keVから10 MeV）と中性子照射（10^{-3} eVから150 MeV）における骨格組織の吸収線量を評価するための追加の計算ツールが，本報告書の付属書DとEにそれぞれ記載されている。両付属書は，粒子フルエンスあたりの吸収線量として定義される骨格の線量応答関数の表データを提示している。さらに，両付属書では，この線量応答関数法を用いて得た骨格組織線量と式（3.1）と（3.2）を使用したものを比較し，それらの相対差について議論している。

3.5　皮膚の線量評価

（107）　皮膚の場合，確率的影響と組織反応（すなわち確定的影響）の両方が，外部被ばくに関係する。確率的影響には，電離放射線被ばくによる皮膚がんの誘発が含まれる。組織反応には，皮膚紅斑，水疱形成，および湿性落屑などの皮膚の急性損傷が含まれる。

3.5.1　確率的影響

（108）　確率的リスクを考慮するために，皮膚は実効線量に寄与する組織に含められ，表2.2で示すように組織加重係数$w_\mathrm{T}=0.01$が割り当てられている。実効線量に寄与する皮膚線量は，皮膚等価線量H_skinであり，この値は，皮膚組織すべてにわたり平均化されたものである。したがって，本報告書で示している皮膚の線量換算係数はH_skinに対応している。皮膚の線量換算係数は，男性と女性の標準コンピュータファントムのすべての皮膚ボクセルに対する平均吸収線量に基づいて評価されている（ICRP，2009）。

（109）　皮膚にすべてのエネルギーを沈着する弱透過性の粒子の場合，皮膚の厚さは吸収線量の大きさを左右する重要なパラメータである。ICRP *Publication 110*（ICRP，2009）で述べられているように，男性と女性のファントムのボクセルの厚さ（それぞれ2.137 mmと1.775 mm）は，標準の皮膚の厚さ（成人の標準男性1.6 mm，標準女性1.3 mm）より大きい。したがって，連続減速近似（CSDA）飛程が上述のボクセルの厚さよりも短いが標準の皮膚の厚さよりも長い粒子に対しては，本報告書に示している皮膚の線量換算係数は，実際の値を最大

で 35％過小評価している可能性がある。

3.5.2　確定的影響

（**110**）ICRP *Publication 103*（ICRP, 2007）は，「実効線量は確率的影響（がんおよび遺伝性影響）の発生を制限するために用いられ，組織反応の可能性の評価には適用できない。年実効線量限度未満の線量範囲では，組織反応は起こらないはずである。ごくわずかなケース（例えば，皮膚のような組織加重係数の小さい単独の臓器の急性局所被ばく）において，実効線量の年限度の使用が組織反応の回避に不十分なことがあり得る。そのようなケースでは，局所組織の線量も評価する必要があろう」と述べている。さらに，皮膚に対する特定の年線量限度（職業被ばくについては 500 mSv，公衆被ばくについては 50 mSv）は，皮膚で最も高く照射を受ける部位の 1 cm^2 あたりの平均線量に適用すると述べている。10 keV から 10 MeV の電子と，6.5 MeV から 10 MeV のアルファ粒子に対する局所の皮膚等価線量の換算係数は，付属書 G に示す。

3.6　参　考　文　献

Agostinelli, S., Allison, J., Amako, K., et al., 2003. GEANT4—a simulation toolkit. *Nucl. Instrum. Methods Phys. Res. A* **506**, 250–303.

Bahadori, A.A., Johnson, P.B., Jokisch, D.W., et al., 2011. Response functions for computing absorbed dose to skeletal tissues from neutron irradiation. *Phys. Med. Biol.* **56**, 6873–6897.

Battistoni, G., Muraro, S., Sala, P.R., et al., 2006. The FLUKA code: description and benchmarking. In: Albrow, M., Raja, R. (Eds.), Hadronic Shower Simulation Workshop, 6–8 September 2006, Fermi National Accelerator Laboratory (Fermilab), Batavia, IL, AIP Conference Proceeding 896, pp. 31–49.

Berger, M.J., 1963. Monte Carlo calculation of the penetration and diffusion of fast charged particles. In: Alder, B., Fernbach, S., Rotenberg, M. (Eds.), Methods in Computational Physics. Academic Press, New York, pp. 135–215.

Berger, M.J., Hubbell, J.H., 1987. XCOM: photon cross sections on a personal computer. NBSIR 87–3597. National Bureau of Standards (former name of NIST), Gaithersburg, MD.

Bourke, V.A., Watchman, C.J., Reith, J.D., et al., 2009. Spatial gradients of blood vessels and hematopoietic stem and progenitor cells within the marrow cavities of the human skeleton. *Blood* **114**, 4077–4080.

Briesmeister, J.F. (Ed.), 2000. MCNP—A General Monte Carlo N-Particle Transport Code, Version 4C. Report LA-13709-M. Los Alamos National Laboratory, Los Alamos, NM.

Brown, L., Feynman, R., 1952. Radiative corrections to Compton scattering. *Phys. Rev.* **85**, 231–244.

Chadwick, M.B., Young, P.G., Chiba, S., et al., 1999. Cross section evaluations to 150 MeV for accelerator-driven systems and implementation in MCNPX. *Nucl. Sci. Eng.* **131**, 293–328.

Fassò, A., Ferrari, A., Ranft, J., et al., 2005. FLUKA: a Multi-particle Transport Code. CERN-2005-10 (2005), INFN/TC_05/11, SLAC-R-773. CERN, Geneva.

Fesefeldt, H.C., 1985. Simulation of Hadronic Showers, Physics and Application. Technical Report PITHA 85-02, Physikalisches Institut, Technische Hochschule Aachen, Aachen.

Furihata, S., 2000. Statistical analysis of light fragment production from medium energy protoninduced reactions. Nucl. Instrum. Methods B171, 251-258.

GEANT4, 2006a. GEANT4: Physics Reference Manual. 次のサイトで入手可能：http://geant4.web.cern.ch/geant4/UserDocumentation/UsersGuides/PhysicsReferenceManual/fo/PhysicsReferenceManual.pdf（最終アクセスは，2014 年 12 月）.

GEANT4, 2006b. GEANT4 User's Guide for Application Developers. 次のサイトで入手可能：http://geant4.web.cern.ch/geant4/support/userdocuments.shtml（最終アクセスは，2014 年 12 月）.

Halbleib, J.A., Kensek, R.P., Valdez, G.D., et al., 1992. TS Version 3.0: the Integrated TIGER Series of Coupled Electron/Photon Monte Carlo Transport Codes SAND91-1634. Sandia National Laboratories, Albuquerque, New Mexico 87185 and Livermore, California 94550, US.

ICRP, 1977. Recommendations of the International Commission on Radiological Protection. ICRP Publication 26. *Ann. ICRP* **1**(3).

ICRP, 1995. Basic anatomical and physiological data for use in radiological protection: the skeleton. ICRP Publication 70. *Ann. ICRP* **25**(2).

ICRP, 2002. Basic anatomical and physiological data for use in radiological protection: reference values. ICRP Publication 89. *Ann. ICRP* **32**(3/4).

ICRP, 2007. The 2007 Recommendations of the International Commission on Radiological Protection. ICRP Publication 103. *Ann. ICRP* **37**(2-4).

ICRP, 2009. Adult reference computational phantoms. ICRP Publication 110. *Ann. ICRP* **39**(2).

ICRU, 1984. Stopping Powers for Electrons and Positrons. ICRU Report 37. International Commission on Radiation Units and Measurements, Bethesda, MD.

ICRU, 1992. Photon, Electron, Proton and Neutron Interaction Data for Body Tissues. ICRU Report 46. International Commission on Radiation Units and Measurements, Bethesda, MD.

Iwamoto, Y., Niita, K., Sakamoto, Y., 2008. Validation of the event generator mode in the PHITS code and its application. In: Bersillon, O., Gunsing, F., Bauge, E., Jacqmin, R., Leray, S. (Eds.), Proceedings of the International Conference on Nuclear Data for Science and Technology, April 2007, Nice, EDP Sciences, pp. 945-948.

Iwase, H., Niita, K., Nakamura, T., 2002. Development of a general-purpose particle and heavy ion transport Monte Carlo code. *J. Nucl. Sci. Technol.* **39**, 1142-1151.

Johnson, P.B., Bahadori, A.A., Eckerman, K.F., et al., 2011. Response functions for computing absorbed dose to skeletal tissues from photon irradiation—an update. *Phys. Med. Biol.* **56**, 2347-2365.

Kawrakow, I., 2002. Electron impact ionization cross sections for EGSnrc. *Med. Phys.* **29**, 1230.

Kawrakow, I., Mainegra-Hing, E., Rogers, D.W.O., et al., 2009. The EGSnrc Code System: Monte Carlo Simulation of Electron and Photon Transport. PIRS Report 701. National Research Council of Canada, Ottawa.

Kerr, G.D., Eckerman, K.F., 1985. Neutron and photon fluence-to-dose conversion factors for active marrow of the skeleton. In: Schraube, H., Burger, G., Booz, J. (Eds.), Proceedings of the Fifth Symposium on Neutron Dosimetry. Commission of the European Communities, Luxembourg, pp. 133-145, 17-21 September 1984, Munich, Germany.

Kirk, B.L., 2010. Overview of Monte Carlo radiation transport codes. Radiat. Meas. 45, 1318-1322.

Koch, H.W., Motz, J.W., 1959. Bremsstahlung cross-section formulas and related data. *Rev. Mod. Phys.* **31**, 920-955.

Nara, Y., Otuka, N., Ohnishi, A., et al., 1999. Relativistic nuclear collisions at 10 A GeV energies from p+Be to Au+Au with the hadronic cascade model. *Phys. Rev.* **C 61**, 024901.

Nelson, W.R., Hirayama, H., Rogers, D.W.O., 1985. The EGS4 Code System. SLAC Report 265. Stanford Linear Accelerator Center, Stanford, CA.

Niita, K., Chiba, S., Maruyama, T., et al., 1995. Analysis of the (N, xN′) reactions by quantum molecular dynamics plus statistical decay model. *Phys. Rev.* **C52**, 2620-2635.

Niita, K., Iwamoto, Y., Sato, T., 2008. A new treatment of radiation behaviour beyond one-body observables. In: Bersillon, O., Gunsing, F., Bauge, E., Jacqmin, R., Leray, S. (Eds.), Proceedings of the International Conference on Nuclear Data for Science and Technology, April 2007, Nice, EDP Sciences, pp. 1167-1169.

Niita, K., Matsuda, N., Iwamoto, Y., et al., 2010. PHITS—Particle and Heavy Ion Transport Code System, Version 2.23. JAEA-Data/Code 2010-022. Japan Atomic Energy Agency, Tokai-mura.

Niita, K., Sato, T., Iwase, H., et al., 2006. PHITS—a particle and heavy ion transport code system. *Radiat. Meas.* **41**, 1080-1090.

Øverbø, I., Mork, K.J., Olsen, A., 1973. Pair production by photons: exact calculations for unscreened atomic fields. *Phys. Rev.* **A8**, 668-684.

Pelowitz, D.B. (Ed.), 2008. MCNPX User's Manual, Version 2.6.0. LA-CP-07-1473. Los Alamos National Laboratory, Los Alamos, NM.

Sato, T., Kase, Y., Watanabe, R., et al., 2009. Biological dose estimation for charged-particle therapy using an improved PHITS code coupled with a microdosimetric kinetic model. *Radiat. Res.* **171**, 107-117.

Seltzer, S.M., Berger, M.J., 1985. Bremsstrahlung spectra from electron interactions with screened atomic nuclei and orbital electrons. Nucl. Instrum. *Methods Phys. Res. Sect.* **B12**, 95-134.

Seltzer, S.M., Berger, M.J., 1986. Bremsstrahlung energy spectra from electrons with kinetic energy from 1 keV to 10 GeV incident on screened nuclei and orbital electrons of neutral atoms with $Z=1$-100. *Atom. Data Nucl. Data Tables* **35**, 345-418.

Seuntjens, J.P., Kawrakow, I., Borg, J., et al., 2002. Calculated and measured air-kerma response of ionization chambers in low and medium energy photon beams. In: Seuntjens, J.P., Mobit, P. (Eds.), Recent Developments in Accurate Radiation Dosimetry, Proceedings of an International Workshop, Montreal, July 14-18, 2002. Symposium Proceedings 13, Medical Physics Publishing, Madison, USA. pp. 69-84.

Watchman, C.J., Bourke, V.A., Lyon, J.R., et al., 2007. Spatial distribution of blood vessels and CD34+ hematopoietic stem and progenitor cells within the marrow cavities of human cancellous bone. *J. Nucl. Med.* **48**, 645-654.

Waters, L.S. (Ed.), 2002. MCNPX User's Manual, Version 2.3.0. LA-UR-02-2607. Los Alamos National Laboratory, Los Alamos, NM.

Young, P.G., Arthur, E.D., Chadwick, M.B., 1996. Comprehensive nuclear model calculations: theory and use of the GNASH code. In: Reffo, G.A. (Ed.), IAEA Workshop on Nuclear Reaction Data and Nuclear Reactors: Physics Design, and Safety, Trieste, 15 April-17 May, pp. 227-404.

Zankl, M., Becker, J., Fill, U., et al., 2005. GSF male and female adult voxel models representing ICRP Reference Man: the present status. In: The Monte Carlo Method: Versatility Unbounded in a Dynamic Computing World. Chattanooga, TN.

Zankl, M., Wittmann, A., 2001. The adult male voxel model 'Golem' segmented from whole body CT patient data. *Radiat. Environ. Biophys.* **40**, 153-162.

Ziegler, J.F., Biersack, J.P., Ziegler, M., et al., 2003. SRIM—the Stopping and Range of Ions in Matter. American Nuclear Society, La Grange Park, USA. 次のサイトで入手可能：www.srim.org（最終アクセスは，2014年12月）．

4. 外部被ばくに対する換算係数

（111） 防護量である「等価線量」と「実効線量」は測定できず，したがってそれらの値は，粒子フルエンス Φ あるいは空気カーマ K_a のような放射線場の物理量との関係を使って決定される。標準人に対して定義された換算係数は，放射線防護量と場の物理量との数値的関係を与える。したがって，ICRP/ICRU の基準換算係数が，職業被ばくに対する放射線防護の実務で一般に利用可能となっていることが重要である。

（112） ICRP/ICRU 共同課題グループの作業に基づき，委員会は，「外部放射線に対する放射線防護に用いるための換算係数」に関する報告書（ICRP, 1996; ICRU, 1998）を刊行した。この報告書は，特定の全身照射条件下での単一エネルギーの光子，中性子および電子による外部被ばくに対する防護量と実用量への換算係数のデータセットを勧告した。さらに，ICRP *Publication 74*（ICRP, 1996）は，特定の理想化された照射被ばくジオメトリーについて，防護量である「実効線量」と実用線量との関係を調査した。この評価に用いた防護量のデータの大部分は，ヒトの解剖学的構造の様式化されたモデルに基づいて計算された。

（113） 成人の標準男性と標準女性（ICRP, 2002）を表す ICRP のボクセルに基づく標準ファントムが作られたことにより，現在の ICRP/ICRU のデータセット（ICRP, 1996）を置き換えるため，重要となる放射線と照射ジオメトリーに対して新しい換算係数の計算が必要となった。実効線量の換算係数は，加重係数 w_R と w_T の値に依存し，本報告書では，これらの加重係数の変更やボクセルに基づく標準ファントムの使用が換算係数の値に与える影響を，特に光子と中性子について調査している。

（114） 本報告書に示されたすべてのデータセットは，男性と女性の標準コンピュータファントム（ICRP, 2009）を使って，課題グループ DOCAL が計算した結果に基づいている。3.3節で示したとおり，放射線輸送シミュレーションには，いくつかのモンテカルロコードを使用した。計算品質の保証のため，データセットの計算は，モンテカルロ計算を行う第1グループと，確認を行うグループ（第2計算者）によって遂行された。ほとんどの場合，更なる確認計算が3番目または4番目のグループによっても行われた。第1計算者は，すべてのエネルギーとジオメトリーをカバーし，第2計算者は，これらのパラメータのほとんどをカバーした。そして，第3計算者と第4計算者は，その中から選択したジオメトリーと粒子エネルギーに対して計算を行った。異なるコードから得た結果には，全体的に非常に良い一致が見られた。そしてほとんどの場合，その結果のばらつきは統計的な相対不確かさより小さかった。しかし，あ

る粒子やエネルギー領域については，輸送モデルによる違いが見られ，これらの違いはより詳しく検討された。基準値は，データの平均化，平滑化およびフィッティング（付属書Ⅰ参照）などの方法を組み合せて求めた。実効線量換算係数は，2.2 節（**35**）-（**44**）項で述べたように評価した。

（**115**）　本報告書は，ICRP *Publication 74*（ICRP, 1996）で示した範囲よりも広い範囲の粒子とエネルギーについて検討している。表 4.1 に，本報告書で考慮した粒子，エネルギー範囲および照射ジオメトリーを示す。表 4.1 には，これらの計算に使用したモンテカルロコードも挙げられている。放射線輸送に関する文献では，「エネルギー」という語を「運動エネルギー」の意味で使用しており，本報告書の図や表，添付した CD-ROM でも，これ以降，その意味で使用する。

（**116**）　3.4 節で述べたように，活性骨髄と骨内膜の線量は，個々の骨部位における海綿質と骨髄髄質の吸収線量から評価した。そして，これらの組織の骨格平均吸収線量は，海綿質と骨髄髄質の線量の質量加重平均として求めた。一貫性をもたせるため，この方法をすべての粒子の計算に適用した。課題グループは，本報告書の目的上，この近似で十分であると判断した。光子に対して EGSnrc コードで行ったテスト計算によって，線量応答関数（DRF）を用いたときも，実効線量の値に大きな影響を生じないことが示された。これは図 4.1 に示されている。

（**117**）　付属書 A に，すべての粒子，エネルギーおよび照射ジオメトリーに対する実効線量の基準換算係数を示す。付属書 B と C に，ICRP *Publication 103*（ICRP, 2007）に定義されている実効線量に寄与する臓器（すなわち，赤色（活性）骨髄，結腸，肺，胃，乳房，卵巣，精巣，膀胱壁，食道，肝臓，甲状腺，骨内膜，脳，唾液腺，皮膚）および残りの組織に対する光子と中性子それぞれについての臓器吸収線量換算係数を示す。データは，男性と女性のファントムについて，考慮した個々の照射ジオメトリーごとにまとめられている。付属書 F には，光子，電子および中性子に対する眼の水晶体の線量換算係数を示す。本報告書に添付した CD-ROM には，残りの組織の個々の臓器に対する臓器線量換算係数を含む，すべての完全な臓器線量換算係数が与えられている。残りの組織の個々の臓器とは，副腎，胸郭外領域，胆嚢，心臓，腎臓，リンパ節，筋肉，口腔粘膜，膵臓，前立腺，小腸，脾臓，胸腺，子宮／子宮頸部である。すべての粒子に対する眼の水晶体の線量換算係数も CD-ROM に収載されている。表 4.2 は，すべての標的組織に対する略語のリストを挙げており，これらは ICRP *Publication 110*（ICRP, 2009）の付属書 D から引用した。臓器識別番号ごとの標的組織の組成は，同書（*Publication 110*）の表 A.1 に記載されている。臓器吸収線量は，入射粒子フルエンス Φ に対する比として表され，単位は $pGy \cdot cm^2$ である。さらに，10 MeV* までのエネルギーの光子

＊（訳注）　本文と CD-ROM の表には 20 MeV までのデータが記載されており，20 MeV までのエネルギーについて利用可能である。本書の（**124**），（**A3**），（**J4**）の各項においても同様。

4. 外部被ばくに対する換算係数　37

表 4.1　臓器および実効線量換算係数を決定するために行った計算のまとめ

粒子	エネルギー	ジオメトリー	第1計算	第2計算	確認計算
光子	10 keV〜10 GeV 以下のエネルギーを含む。0.511, 0.662, 1.117, 1.330, 6.129 MeV	AP, PA, LLAT, RLAT, ISO, ROT	EGSnrc HMGU (Schlattl)	MCNPX 2.6-CEM GaTech (Hertel)*	GEANT4 HMGU (Simmer)
中性子	0.001 eV〜10 GeV	AP, PA, LLAT, RLAT, ISO, ROT	PHITS JAEA (Sato)	FLUKA INFN (Pelliccioni)	MCNPX 2.5 RPI (Xu) GEANT4 HMGU (Simmer)
電子	50 keV〜10 GeV	AP, PA, ISO	MCNPX 2.6-CEM MCNPX 2.6 Bertini (1 MeV 以下) GaTech (Hertel)*	EGSnrc HMGU (Schlattl)	GEANT4 HMGU (Simmer)
陽電子	50 keV〜10 GeV	AP, PA, ISO	MCNPX 2.6-CEM GaTech (Hertel)*	EGSnrc HMGU (Schlattl)	GEANT4 HMGU (Simmer)
陽子	1 MeV〜10 GeV	AP, PA, LLAT, RLAT, ISO, ROT	PHITS JAEA (Sato)	FLUKA INFN (Pelliccioni)	MCNPX 2.6 JAEA (Endo) GEANT4 HMGU (Simmer)
パイマイナス中間子	1 MeV〜200 GeV	AP, PA, ISO	FLUKA JAEA (Endo) PHITS JAEA (Sato)		
パイプラス中間子	1 MeV〜200 GeV	AP, PA, ISO	FLUKA JAEA (Endo) PHITS JAEA (Sato)		
ミューマイナス粒子	1 MeV〜10 GeV	AP, PA, ISO	FLUKA JAEA (Endo)	MCNPX 2.6-CEM GaTech (Hertel)*	GEANT4 HMGU (Simmer) FLUKA INFN (Pelliccioni) MCNPX 2.6-Bertini JAEA (Endo)
ミュープラス粒子	1 MeV〜10 GeV	AP, PA, ISO	FLUKA JAEA (Endo)	MCNPX 2.6-CEM GaTech (Hertel)*	GEANT4 HMGU (Simmer) FLUKA INFN (Pelliccioni)
ヘリウムイオン	1 MeV/u〜100 GeV/u	AP, PA, ISO	PHITS JAEA (Sato)	FLUKA JAEA (Endo)	

AP：前方-後方，PA：後方-前方，LLAT：左側方，RLAT：右側方，ROT：回転，ISO：等方，HMGU (Helmholtz Zentrum München)：ドイツ環境健康研究センター，JAEA：日本原子力研究開発機構，GaTech：ジョージア工科大学，INFN：イタリア核物理学国立研究所，RPI：レンセラー工科大学。
* Nolan Hertel と Eric Burgett (アイダホ州立大学), Michele Sutton Ferenci (ペンシルヴァニア州立大学医療センター) および Ken Veinot (Y-12 国家安全保障複合施設, テネシー州オークリッジ)。

38   4. 外部被ばくに対する換算係数

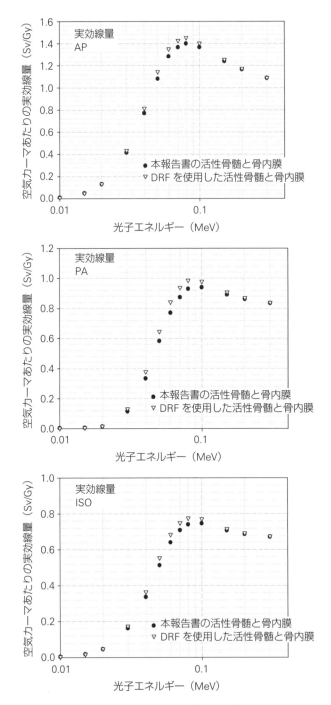

図 4.1 前方 – 後方（AP），後方 – 前方（PA），等方（ISO）の各照射ジオメトリーに対して，本報告書で使用した方法と線量応答関数（DRF）を使用した方法で計算した活性骨髄（RBM）および骨内膜（Endost-BS）線量を用いて評価した空気カーマあたりの実効線量の比較

表 4.2 ICRP *Publication 110* ファントムにおける標的領域と略号のリスト

標的領域	略 号	標的領域	略 号
活性（赤色）骨髄	R-marrow	後鼻道＋咽頭の基底細胞	ET2-bas
結 腸	Colon	胸郭外（ET）領域のリンパ節	LN-ET
右肺＋左肺	Lungs	気管支の基底細胞	Bronchi-bas
胃 壁	St-wall	気管支の分泌細胞	Bronchi-sec
乳房 a＋乳房 g	Breast	細気管支の分泌細胞	Brchiol-sec
右卵巣＋左卵巣	Ovaries	肺胞間隙	AI
精 巣	Testes	胸部領域のリンパ節	LN-Th
膀胱壁	UB-wall	右肺葉	RLung
食道（壁）	Oesophagus	左肺葉	LLung
肝 臓	Liver	右副腎	RAdrenal
甲状腺	Thyroid	左副腎	LAdrenal
50 μm 骨内膜領域	Endost-BS	不活性（黄色）骨髄	Y-marrow
脳	Brain	右乳房脂肪	RBreast-a
唾液腺	S-glands	右乳腺	RBreast-g
皮 膚	Skin	左乳房脂肪	LBreast-a
右副腎＋左副腎	Adrenals	左乳腺	LBreast-g
胸郭外領域	ET	右乳房 a＋右乳房 g	RBreast
胆嚢壁	GB-wall	左乳房 a＋左乳房 g	LBreast
心臓壁	Ht-wall	右乳房 a＋左乳房 a	Breast-a
右腎臓＋左腎臓	Kidneys	右乳房 g＋左乳房 g	Breast-g
リンパ節（LN-ET と LN-Th を除く）	Lymph	眼の水晶体	Eye-lens
筋 肉	Muscle	右腎臓皮質	RKidney-C
口腔粘膜	O-mucosa	右腎臓髄質	RKidney-M
膵 臓	Pancreas	右腎盂	RKidney-P
前立腺	Prostate	右腎臓 C＋M＋P	RKidney
小腸壁	SI-wall	左腎臓皮質	LKidney-C
脾 臓	Spleen	左腎臓髄質	LKidney-M
胸 腺	Thymus	左腎盂	LKidney-P
子宮／子宮頸部	Uterus	左腎臓 C＋M＋P	LKidney
舌	Tongue	右卵巣	ROvary
扁桃腺	Tonsils	左卵巣	LOvary
右結腸壁（上行＋右側横行）	RC	下垂体	P-gland
左結腸壁（左側横行＋下行）	LC	脊 髄	Sp-cord
S 状結腸壁＋直腸壁	RSig	尿 管	Ureters
前鼻道の基底細胞	ET1-bas	脂肪／残りの組織	Adipose

出典：ICRP, 2009。成人の標準コンピュータファントム。ICRP Publication 110 *Ann. ICRP* **39**(2)。

については，空気カーマ K_a あたりの臓器吸収線量の換算係数（Gy/Gy で表される）も表にまとめられている。すべての場合において，ファントムは真空中で照射されると仮定した。

（118） 本報告書に示した換算係数について，値の間の正確な補間が必要な場合には，ICRP *Publication 74*（ICRP，1996）において使用されたものと同様の手順に従うよう勧告する。フルエンスあたりの吸収線量と実効線量の補間には，4点（三次）ラグランジュ補間公式が推奨され，対数-対数グラフスケールがより適切である。光子の空気カーマあたりの吸収線量と実効線量の補間は，4点（三次）ラグランジュ補間公式を使い，直線-対数グラフスケールがより適切である。

4.1　光　　子

4.1.1　人体における光子によるエネルギー沈着の特徴

（119） 光子は，3つの主要な相互作用，すなわち，光電効果，コンプトン散乱および電子対生成（また3電子生成）を経て，エネルギーを電子や陽電子に与える。人体でのエネルギー沈着は，電子や陽電子へ転移し，それらの行程に沿って失われるエネルギーにより生じる。電子や陽電子は，制動放射線や電離後に出る特性X線としての二次光子および陽電子の粒子消滅による二次光子を発生することができる。

（120） 軟組織において，30 keV 未満の光子のエネルギー沈着では，光電効果が支配的である。それに対し，30 keV から 25 MeV のエネルギーでは，光子のエネルギーは主にコンプトン散乱を通じて電子へ転移する。エネルギーが 25 MeV 以上では，電子対生成が支配的な相互作用となる。

4.1.2　光子に対する計算条件

（121） 外部入射光子に対する第1計算は，EGSnrc バージョン 4-2-3-0（Kawrakow ら，2009）で行った。使用したコードの詳細は，3.3節（83）-（85）項と Schlattl ら（2007）に記載されている。大きな臓器（例えば肺や肝臓）の線量換算係数は，すべてのジオメトリーにおいて，0.5%未満の統計的な相対不確かさで決定できた。最も小さな臓器でも，統計的な相対不確かさを2%未満にするために，インポータンスサンプリング* を使用した。胆嚢，前立腺，精巣，卵巣，胸腺および甲状腺に到達する粒子の数を人為的に5倍に高め，乳腺組織領域と副腎における光子の数は，これらの臓器の外側の組織領域よりも10倍高くした。全体として，

---

*（訳注）　ある量の期待値を計算する場合，確率分布の中で重要と考えられる領域に，より大きな重みを置いてサンプリングすることで，期待値の評価精度を向上させる手法。粒子輸送計算で用いられる分散低減法のひとつ。

低い光子エネルギーにおいて，統計的不確かさは小さかった。それでも，考慮した最も低いエネルギー（10 keV から 20 keV）では，胆嚢などの小さな臓器に到達できる光子がごくわずかであったため，これらの臓器の統計的な相対不確かさは 10%に達した。

（**122**）外部入射光子に対する第 2 計算は，MCNPX バージョン 2.6 で行った。起こり得る光核反応を計算に組み入れるため，光子の輸送計算には CEM03 物理モデルを選択した。その結果得られた吸収線量を，光核反応モデルを Bertini モデルにして，いくつかの同じエネルギーで計算した線量と比較した。このエネルギー範囲では，光核反応の吸収線量への寄与が小さいため，観察された差は無視できる程度であった。大きな臓器（例えば肺や肝臓）の線量換算係数は，すべてのジオメトリーとエネルギーについて，0.5%未満の統計的相対不確かさで決定された。それより小さい臓器では，統計的な相対不確かさが 5%に近づく非常に高いエネルギーを除けば，最も小さな臓器でも統計的な相対不確かさは 2%未満であった。全体として，不確かさは，光子エネルギーが低いほど小さかった。それでも，考慮した最も低いエネルギー（10 keV から 20 keV）では，胆嚢などの小さな臓器へほとんどの光子が到達しないため，統計的な相対不確かさは 10%に達した。

（**123**）確認計算は，AP 照射について GEANT4 コードで行った。30 keV 以上のエネルギーの光子に対して，統計的な相対不確かさは，最大でも，大きな臓器では 3%，小さな臓器では 10%であった。30 keV 未満でエネルギー沈着事象がファントムの深い領域でほとんど起こらない場合，小さな臓器（例えば副腎）の統計的な相対不確かさは 10%を上回った。

（**124**）理想化された外部被ばくに対する線量換算係数は，粒子フルエンスあたりの吸収線量として評価し，pGy·cm^2 の単位で示した。さらに，10 MeV までのエネルギーについては，換算係数を，空気カーマ K_a あたりの臓器吸収線量（単位：Gy/Gy）として表にまとめた。この変換には，フルエンスあたりの空気カーマの換算係数（Seltzer, 1993）を用いた。

（**125**）3.4 節で述べたように，活性骨髄と骨内膜の線量は，個々の骨部位における海綿質と骨髄髄質の吸収線量から評価した。これら 2 つの標的組織の骨格平均吸収線量は，海綿質と骨髄髄質の線量の質量加重平均として求めた。

（**126**）実効線量の計算は，2.2 節（**35**）-（**44**）項で述べた手順で行った。

4.1.3 光子に対するモンテカルロコードによる違い

（**127**）EGSnrc コード，MCNPX 2.6 コード，および GEANT4 コードから得られたデータセットは，非常に良い一致を示している。一例として，図 4.2 に AP 照射ジオメトリーで，女性ファントム内の結腸と男性ファントム内の甲状腺に対して，3 つの輸送コードによって得られた吸収線量換算係数を示す。

（**128**）基準吸収線量換算係数は，データの平均化，平滑化およびフィッティングを適用することによって，すべての計算者のデータから評価した。基準実効線量換算係数を付属書 A

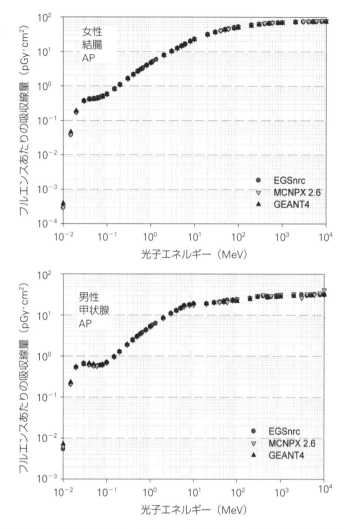

図 4.2 3つのモンテカルロコードによって計算した，前方－後方（AP）ジオメトリーにおける結腸（女性）および甲状腺（男性）の線量換算係数の比較

に記載した。付属書Bは，実効線量に寄与するすべての臓器と残りの組織について，光子に対する基準臓器吸収線量換算係数のリストを示している。眼の水晶体の換算係数は，付属書Fに示す。

4.1.4 光子に対する臓器線量換算係数の分析

（**129**）臓器の吸収線量換算係数は，男女のファントム間で顕著な差を示している（Schlattlら，2007）。成人の標準女性の身体が小さいことから，標準男性に比べ，いくつかの臓器で大きな値（30%から50%，あるいはそれ以上）になる。これに対して，APジオメトリーで光子エネルギーが低い場合，女性の乳房による遮蔽が，上半身のいくつかの臓器につい

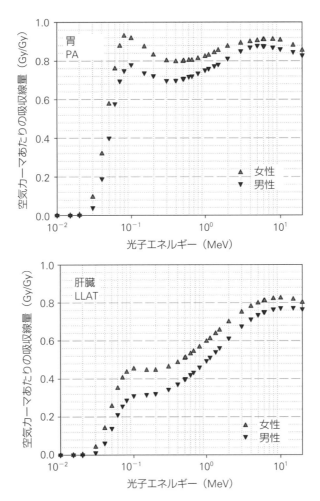

図 4.3 男性および女性標準ファントムの光子に対する後方－前方（PA）ジオメトリーにおける胃と左側方（LLAT）ジオメトリーにおける肝臓の臓器線量換算係数の比較

て，男性ファントムに比べて換算係数を小さくする。男性ファントムと女性ファントムに対する臓器線量換算係数は，約 40 keV から 80 keV の光子エネルギーで差が最も大きくなる。相対差は，1 方向からの照射（すなわち AP, PA, LLAT および RLAT）で最も大きくなり，50％に近づく場合がある。ほとんどの場合，これらの差は，光子エネルギーが低下すると増加する。光子エネルギーが低下するにつれて，人体内の臓器の深さがますます重要なパラメータになり，臓器線量換算係数の値に強く影響する。そのため，光子エネルギーが約 20～30 keV よりも低いと，換算係数の相対差が 100％か，それ以上になる場合もある。

（**130**）図 4.3 に，PA 照射ジオメトリーでの胃と LLAT 照射ジオメトリーでの肝臓の線量換算係数を表す。ROT と ISO 照射ジオメトリーについては，臓器線量換算係数は，男性ファントムと女性ファントムのすべての臓器でほとんど同じである。

4.1.5　光子に対する実効線量換算係数の分析

（131）　図4.4に，考慮した理想化されたジオメトリーにおける光子被ばくに対するフルエンスあたりの実効線量を示す。4 MeVまでのエネルギーについては，AP照射ジオメトリーで実効線量が最も大きな値になる。しかし，30 MeVを上回るとAPジオメトリーは最も小さい値を示す。

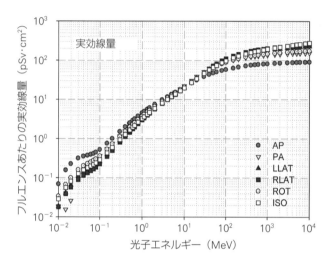

図 4.4　様々なジオメトリーにおける光子被ばくに対するフルエンスあたりの実効線量　AP：前方–後方，PA：後方–前方，LLAT：左側方，RLAT：右側方，ROT：回転，ISO：等方（カラー画像は口絵参照）

4.1.6　光子に対するICRP *Publication 74*（ICRP, 1996）との比較

（132）　光子に対するICRP *Publication 74*（ICRP, 1996）のデータは，MIRD（Medical Internal Radiation Dose：医学内部放射線量）タイプのファントム（Snyderら，1969, 1978）から作られた数学ファントムであるAdamとEva（Kramerら，1982）を用いて計算された。オークリッジ国立研究所で開発されたALGAMコード（WarnerとCraig, 1968）の後継であるGSFコードが使われた（Kramerら，1982; Veitら，1989）。使用した断面積は，DLC99/HUGOライブラリ（Roussinら，1983）のものであった。

（133）　ICRP *Publication 74*（ICRP, 1996）では，光子が相互作用した点で転移されたエネルギーは，その点に沈着すると仮定された（すなわち，二次電子は追跡しなかった）。この簡略化は「カーマ近似」と呼ばれる。カーマ近似は，着目する体積において，ほぼ二次荷電粒子平衡が存在する場合に限り有効であり，身体の十分内側に存在するすべての点について許容できる仮定である。しかし，体表面の臓器（例えば皮膚，乳房および精巣）の場合，10 MeVの光子エネルギーにおいて，カーマ近似は吸収線量を最大2倍まで過大評価する。体表面臓器の場合，カーマ近似は約1 MeV未満において有効である。本報告書では，入射光子エネルギ

ーに関係なく，すべての二次電子を追跡した。光子による外部照射では，付随する二次電子（および陽電子）による被ばくが常に伴うため，吸収線量を評価するには，それらの寄与を含めなければならないことに注意すべきである*。

（**134**）ICRP *Publication 74*（ICRP, 1996）では，単純化した元素組成を Adam と Eva の様式化されたファントムに仮定した。本報告書では，ICRP *Publication 110*（ICRP, 2009）に記載されている，より広範囲の組織の元素組成リストを考慮している。

臓器吸収線量

（**135**）本報告書のために計算した臓器線量換算係数と ICRP *Publication 74*（ICRP, 1996）に示されている臓器線量換算係数の最も大きな違いは，使用したモデルの解剖学的構造の差に帰することができる。このことは，他の著者（Jones, 1997; Chao ら，2001; Zankl ら，2002; Ferrari と Gualdrini, 2005; Kramer ら，2005; Schlattl ら，2007）が，彼らの所有するボクセルファントムと ICRP *Publication 74*（ICRP, 1996）との比較から得た以前の知見を裏付けるものである。観察された線量換算係数のいくつかの違いは，埋め込んだ腕の骨を持つ引き延ばした楕円面で構成される様式化された数学モデルの胸部の形状によって説明することができる。この形状は，胸部の断面が長方形に近い，実際のヒトの解剖学的構造と幾分異なっている。

（**136**）次に，本報告書と ICRP *Publication 74*（ICRP, 1996）の重要な違いは，本報告書の計算では，二次電子が局所にエネルギーを沈着するカーマ近似を使用せずに，二次電子の輸

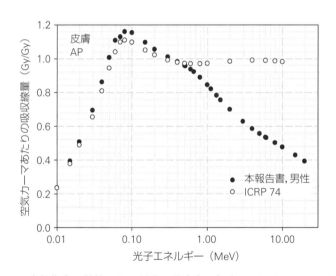

図 4.5 本報告書で計算した，前方 – 後方（AP）ジオメトリーにおける男性ファントムの皮膚の吸収線量換算係数と ICRP *Publication 74*（ICRP, 1996）の値との比較

---

*（訳注）　線量換算係数の計算は，ファントムを真空中に配置して行っている。実際の放射線作業場では，光子が空気中で発生する二次電子も人体に入射してくるために，この寄与を考慮する必要があることを意味する。

46   4. 外部被ばくに対する換算係数

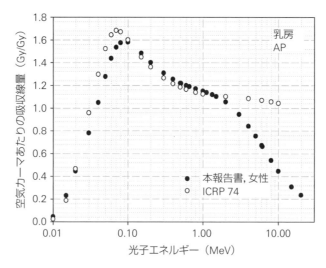

図4.6　本報告書で計算した，前方－後方ジオメトリー（AP）における女性ファントムの乳房の吸収線量換算係数と ICRP *Publication 74*（ICRP, 1996）の値との比較

送を考慮した点である。これは，体表面臓器，例えば皮膚と乳房の吸収線量換算係数において，入射光子エネルギーが，それぞれ 400 keV と 1 MeV を超える場合に影響する（図4.5と図4.6）。これらのエネルギーでは，表面にある厚みの薄い臓器内で放出された電子のすべてが，その場で吸収されるわけではない。この結果，線量換算係数は，カーマ近似で計算される線量換算係数に比べて小さい。

（137）　また，Schlattl ら（2007）は，40 keV 未満では，輸送コード，断面積，および臓器組成の差異が線量換算係数の値に影響する場合があり，その相対差は 20％にまで達すると結論づけた。数学ファントムとボクセルファントムの違いにより，RLAT 被ばくに対して，より大きな線量換算係数が，標準コンピュータファントムの，特に結腸，膵臓および胃において認められている。活性骨髄と甲状腺では，より小さい線量換算係数が得られている。さらに，肺と胸腺は，標準コンピュータファントムの胸郭によってもっと遮蔽されるので，これらの臓器の吸収線量換算係数は，様式化された数学ファントムの場合より小さくなる。例えば，100 keV における肺の吸収線量換算係数は，ICRP *Publication 74*（ICRP, 1996）に示されている対応する値よりも約 30％小さい。Lee ら（2006）によって指摘されたように，様式化されたファントムでは，幾分単純化された腕の位置は，LAT 被ばくに対する肺線量の過大評価の要因にもなる。膵臓を除いて，同じ傾向が LLAT 照射に対してはっきりと見られる。この場合，膵臓の線量換算係数は，数学ファントムとボクセルファントムでほぼ同じである。肝臓については，数学ファントムと比較して，標準コンピュータファントムでは LLAT 照射からの遮蔽が少ないため，換算係数が大きくなる。AP 照射では，胃と胸腺は，標準ボクセルファントムでは吸収線量が小さくなるが，活性骨髄と，特に食道について，ICRP *Publication 74*（ICRP,

1996)に示されている線量換算係数は過小評価されている．様式化された数学ファントムAdamとEvaでは，食道は実際のヒトよりも身体の後方にあり，このファントムタイプでPAジオメトリーにおける食道の換算係数がかなり大きくなっていることは，この位置関係によって説明される．

(**138**) ICRP *Publication 74*（ICRP, 1996）と比較して，PAジオメトリーでは，胸腺と甲状腺で，より大きな線量換算係数が得られている．様式化された数学ファントムでは，これらの臓器は脊柱によって，もっと遮蔽されている．これと対照的に，活性骨髄，小腸と大腸，腎臓および膵臓では，より小さい換算係数が得られている．これは，様式化された数学ファントムでは，腸，腎臓および膵臓の身体の背部までの距離を過小評価していること，または，臓器がファントムの前面寄りに位置していること，あるいはその両方を示している．

(**139**) 結論として，ほとんどの臓器について，新しい線量換算係数は，ICRP *Publication 74*（ICRP, 1996）に示されている基準値から最大で20％異なる．しかし，実効線量に大きく寄与する多くの臓器を含め，臓器によっては相対差が特定の照射ジオメトリーにおいて約30％またはそれより大きくなる．全体的に見て，ICRP *Publication 74*（ICRP, 1996）と本報告書の臓器線量換算係数の主要な違いは，ICRP *Publication 110*（ICRP, 2009）の標準ファントムによって表された，より現実に近い解剖学的構造に帰することができる．

<u>実効線量</u>

(**140**) 図4.7は，AP, PAおよびISOジオメトリーにおける光子照射について，本報告書の空気カーマあたりの実効線量とICRP *Publication 74*（ICRP, 1996）およびICRU Report 57（ICRU, 1998）に示されている値との比を示している．APとISOジオメトリーでは，0.1

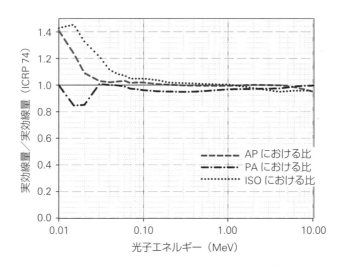

図4.7 **本報告書の光子に対する空気カーマあたりの実効線量換算係数とICRP *Publication 74*（ICRP, 1996）の値との比** AP：前方－後方，PA：後方－前方，ISO：等方

MeV から 6 MeV の間の入射光子エネルギーにおいて，空気カーマあたりの実効線量換算係数は，ICRP *Publication 74*（ICRP, 1996）に示されている値と非常に近い。AP ジオメトリーで光子エネルギーが 6 MeV から 10 MeV では，本報告書の空気カーマあたりの実効線量の値は，カーマ近似で乳房線量が過大評価になっていた以前の値より小さい。最も大きな違いは，PA 照射と LAT 照射に対して観察されたが，0.1 MeV 以上では，換算係数セットの値の差は，最高でも Sv/Gy で数パーセントである。これらの違いに対しては，ICRP *Publication 103*（ICRP, 2007）における組織加重係数の変更が最も大きく影響した。PA 照射における実効線量換算係数が小さいのは，加重係数が大きい臓器（例えば活性骨髄，肺および大腸）の換算係数が小さくなったことが主たる原因である。LAT 照射については，臓器線量換算係数が ICRP *Publication 74*（ICRP, 1996）の値よりも小さくなった臓器（肺，活性骨髄，食道および甲状腺）もあれば，大きくなった臓器（結腸と胃）もある。これらの競合する増減は平均化され，LAT 照射に対する実効線量換算係数をやや増加させる。それでも，ICRP *Publication 103*（ICRP, 2007）における乳房と残りの組織の組織加重係数の増加と，生殖腺の組織加重係数の減少によって，LAT 照射に対する実効線量換算係数は ICRP *Publication 74*（ICRP, 1996）で従来提示されていた値より幾分大きくなる。結論として，実効線量換算係数の変化は相対的に小さい（20% 未満）。したがって，新しいファントムと ICRP *Publication 103*（ICRP, 2007）の改訂された加重係数による線量評価手順の変更の影響は，外部光子被ばくの場合，それほど大きくない。

4.2 電子と陽電子

4.2.1 人体における電子と陽電子によるエネルギー沈着の特徴

（**141**）電子と陽電子輸送のシミュレーションは，光子のシミュレーションより複雑である。これは主として，1 回の相互作用における電子の平均エネルギー損失が非常に小さい（数十 eV のオーダー）ことに起因する。その結果，高エネルギー電子は，事実上媒質に吸収されるまでに数多くの相互作用を受ける。一般的な放射線輸送コードでは，これらの相互作用は通常そのままではモデル化されず，粒子のエネルギー損失は多重散乱理論を通じて扱われる。

（**142**）人体内の行程に沿って，電子と陽電子は，数多くの散乱事象を経て，時々二次電子（デルタ線）を生成しながらエネルギーを失う。制動放射光子が散乱過程で生成される場合がある。エネルギーが約 100 MeV より低い場合，軟組織における電子の主要なエネルギー損失過程は，構成原子の電離と励起による。一方，それより高いエネルギーでは，制動放射生成が支配的な過程となる。

（**143**）軟組織では，約 300 keV より低いエネルギーの電子と陽電子の飛程は 1 mm 未満であり，そのため電子と陽電子はボクセルファントムの皮膚にしか入ることができない。陽電子

4.2 電子と陽電子

の場合，消滅光子が身体深部の臓器における吸収線量の原因となり得る。電子は，制動放射過程によって放出される光子しか皮膚を通過することができない。軟組織中の低エネルギー電子と陽電子は，エネルギーのごく一部しか制動放射光子へ転移しない。したがって，身体深部の臓器の吸収線量は，これらの低エネルギー粒子の場合も非常に小さい。

（**144**）電子－電子相互作用（Møller 散乱）と陽電子－電子相互作用（Bhabha 散乱）の断面積はほぼ等しいので，これらの粒子の人体中の透過深さはほとんど同じになる。それでも，陽電子は組織内に存在する電子とともに消滅し，511 keV の 2 つの光子を生成する。これらの光子は，特に数 MeV 未満のエネルギーの陽電子の場合，線量のかなりの部分に寄与し得る。

4.2.2 電子と陽電子に対する計算条件

（**145**）第 1 計算は，MCNPX バージョン 2.6.0（Pelowitz, 2008）で行った。このコードの詳細は，3.3 節（**95**）-（**97**）項を参照のこと。吸収線量全体に占める寄与は非常にわずかであるものの，光核反応を含めるために CEM03 物理モデルを使用した。電子と陽電子の臓器線量換算係数の不確かさは，平行ビームのエネルギーと方向に強く依存して変動したため，不確かさの大きさについての詳細な説明は，この議論に含めていない。エネルギーが 150 keV 未満の粒子に対して計算された臓器線量のほとんどで，皮膚を除いて，統計的不確かさが非常に大きかった。これは，低エネルギーでは粒子の飛程が短いことと，体表面とほとんどの体内の臓器との間に介在する組織の量から予想されることである。十分な透過力のあるエネルギーの電子／陽電子の場合，臓器線量の相対不確かさは 2% 未満であった。透過力がそれより劣るエネルギーの場合，体内の臓器には最大 10% の相対不確かさがあった。飛程が非常に短い電子と陽電子という最も悪いケースで，不確かさは小さな臓器で 70% から 100% に達したが，その不確かさが大きいケースのほとんどすべては，エネルギーが 150 keV 未満の場合であった。100 keV を上回るエネルギーについては，実効線量の相対不確かさは，すべて 2% 未満であった。それより低いエネルギーの入射粒子で，ファントムのより深部にある臓器の吸収線量の相対不確かさが大きくなるのは，表面に近い組織で生成されるわずかな制動放射光子のエネルギー沈着の結果である。MCNP コードは，粒子輸送における電子と陽電子の差を，消滅，電荷蓄積，および磁場における追跡という明白な場合を除いて，従来から無視していることに注意すべきである。

（**146**）外部電子照射の第 2 セットの計算は，EGSnrc コードで行った。200 keV 以下の電子エネルギーについては，外部から入射する電子の飛程を超える体内臓器における吸収線量の統計的な相対不確かさを低減するために，「制動放射スプリッティング」（Rogers と Bielajew, 1990; Rogers ら, 1995）と呼ばれる分散低減法を適用した。

（**147**）確認計算は，AP 照射について GEANT4 コードを用いて行った。電子と陽電子の輸送において，GEANT4 コードは，制動放射，電離／励起，デルタ線生成，および陽電子消

減の過程を考慮している。電子の場合，入射エネルギー 600 keV に対して，統計的な相対不確かさは，大きな臓器で 4% 未満，小さな臓器で 10% 未満であった。陽電子消滅事象により，陽電子に対する統計的な相対不確かさは，すべての体内の臓器について，10 keV において 2% 未満であった。

（**148**） AP，PA および ISO 被ばくに対する線量換算係数は，粒子フルエンスあたりの吸収線量として計算した。実効線量の計算は，2.2 節（**35**）-（**44**）項で述べた手順で行った。

4.2.3　電子と陽電子に対するモンテカルロコードによる違い

（**149**）　MCNPX 2.6，EGSnrc および GEANT4 コードで計算した換算係数は，非常に良い一致を示した。例として，図 4.8 に AP ジオメトリーで外部入射電子により照射された成人の標準女性の甲状腺におけるフルエンスあたりの吸収線量を示す。違いが見られるのは，数 MeV の陽電子エネルギーにおける MCNPX の計算結果であり，それを図 4.9 に示す。この図は，PA ジオメトリーで入射する陽電子に対して，男性の結腸のフルエンスあたりの吸収線量を示している。この不一致は，EGSnrc コードや GEANT4 コードとは異なり，MCNPX コードが，陽電子を輸送するために電子物理モデルを使っている事実によると考えられる（H. Grady Hughes，ロスアラモス国立研究所，私信）。したがって，1 MeV から 20 MeV の間の陽電子エネルギーの MCNPX の結果は，本報告書では無視し，基準換算係数の決定に使用していない。

4.2.4　電子と陽電子に対する臓器線量換算係数の分析

（**150**）　基準吸収線量換算係数は，データの平均化，平滑化，およびフィッティングを適用することによって，すべての計算者のデータから評価した。電子と陽電子に対する実効線量に

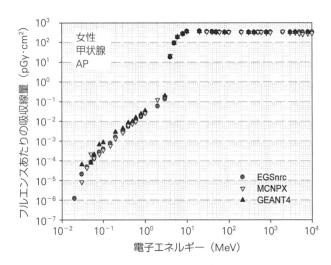

図 4.8　異なるモンテカルロコードによって計算した，前方 - 後方（AP）ジオメトリーにおける甲状腺（女性）の線量換算係数の比較

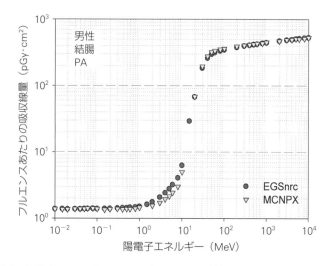

図 4.9 異なるモンテカルロコードによって計算した，後方－前方（PA）ジオメトリーにおける結腸（男性）の線量換算係数の比較

寄与するすべての臓器，残りの組織および眼の水晶体の基準臓器吸収線量換算係数のリストは，本報告書に添付した CD-ROM にある。

（**151**）3.4 節で述べたように，活性骨髄と骨内膜の吸収線量は，個々の骨部位における海綿質と骨髄腔質の吸収線量から評価した。これらの 2 つの標的組織の骨格平均吸収線量は，海綿質と骨髄腔質の吸収線量の質量加重平均として求めた。

（**152**）電子と陽電子に対する線量換算係数は，粒子エネルギーが 100 MeV を上回ると，電子と陽電子の相互作用断面積が類似してくるため，非常に近い値になる。これは，外部から入射する電子と陽電子に対する男性ファントムの膵臓の換算係数を示す図 4.10 で実証されている。

（**153**）低エネルギーの電子と陽電子は，体内を透過して深部の臓器に到達することができない。そのため，これらの深部臓器の吸収線量は，二次光子によるものだけとなる。電子の場合，光子は制動放射過程からしか放出されず，この過程では電子エネルギーが増加するにつれて，光子の生成量と平均エネルギーの両方が増加する。このため，10 keV では，線量換算係数は 10^{-6} pGy・cm^2 のオーダーかそれ以下という非常に小さい値になる。10 keV を超えると，線量換算係数は，入射電子エネルギーのほぼ二次関数として増加する。低エネルギー陽電子は皮膚内で消滅し，511 keV の 2 つの消滅光子が生成され，それらはより深部の臓器に到達することができる。消滅光子による深部臓器の吸収線量は，外部入射電子で生成された制動放射光子による吸収線量よりはるかに大きい。その結果，多くの臓器で，10 keV から約 1 MeV の陽電子エネルギーに対して，陽電子の臓器線量換算係数は，ほぼ一定である。

（**154**）約 1 MeV から 10 MeV のエネルギーで，陽電子と電子は身体深部の臓器に直接到

達し始め，このエネルギー領域で線量換算係数は3桁以上上昇する。この上昇の始まりは，臓器の実効的深さに強く依存し，実効的な深さは照射方向とファントムの性別に左右される。いくつかの臓器（例えば卵巣）では，このエネルギー範囲において曲線の形状や相対的位置，そして対応する換算係数の値に著しい違いを生じる（図4.11参照）。大きな臓器（例えば肺）では，照射ジオメトリーとファントムの性別による換算係数の違いは顕著ではない。

（155）図4.12から分かるように，身体深部の臓器について，女性ファントムに体外から入射する電子と陽電子に対する換算係数は，ほとんどが男性ファントムの値より大きい。生殖

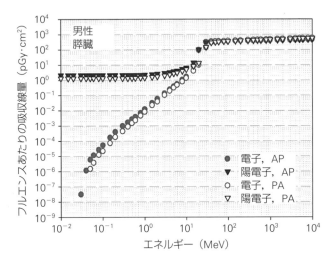

図4.10 前方−後方（AP）と後方−前方（PA）ジオメトリーにおける電子と陽電子に対するフルエンスあたりの膵臓（男性）の線量の比較

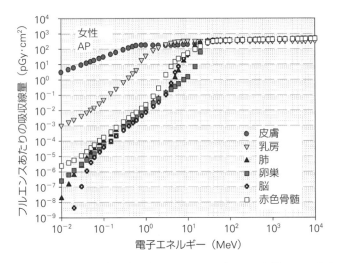

図4.11 前方−後方（AP）ジオメトリーにおける，女性ファントムの電子フルエンスあたりの臓器線量換算係数

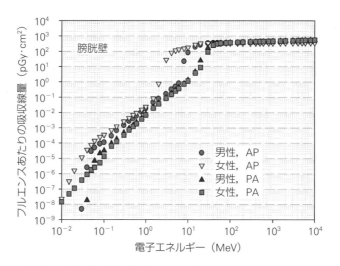

図 4.12 前方 - 後方（AP）と後方 - 前方（PA）ジオメトリーにおける，電子フルエンスあたりの男性と女性の膀胱壁の線量の比較

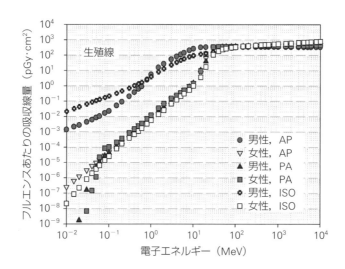

図 4.13 前方 - 後方（AP），後方 - 前方（PA）および等方（ISO）ジオメトリーにおける，電子フルエンスあたりの生殖線の線量の比較

線は例外で，図 4.13 で示すように，男性の線量換算係数は女性の値より大きい。これは，男性の精巣と女性の卵巣の深さと位置の違いの影響である。

（156）皮膚は，一次粒子に常に直接さらされる。男性と女性ファントムの皮膚の厚さは，それぞれ約 2.1 mm と約 1.8 mm である。皮膚における 600 keV の電子の連続減速近似（CSDA）飛程は 2.1 mm である。したがって，600 keV 以下のエネルギーの場合，ほとんどすべてのエネルギーは，男女いずれのファントムでも皮膚に沈着する。600 keV を上回るエネルギーでは，電子と陽電子は皮膚のボクセルを通過することができるので，線量換算係数の値

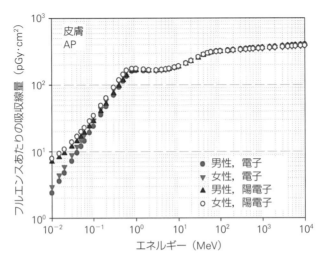

図4.14 前方－後方（AP）ジオメトリーにおける，男性および女性ファントムの電子と陽電子のフルエンスあたりの皮膚の線量

は粒子エネルギーと皮膚の質量では決まらない。入射エネルギーが約 60 MeV を上回ると，電子と陽電子は胸部全体を通過することができ，エネルギーがこの値以上になると，線量換算係数は，電子または陽電子のエネルギーにほぼ比例して増加する。図 4.14 は，男性と女性のファントムにおける電子と陽電子のフルエンスあたりの皮膚線量を示す。男性と女性の換算係数の差は，主にそれらの皮膚の質量の違いによる（3.5 節 (**108**)－(**109**) 項も参照）。

4.2.5 電子と陽電子に対する実効線量換算係数の分析

（**157**）図 4.15 に，考慮した理想化されたジオメトリーにおける電子と陽電子のフルエンスあたりの実効線量換算係数の値をエネルギーの関数として示す。エネルギーが増加すると，身体深部の臓器に入射粒子が次第に到達するため，電子と陽電子の実効線量の値は，エネルギーとともに増加することが分かる。エネルギーが約 1 MeV までは，皮膚の吸収線量が実効線量に最も大きく寄与する。基準実効線量換算係数は，付属書 A および本報告書に添付した CD-ROM に表形式で示されている。

4.2.6 電子と陽電子に対する ICRP *Publication* 74（ICRP, 1996）との比較

（**158**）図 4.16 は，本報告書のフルエンスあたりの実効線量の基準値を ICRP *Publication* 74（ICRP, 1996）に示されている値と比較している。ICRP *Publication* 74 の値は，100 keV から 10 MeV のエネルギー範囲で計算された。600 keV 未満では，ほとんどすべての入射粒子エネルギーは皮膚に沈着する。ICRP *Publication* 74（ICRP, 1996）で電子の計算に用いた様式化されたファントムの皮膚には 70 μm の不感層があったが，ここで用いたボクセルモデル

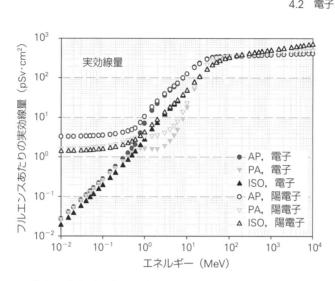

図 4.15 前方−後方（AP），後方−前方（PA）および等方（ISO）ジオメトリーにおける電子と陽電子のフルエンスあたりの実効線量

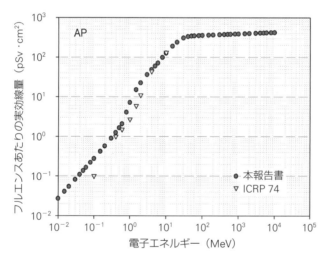

図 4.16 前方−後方（AP）ジオメトリーにおける電子のフルエンスあたりの実効線量の本報告書と ICRP *Publication 74*（ICRP，1996）で示されている値との比較

には組み入れられていない。この不感層のため，最小エネルギー 100 keV において，フルエンスあたりの実効線量の値が小さくなっている。400 keV では良い一致が見られる。しかし，約 1 MeV から 4 MeV では，ICRP *Publication 74* の値は，本報告書で勧告する結果より小さい。これらの差は，ICRP *Publication 74*（ICRP，1996）の様式化されたモデルと ICRP *Publication 110*（ICRP，2009）のボクセルファントムに見られるように，それぞれ対応する乳房と生殖腺（精巣と卵巣）のモデルの違いによるものである。4 MeV を超えると，ICRP *Publication 74* の線量換算係数と本推奨値との一致は，非常に良い。

4.3 中性子

4.3.1 人体における中性子によるエネルギー沈着の特徴

（159） 中性子は，人体内で多くの相互作用を経て，様々な種類の二次粒子を生成する。そのエネルギー沈着は複雑な過程であり，一般にフルエンスから吸収線量への換算係数は，エネルギーに強く依存する。

（160） 図4.17は，ISOジオメトリーでの男性ボクセルファントム全身における二次荷電粒子の吸収線量への相対的寄与を，入射中性子エネルギーの関数として表している。入射エネルギーが約10 keVまでの中性子では，二次光子が体内深部での吸収線量の主要な割合を占め，吸収線量の約90％は水素による中性子捕獲時に放出される2.2 MeVの光子に由来する。光子は電子と陽電子を通じてエネルギーを沈着するので，図4.17において，光子の寄与は「電子／陽電子」の項に分類されている。残りの吸収線量（約10％）は，^{14}N(n, p)^{14}C反応に由来する。すなわち，陽子と^{14}C反跳核がエネルギーを沈着し，これらは，それぞれ「陽子」と「原子核」に分類されている。光子は，熱中性子と熱外中性子の照射による吸収線量の90％を占める。10 keVを上回る中性子エネルギーでは，吸収線量に占める光子の寄与は急激に減少し，1 MeVでは20％未満である。エネルギーが約1 keVを超えると，水素との弾性散乱で生じる反跳陽子によって沈着するエネルギーが重要になり，一方，数MeV以上のエネルギーでは，原子核反応による荷電粒子の生成が，入射中性子のエネルギー沈着をもたらす重要なメカニズムになっていく。中性子の入射エネルギーが増加するにつれ，非弾性の原子核反応で放出される様々な二次粒子が，体内臓器の吸収線量分布に重要な役割を果たすようになる。

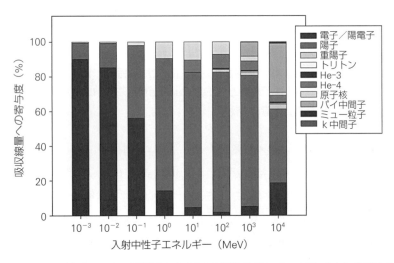

図4.17 中性子によって誘発された反応や弾性散乱によって生成される様々な二次荷電粒子による吸収線量への相対的寄与度の計算値

4.3 中性子

（**161**）モンテカルロ法によって臓器吸収線量を計算するために，すべての二次荷電粒子を追跡し，各々の臓器において結果として生じるエネルギー沈着を合計する。しかし通常，20 MeV 未満の中性子エネルギーでは，吸収線量はカーマ近似によって計算される。実際，二次荷電粒子の飛程は，ほとんどの臓器の大きさと比べて非常に短く［20 MeV 陽子の飛程は組織内でおよそ 4 mm である（ICRU, 1993）］，それゆえ荷電粒子平衡は多くの臓器においてほぼ達成される。ある中性子エネルギーに対して，臓器吸収線量は，その臓器中の中性子フルエンスに適切なカーマ係数を乗じるだけで簡単に決定される。20 MeV を上回ると，荷電粒子平衡にあると見なすことができる人体の臓器と組織は少なくなるので，二次荷電粒子の詳細な輸送計算を行わなければならない。

4.3.2 中性子に対する計算条件

（**162**）4 つの異なるコードが，ここで報告するデータを計算するために使われた（表4.1）。考慮したエネルギー範囲は 0.001 eV から 10 GeV までであり，シミュレーションした照射ジオメトリーは AP, PA, LLAT, RLAT, ROT および ISO であった。

（**163**）第 1 計算の結果は，PHITS コードで得た。このコードは，20 MeV 未満の中性子エネルギーについては，評価済み核データファイル ENDF/B-VI を用い，カーマ近似を採用している。20 MeV から 3.5 GeV までの中性子によって引き起こされる原子核反応は，JQMD モデルでシミュレーションし，それよりも高いエネルギーの粒子によって引き起こされる原子核反応は，JAM モデルを用いて取り扱った。PHITS によるシミュレーションでは，臓器の換算係数の統計的な相対不確かさは一般に小さく，5％未満であったが，小さな臓器（例えば甲状腺）では最高 15％であった。PHITS コードによるシミュレーションのより詳細な内容は，Sato ら（2009）の論文で見ることができる。

（**164**）第 2 計算は，FLUKA コードで行った。20 MeV 未満では，臓器の吸収線量は 260 グループからなる中性子断面積ライブラリを用い，カーマ近似を使って計算した。20 MeV から 5 GeV までのエネルギーでは，ハドロン－核子およびハドロン－原子核の相互作用は，汎用核内カスケードモデルと前平衡モデルを組み込んだ PEANUT パッケージによってシミュレーションした。5 GeV を超えるエネルギーについては，Dual Parton モデルを使用した。大きな臓器の統計的な相対不確かさは，中性子エネルギーに応じて，主に 0.8％から 3％の間であった。しかし，小さな臓器（例えば甲状腺）では，統計的な相対不確かさは，0.8％から 8％の範囲であった。

（**165**）確認計算は，MCNPX バージョン 2.5.0 と GEANT4 コードを用いて行った。MCNPX の計算では，各々の臓器の吸収線量は，ENDF/B-VI と LA-150 ライブラリ，およびカーマ近似を用いて計算した。LA-150 ライブラリにある核種については，表形式の断面積を 150 MeV まで使用した。LA-150 ライブラリに含まれていない核種については，20 MeV 以下

ではENDF/B-VIのデータを使用した。表形式のデータがない場合は，3.5 GeV まで Bertini 核内カスケードモデルを使用し，3.5 GeV 以上では FLUKA89（Aarnio ら，1990）の高エネルギージェネレータを使用した。

（**166**） GEANT4 の確認計算は，AP ジオメトリーに対して行った。20 MeV 未満の中性子については，各々の臓器の吸収線量をカーマ近似と ENDF/B-VI ライブラリを使って計算した。20 MeV から 3 GeV では，Bertini 核内カスケードモデル（GEANT4, 2006）を使用して相互作用過程をシミュレーションした。3 GeV より上では，LEP（Low Energy Parameterized）モデルと HEP（High Energy Parameterized）モデル（GEANT4, 2006）を使用した。これらのモデルは，GEANT3（Fesefeldt, 1985）のよく知られた GHEISHA パッケージの改良版である。統計的な相対不確かさは，エネルギー範囲全体にわたり，すべての臓器で 5％未満であった。

（**167**） 高エネルギー中性子照射のエネルギー沈着過程では，原子核反応から生成される二次粒子が主要な役割を果たすため，高エネルギーの原子核反応をシミュレーションするためにコードで使われているモデルの依存性を調査した。PHITS では，20 MeV から 3.5 GeV の間のエネルギーに対して，汎用蒸発モデル（GEM）と組み合わせた JQMD モデルを使用し，3.5 GeV を上回るエネルギーに対して，GEM と組み合わせた JAM モデルを使用した。FLUKA コードでは，5 GeV までは PEANUT（カスケード前平衡モデル）を使用し，5 GeV を超えると Dual Parton モデルを使用した。MCNPX コードでは，3.5 GeV 未満では Bertini 核内カスケードモデルを使用し，3.5 GeV を超えると FLUKA89（Aarnio ら，1990）の高エネルギージェネレータに切り替えた。GEANT4 コードは，3 GeV までは Bertini 核内カスケードモデルを使用し，3 GeV を超えると 20 GeV までのエネルギーに適した LEP モデルを使用した。

4.3.3 中性子に対するモンテカルロコードによる違い

（**168**） 異なるコードによって得られた臓器吸収線量データの比較から，ほとんどすべての場合において，計算結果間の違いは，評価された統計的な相対不確かさよりもかなり小さいことが明らかとなった。基準線量換算係数は，すべての計算結果から平均化と三次スプライン関数（de Boor, 1978）による平滑化によって得た。女性ファントムの生殖線の吸収線量換算係数と男性ファントムの肺の吸収線量換算係数を表す図 4.18 から分かるように，コード間の一致は非常に良い。この図には，各々のコードから得られたデータポイントを，最終的な基準値とともに示してある。

4.3.4 中性子に対する臓器線量換算係数の分析

（**169**） 付属書 C の表 C.1 から C.30 は，ICRP が組織加重係数を勧告している個々の臓器（すなわち，赤色（活性）骨髄，結腸，肺，胃，乳房，卵巣，精巣，膀胱壁，食道，肝臓，甲状

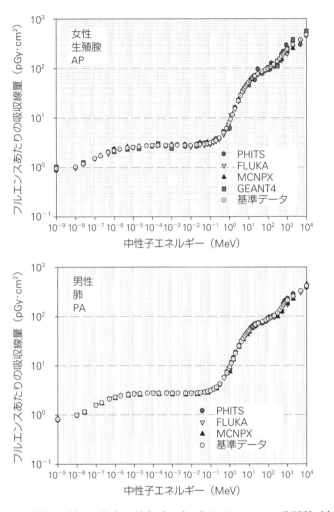

図 4.18　中性子に対する後方 − 前方（PA）ジオメトリーでの生殖腺（女性）および肺（男性）の吸収線量の基準データと元データ

腺，骨内膜，脳，唾液腺および皮膚）と残りの組織の評価済み換算係数を示している。眼の水晶体の換算係数は，付属書 F にある。データは，男性ファントムと女性ファントムについて別々に，そして考慮したすべての照射ジオメトリー（すなわち AP, PA, LLAT, RLAT, ROT および ISO）に対して示している。本報告書に添付している CD-ROM には，上記の臓器の線量換算係数と共に，残りの組織に含まれている臓器（すなわち，副腎，胸郭外領域，胆嚢，心臓，腎臓，リンパ節，筋肉，口腔粘膜，膵臓，前立腺，小腸，脾臓，胸腺および子宮／子宮頸部）の換算係数もある。

（170）　評価済み基準臓器線量換算係数の例として，成人の標準男性ファントムの甲状腺と胃の吸収線量換算係数を，考慮したすべてのジオメトリーについて図 4.19 に示す。AP 照射が，低エネルギー中性子と高エネルギー中性子に対して，それぞれ線量換算係数の最も大きな

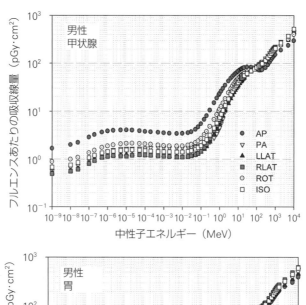

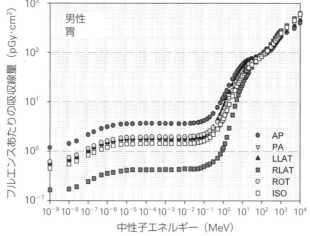

図 4.19 男性標準ファントムにおける甲状腺と胃壁の中性子フルエンスあたりの基準吸収線量 AP：前方-後方，PA：後方-前方，LLAT：左側方，RLAT：右側方，ROT：回転，ISO：等方

値と最も小さな値を与えることが分かる。この傾向はファントム前面近くに位置する臓器（例えば甲状腺と胃）についてあてはまる。PA 照射ジオメトリーでは，背面の表面に近い臓器（例えば脊柱と骨盤内の活性骨髄）でこの傾向が見られる。LLAT と RLAT 照射に対する換算係数は，体の左側にある胃などの非対称に位置する臓器を除いて，おおむね同じ値である（Sato ら，2009）。これらの結果は，臓器線量換算係数が臓器から照射面までの距離に強く依存することを示しており，入射エネルギーが 20 MeV 未満では，照射面近くの臓器の換算係数は，その他の臓器の換算係数と比べて大きいが，この関係は高エネルギーの場合では逆転する。これらの効果は，低エネルギー中性子の照射によるエネルギー沈着過程では，一次粒子が支配的な役割を果たすが，高エネルギー中性子の照射では，二次粒子が支配的な役割を果たすという事実によって説明することができる。照射面からの距離が大きくなるにつれて，一次粒

子のフルエンスは減少するが，二次粒子のフルエンスは増加する。高エネルギー中性子は，人体中で複雑な原子核反応を連続的に誘発することによって二次粒子のカスケードを引き起こすことに注意されたい（Sato ら，2009）。

（**171**） 臓器線量換算係数の性別依存性は，生殖腺を除いて小さいことが分かった。これは，精巣と卵巣では，照射面までの距離に大きな差があることによって説明できる。

4.3.5 中性子に対する実効線量換算係数の分析

（**172**） 様々な照射ジオメトリーにおける中性子に対する実効線量換算係数を，入射中性子エネルギーの関数として付属書 A と図 4.20 に示す。実効線量の値を決定するうえで重要ないくつかの臓器（すなわち，組織加重係数が大きい臓器）は，身体前面近くにあるため，高エネルギーにおける AP 照射ジオメトリーに対する実効線量のエネルギー依存性は，他の照射ジオメトリーのエネルギー依存性とは異なる。10 MeV を上回ると，PA, LAT, ROT および ISO 照射ジオメトリーでは，実効線量は中性子エネルギーの増加とともに増加し続ける。しかし，AP 照射ジオメトリーでは，実効線量は実際わずかに減少する。

（**173**） 図 4.20 において，50 MeV 未満の中性子については，AP 照射に対する実効線量換算係数の値が，すべての照射ジオメトリーのなかで最も大きいことが分かる。50 MeV から 2 GeV の中性子については，PA 照射に対する換算係数が最も大きな値を与え，2 GeV を超えると ISO の値が最も高くなる。

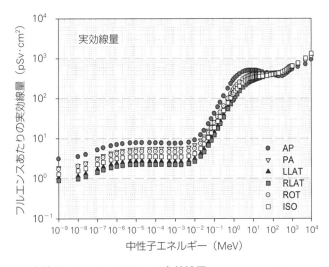

図 4.20 中性子フルエンスあたりの実効線量 AP：前方-後方，PA：後方-前方，LLAT：左側方，RLAT：右側方，ROT：回転，ISO：等方（カラー画像は口絵参照）

4.3.6 中性子に対する ICRP *Publication 74* (ICRP, 1996) との比較

（**174**） 図 4.21 は，本報告書のために評価された実効線量と ICRP *Publication 74*（ICRP, 1996）に示されている実効線量との比を示している。400 keV 未満と 50 MeV を超える中性子エネルギーにおいては，本報告書の値は ICRP *Publication 74* に示されている値より小さく，その間のエネルギーでは両方の値はかなり良く一致している。これらの違いは，主として，ICRP *Publication 103*（ICRP, 2007）で勧告された新しい w_R の値を使用したことに起因している。図 4.21 は，ICRP *Publication 103*（ICRP, 2007）で示された w_R 値の ICRP *Publication 60*（ICRP, 1991）の値に対する比も示している。低エネルギーと高エネルギーの中性子の w_R の値が，ICRP *Publication 103*（ICRP, 2007）において 5 から 2.5 に下方修正されたことに注意されたい。w_R の比が 1 よりも小さいエネルギー範囲（$E_n < 1$ MeV）では，実効線量は単に w_R 値の比に基づいて予想されるよりも減少幅は小さい。その原因は，主に様式化されたファントムと標準ボクセルファントムとの解剖学的違いに帰することができる。w_R の比が 1 に等しいエネルギー範囲（1 MeV $< E_n <$ 100 MeV）では，PA 照射を除いて，本報告書の実効線量の値は，ICRP *Publication 74*（ICRP, 1996）の実効線量の値より大きい傾向がある。これは様式化されたファントムから標準ボクセルファントムに変わったことと，乳房について勧告された w_T の値が大きくなった（0.05 に代わり 0.12）ことの複合効果による。このことは，AP 照射に対する実効線量への寄与を中性子エネルギーの関数として表した図 4.22 に示されている。

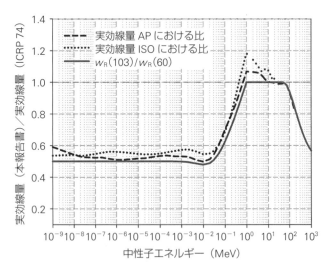

図 4.21　前方 - 後方（AP）と等方（ISO）照射ジオメトリーにおける，本報告書の中性子フルエンスから実効線量への換算係数と ICRP *Publication 74*（ICRP, 1996）の中性子フルエンスから実効線量への換算係数との比。ICRP *Publication 103*（ICRP, 2007）の w_R 値と ICRP *Publication 60*（ICRP, 1991）の w_R 値との比も示す。

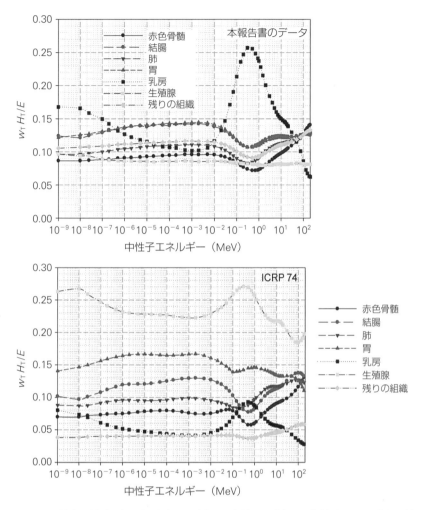

図 4.22 前方－後方（AP）方向に入射する中性子に対する実効線量への寄与が大きい臓器。上のグラフは本報告書の計算で評価された寄与を示し，下のグラフは ICRP *Publication 74* （ICRP, 1996）での寄与を表す。

4.4 陽 子

4.4.1 人体における陽子によるエネルギー沈着の特徴

（**175**）陽子は，主に多重散乱事象でのクーロン相互作用を通じてエネルギーを失う。ある一定のエネルギーを超えると，陽子は軟組織中の非弾性核反応も経て，様々な二次粒子や光子を生成する。移動距離の関数として表すと，陽子によるエネルギー沈着は飛程の終端で「ブラッグピーク」と呼ばれる特徴的な最大値を示す。わずかな制動放射が二次粒子の電子によって生成される。低エネルギー陽子の軟組織での飛程は短い。例えば，10 MeV 未満のエネルギーの入射陽子は，どの照射ジオメトリーでも，ほとんどすべてのエネルギーを皮膚に沈着する。

乳房でのAP照射の場合，20 MeVから100 MeVまでのエネルギーの陽子は，この臓器にエネルギーのほとんどすべてを沈着する。したがって，低エネルギー陽子に対する臓器線量換算係数は，ファントムの形態に大きく依存する（4.4節(**185**)-(**188**)項も参照）。これと対照的に，高エネルギーの陽子は，中性子や光子を含む様々な二次粒子を生成するハドロンカスケードを引き起こす。これらの二次粒子は，照射された表面からの深さが増加するに従ってフルエンスが増加するため，高エネルギー陽子入射のエネルギー沈着過程において支配的な役割を果たす。

4.4.2 陽子に対する計算条件

（**176**）中性子の計算と同様に，4つの異なるコードを使って，男性と女性の成人標準コンピュータファントムについて，外部入射陽子に対する臓器線量換算係数と実効線量換算係数を計算した（表4.1参照）。計算に使用した輸送コードの一般的な特徴は，3.3節で述べた。1 MeVから10 GeVまでエネルギーを考慮し，シミュレーションしたジオメトリーは，AP，PA，LLAT，RLAT，ROTおよびISOであった。

（**177**）第1のデータセットは，PHITSコードで得た。10 MeVから3.5 GeVまでのエネルギーの陽子によって引き起こされる原子核反応は，JQMDモデルでシミュレーションし，より高いエネルギーの粒子によって引き起こされる原子核反応は，JAMモデルを使用した。PHITSによるシミュレーションでは，臓器の換算係数の統計的な相対不確かさは一般に小さく，5%未満であったが，小さな臓器（例えば甲状腺）では15%近くあった。PHITSコードによるシミュレーションのより詳細な内容は，Satoら（2009）の論文で見ることができる。

（**178**）第2計算は，APとISO照射ジオメトリーに対しFLUKAコードで行った。使用したモデルは，3.3節に記述されている。

（**179**）確認計算は，AP照射に対しGEANT4コードで行った。非弾性過程は，いくつかのモデルでシミュレーションした。3 GeV未満では，励起子，前平衡，核破砕，核分裂および蒸発モデルと結びつけたBertini核内カスケードモデルを使用した。3 GeVを超える場合は，GEANT3-GHEISHA (Fesefeldt, 1985) パッケージに基づくLEPモデル (GEANT4, 2006) を使用した。このモデルは，20 GeVまでのエネルギーに適している。統計的な相対不確かさは，20 MeVより上で，すべての臓器で4%未満であり，20 MeV未満のエネルギーでは最大で11%に達した。

（**180**）もうひとつの確認計算を，MCNPXバージョン2.6.0 (Pelowitz, 2008) で行った。MCNPXによるシミュレーションは，AP，PAおよびISOの照射ジオメトリーにおいて，いくつかの選ばれたエネルギーについて行った。3.5 GeVまでの陽子エネルギーについては，Bertini核内カスケードモデルを使用し，3.5 GeVを超えるエネルギーについては，FLUKAの古いバージョンでありLAHETコード (PraelとLichtenstein, 1989) から直接取り入れたFLUKA89 (Aarnioら, 1990) を使用した。臓器吸収線量は，すべての粒子からのエネルギー

沈着を記録する衝突発熱タリー（collision heating tally）を使って計算した．

4.4.3 陽子に対するモンテカルロコードによる違い

（**181**）異なるコードにより得られた臓器吸収線量データの比較から，コードによる計算結果の違いは，ほとんどすべての場合において，評価された統計的不確かさよりもかなり小さいことが明らかとなった．基準線量換算係数は，すべての計算結果から，平均化，そして曲線の形状に応じて，三次スプライン，最小二乗 B スプライン，非一様有理 B スプライン法（de Boor, 1978; Hewitt と Yip, 1992）を組み合せた平滑化によって，男性ファントムと女性ファントムに対し別々に得た．10 MeV を超えると，図 4.23 から分かるように，コード間の一致

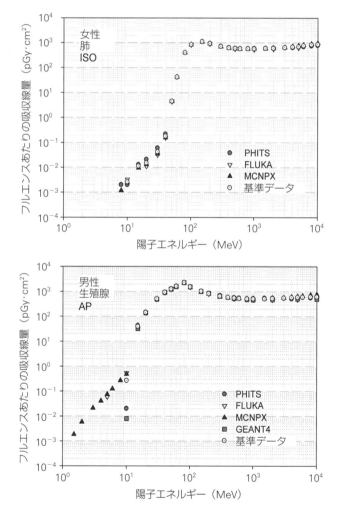

図 4.23　等方（ISO）ジオメトリーにおける女性の肺，および前方－後方（AP）ジオメトリーにおける男性の生殖腺の陽子フルエンスあたりの吸収線量の評価済み基準データと元データ

は非常に良い。この図は，例として，女性ファントムの肺の吸収線量換算係数と男性ファントムの生殖腺の吸収線量換算係数を示している。この図には，各々のコードから得られたデータポイントを基準値とともに示してある。

（182）APジオメトリーで入射する10 MeVの陽子に対して，男性ファントムの生殖腺の吸収線量換算係数が，FLUKA/MCNPXコードとPHITS/GEANT4コード間で異なっていることが分かる。この不一致は，コードで使用する陽子の輸送モデルの違いに起因する。すなわち，FLUKAとMCNPXコードは，弾性散乱角度の変位を考慮しているのに対し，PHITSとGEANT4コードは，この影響を考慮に入れていない。AP照射ジオメトリーにおいて，一次陽子は，皮膚ボクセルに垂直に入射する。皮膚のボクセルの一部は生殖腺のボクセルに隣接し，これらのボクセルの境界近くに入射する陽子のいくつかは，低エネルギー陽子の散乱角のゆらぎによって生殖腺のボクセルに入る。低エネルギー陽子の取扱いには特別な配慮が必要とされ，これについては4.4節（185)-(188）項で論じる。

4.4.4 陽子に対する臓器線量換算係数の分析

（183）計算された臓器吸収線量の例として，図4.24に，いろいろなジオメトリーにおける赤色骨髄（RBM）および結腸（男性），乳房および皮膚（女性）の換算係数を，陽子エネルギーの関数として比較したものを示す。

（184）中性子の場合と同様に，臓器線量換算係数の性別依存性は，生殖腺を除いて小さいことが分かった。この結果もまた，精巣と卵巣の皮膚表面からの距離の違いによって説明することができる。すなわち，精巣は，卵巣よりもかなり皮膚の近くに位置している。

4.4.5 低エネルギー陽子に対する特別な考察

（185）筋肉における10 MeVの陽子の飛程は0.12 cmであり，エネルギーが10 MeV未満の陽子は，ICRP標準ボクセルファントムの皮膚を透過することができない。これは，男性ファントムと女性ファントムのボクセルの面内解像度が，それぞれ0.2137 cmと0.1775 cmであるためである。図4.25に示すように，低エネルギー陽子（10 MeV未満）に対する乳房の吸収線量は，このエネルギーの一次陽子が直接乳房に到達できないという事実にもかかわらず，APジオメトリーとISOジオメトリーとで大きく異なることが観察された。

（186）APジオメトリーとISOジオメトリーにおける男性の乳房の吸収線量の違いは，標準ボクセルファントムの幾何学的な制限によるものである。標準ボクセルファントムの皮膚は，ファントム外表面にある，1つのボクセル厚の層である。しかし，いくつかの内部臓器または組織は，ISOジオメトリーにおいては数箇所で一次放射線に直接さらされる。図4.26は，乳房を通過する成人の標準男性ファントムの断面図（矢状面）を表しており，乳房組織のボクセルの1つが外部領域（真空）のボクセルと直接接触していることを示している。AP照射ジ

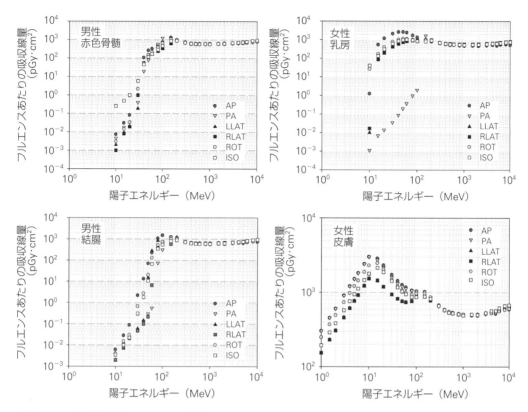

図 4.24 男性標準ファントム（赤色骨髄，結腸）と女性標準ファントム（乳房，皮膚）における エネルギーの関数として表した陽子フルエンスあたりの臓器線量　AP：前方－後方， PA：後方－前方，LLAT：左側方，RLAT：右側方，ROT：回転，ISO：等方

オメトリーでは，低エネルギー陽子は皮膚ボクセルに垂直に入射し，皮膚ボクセルに吸収される。ISO ジオメトリーでは，一部の一次陽子は，ファントムのボクセル配列の外部領域に露出している乳房のボクセルに直接入射する。したがって，1 MeV の陽子でさえ，乳房に有意な線量を与える。しかし，これはコンピュータファントムによる人為的な結果であり，現実に起こる現象ではない。なぜなら，人体は皮膚によって一様に覆われており，エネルギーが 10 MeV 未満の陽子は，この組織層を透過することができないからである。

（**187**）これらの観察された人為的な結果と実際の放射線防護との関連性は小さい。実効線量について，AP ジオメトリーにおける乳房の寄与は最大で 1 ％である。ISO ジオメトリーでは，乳房の線量は高くなるが，それでも実効線量への寄与はわずか 2 ％にすぎない。陽子の局所照射の適用例（例えば眼への照射）を除き，低エネルギー陽子による被ばくは，ほぼ起こらない。皮膚を透過できない粒子は，実際問題として衣類によっても遮蔽される。したがって，この問題は現実との関連では限定される。

（**188**）要約すると，エネルギーが 10 MeV 未満の陽子は，皮膚を透過することができない。体内臓器中のエネルギー沈着は二次粒子によって生じ，それは皮膚線量と比べ非常に小さ

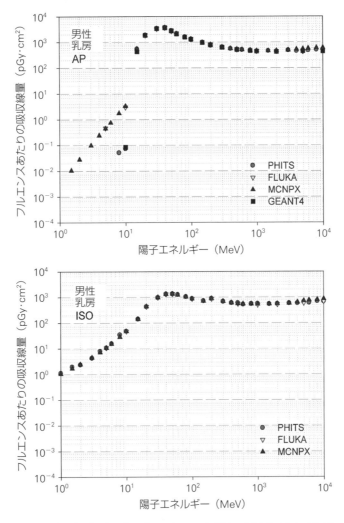

図 4.25 前方-後方（AP）ジオメトリーと等方（ISO）ジオメトリーにおける男性ファントムの乳房の線量

い。そのうえ，これより低いエネルギーでは，モンテカルロ計算の統計的な相対不確かさは大きかった。したがって，10 MeV 未満の陽子入射については，皮膚以外のすべての臓器の吸収線量はゼロにした。4.7 節（**222**）-（**224**）項で論じられるように，この議論はヘリウムイオンにも適用される。

4.4.6 陽子に対する実効線量換算係数の分析

（**189**） 付属書 A と図 4.27 に，標準の照射ジオメトリーにおける陽子の実効線量換算係数を，陽子エネルギーの関数として示す。図 4.27 から，AP ジオメトリーの実効線量換算係数は，入射エネルギーが 100 MeV 未満の場合に最も大きな値になることが分かる。3 GeV を超

4.4 陽子

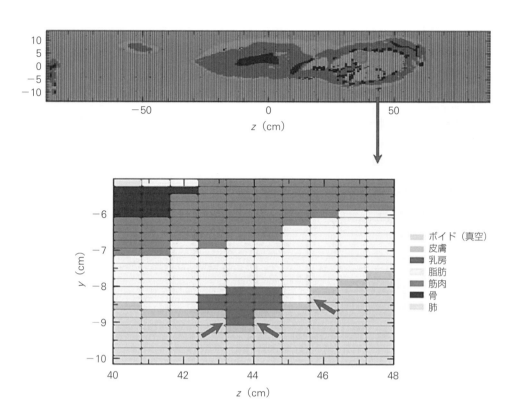

図 4.26　男性ファントムの乳房周辺の断面図

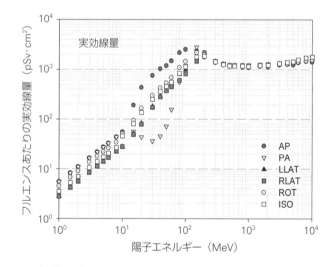

図 4.27　標準のジオメトリーにおける陽子フルエンスあたりの実効線量
AP：前方 – 後方，PA：後方 – 前方，LLAT：左側方，RLAT：右側方，
ROT：回転，ISO：等方

えると，ISO 照射ジオメトリーが最も大きな値になる。これら2つのエネルギー（100 MeV＜E＜3 GeV）の間では，線量換算係数は，照射ジオメトリーが異なっても，ほぼ同じである。

4.5 ミュープラス粒子とミューマイナス粒子

4.5.1 人体におけるミュー粒子によるエネルギー沈着の特徴

（**190**）　着目するエネルギー範囲（すなわち 1 MeV から 10 GeV）において，人体中のミュー粒子によるエネルギー損失は，電離（および励起）が支配的である。電子対生成，制動放射放出，光核反応などのその他のエネルギー損失メカニズムは，約 10 GeV までは重要でない（Groom ら，2001）。さらに，ミュー粒子の寿命が短いことも，線量換算係数の計算において考慮すべきである。

（**191**）　ミュー粒子は不安定な粒子であり，静止状態で 2.2×10^{-6} 秒の寿命で1つの電子と2つのニュートリノへ壊変する（$\mu^{\pm} \rightarrow e^{\pm}+\nu_e+\nu_\mu$）。壊変過程から生じる電子と陽電子は比較的高いエネルギーを持ち，人体内で電子‐光子カスケードが発生する。数百 MeV を超えると，デルタ線の発生が顕著になり始める。生成断面積と発生するデルタ線のエネルギーは，ミュー粒子のエネルギーとともに増加するので，デルタ線の輸送を考慮すべきである。

（**192**）　ミューマイナス粒子が物質内で静止すると，それは原子核のクーロン場で捕獲され，ミュー粒子原子が形成される。捕獲されたミュー粒子は，オージェ電子と特性X線を放出しながら 1s 状態に下方遷移する。ミュー粒子は，さらに電子と2つのニュートリノに壊変するか，あるいは原子核によって捕獲される。この捕獲により，中性子とニュートリノが生成される。

4.5.2 ミュー粒子に対する計算条件

（**193**）　体外から入射するミューマイナス粒子とミュープラス粒子の両方に対する線量換算係数を計算した。第1計算は，AP, PA および ISO ジオメトリーにおいて，1 MeV から 10 GeV までのエネルギー範囲で FLUKA コードを用いて行った。ほとんどの臓器において，吸収線量は，0.5% 未満の統計的な相対不確かさで決定された。小さな臓器（例えば副腎，卵巣）の場合でも，統計的な不確かさは 1% 未満であった。

（**194**）　第2計算は，AP, PA および ISO ジオメトリーにおいて，いくつかの選ばれたエネルギーのミューマイナス粒子とミュープラス粒子の両方に対して，CEM モデルを用いた MCNPX バージョン 2.6.0 で行った。ほとんどの臓器において，吸収線量は，2% 未満の統計的な相対不確かさで決定された。

（**195**）　確認計算は，AP ジオメトリーにおけるミューマイナス粒子とミュープラス粒子の両方に対して GEANT4 コードで，ISO ジオメトリーにおけるミューマイナス粒子とミュープ

ラス粒子の両方に対して FLUKA コードで，さらに AP, PA および ISO ジオメトリーにおけるミューマイナス粒子に対して Bertini モデルを用いた MCNPX 2.6.0 コードで行った。

4.5.3 ミュー粒子に対するモンテカルロコードによる違い

（**196**）図 4.28 は，4 つのモンテカルロコードで計算された臓器線量データの違いの一例を示している。FLUKA と GEANT4 コードは，人体内のエネルギー沈着にとって重要と考えられるすべてのミュー粒子のエネルギー沈着過程を含んでおり，エネルギー範囲全体にわたって，極めて良い一致を示している。2 つの物理モデル CEM と Bertini を使った MCNPX コードは，1 GeV までは FLUKA コードおよび GEANT4 コードと良い一致を示している。しかし，1 GeV を超えると，MCNPX コードは FLUKA コードおよび GEANT4 コードより高い値を示し，この不一致は，入射ミュー粒子のエネルギーが高くなるにつれて増加する。

（**197**）4.5 節（**190**）-（**192**）項で述べたように，デルタ線の生成が 1 GeV を超えると顕著になり，そのデルタ線のエネルギーは，入射ミュー粒子のエネルギーとともに増加する。エネルギーの高いデルタ線は標準ボクセルファントムの臓器寸法よりも大きい飛程を持つため，デルタ線は，それらが生成された臓器から出ていくようになる。MCNPX コードは，ミュー粒子に対して，デルタ線の生成と輸送を考慮しておらず，これを無視することが，1 GeV を超える入射ミュー粒子エネルギーでの臓器線量の過大評価につながる。同じ傾向は，ミューマイナス粒子とミュープラス粒子の両方に対して，すべての臓器において見られる。したがって，ミュー粒子の基準臓器線量データセットの評価において，1 GeV を超えるエネルギーでは，MCNPX コードによって計算した臓器線量を外すこととした。

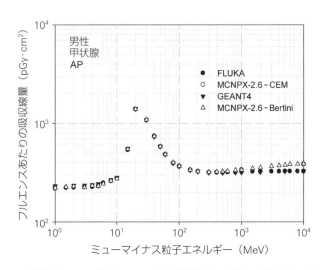

図 4.28　異なるモンテカルロコードで計算した，前方－後方（AP）ジオメトリーにおけるミューマイナス粒子に対する男性ファントムの甲状腺のフルエンスあたりの吸収線量

4.5.4 ミュー粒子に対する臓器線量換算係数の分析

（**198**）図4.29は，身体前面から様々な深さに位置するいくつかの選ばれた臓器について，APジオメトリーにおける吸収線量換算係数を示す。吸収線量は，臓器の深さに応じて，5 MeVから60 MeVの間のエネルギーで最大値に達する。一方，入射ミュー粒子のエネルギーが200 MeVを超えると，吸収線量は，エネルギーや臓器に依存しなくなり，その後低下して，ある一定値に近づく。

（**199**）5, 10, および100 MeVにおける軟組織中のミュー粒子のCSDA飛程は，それぞれ0.193, 0.695, および31.1 g/cm^2 である（Groomら，2001）。臓器線量は，その臓器内でブラッグピークが形成されるエネルギーで増加し，最大値に達する。例えば，膀胱壁の吸収線量は，15 MeVと40 MeVの近傍で2つのピークを形成する。女性ファントムの前面から膀胱壁を表現しているボクセルまでの深さは0.8 cmから8.4 cmの範囲にあり，深さの分布には約1.3 cmと5.8 cmに2つのピークがある（ICRP, 2009）。これらの距離は，14 MeVと34 MeVのミュー粒子のCSDA飛程とそれぞれ一致する。このように，膀胱壁の吸収線量のエネルギー依存性は，他の臓器の場合と同様，臓器位置と入射ミュー粒子の飛程との関係によって説明することができる。

（**200**）200 MeVを超えると，ミュー粒子は，AP, PAおよびISO照射ジオメトリーで人体を完全に透過する。300 MeVから500 GeVまでは，軟組織におけるミュー粒子の阻止能は，ミュー粒子のエネルギーの増加とともにわずかに増加する（Groomら，2001）。しかし，エネルギーの高いデルタ線が人体から逃れ出て，阻止能の増加を相殺するので，吸収線量はほぼ一定になる。

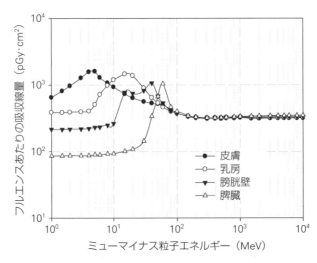

図4.29 前方‐後方（AP）ジオメトリーにおけるミューマイナス粒子に対する女性ファントムのフルエンスあたりの臓器線量換算係数

4.5.5 ミュー粒子に対する実効線量換算係数の分析

（201） 図 4.30 は，AP, PA および ISO 照射ジオメトリーにおける実効線量換算係数を，ミューマイナス粒子のエネルギーの関数として示したものである。実効線量は，ミュー粒子のエネルギーとともに増加し，AP ジオメトリーでは 50 MeV，PA ジオメトリーでは 60 MeV，そして，ISO ジオメトリーでは 80 MeV で最大値に達する。4.5 節 (**198**)-(**200**) 項で論じたように，これらのピークエネルギーの差は，臓器の深さ，照射方向，およびミュー粒子の飛程に応じたものである。200 MeV を超えると，ミュー粒子は完全に人体を透過し，エネルギーの高いデルタ線は人体から逃れ出る。したがって，このような高い入射エネルギーでは，実効線量は入射方向にほとんど依存せず，入射ミュー粒子のエネルギーにも依存しなくなる。

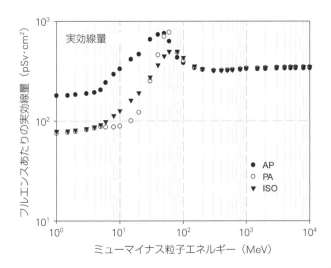

図 4.30　ミューマイナス粒子に対するフルエンスあたりの実効線量換算係数
AP：前方－後方，PA：後方－前方，ISO：等方

4.5.6 ミュー粒子の電荷依存性

（202） 図 4.31 は，ISO ジオメトリーにおけるミューマイナス粒子とミュープラス粒子の実効線量換算係数を比較したものである。100 MeV 以上の線量換算係数はほとんど同じであるが，それより低いエネルギーでは，ミュープラス粒子がミューマイナス粒子よりわずかに値が大きい。この差は，ミュープラス粒子の壊変から生成される陽電子が，ミューマイナス粒子の壊変から生成される電子に比べ，より高い線量を与えることに起因する。エネルギー沈着事象の解析から，10 MeV において，ミューマイナス粒子の捕獲により生じる核反跳によって沈着するエネルギーの相対的寄与は，一次エネルギーの 0.1% 未満であることが明らかとなった。

74   4. 外部被ばくに対する換算係数

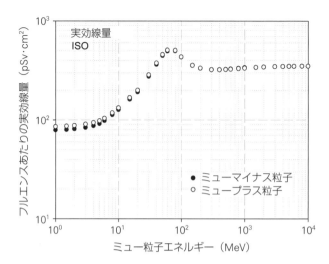

図 4.31 等方（ISO）ジオメトリーにおけるミューマイナス粒子とミュープラス粒子に対するフルエンスあたりの実効線量換算係数の比較

4.5.7 様式化されたファントムを用いてミュー粒子に対して行われた従来の計算との比較

（**203**）Ferrari ら（1997）は，FLUKA コードと MIRD タイプのファントムを使って，ミューマイナス粒子とミュープラス粒子の臓器線量および実効線量換算係数を計算した。実効線量は，ICRP *Publication 60*（ICRP, 1991）に定義されている w_T と w_R（ミュー粒子に対して $w_R=1$）を使って計算した。

（**204**）図 4.32 では，ミューマイナス粒子について，本報告書のデータと Ferrari らの結

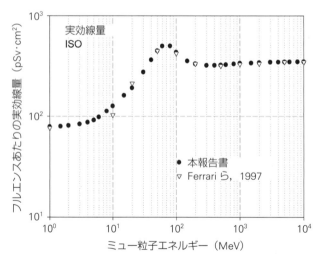

図 4.32 等方（ISO）ジオメトリーにおける，本報告書のデータと Ferrari ら（1997）の実効線量換算係数との比較

果を比較している。エネルギー範囲全体にわたって，これらの値は良く一致していることが分かる。10 MeV から 20 MeV までのエネルギーで約 10％から 20％の相対差が観察される。これらの差は，使用した人体モデルの解剖学的構造の違い，特に乳房のような臓器の位置や形状が異なっていることに起因する。さらに，ICRP *Publication 103*（ICRP, 2007）では，乳房の w_T 値が，ICRP *Publication 60*（ICRP, 1991）の定義から，大幅に変更されている。

（**205**）200 MeV を超えると，ミュー粒子は完全に人体を透過し，すべての臓器は一様に照射される。そのため，実効線量は，人体ファントムの解剖学的な違いに対して敏感でなくなり，図 4.32 で示すように，両方のファントムで同じような値となる。

4.6 パイプラス中間子とパイマイナス中間子

4.6.1 人体におけるパイ中間子によるエネルギー沈着の特徴

（**206**）荷電パイ中間子は，主としてクーロン相互作用を通してエネルギーを失う。エネルギーが高いと，ハドロン－核子相互作用とハドロン－原子核相互作用が，人体におけるエネルギー沈着に寄与する様々な二次粒子を生成する。さらに，線量換算係数を計算するためには，荷電パイ中間子の以下の特性が重要である。荷電パイ中間子は不安定な粒子で，平均寿命 2.6×10^{-8} 秒でミュー粒子とミュー粒子ニュートリノに壊変する（$\pi^{\pm} \rightarrow \mu^{\pm} + \nu_{\mu}$）。壊変過程で生成されるミュー粒子は，4.5 節（**190**）-（**192**）項で述べたように，人体と相互作用する。パイマイナス中間子が人体内で静止すると，通常は原子核によって捕獲され，その後，その原子核が壊変して様々な高 LET 粒子を放出する（いわゆる "star fragmentation"）。

4.6.2 パイ中間子に対する計算条件

（**207**）線量換算係数は，パイプラス中間子とパイマイナス中間子の両方について計算した。中性のパイ中間子は短寿命であるため（8.7×10^{-17} 秒），計算に含めなかった。計算は，2 つのモンテカルロコード，FLUKA と PHITS を用いて，AP，PA および ISO 照射ジオメトリーに対して，1 MeV から 200 GeV までのエネルギー範囲にわたって行った。

（**208**）FLUKA コードを使用した計算では，吸収線量は，ほとんどの臓器で 0.5％未満の統計的な相対不確かさで決定された。小さな臓器（例えば副腎と卵巣）の場合でも，統計的な相対不確かさは 1％未満であった。PHITS コードを使用した計算では，吸収線量はほとんどの臓器で 5％未満の統計的な相対不確かさで決定された。小さな臓器で入射エネルギーが低い場合，統計的な不確かさは 10％程度であった。

4.6.3 パイ中間子に対するモンテカルロコードによる違い

（**209**）図 4.33 は，FLUKA と PHITS コードを使って決定された臓器吸収線量データの比

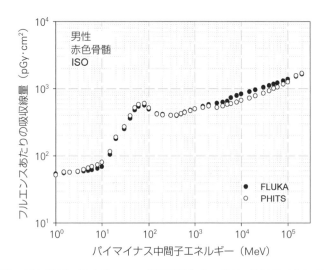

図 4.33 異なるモンテカルロコードで計算した，等方（ISO）ジオメトリーにおけるエネルギーの関数として表したパイマイナス中間子に対する男性ファントムの赤色骨髄のフルエンスあたりの吸収線量

較の例を示している。3 GeV から 100 GeV までの入射パイ中間子のエネルギーでは，最大20％に達する相対差が見られた。3.3 節（**86**）-（**94**）項に述べたように，FLUKA コードは，5 GeV までは汎用核内カスケードモデルと前平衡モデルを組み込んだ PEANUT パッケージを，これに続いて 5 GeV を超えると Dual Parton モデルを使用している。PHITS コードは，2.5 GeV 未満ではハドロン－核子相互作用とハドロン－原子核相互作用に JQMD モデルを，そして 2.5 GeV を超えると JAM モデルを使用している。FLUKA コードの結果では 5 GeV で，PHITS コードの結果では 3 GeV で，わずかながら不連続性が見られた。これは，それぞれのコードで，相互作用モデルが切り替えられたことによるものである。3 GeV より上での差は，FLUKA コードと PHITS コードが，それぞれ異なる原子核反応モデルを使用していることに由来することが判明した。したがって，基準データは，FLUKA と PHITS の結果を平均し，その後，データを平滑化して評価すべきであるとした。

4.6.4 パイ中間子に対する臓器線量換算係数の分析

（**210**） 図 4.34 は，身体前面から異なった深さに位置する選ばれた臓器について，AP 照射ジオメトリーにおけるパイマイナス中間子の吸収線量換算係数を示す。全体的に，臓器吸収線量は，パイ中間子の入射エネルギーが増加するにつれて増加し，最大値に達した後，減少する。500 MeV を超えると，臓器吸収線量は再び増加する。100 MeV 未満では，臓器吸収線量のエネルギー依存性は，図 4.29 に示したミュー粒子のエネルギー依存性と似ており，臓器の深さ，パイ中間子の入射エネルギー，組織内での対応する飛程などの多くの要因の影響を受ける。

（**211**） 図 4.34 に示したように，500 MeV を超えたところからの臓器吸収線量の増加は，

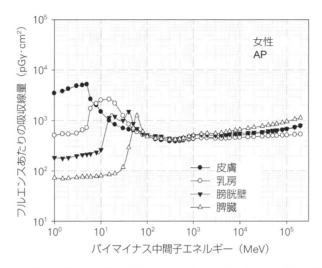

図 4.34 前方‐後方（AP）ジオメトリーにおけるパイマイナス中間子に対する女性ファントムのフルエンスあたりの臓器線量換算係数

身体深部にある脾臓で最も顕著である。高エネルギーのパイ中間子は，複雑な原子核反応を通して二次粒子のハドロンカスケードを生成する。これらの二次粒子は，身体内の深部にある臓器に，より多くのエネルギーを沈着する。

4.6.5 パイ中間子に対する実効線量換算係数の分析

（212） 図 4.35 は，AP, PA および ISO 照射に対する実効線量換算係数を，パイマイナス

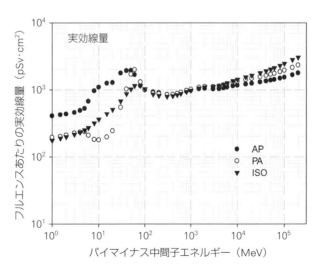

図 4.35 パイマイナス中間子のフルエンスあたりの実効線量換算係数
AP：前方‐後方，PA：後方‐前方，ISO：等方

中間子のエネルギーの関数として示す。100 MeV 未満における実効線量換算係数のエネルギー依存性は，臓器の深さ，粒子の入射方向，パイ中間子のエネルギーと対応する組織内での飛程を比較することによって説明できる。

（**213**） 50 MeV までは，AP ジオメトリーの実効線量換算係数が，PA と ISO ジオメトリーの実効線量換算係数より大きい。これは，AP ジオメトリーでは，入射パイ中間子が実効線量に大きく寄与する臓器（例えば乳房）に達するためである。一方，PA ジオメトリーにおいて，5 MeV までのエネルギーでは，皮膚線量が実効線量の主要な寄与要因となっている。5 MeV を超えると，入射パイ中間子は皮膚を透過するものの，感受性のある臓器には到達することができず，実効線量は低下する。パイ中間子の入射エネルギーがさらに高くなると，これらの粒子は，より内部の臓器に達することができるために，実効線量は再び増加する。高エネルギー領域では，4.6 節（**206**）項で述べたように，ハドロンカスケードで生成される二次粒子により，ISO ジオメトリーでは，AP や PA ジオメトリーに比べて換算係数が大きくなる。これは荷電粒子に共通の現象であり，同様のエネルギー依存性は，陽子（図 4.27）やヘリウムイオン（図 4.40）で見られる。

4.6.6 パイ中間子の電荷依存性

（**214**） 図 4.36 は，ISO ジオメトリーにおいて，人体に入射するパイマイナス中間子とパイプラス中間子に対する実効線量換算係数の比較を示す。パイ中間子が静止すると，パイマイナス中間子は，通常，原子核によって捕獲され，その後，その原子核が壊変して様々な二次粒子を放出する。一方，パイプラス中間子は，通常，ミュー粒子とニュートリノに壊変する。図

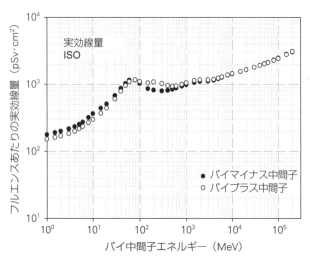

図 4.36　エネルギーの関数として表した，パイマイナス中間子とパイプラス中間子の実効線量換算係数の比較　ISO：等方

4.36 に示すように，エネルギーが 80 MeV 未満のパイマイナス中間子に由来する高 LET 二次粒子によるエネルギー沈着は，同じフルエンスのパイプラス中間子が沈着するエネルギーよりも大きい。一方，約 200 MeV では，パイプラス中間子の線量換算係数は，このエネルギー領域におけるデルタ共鳴による組織の断面積の違いにより，パイマイナス中間子の線量換算係数よりも大きくなる。

4.6.7 パイ中間子に対する従来の研究との比較

（**215**）Ferrari ら（1998）は，ICRP *Publication 60*（ICRP, 1991）の定義に従って，FLUKA コードと様式化された MIRD タイプのファントムを使って，パイマイナス中間子とパイプラス中間子に対する線量換算係数を計算した。ICRP *Publication 60* にはパイ中間子の w_R 値が示されていなかったため，Ferrari ら（1998）は，ICRU 球内の深さ 10 mm における実効線質係数を計算し，パイマイナス中間子とパイプラス中間子の w_R 値をエネルギーの関数として評価した。これらの計算に基づいて，パイ中間子のエネルギーと荷電に応じて以下の w_R 値を導き出した。パイプラス中間子については，エネルギーが <100 MeV に対して w_R=1，エネルギーが ≧100 MeV に対して w_R=2。パイマイナス中間子については，エネルギーが <50 MeV に対して w_R=5，エネルギーが ≧50 MeV に対して w_R=2。

（**216**）図 4.37 は，パイプラス中間子の実効線量換算係数について，本報告書のデータと Ferrari ら（1998）が計算したデータとを比較したものである。100 MeV 未満で有意な差が見られるが，それは，Ferrari らの計算では異なる w_R 値を適用したのに対し，本計算では全エネルギー範囲にわたって w_R=2 を使用したことによる。2 つのデータセットを比較するため

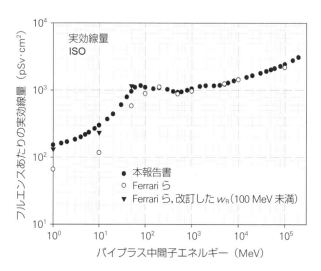

図 4.37 等方（ISO）ジオメトリーにおけるパイプラス中間子に対する実効線量換算係数の本報告書と Ferrari ら（1998）との比較

に，Ferrari ら（1998）により計算された 100 MeV 未満のデータを，$w_R=2$ を適用してプロットし直した。図 4.37 に示すように，本報告書のデータと再プロットしたデータの違いは小さくなった。これらの結果は，ファントムの解剖学的構造の違いは，荷電パイ中間子に対する線量換算係数にほとんど影響を及ぼさないことを示している。

4.7 ヘリウムイオン

4.7.1 人体におけるヘリウムイオンのエネルギー沈着の特徴

（217）エネルギーが 1 MeV/u を超えるヘリウムイオンの場合，人体におけるエネルギー損失の支配的な過程は，組織の原子の電子励起と電離である。エネルギーが高い場合は，ヘリウムイオンの原子核反応がエネルギー損失の原因となる。放射過程（すなわち制動放射）によるエネルギー損失は，非常に高いエネルギーに達するまでは無視できる。

（218）いくつかのモンテカルロコード（例えば PHITS や FLUKA コード）の最近の発展は，高エネルギーにおけるフラグメンテーション（原子核破砕）反応を記述する精緻なモデルを使って，重イオンの複雑な相互作用の様々な面を解析することを可能にした。

4.7.2 ヘリウムイオンに対する計算条件

（219）ヘリウムイオンに対する吸収線量換算係数の第 1 計算は，AP, PA および ISO ジオメトリーにおいて，1 MeV/u から 100 GeV/u のエネルギー範囲で PHITS コードを用いて行った（Sato ら，2010）。ほとんどの臓器の吸収線量換算係数は，一般に 5% 未満の統計的な相対不確かさで決定されたが，小さな臓器（例えば甲状腺）では 15% にまで達した。

（220）第 2 計算は，AP, PA および ISO ジオメトリーにおいて，FLUKA コードを用いて行った。重イオンに対して FLUKA コードで扱える最も低いエネルギーが 10 MeV/u であるため，計算は 10 MeV/u から 100 GeV/u までの範囲で行った。吸収線量は，ほとんどの臓器で 5% 未満の統計的な不確かさで決定された。

4.7.3 ヘリウムイオンに対するモンテカルロコードによる違い

（221）図 4.38 は，計算された臓器線量換算係数の比較の一例を示す。PHITS コードと FLUKA コードは，すべてのエネルギー範囲で良好な一致を示している。PHITS コードを用いた計算において，3.5 GeV/u 未満の粒子によって引き起こされる原子核反応は JQMD モデルでシミュレーションするが，これより高いエネルギー粒子によって引き起こされる原子核反応は，陽子と中性子については JAM モデルで，重イオンについては JQMD モデルと JAM モデルを組み合わせて扱う。FLUKA コードでは，原子核相互作用を 5 GeV/u までは RQMD モデルで扱い，それ以上のエネルギーでは DPMJET モデルを使用する。PHITS コードと

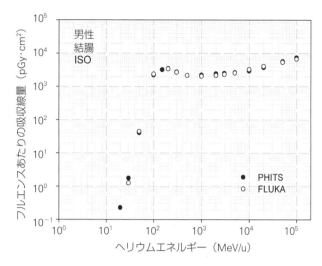

図 4.38　異なるモンテカルロコードで計算した，等方（ISO）ジオメトリーにおける男性ファントムの結腸のフルエンスあたりの吸収線量

FLUKA コードでは，5 GeV/u を超えると異なる原子核反応モデルを使用しているにもかかわらず，両コードの結果は良い一致を示す。基準データの評価のために，課題グループは，PHITS コードと FLUKA コードによって計算された臓器吸収線量を平均し，その後，データ平滑化手法を適用することとした。

4.7.4　ヘリウムイオンに対する臓器線量換算係数の分析

（222）図 4.39 は，女性標準ファントムの身体前面から異なった距離にある選ばれた臓器について，AP 照射ジオメトリーにおけるヘリウムイオンの吸収線量換算係数を示す。臓器吸収線量は，エネルギーが 100 MeV/u 未満では臓器によって大きく異なるが，100 MeV/u を超えると違いが小さくなる。入射エネルギーが低い場合，ヘリウムイオンの飛程が非常に短く，その行程の終端に向かった特徴的なブラッグピークにおいて主にエネルギーを沈着する。ヘリウムイオンのエネルギー，そしてそのエネルギーに対応する飛程は，体内の臓器と組織内における吸収線量分布を決定する主たる要因である。例えば，エネルギーが 10 MeV/u 未満のヘリウムイオンは，ほとんどすべてのエネルギーを皮膚に与える。吸収線量換算係数のエネルギー依存性は，各臓器において異なるエネルギーで最大値を示す。各臓器のピークエネルギーに対応するヘリウムイオンの飛程は，皮膚から当該臓器までの平均深さと一致している。例えば，エネルギーが約 50 MeV/u の組織内の飛程は数 cm であり，これは女性の乳房の平均深さとほぼ一致する。骨髄については，ピークは約 100 MeV/u から 150 MeV/u にあり，これはおよそ 8 cm から 16 cm の深さに対応している。

（223）一方，入射エネルギーが高くなると飛程が長くなり，ヘリウムイオンはブラッグピ

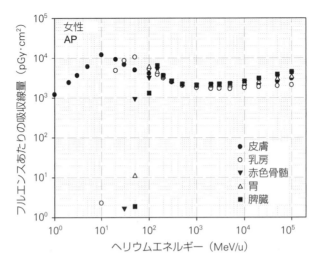

図 4.39　前方−後方（AP）照射における女性ファントムの選ばれた臓器についてのヘリウムイオンに対するフルエンスあたりの臓器吸収線量

ークを形成せずに人体を完全に通過する。したがって，吸収線量は人体内でより一様に分布する。しかし，高エネルギー領域であっても，換算係数の臓器深さに対する依存性はまだ見られる。体表面の近くに位置する臓器（例えば皮膚や乳房）の換算係数に比べると，身体の深部にある臓器（例えば胃や脾臓）の換算係数は，入射エネルギーの増加とともに急速に上昇する。この傾向は，高エネルギーのヘリウムイオンが複雑な原子核反応を通じて二次粒子のカスケードを引き起こすためであり，これらの二次粒子が，人体内のさらに深部により多くのエネルギーを沈着する。

（224）低エネルギー陽子について 4.4 節 (185)−(188) 項で論じたように，10 MeV/u 未満のヘリウムイオンは皮膚を透過できない（筋肉における 10 MeV/u のヘリウムイオンの飛程は 0.13 cm である）。したがって，10 MeV/u 未満では，皮膚以外の臓器線量は関係しないと見なした*。

4.7.5　ヘリウムイオンに対する実効線量換算係数の分析

（225）図 4.40 は，標準的な AP，PA および ISO 照射ジオメトリーにおける実効線量換算係数をヘリウムイオンのエネルギーの関数として示している。20 MeV/u までは，実効線量は主として皮膚線量によって決定され，AP ジオメトリーと PA ジオメトリーにおける実効線量換算係数は，ISO ジオメトリーの換算係数よりわずかに大きい。20 MeV/u から 100 MeV/u

---

*（訳注）　この解釈により，皮膚以外の臓器・組織の吸収線量はゼロとし，皮膚の吸収線量を用いて実効線量を計算した。

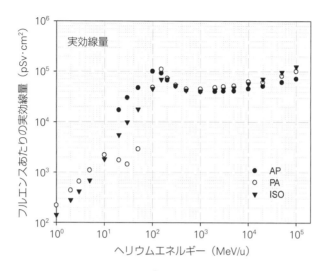

図 4.40　ヘリウムイオンのエネルギーの関数として表した実効線量換算係数
AP：前方 − 後方，PA：後方 − 前方，ISO：等方

までの中間的なエネルギーでは，AP ジオメトリーと PA ジオメトリーにおける実効線量換算係数は，ISO 照射の値に比べ，それぞれはるかに大きい値（AP 照射）と小さい値（PA 照射）になる。この傾向は，AP 照射では，入射粒子は放射線生物学的に感受性が高い臓器（例えば乳房）でほとんど停止するのに対し，PA 照射では，入射粒子は放射線生物学的に感受性が高い臓器に到達することができないことに起因する。20 GeV/u を超えると，ISO ジオメトリーの実効線量換算係数が，AP ジオメトリーと PA ジオメトリーの値に比べて大きくなる。これは，高エネルギーのヘリウムイオンによって生成される二次粒子のカスケードが身体深部の臓器にエネルギーを沈着するためである。

4.7.6　ヘリウムイオンに対する従来の研究との比較

（**226**）　図 4.41 は，PHITS コードと MIRD タイプのファントムを使って，ICRP *Publication 60*（ICRP, 1991）の定義に従って計算された実効線量換算係数（Sato ら，2003）と，図 4.40 に示した今回の計算に基づく実効線量換算係数とを比較している。従来の研究で実効線量換算係数の計算が行われたヘリウムイオンの最大エネルギーは，3 GeV/u であったことに注意されたい。

（**227**）　図 4.41 から明らかなように，約 20 MeV/u から 100 MeV/u までの中間エネルギー領域を除いて，異なる ICRP 刊行物（*Publication 60* と *103*）に示されている概念に従って計算された実効線量換算係数は，ほとんど同じである。この一致は，実効線量換算係数に対する ICRP *Publication 103*（ICRP, 2007）の改訂は，4.3 節（**174**）項で論じた中性子とは対照的に，ヘリウムイオン照射に対しては重要なものでないことを示している。これは，ICRP *Pub-*

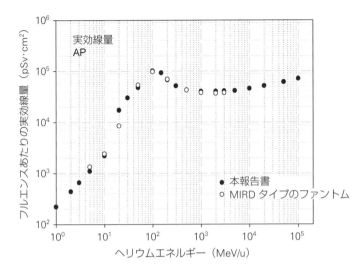

図 4.41 前方－後方（AP）ジオメトリーにおけるフルエンスあたりの実効線量の本報告書と MIRD タイプのファントムを使って計算した値（Sato ら，2003）との比較

lication 103（ICRP, 2007）において中性子の w_R 値が改訂されたのに対し，重イオンの w_R 値は改訂されなかったためである。中間の入射エネルギーにおける違いは，ICRP Publication 103（ICRP, 2007）において，乳房に割り当てる w_T 値が改訂され，0.05 から 0.12 に引き上げられたことに主な原因がある。図 4.39 に示したように，中間の入射エネルギー領域では，入射粒子の飛程が皮膚表面から乳房までの平均深さ（すなわち，数 cm）に近づくため，乳房の吸収線量換算係数は，他の臓器の吸収線量換算係数より大きくなる。したがって，このエネルギー領域の実効線量は，比較的大きな w_T 値を有する乳房組織の吸収線量に大きく依存する。

4.8 参 考 文 献

Aarnio, P. A., Mühring, H. J., Ranft, J., et al., 1990. FLUKA89. Conseil Européen pour la Recherche Nucléaire informal report, Geneva.

Chao, T.C., Bozkurt, A., Xu, X.G., 2001. Conversion coefficients based on the VIP-Man anatomical model and EGS4-VLSI code for external monoenergetic photons from 10 keV to 10 MeV. *Health Phys.* **81**, 163–183.

de Boor, C., 1978. A Practical Guide to Splines. Springer-Verlag, New York.

Ferrari, A., Pelliccioni, M., Pillon, M., 1997. Fluence to effective dose conversion coefficients for muons. *Radiat. Prot. Dosim.* **74**, 227–233.

Ferrari, A., Pelliccioni, M., Pillon, M., 1998. Fluence to effective dose conversion coefficients for negatively and positively charged pions. *Radiat. Prot. Dosim.* **80**, 361–370.

Ferrari, P., Gualdrini, G., 2005. An improved MCNP version of the NORMAN voxel phantom for dosimetry studies. *Phys. Med. Biol.* **50**, 4299–4316.

Fesefeldt, H.C., 1985. Simulation of Hadronic Showers, Physics and Application. Technical Report PITHA 85-02, Physikalisches Institut, Technische Hochschule Aachen, Aachen.

GEANT4, 2006. GEANT4: Physics Reference Manual. 次のサイトで入手可能：http://geant4.web.cern.ch/geant4/UserDocumentation/UsersGuides/PhysicsReferenceManual/fo/PhysicsReferenceManual.pdf（最終アクセスは，2014年12月）．

Groom, D.E., Mokhov, N.V., Striganov, S.I., 2001. Muon stopping power and range tables 10 MeV–100 TeV. *Atom Data Nucl. Data Tables* **78**, 183–356.

Hewitt, W.T., Yip, D., 1992. The NURBS Procedure Library. Technical Report CGU76. Manchester Computing Centre, Manchester.

ICRP, 1991. 1990 Recommendations of the International Commission on Radiological Protection. ICRP Publication 60. *Ann. ICRP* **21**(1–3).

ICRP, 1996. Conversion coefficients for use in radiological protection against external radiation. ICRP Publication 74. *Ann. ICRP* **26**(3/4).

ICRP, 2002. Basic anatomical and physiological data for use in radiological protection: reference values. ICRP Publication 89. *Ann. ICRP* **32**(3/4).

ICRP, 2007. The 2007 Recommendations of the International Commission on Radiological Protection. ICRP Publication 103. *Ann. ICRP* **37**(2–4).

ICRP, 2009. Adult reference computational phantoms. ICRP Publication 110. *Ann. ICRP* **39**(2).

ICRU, 1993. Stopping Power and Ranges for Protons and Alpha Particles. ICRU Report 49. International Commission on Radiation Units and Measurements, Bethesda, MD.

ICRU, 1998. Conversion Coefficients for use in Radiological Protection Against External Radiation. ICRU Report 57. International Commission on Radiation Units and Measurements, Bethesda, MD.

Jones, D.G., 1997. A realistic anthropomorphic phantom for calculating organ doses arising from external photon irradiation. *Radiat. Prot. Dosim.* **72**, 21–29.

Kawrakow, I., Mainegra-Hing, E., Rogers, D.W.O., et al., 2009. The EGSnrc Code System: Monte Carlo Simulation of Electron and Photon Transport. PIRS Report 701. National Research Council of Canada, Ottawa.

Kramer, R., Zankl, M., Williams, G., et al., 1982. The Calculation of Dose from External Photon Exposures Using Reference Human Phantoms and Monte Carlo Methods. Part I: the Male (Adam) and Female (Eva) Adult Mathematical Phantoms. GSF Report S-885. GSF—National Research Centre for Environment and Health, Neuherberg.

Kramer, R., Khoury, H.J., Vieira, J.W., 2005. Comparison between effective doses for voxel-based and stylized exposure models from photon and electron irradiation. *Phys. Med. Biol.* **50**, 5105–5126.

Lee, C., Lee, C., Lee, J.-K., 2006. On the need to revise the arm structure in stylized anthropomorphic phantoms in lateral photon irradiation geometry. *Phys. Med. Biol.* **51**, N393–N402.

Pelowitz, D.B. (Ed.), 2008. MCNPX User's Manual, Version 2.6.0. LA-CP-07-1473. Los Alamos National Laboratory, Los Alamos, NM.

Prael, R.E., Lichtenstein, H., 1989. User Guide to LCS: the LAHET Code System LA-UR-89-3014(1989), Los Alamos National Laboratory, Los Alamos, NM, USA.

Rogers, D.W.O., Bielajew, A.F., 1990. Monte Carlo Techniques of Electron and Photon Transport for Radiation Dosimetry. In: Kase, K.R., Bjärngard, B.E., Attix, F.H. (Eds.), The Dosimetry of Ionizing Radiation. Vol. 3. Academic Press, San Diego, CA, pp. 427–539.

Rogers, D.W.O., Faddegon, B.A., Ding, G.X., et al., 1995. BEAM: a Monte Carlo code to simulate radiotherapy treatment units. *Med. Phys.* **22**, 503–524.

Roussin, R.W., Knight, J.R., Hubbell, J.H., et al., 1983. Description of the DLC-99/HUGO Package of Photon Interaction Data in ENDF/B-V Format. ORNL Report RSIC-46 (ENDF-335). Radiation Shielding Information Center, Oak Ridge National Laboratory, Oak Ridge, TN.

Sato, T., Endo, A., Niita, K., 2010. Fluence-to-dose conversion coefficients for heavy ions calculated using the PHITS code and the ICRP/ICRU adult reference computational phantoms. *Phys. Med.*

Biol. **55**, 2235-2246.

Sato, T., Endo, A., Zankl, M., et al., 2009. Fluence-to-dose conversion coefficients for neutrons and protons calculated using the PHITS code and ICRP/ICRU adult reference computational phantoms. *Phys. Med. Biol.* **54**, 1997-2014.

Sato, T., Tsuda, S., Sakamoto, Y., et al., 2003. Conversion coefficients from fluence to effective dose for heavy ions with energies up to 3 GeV/A. *Radiat. Prot. Dosim.* **106**, 137-144.

Schlattl, H., Zankl, M., Petoussi-Henss, N., 2007. Organ dose conversion coefficients for voxel models of the reference male and female from idealized photon exposures. *Phys. Med. Biol.* **52**, 2123-2145.

Seltzer, S. M., 1993. Calculation of photon mass energy-transfer and mass energy-absorption coefficients. *Radiat. Res.* **136**, 147-170.

Snyder, W.S., Ford, M.R., Warner, G.G., et al., 1969. Estimates of absorbed fractions for monoenergetic photon sources uniformly distributed in various organs of a heterogeneous phantom. Medical Internal Radiation Dose Committee Pamphlet No. 5. *J. Nucl. Med.* **10**(Suppl. 3).

Snyder, W. S., Ford, M. R., Warner, G. G., 1978. Estimates of Specific Absorbed Fractions for Monoenergetic Photon Sources Uniformly Distributed in Various Organs of a Heterogeneous Phantom. Medical Internal Radiation Dose Committee Pamphlet No. 5 Revised. Society of Nuclear Medicine, New York, NY.

Veit, R., Zankl, M., Petoussi, N., et al., 1989. Tomographic Anthropomorphic Models. Part I: Construction Technique and Description of Models of an 8 Week Old Baby and a 7 Year Old Child. GSF Report 3/89. GSF—National Research Center for Environment and Health, Neuherberg.

Warner, G.G., Craig, A.M., 1968. ALGAM: a Computer Program for Estimating Internal Dose from Gamma-ray Sources in a Man Phantom. ORNL Report TM-2250. Oak Ridge National Laboratory, Oak Ridge, TN.

Zankl, M., Fill, U., Petoussi-Henss, N., et al., 2002. Organ dose conversion coefficients for external photon irradiation of male and female voxel models. *Phys. Med. Biol.* **47**, 2367-2385.

5. 実用量と防護量に対する線量換算係数の関係

（**228**） この章では，ICRU の実用量の観点から，2007 年勧告（ICRP, 2007）における防護量の変更の影響を検討する。

（**229**） ICRU は，放射線防護の測定において ICRP の防護量の評価に用いるために，外部放射線に対する一連の実用量を Report 39（ICRU, 1985）で定義した。この実用量のセットは，ICRU Report 51（ICRU, 1993）でさらに展開された。ICRU は，これら実用量の実際の適用に関して 3 編の報告書，Report 43, 47 および 66（ICRU, 1988, 1992, 2001）を出版した。ICRP *Publication 74*（ICRP, 1996）と ICRU Report 57（ICRU, 1998）において，限られた粒子エネルギーの範囲で，光子，中性子および電子に対する実用量の換算係数の基準値を報告し，防護量と実用量の換算係数の比較を提示した。

（**230**） 防護量は，身体またはファントムが位置する媒体中で，入射粒子に対して定義されるのに対し，実用量は，ファントムが位置するところのある一点で定義される。ICRP *Publication 74*（ICRP, 1996）と ICRU Report 57（ICRU, 1998）で勧告された光子の防護量と実用量の換算係数の値は，カーマ近似を使って計算された。この近似は，特定の状況の下では吸収線量の合理的な良い推定値を与える。カーマ近似では，相互作用で入射粒子から転移されるエネルギーが，すべてその場に沈着すると仮定する。荷電粒子平衡が存在し，放射損失が無視でき，そして解放される荷電粒子の結合エネルギーに比べて非荷電粒子の運動エネルギーが大きい場合に，カーマの数値は吸収線量の数値に近づく。

（**231**） ICRP *Publication 74*（ICRP, 1996）と ICRU Report 57（ICRU, 1998）において，中性子の防護量と実用量は，20 MeV までのエネルギーについては，様々なファントムに入射する中性子に対してカーマ近似を用いて計算した。20 MeV を超える入射中性子については，二次荷電粒子（$A \leq 4$）を追跡し，それらのエネルギー沈着を記録した。入射中性子がファントム内で 20 MeV までのエネルギーに減速された場合は，その後の相互作用ではカーマ近似を適用した。

（**232**） 光子と中性子に対し，本報告書で示された真空中に置かれた標準ファントムに対する防護量の計算結果と ICRP *Publication 74*（ICRP, 1996）および ICRU Report 57（ICRU, 1998）に示された計算結果との比較において，光子の防護量の比について観察された違いは，主として使用したファントムと組織加重係数の値の違いによるものである（4.1 節（**132**）–（**140**）項参照）。中性子に対する違いは，主として放射線加重係数の変更の結果である（4.3 節

（174）項参照）。

（233） カーマ近似は，実用量の換算係数の計算に対し，すべてのエネルギーで一般に受け入れられるわけではない。光子の場合，ICRU Report 39 の作成時点で，ファントムの外側の空気の影響に関する情報が得られていた（Dimbylow と Francis，1979，1983，1984；ICRU，1985）。しかし，現在まで，空気媒体中での放射線防護の機器校正と測定では，光子に対する実用量のカーマ近似を使った換算係数の勧告値が，幅広い分布の粒子エネルギーと方向に対して許容し得る防護量の近似を与え，考慮された放射線場での粒子エネルギー範囲で，ほとんどの放射線防護の実務への実際の適用に適していると考えられてきた。

（234） 機器の測定や校正の全般にわたって，実用量の定義とそれに対応する実用量の計算で考慮すべき事項については，さらに検討する必要がある。この作業は，現在，ICRU により再検討が進められている

（235） 実用量の基準換算係数値の比較（ICRP，1996；ICRU，1998）は，考慮した放射線場における粒子のエネルギー範囲にわたるほとんどの放射線防護への適用について，実用量が，幅広い粒子のエネルギー分布および方向分布に対し，防護量の予測指標としていかに役立つかを実証している。

5.1 防護量の変更

（236） この章では，本報告書で勧告された防護量の線量換算係数を，以前に勧告された実用量の換算係数と比較する。いくつかのケースでは，本報告書の防護量の線量換算係数を，ICRP *Publication 74*（ICRP，1996）と ICRU Report 57（ICRU，1998）の刊行以降に報告された実用量の値とも比較している。これは主として，本報告書において考慮しているより高いエネルギーにまで比較を拡張するためである。ICRP *Publication 74*（ICRP，1996）と ICRU Report 57（ICRU，1998）からの引用ではない実用量の値を比較に使用している場合があるが，それらを使用していることは，いかなる意味でも，それらの値を勧告値として推奨するものではない。なぜなら，実用量の換算係数に関する既存の査読された文献の中から，それらの値を選ぶ上で，広範にわたる評価プロセスを経ていないからである。

（237） 本章において比較のために使用した光子の実用量に対して勧告された換算係数のすべて，すなわち ICRP *Publication 74*（ICRP，1996）と ICRU Report 57（ICRU，1998）の換算係数は，吸収線量の計算にカーマ近似を用いているが，本報告書で勧告した防護量の換算係数は，カーマ近似には基づいていないことに注意することが重要である。実用量の換算係数を計算するためにカーマ近似を使用することは，それらの量の定義に厳密には適合しない（Ferrari と Pelliccioni，1994a；Bartlett と Dietze，2010）。しかし，ICRP *Publication 74*（ICRP，1996）と ICRU Report 57（ICRU，1998）の光子の実用量に対する基準値との一貫性

5.2 光子

（**238**）図 5.1 では，光子の実効線量換算係数と $H^*(10)$ の換算係数（ICRP, 1996; ICRU, 1998）を比較している。その比は，カーマ近似で計算した $H^*(10)$ が，10 MeV までのすべてのエネルギーで，実効線量より保守側の高めの値であることを示している。10 MeV を超えるエネルギーでの実効線量換算係数に関する評価を示すために，図 5.2 では，周辺線量当量の値（Ferrari と Pelliccioni, 1994a; Pelliccioni, 2000）と実効線量換算係数を 10 GeV まで比較した。いずれの量も，真空中に置かれた身体と球で計算されたもので，吸収線量は，二次電子を追跡する方法で計算された。約 3 MeV より上では，周辺線量当量は徐々に実効線量を過小評価するようになり，これは図 5.1 のようなカーマ近似を使用した場合には見られない結果である。3 MeV における実効線量からのこの乖離は，10 MeV までしかデータをプロットしていない図 5.2 の上のグラフで拡大して見ることができる。同様の計算が個人線量当量についても行われており（Veinot と Hertel, 2010），基本的に同じ結果が得られている。

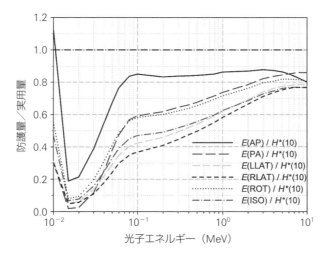

図 5.1 単一エネルギー光子に対する光子の実効線量（本報告書）と荷電粒子平衡下での周辺線量当量（ICRP, 1996）の比 AP：前方－後方，PA：後方－前方，LLAT：左側方，RLAT：右側方，ROT：回転，ISO：等方

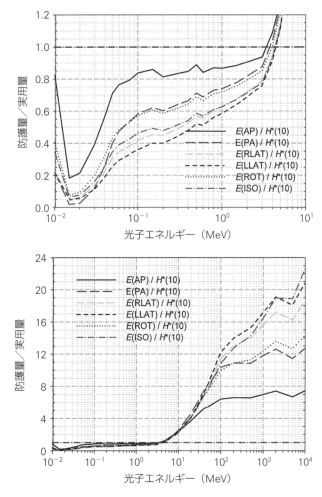

図 5.2 単一エネルギー光子に対する実効線量（本報告書）と周辺線量当量（Ferrari と Pelliccioni, 1994a；Pelliccioni, 2000）の比　周辺線量当量を計算するため，二次粒子を追跡している（すなわち，カーマ近似を用いていない）ことに注意すべきである。図 5.1 との比較を容易にするために，上の図は 10 MeV までの値を示している。
AP：前方−後方，PA：後方−前方，LLAT：左側方，RLAT：右側方，ROT：回転，ISO：等方

5.3　電　子

（**239**）　図 5.3 では，本報告書の電子の実効線量換算係数を，周辺線量当量換算係数（ICRP, 1996; ICRU, 1998）と比較している（ICRP *Publication 74* と ICRU Report 57 では，周辺線量当量は具体的に報告されていないが，方向性線量当量 $H'(10,0)$ が報告されている。ICRU 球をファントムとして使用した場合，これらの 2 つの量は数値的に等しい）。10 MeV ま

では，周辺線量当量は実効線量を過大評価していることが分かる。図5.4は，実効線量換算係数を，より高いエネルギーまで報告されている線量換算係数（Ferrari と Pelliccioni，1994a）と比較している。100 MeV を超えると，比はすべて1よりも大きいことに注意されたい。したがって，周辺線量当量は，実効線量を保守的に推定するものではないことを示している。

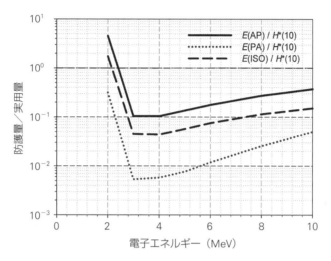

図5.3　単一エネルギー電子に対する実効線量（本報告書）と ICRP *Publication 74*（ICRP, 1996）に基づく周辺線量当量 $H^*(10)$ の比　AP：前方-後方，PA：後方-前方，ISO：等方

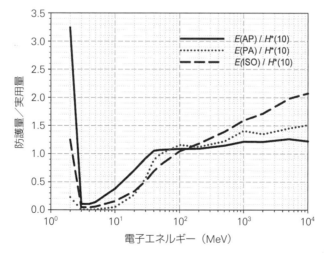

図5.4　単一エネルギー電子に対する実効線量（本報告書）と Ferrari と Pelliccioni（1994b）による周辺線量当量 $H^*(10)$ の比　AP：前方-後方，PA：後方-前方，ISO：等方

5.4 中性子

（240） 図5.5では，200 MeVまでのエネルギーの中性子による AP, PA, RLAT, LLAT, ISO および ROT 照射ジオメトリーにおける中性子実効線量換算係数を，$H^*(10)$ の値と比較している（ICRP, 1996; ICRU, 1998）。実用量の換算係数は，3 MeV までは，すべての照射ジオメトリーにおいて，実効線量より保守側の高めの値である。実用量の換算係数は，3 MeV から 12 MeV の間では AP 照射ジオメトリーにおける実効線量を，わずかに過小評価している。$H^*(10)$ の換算係数は，50 MeV において，AP と PA 照射ジオメトリーにおける実効線量換算係数を過小評価し，75 MeV を超えると，すべての照射ジオメトリーにおける実効線量換算係数を過小評価する。75 MeV から 200 MeV のエネルギー領域では，過小評価は最大で 1.5～1.8 倍に及び，200 MeV を超えると，これらの比はすべて減少する。

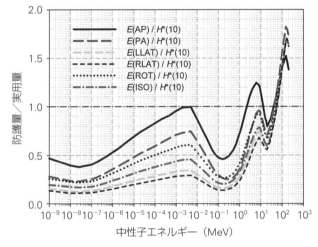

図5.5 単一エネルギー中性子に対する実効線量（本報告書）と周辺線量当量（ICRP, 1996）の比　AP：前方 - 後方，PA：後方 - 前方，LLAT：左側方，RLAT：右側方，ROT：回転，ISO：等方

（241） 図5.6では，AP, PA, RLAT, LLAT, ISO および ROT 照射ジオメトリーにおける中性子の実効線量換算係数を，個人線量当量の換算係数の基準値 $H_{p,slab}(10,0)$（ICRP, 1996; ICRU, 1998）と比較している。$H_{p,slab}(10,0)$ は，4 MeV から 12 MeV で，AP 照射ジオメトリーにおける実効線量よりわずかに小さいことが分かる。

（242） より高いエネルギーについても，中性子の実効線量換算係数を Ferrari と Pelliccioni（1998）の周辺線量当量換算係数と比較した。今回勧告した防護量と $H^*(10)$ の換算係数の比を図5.7に示す。$H^*(10)$ による実効線量の過小評価の程度は，200 MeV を超え

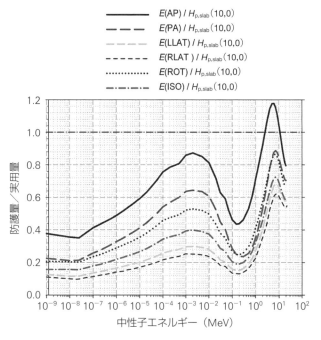

図 5.6 単一エネルギー中性子に対する実効線量（本報告書）と個人線量当量（ICRP, 1996）の比　AP：前方－後方，PA：後方－前方，LLAT：左側方，RLAT：右側方，ROT：回転，ISO：等方

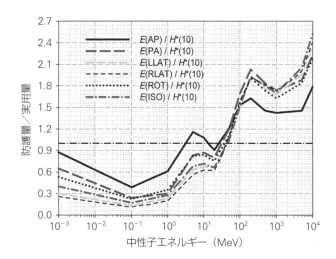

図 5.7 単一エネルギー中性子に対する実効線量（本報告書）と周辺線量当量（Ferrari と Pelliccioni, 1998）の比　AP：前方－後方，PA：後方－前方，LLAT：左側方，RLAT：右側方，ROT：回転，ISO：等方

ると低下し，その後 1 GeV を上回ると増加し続け，10 GeV において，ISO 照射ジオメトリー，AP 照射ジオメトリーにおいて，実用量に対して防護量は，それぞれ，2.5 倍と 1.8 倍に

なる。

5.5 眼の水晶体の線量と実用量との比較

（243）眼の水晶体の等価線量と実用量との比較は，放射線感受性の高いこの特定の組織の等価線量を評価するために，どの実用量が最適であるかを議論するのに必要である。しかし，この議論は，本報告書の範囲を超えるものである。本報告書の作成時点で，既存の実用量の適合性，校正手順，並びに実用量の測定と評価に使用できる線量計のための適切な校正用ファントムに関する研究が進行中である。

（244）眼の水晶体は頭部前面にあるため，この臓器線量は放射線の入射方向に強く依存し，特に低エネルギーまたは中間エネルギーの放射線の場合，その傾向が顕著である。これに対し，エネルギーが非常に高い放射線は，水晶体に到達する前に通過する物質中でのビルドアップと比べれば，頭部での吸収が重要でなくなる。低エネルギーの放射線では，正面からの入射（AP）に最も注意を要する。通常，エリアモニタリングと個人モニタリングの量は，AP被ばくに対しては，$H^*(3)$ と $H_p(3)$ の値はほぼ同じになる。しかし，他の放射線の入射方向については，これは当てはまらない。他のジオメトリーでは，$H_p(3)$ と $H_p(0.07)$ を検討するほうが適切かもしれない。しかし，適切な校正用ファントムでの $H_p(3)$ と $H_p(0.07)$ のデータは，現在まだ得られていない。

（245）図5.8では，10 MeV までの光子エネルギーについて，眼の水晶体の等価線量をICRP *Publication 51*（ICRP, 1987）において報告されたデータに基づく $H^*(3)$ と比較している。光子と電子に対して，等価線量（Sv）は吸収線量（Gy）と数値的に同じであることに注意すべきである。$H^*(3)$ は，ICRP *Publication 51*（ICRP, 1987）において明確には報告されなかったが，主軸上の深さ3 mm における平行照射の線量は，$H^*(3)$ と同等である。$H^*(3)$ のデータは，カーマ近似を使って計算されたことに注意すべきである。$H^*(3)$ は，頭部に入射する放射線のすべての方向に対して，このエネルギー範囲における眼の水晶体の等価線量を保守的に推定する近似値であることが分かる。

（246）図5.9では，10 MeV までの電子エネルギーについて，眼の水晶体の等価線量をICRP *Publication 74*（ICRP, 1996; ICRU, 1998）の $H'(3)$ と比較している。しかし，ファントムのAP被ばくに対しては，$H'(3)$ は $H^*(3)$ と常に等しい。さらに，眼の水晶体の線量を，高いエネルギーまで計算されている Ferrari と Pelliccioni（1994b）の $H^*(3)$ のデータと比較した。AP照射に対し，約0.7 MeV より上の電子エネルギーでは，$H^*(3)$ は眼の水晶体の線量を保守的に高めの評価をしていることが分かる。約70 MeV を超えると，$H^*(3)$ は，PAとISO照射ジオメトリーのいずれに対しても，眼の水晶体の等価線量を過小評価している。これは，PAとISO被ばくにおける頭部の眼の位置に比べて，ICRU球ファントムの表面近く

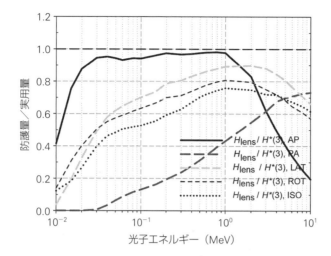

図 5.8　光子に対する眼の水晶体の等価線量（本報告書）と ICRP *Publication 51*（ICRP, 1987）からのデータに基づく $H^*(3)$ の比　AP：前方−後方，PA：後方−前方，LLAT：左側方，RLAT：右側方，ROT：回転，ISO：等方

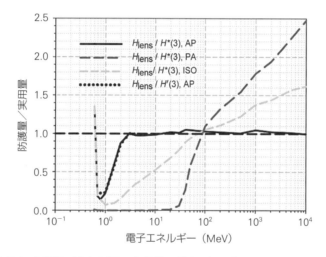

図 5.9　電子に対する眼の水晶体の等価線量（本報告書）と ICRP *Publication 74*（ICRP, 1996）に基づく $H'(3)$ および Ferrari と Pelliccioni（1994b）のデータに基づく $H^*(3)$ の比　AP：前方−後方，PA：後方−前方，ISO：等方

での線量ビルドアップが小さいためである[†]。したがって，$H^*(3)$ は，AP 被ばくに対してのみ，眼の水晶体の等価線量を適切に評価することができる。しかし，頭部ファントムでの

[†]（訳注）　$H^*(3)$ の計算では，ICRU 球での透過厚が 3 mm しかない。一方，PA と ISO 照射ジオメトリーの眼の水晶体等価線量では，頭部での眼の水晶体までの透過距離が長く，その分，線量ビルドアップが大きくなるという意味で記述されていると思われる。

$H_\mathrm{p}(3)$ に対する正確なデータは，まだ得られていない．

5.6 結 論

（247） この章では，ICRP *Publication 103*（ICRP, 2007）の勧告に従って計算した実効線量の換算係数を，実用量の勧告された換算係数（ICRP, 1996; ICRU, 1998）と比較した．これらの比較から，次のことを導き出せる．すなわち，光子，中性子および電子の実用量（ICRP, 1996; ICRU, 1998）は，幅広い粒子エネルギーと方向分布に対して，引き続き実効線量の良い近似を与えており，考慮された放射線場での粒子エネルギーの範囲（ICRP, 1996; ICRU, 1998）で，ほとんどの放射線防護の実務に実際に適用できる（ICRP, 1996; ICRU, 1998）．しかし，本報告書において考慮した高いエネルギーでは適用できない．

（248） これらの高いエネルギーにおける実用量については，1996 年以降発表されている少ないデータサンプルとの比較から，実用量と防護量の関係について更なる検討が必要であることが明らかである．2010 年に ICRU は，実用量の定義を再評価する作業に着手した．

5.7 参考文献

Bartlett, D. T., Dietze, G., 2010. ICRU operational quantities. *Radiat. Prot. Dosim.* **139**, 475-476.
Dimbylow, P. J., Francis, T. M., 1979. A Calculation of the Photon Depth-Dose Distributions in the ICRU Sphere for a Broad Parallel Beam – a Point Source and an Isotropic Field. National Radialogical Protection Board-R92. NRPB, London.
Dimbylow, P. J., Francis, T. M., 1983. The effect of photon scatter and consequent electron build-up in air on the calculation of dose equivalent quantities in the ICRU sphere for photon energies from 0.662 to 10 MeV. *Phys. Med. Biol.* **28**, 817-828.
Dimbylow, P. J., Francis, T. M., 1984. The calculation of dose equivalent quantities in the ICRU sphere for photon energies from 0.01 to 10 MeV. *Radiat. Prot. Dosim.* **9**, 49-53.
Ferrari, A., Pelliccioni, M., 1994a. On ambient dose equivalent. *J. Radiol. Prot.* **14**, 331-335.
Ferrari, A., Pelliccioni, M., 1994b. Dose equivalents for monoenergetic electrons incident on the ICRU sphere. *Radiat. Prot. Dosim.* **55**, 207-210.
Ferrari, A., Pelliccioni, M., 1998. Fluence to effective dose conversion data and effective quality factors of high energy neutrons. *Radiat. Prot. Dosim.* **76**, 215-224.
ICRP, 1987. Data for use in protection against external radiation. ICRP Publication 51. *Ann. ICRP* **17**(2/3).
ICRP, 1996. Conversion coefficients for use in radiological protection against external radiation. ICRP Publication 74. *Ann. ICRP* **26**(3/4).
ICRP, 2007. The 2007 Recommendations of the International Commission on Radiological Protection. ICRP Publication 103. *Ann. ICRP* **37**(2-4).
ICRU, 1985. Determination of Dose Equivalents Resulting from External Radiation Sources. ICRU Report 39. International Commission on Radiation Units and Measurements, Bethesda, MD.
ICRU, 1988. Measurement of Dose Equivalents from External Radiation Sources. Part 2. ICRU Report 43. International Commission on Radiation Units and Measurements, Bethesda, MD.

ICRU, 1992. Measurement of Dose Equivalents from External Photon and Electron Radiations. ICRU Report 47. International Commission on Radiation Units and Measurements, Bethesda, MD.

ICRU, 1993. Quantities and Units in Radiation Protection Dosimetry. ICRU Report 51. International Commission on Radiation Units and Measurements, Bethesda, MD.

ICRU, 1998. Conversion Coefficients for use in Radiological Protection Against External Radiation. ICRU Report 57. International Commission on Radiation Units and Measurements, Bethesda, MD.

ICRU, 2001. Determination of Operational Dose Equivalent Quantities for Neutrons. ICRU Report 66. International Commission on Radiation Units and Measurements, Bethesda, MD.

Pelliccioni, M., 2000. Overview of fluence-to-effective dose and fluence-to-ambient dose equivalent conversion coefficients for high energy radiation calculated using the FLUKA code. *Radiat. Prot. Dosim.* **88**, 279-297.

Veinot, K., Hertel, N., 2010. Personal dose equivalent conversion coefficients for photons to 1 GeV. *Radiat. Prot. Dosim.* **145**, 28-35.

付属書A　実効線量換算係数

(**A1**)　この付属書は，考慮した特定の照射ジオメトリーごとに，光子，電子，陽電子，中性子，ミューマイナス粒子とミュープラス粒子，パイマイナス中間子とパイプラス中間子，並びにヘリウムイオンに対する実効線量換算係数の基準値を表にしている。これらの表は，本報告書に添付したCD-ROMにも収載されている。

(**A2**)　考慮した特定の照射ジオメトリーは，前方‐後方（AP），後方‐前方（PA），左右側方軸に沿った1方向の幅広い平行ビーム（LLATとRLAT），そして回転（ROT）および完全な等方（ISO）入射方向（3.2節参照）である。

(**A3**)　実効線量は，入射粒子フルエンスで規格化され，$pSv \cdot cm^2$ の単位で与えられている。10 MeVまでのエネルギーの光子については，自由空気中の空気カーマ K_a あたりの実効線量の換算係数（単位：Sv/Gy）も表にまとめた。この変換には，粒子フルエンスあたりの空気カーマの換算係数（Seltzer, 1993）を用いた。

(**A4**)　以下に続く表の数字は基準値であり，様々なモンテカルロ放射線輸送コードと組み合わせたICRP/ICRU標準コンピュータファントム（3.1節と3.3節参照）を用いて計算された臓器線量換算係数から導き出された。実効線量のすべての基準値は，2007年勧告（ICRP, 2007）の定義に従って与えられている。

A.1　参　考　文　献

ICRP, 2007. The 2007 Recommendations of the International Commission on Radiological Protection. ICRP Publication 103. *Ann. ICRP* **37**(2-4).

Seltzer, S. M., 1993. Calculation of photon mass energy-transfer and mass energy-absorption coefficients. *Radiat. Res.* **136**, 147-170.

表 A.1　光子　いろいろなジオメトリーで入射する単一エネルギー粒子に対するフルエンスあたりの実効線量（単位：pSv·cm²）

エネルギー (MeV)	AP (前方-後方)	PA (後方-前方)	LLAT (左側方)	RLAT (右側方)	ROT (回転)	ISO (等方)
0.01	0.0685	0.0184	0.0189	0.0182	0.0337	0.0288
0.015	0.156	0.0155	0.0416	0.0390	0.0665	0.0560
0.02	0.225	0.0261	0.0654	0.0573	0.0988	0.0813
0.03	0.312	0.0946	0.109	0.0886	0.159	0.127
0.04	0.350	0.163	0.138	0.113	0.199	0.158
0.05	0.369	0.209	0.158	0.132	0.226	0.180
0.06	0.389	0.243	0.174	0.149	0.248	0.198
0.07	0.411	0.273	0.191	0.165	0.273	0.218
0.08	0.443	0.302	0.211	0.183	0.297	0.238
0.1	0.518	0.363	0.255	0.224	0.356	0.286
0.15	0.747	0.543	0.391	0.346	0.529	0.429
0.2	1.00	0.745	0.546	0.489	0.722	0.589
0.3	1.51	1.16	0.880	0.797	1.12	0.932
0.4	2.00	1.58	1.23	1.12	1.53	1.28
0.5	2.47	1.99	1.57	1.45	1.92	1.63
0.511	2.52	2.03	1.61	1.48	1.97	1.66
0.6	2.91	2.39	1.91	1.77	2.31	1.97
0.662	3.17	2.63	2.12	1.97	2.54	2.17
0.8	3.73	3.14	2.57	2.40	3.04	2.62
1.0	4.49	3.84	3.21	3.02	3.73	3.25
1.117	4.90	4.23	3.56	3.36	4.10	3.60
1.33	5.60	4.90	4.18	3.97	4.75	4.21
1.5	6.12	5.41	4.66	4.43	5.24	4.67
2.0	7.48	6.77	5.94	5.68	6.56	5.91
3.0	9.75	9.13	8.18	7.88	8.85	8.08
4.0	11.7	11.2	10.2	9.84	10.9	10.0
5.0	13.4	13.2	12.0	11.6	12.7	11.8
6.0	15.0	15.0	13.7	13.3	14.4	13.5
6.129	15.1	15.2	13.9	13.5	14.6	13.7
8.0	17.8	18.6	16.9	16.6	17.6	16.6
10.0	20.5	22.1	20.0	19.7	20.7	19.7
15.0	26.1	30.4	27.3	27.1	27.7	26.8
20.0	30.8	38.2	34.4	34.3	34.4	33.8
30.0	37.9	51.3	47.4	48.0	46.0	46.1
40.0	43.2	61.8	59.3	60.9	56.0	56.9
50.0	47.1	70.1	69.7	72.3	64.3	66.1
60.0	50.1	76.5	78.6	82.1	71.1	74.1
80.0	54.5	86.2	92.9	98.1	81.8	87.1
100	57.8	92.7	103	110	89.5	97.5
150	63.2	103	122	130	102	116
200	67.2	110	134	144	110	129
300	72.3	118	149	161	121	147
400	75.4	123	159	173	128	159
500	77.4	127	166	181	132	167
600	78.7	130	171	187	136	174
800	80.4	134	179	195	141	185
1,000	81.6	137	184	202	145	193
1,500	83.7	141	194	213	151	208
2,000	85.0	144	200	220	156	218
3,000	86.6	147	208	230	161	232
4,000	87.8	149	213	236	164	242
5,000	88.6	151	217	241	167	251
6,000	89.1	152	221	245	169	258
8,000	89.9	153	226	251	172	268
10,000	90.4	154	230	256	174	276

表 A.2 光子 いろいろなジオメトリーで入射する単一エネルギー粒子に対する自由空気中の空気カーマあたりの実効線量（単位：Sv/Gy）

エネルギー (MeV)	AP (前方 – 後方)	PA (後方 – 前方)	LLAT (左側方)	RLAT (右側方)	ROT (回転)	ISO (等方)
0.01	0.0090	0.0024	0.0025	0.0024	0.0044	0.0038
0.015	0.0486	0.0048	0.0130	0.0122	0.0207	0.0175
0.02	0.131	0.0151	0.0379	0.0332	0.0572	0.0471
0.03	0.422	0.128	0.148	0.120	0.215	0.171
0.04	0.798	0.371	0.315	0.258	0.455	0.360
0.05	1.12	0.638	0.480	0.402	0.688	0.547
0.06	1.33	0.832	0.595	0.508	0.850	0.679
0.07	1.42	0.940	0.659	0.569	0.939	0.751
0.08	1.43	0.980	0.684	0.594	0.964	0.773
0.1	1.39	0.975	0.685	0.601	0.954	0.768
0.15	1.25	0.906	0.651	0.577	0.882	0.715
0.2	1.17	0.869	0.637	0.570	0.843	0.687
0.3	1.09	0.840	0.637	0.577	0.814	0.674
0.4	1.06	0.834	0.648	0.592	0.807	0.678
0.5	1.04	0.836	0.660	0.608	0.808	0.684
0.511	1.03	0.836	0.661	0.610	0.808	0.685
0.6	1.02	0.839	0.673	0.623	0.811	0.692
0.662	1.02	0.841	0.680	0.632	0.814	0.697
0.8	1.01	0.848	0.695	0.649	0.822	0.708
1.0	1.00	0.857	0.716	0.673	0.831	0.725
1.117	0.999	0.863	0.726	0.686	0.837	0.734
1.33	0.996	0.872	0.745	0.706	0.846	0.749
1.5	0.996	0.880	0.758	0.721	0.853	0.760
2.0	0.990	0.895	0.785	0.752	0.868	0.782
3.0	0.977	0.915	0.820	0.790	0.887	0.810
4.0	0.960	0.924	0.837	0.810	0.894	0.824
5.0	0.943	0.928	0.844	0.821	0.894	0.832
6.0	0.924	0.928	0.846	0.824	0.890	0.832
6.129	0.922	0.928	0.845	0.824	0.889	0.832
8.0	0.886	0.923	0.841	0.823	0.875	0.826
10.0	0.848	0.914	0.830	0.815	0.856	0.814
15.0	0.756	0.881	0.793	0.785	0.804	0.779
20.0	0.679	0.843	0.758	0.757	0.759	0.745

表 A.3 電子 いろいろなジオメトリーで入射する単一エネルギー粒子に対するフルエンスあたりの実効線量（単位：pSv·cm²）

エネルギー (MeV)	AP (前方－後方)	PA (後方－前方)	ISO (等方)
0.01	0.0269	0.0268	0.0188
0.015	0.0404	0.0402	0.0283
0.02	0.0539	0.0535	0.0377
0.03	0.0810	0.0801	0.0567
0.04	0.108	0.107	0.0758
0.05	0.135	0.133	0.0948
0.06	0.163	0.160	0.114
0.08	0.218	0.213	0.152
0.1	0.275	0.267	0.191
0.15	0.418	0.399	0.291
0.2	0.569	0.530	0.393
0.3	0.889	0.787	0.606
0.4	1.24	1.04	0.832
0.5	1.63	1.28	1.08
0.6	2.05	1.50	1.35
0.8	4.04	1.68	1.97
1.0	7.10	1.68	2.76
1.5	15.0	1.62	4.96
2.0	22.4	1.62	7.24
3.0	36.1	1.95	11.9
4.0	48.2	2.62	16.4
5.0	59.3	3.63	21.0
6.0	70.6	5.04	25.5
8.0	97.9	9.46	35.5
10.0	125	18.3	46.7
15.0	188	53.1	76.9
20.0	236	104	106
30.0	302	220	164
40.0	329	297	212
50.0	337	331	249
60.0	341	344	275
80.0	346	358	309
100	349	366	331
150	355	379	363
200	359	388	383
300	365	399	410
400	369	408	430
500	372	414	445
600	375	419	457
800	379	428	478
1,000	382	434	495
1,500	387	446	525
2,000	391	455	549
3,000	397	468	583
4,000	401	477	608
5,000	405	484	628
6,000	407	490	646
8,000	411	499	675
10,000	414	507	699

表 A.4 **陽電子** いろいろなジオメトリーで入射する単一エネルギー粒子に対するフルエンスあたりの実効線量（単位：pSv·cm^2）

エネルギー (MeV)	AP （前方‐後方）	PA （後方‐前方）	ISO （等方）
0.01	3.28	1.62	1.39
0.015	3.29	1.64	1.40
0.02	3.30	1.65	1.41
0.03	3.33	1.68	1.43
0.04	3.36	1.71	1.45
0.05	3.39	1.73	1.47
0.06	3.42	1.76	1.49
0.08	3.47	1.82	1.53
0.1	3.53	1.87	1.57
0.15	3.67	2.01	1.67
0.2	3.84	2.14	1.77
0.3	4.16	2.40	1.98
0.4	4.52	2.65	2.21
0.5	4.90	2.90	2.45
0.6	5.36	3.12	2.72
0.8	7.41	3.32	3.38
1.0	10.5	3.37	4.20
1.5	18.3	3.44	6.42
2.0	25.7	3.59	8.70
3.0	39.1	4.19	13.3
4.0	51.0	5.11	18.0
5.0	61.7	6.31	22.4
6.0	72.9	8.03	26.9
8.0	99.0	14.0	36.7
10.0	126	23.6	47.6
15.0	184	59.0	75.5
20.0	229	111	104
30.0	294	221	162
40.0	320	291	209
50.0	327	321	243
60.0	333	334	268
80.0	339	349	302
100	342	357	323
150	349	371	356
200	354	381	377
300	362	393	405
400	366	402	425
500	369	409	440
600	372	415	453
800	376	424	474
1,000	379	430	491
1,500	385	443	522
2,000	389	451	545
3,000	395	465	580
4,000	399	473	605
5,000	402	480	627
6,000	404	486	645
8,000	408	495	674
10,000	411	503	699

表 A.5 **中性子** いろいろなジオメトリーで入射する単一エネルギー粒子に対するフルエンスあたりの実効線量（単位：pSv·cm²）

エネルギー (MeV)	AP (前方-後方)	PA (後方-前方)	LLAT (左側方)	RLAT (右側方)	ROT (回転)	ISO (等方)
1.0E−9	3.09	1.85	1.04	0.893	1.70	1.29
1.0E−8	3.55	2.11	1.15	0.978	2.03	1.56
2.5E−8	4.00	2.44	1.32	1.12	2.31	1.76
1.0E−7	5.20	3.25	1.70	1.42	2.98	2.26
2.0E−7	5.87	3.72	1.94	1.63	3.36	2.54
5.0E−7	6.59	4.33	2.21	1.86	3.86	2.92
1.0E−6	7.03	4.73	2.40	2.02	4.17	3.15
2.0E−6	7.39	5.02	2.52	2.11	4.40	3.32
5.0E−6	7.71	5.30	2.64	2.21	4.59	3.47
1.0E−5	7.82	5.44	2.65	2.24	4.68	3.52
2.0E−5	7.84	5.51	2.68	2.26	4.72	3.54
5.0E−5	7.82	5.55	2.66	2.24	4.73	3.55
1.0E−4	7.79	5.57	2.65	2.23	4.72	3.54
2.0E−4	7.73	5.59	2.66	2.24	4.67	3.52
5.0E−4	7.54	5.60	2.62	2.21	4.60	3.47
0.001	7.54	5.60	2.61	2.21	4.58	3.46
0.002	7.61	5.62	2.60	2.20	4.61	3.48
0.005	7.97	5.95	2.74	2.33	4.86	3.66
0.01	9.11	6.81	3.13	2.67	5.57	4.19
0.02	12.2	8.93	4.21	3.60	7.41	5.61
0.03	15.7	11.2	5.40	4.62	9.46	7.18
0.05	23.0	15.7	7.91	6.78	13.7	10.4
0.07	30.6	20.0	10.5	8.95	18.0	13.7
0.1	41.9	25.9	14.4	12.3	24.3	18.6
0.15	60.6	34.9	20.8	17.9	34.7	26.6
0.2	78.8	43.1	27.2	23.4	44.7	34.4
0.3	114	58.1	39.7	34.2	63.8	49.4
0.5	177	85.9	63.7	54.4	99.1	77.1
0.7	232	112	85.5	72.6	131	102
0.9	279	136	105	89.3	160	126
1.0	301	148	115	97.4	174	137
1.2	330	167	130	110	193	153
1.5	365	195	150	128	219	174
2.0	407	235	179	153	254	203
3.0	458	292	221	192	301	244
4.0	483	330	249	220	331	271
5.0	494	354	269	240	351	290
6.0	498	371	284	255	365	303
7.0	499	383	295	267	374	313
8.0	499	392	303	276	381	321
9.0	500	398	310	284	386	327
10.0	500	404	316	290	390	332
12.0	499	412	325	301	395	339
14.0	495	417	333	310	398	344
15.0	493	419	336	313	398	346
16.0	490	420	338	317	399	347
18.0	484	422	343	323	399	350
20.0	477	423	347	328	398	352
21.0	474	423	348	330	398	353
30.0	453	422	360	345	395	358
50.0	433	428	380	370	395	371
75.0	420	439	399	392	402	387
100	402	444	409	404	406	397
130	382	446	416	413	411	407
150	373	446	420	418	414	412

エネルギー (MeV)	AP (前方‐後方)	PA (後方‐前方)	LLAT (左側方)	RLAT (右側方)	ROT (回転)	ISO (等方)
180	363	447	425	425	418	421
200	359	448	427	429	422	426
300	363	464	441	451	443	455
400	389	496	472	483	472	488
500	422	533	510	523	503	521
600	457	569	547	563	532	553
700	486	599	579	597	558	580
800	508	623	603	620	580	604
900	524	640	621	638	598	624
1,000	537	654	635	651	614	642
2,000	612	740	730	747	718	767
5,000	716	924	963	979	906	1.01E+3
10,000	933	1.17E+3	1.23E+3	1.26E+3	1.14E+3	1.32E+3

* 1.01E+3 は 1.01×10^3 を示す。

表 A.6　**陽子**　いろいろなジオメトリーで入射する単一エネルギー粒子に対するフルエンスあたりの実効線量（単位：pSv·cm^2）

エネルギー (MeV)	AP (前方‐後方)	PA (後方‐前方)	LLAT (左側方)	RLAT (右側方)	ROT (回転)	ISO (等方)
1.0	5.46	5.47	2.81	2.81	4.50	3.52
1.5	8.20	8.21	4.21	4.20	6.75	5.28
2.0	10.9	10.9	5.61	5.62	8.98	7.02
3.0	16.4	16.4	8.43	8.41	13.4	10.5
4.0	21.9	21.9	11.2	11.2	17.8	13.9
5.0	27.3	27.3	14.0	14.0	22.1	17.3
6.0	32.8	32.8	16.8	16.8	26.3	20.5
8.0	43.7	43.7	22.4	22.4	34.5	26.8
10.0	54.9	54.6	28.1	28.1	50.1	45.8
15.0	189	56.1	50.7	48.9	93.7	80.1
20.0	428	43.6	82.8	78.8	165	136
30.0	750	36.1	180	172	296	249
40.0	1.02E+3	45.5	290	278	422	358
50.0	1.18E+3	71.5	379	372	532	451
60.0	1.48E+3	156	500	447	687	551
80.0	2.16E+3	560	799	602	1.09E+3	837
100	2.51E+3	1.19E+3	994	818	1.44E+3	1.13E+3
150	2.38E+3	2.82E+3	1.64E+3	1.46E+3	2.16E+3	1.79E+3
200	1.77E+3	1.93E+3	2.15E+3	2.18E+3	1.96E+3	1.84E+3
300	1.38E+3	1.45E+3	1.44E+3	1.45E+3	1.44E+3	1.42E+3
400	1.23E+3	1.30E+3	1.27E+3	1.28E+3	1.28E+3	1.25E+3
500	1.15E+3	1.24E+3	1.21E+3	1.21E+3	1.22E+3	1.18E+3
600	1.16E+3	1.23E+3	1.20E+3	1.20E+3	1.22E+3	1.17E+3
800	1.11E+3	1.23E+3	1.19E+3	1.20E+3	1.20E+3	1.17E+3
1,000	1.09E+3	1.23E+3	1.18E+3	1.20E+3	1.19E+3	1.15E+3
1,500	1.15E+3	1.25E+3	1.21E+3	1.23E+3	1.23E+3	1.21E+3
2,000	1.12E+3	1.28E+3	1.25E+3	1.25E+3	1.23E+3	1.22E+3
3,000	1.23E+3	1.34E+3	1.32E+3	1.32E+3	1.30E+3	1.31E+3
4,000	1.27E+3	1.40E+3	1.31E+3	1.33E+3	1.29E+3	1.40E+3
5,000	1.23E+3	1.45E+3	1.39E+3	1.41E+3	1.35E+3	1.43E+3
6,000	1.37E+3	1.53E+3	1.44E+3	1.45E+3	1.41E+3	1.57E+3
8,000	1.45E+3	1.65E+3	1.56E+3	1.59E+3	1.49E+3	1.71E+3
10,000	1.41E+3	1.74E+3	1.63E+3	1.67E+3	1.56E+3	1.78E+3

* 1.02E+3 は 1.02×10^3 を示す。

表 A.7 ミューマイナス粒子 いろいろなジオメトリーで入射する単一エネルギー粒子に対するフルエンスあたりの実効線量（単位：pSv·cm^2）

エネルギー (MeV)	AP (前方-後方)	PA (後方-前方)	ISO (等方)
1.0	180	75.2	78.7
1.5	180	76.8	79.5
2.0	184	78.3	80.9
3.0	188	81.4	83.7
4.0	193	84.8	87.1
5.0	205	87.7	91.5
6.0	242	86.7	98.1
8.0	293	86.8	113
10.0	332	88.6	127
15.0	414	100	161
20.0	465	122	191
30.0	657	251	275
40.0	735	457	363
50.0	755	703	446
60.0	628	775	496
80.0	431	485	498
100	382	402	432
150	340	345	354
200	326	329	332
300	319	321	321
400	320	321	321
500	321	324	323
600	325	326	326
800	327	332	331
1,000	333	337	337
1,500	331	338	338
2,000	333	341	341
3,000	336	344	344
4,000	337	345	346
5,000	337	346	347
6,000	337	346	347
8,000	337	347	348
10,000	338	347	348

表 A.8 ミュープラス粒子 いろいろなジオメトリーで入射する単一エネルギー粒子に対するフルエンスあたりの実効線量（単位：pSv·cm^2）

エネルギー (MeV)	AP (前方 - 後方)	PA (後方 - 前方)	ISO (等方)
1.0	194	82.6	85.2
1.5	196	84.1	86.2
2.0	198	85.7	87.5
3.0	202	88.9	90.3
4.0	207	92.1	93.6
5.0	216	94.3	97.7
6.0	251	92.5	103
8.0	300	92.8	117
10.0	340	94.8	132
15.0	425	108	167
20.0	481	133	199
30.0	674	265	284
40.0	751	473	373
50.0	768	721	456
60.0	635	787	506
80.0	431	483	502
100	381	399	432
150	339	345	354
200	326	328	332
300	318	320	320
400	319	321	320
500	320	323	322
600	322	325	324
800	325	330	329
1,000	327	333	333
1,500	331	339	338
2,000	333	341	341
3,000	336	344	344
4,000	337	345	346
5,000	337	346	347
6,000	337	346	347
8,000	337	347	348
10,000	339	347	348

表 A.9　パイマイナス中間子　いろいろなジオメトリーで入射する単一エネルギー粒子に対するフルエンスあたりの実効線量（単位：pSv·cm^2）

エネルギー (MeV)	AP (前方 - 後方)	PA (後方 - 前方)	ISO (等方)
1.0	406	194	176
1.5	422	201	189
2.0	433	210	198
3.0	458	225	215
4.0	491	233	232
5.0	528	237	251
6.0	673	208	271
8.0	965	181	317
10.0	1.09E+3	178	361
15.0	1.25E+3	197	439
20.0	1.28E+3	244	508
30.0	1.77E+3	547	676
40.0	1.92E+3	1.02E+3	868
50.0	1.93E+3	1.70E+3	1.02E+3
60.0	1.68E+3	1.99E+3	1.15E+3
80.0	1.14E+3	1.31E+3	1.15E+3
100	995	991	1.03E+3
150	927	889	857
200	902	871	815
300	848	843	794
400	844	850	807
500	869	880	838
600	901	917	875
800	947	976	935
1,000	977	1.02E+3	979
1,500	1.03E+3	1.08E+3	1.05E+3
2,000	1.05E+3	1.12E+3	1.09E+3
3,000	1.03E+3	1.11E+3	1.11E+3
4,000	1.03E+3	1.13E+3	1.15E+3
5,000	1.06E+3	1.18E+3	1.20E+3
6,000	1.09E+3	1.22E+3	1.26E+3
8,000	1.14E+3	1.29E+3	1.36E+3
10,000	1.17E+3	1.34E+3	1.43E+3
15,000	1.21E+3	1.41E+3	1.55E+3
20,000	1.24E+3	1.47E+3	1.64E+3
30,000	1.30E+3	1.56E+3	1.79E+3
40,000	1.35E+3	1.63E+3	1.91E+3
50,000	1.39E+3	1.70E+3	2.02E+3
60,000	1.42E+3	1.75E+3	2.11E+3
80,000	1.48E+3	1.86E+3	2.29E+3
100,000	1.54E+3	1.95E+3	2.46E+3
150,000	1.67E+3	2.15E+3	2.80E+3
200,000	1.78E+3	2.33E+3	3.04E+3

＊　1.09E+3 は 1.09×10^3 を示す。

表 A.10 パイプラス中間子 いろいろなジオメトリーで入射する単一エネルギー粒子に対するフルエンスあたりの実効線量（単位：pSv·cm^2）

エネルギー (MeV)	AP (前方 - 後方)	PA (後方 - 前方)	ISO (等方)
1.0	314	121	151
1.5	324	125	160
2.0	340	133	168
3.0	379	151	183
4.0	429	170	198
5.0	489	183	216
6.0	540	185	233
8.0	717	177	265
10.0	819	179	296
15.0	1,000	201	367
20.0	1.10E+3	247	439
30.0	1.52E+3	494	602
40.0	1.75E+3	906	787
50.0	1.83E+3	1.48E+3	953
60.0	1.66E+3	1.82E+3	1.09E+3
80.0	1.22E+3	1.38E+3	1.16E+3
100	1.13E+3	1.12E+3	1.10E+3
150	1.22E+3	1.15E+3	1.05E+3
200	1.25E+3	1.23E+3	1.08E+3
300	1.07E+3	1.10E+3	1.02E+3
400	969	998	953
500	943	970	930
600	952	980	938
800	999	1.04E+3	993
1,000	1.04E+3	1.09E+3	1.05E+3
1,500	1.10E+3	1.16E+3	1.13E+3
2,000	1.10E+3	1.19E+3	1.16E+3
3,000	1.06E+3	1.16E+3	1.16E+3
4,000	1.06E+3	1.16E+3	1.18E+3
5,000	1.07E+3	1.20E+3	1.23E+3
6,000	1.10E+3	1.24E+3	1.28E+3
8,000	1.14E+3	1.31E+3	1.37E+3
10,000	1.17E+3	1.35E+3	1.43E+3
15,000	1.22E+3	1.42E+3	1.55E+3
20,000	1.25E+3	1.48E+3	1.64E+3
30,000	1.30E+3	1.57E+3	1.79E+3
40,000	1.34E+3	1.64E+3	1.90E+3
50,000	1.38E+3	1.70E+3	2.01E+3
60,000	1.42E+3	1.75E+3	2.10E+3
80,000	1.48E+3	1.84E+3	2.27E+3
100,000	1.54E+3	1.94E+3	2.42E+3
150,000	1.67E+3	2.14E+3	2.76E+3
200,000	1.78E+3	2.33E+3	3.07E+3

* 1.10E+3 は 1.10×10^3 を示す。

表 A.11 ヘリウムイオン いろいろなジオメトリーで入射する単一エネルギー粒子に対するフルエンスあたりの実効線量（単位：pSv·cm²）

エネルギー (MeV/u)	AP (前方 - 後方)	PA (後方 - 前方)	ISO (等方)
1.0	219	219	141
2.0	438	438	281
3.0	656	657	419
5.0	1.09E+3	1.09E+3	689
10.0	2.19E+3	2.19E+3	1.82E+3
14.0	4.61E+3	2.56E+3	2.81E+3
20.0	1.72E+4	1.74E+3	5.46E+3
30.0	3.01E+4	1.44E+3	9.86E+3
50.0	4.75E+4	2.88E+3	1.78E+4
75.0	8.05E+4	1.75E+4	3.00E+4
100	1.01E+5	4.84E+4	4.55E+4
150	9.25E+4	1.10E+5	6.95E+4
200	6.74E+4	7.29E+4	7.01E+4
300	5.14E+4	5.33E+4	5.25E+4
500	4.27E+4	4.49E+4	4.27E+4
700	4.11E+4	4.60E+4	4.19E+4
1,000	4.00E+4	4.47E+4	4.09E+4
2,000	4.02E+4	4.80E+4	4.31E+4
3,000	4.08E+4	5.01E+4	4.50E+4
5,000	4.12E+4	5.17E+4	4.76E+4
10,000	4.56E+4	6.26E+4	5.73E+4
20,000	5.12E+4	6.10E+4	7.10E+4
50,000	6.12E+4	8.14E+4	9.67E+4
100,000	7.14E+4	1.01E+5	1.24E+5

* 1.09E+3 は 1.09×10³ を示す。

付属書B　光子に対する臓器吸収線量換算係数

(**B1**)　この付属書は，以下の臓器について，考慮した特定の照射ジオメトリーにおける光子に対する臓器吸収線量換算係数の基準値を表にしている。それらは，赤色（活性）骨髄，結腸，肺，胃，乳房，卵巣，精巣，膀胱壁（UB-wall），食道，肝臓，甲状腺，骨表面（骨内膜），脳，唾液腺，皮膚および残りの組織である。データは，男性ファントムと女性ファントムそれぞれについて与えられている。眼の水晶体のデータは，付属書Fにある。本報告書に添付しているCD-ROMには，これらの線量換算係数が，個々の残りの組織の線量換算係数とともにASCIIフォーマットの表で収載されている。個々の残りの組織には，副腎，胸郭外領域，胆嚢，心臓，腎臓，リンパ節，筋肉，口腔粘膜，膵臓，前立腺，小腸，脾臓，胸腺，子宮／子宮頚部が含まれる。

(**B2**)　考慮した特定の照射ジオメトリーは，前方－後方（AP），後方－前方（PA），左右側方軸に沿った幅広い平行ビーム（LLATとRLAT），そして回転（ROT）および等方（ISO）方向（3.2節参照）である。

(**B3**)　臓器吸収線量は，粒子フルエンスで規格化され，$pGy \cdot cm^2$の単位で与えられている。以下に続く表の数字は基準値であり，ICRP/ICRU標準ファントムと様々なモンテカルロ放射線輸送コード（3.1節と3.3節参照）を使って計算された線量換算係数に，平均化および平滑化手法（付属書I参照）を適用して導き出された。

表 B.1　光子（女性）　いろいろなジオメトリーで入射する単一エネルギー粒子に対するフルエンスあたりの脳の吸収線量（単位：pGy·cm^2）

エネルギー (MeV)	AP (前方-後方)	PA (後方-前方)	LLAT (左側方)	RLAT (右側方)	ROT (回転)	ISO (等方)
0.01	—	—	—	2.8E−8	—	9.8E−7
0.015	4.8E−5	8.0E−5	9.0E−5	9.0E−5	1.2E−4	2.5E−4
0.02	0.0022	0.0043	0.0060	0.0061	0.0059	0.0063
0.03	0.0453	0.0710	0.0901	0.0919	0.0806	0.0714
0.04	0.108	0.148	0.180	0.183	0.162	0.143
0.05	0.152	0.191	0.226	0.231	0.207	0.183
0.06	0.185	0.219	0.257	0.261	0.235	0.209
0.07	0.199	0.243	0.288	0.291	0.262	0.236
0.08	0.229	0.268	0.311	0.315	0.287	0.257
0.1	0.284	0.329	0.376	0.381	0.347	0.311
0.15	0.444	0.506	0.574	0.580	0.538	0.481
0.2	0.628	0.702	0.796	0.803	0.745	0.671
0.3	1.01	1.12	1.25	1.26	1.18	1.07
0.4	1.41	1.54	1.71	1.72	1.62	1.48
0.5	1.81	1.95	2.16	2.16	2.06	1.88
0.511	1.85	2.00	2.20	2.21	2.10	1.93
0.6	2.19	2.36	2.58	2.59	2.47	2.28
0.662	2.42	2.60	2.84	2.85	2.72	2.51
0.8	2.92	3.12	3.38	3.39	3.25	3.01
1.0	3.62	3.84	4.13	4.13	3.98	3.71
1.117	4.01	4.23	4.54	4.55	4.38	4.10
1.33	4.69	4.92	5.24	5.25	5.07	4.78
1.5	5.21	5.44	5.79	5.81	5.61	5.29
2.0	6.58	6.82	7.21	7.23	7.01	6.64
3.0	8.98	9.26	9.66	9.68	9.43	8.99
4.0	11.1	11.5	11.9	11.9	11.6	11.1
5.0	13.1	13.5	13.9	13.9	13.6	13.1
6.0	15.0	15.5	15.8	15.8	15.6	15.0
6.129	15.3	15.7	16.1	16.1	15.8	15.3
8.0	18.7	19.0	19.5	19.4	19.2	18.6
10.0	22.2	22.4	22.9	22.8	22.6	21.9
15.0	30.4	30.1	30.4	30.1	30.0	29.6
20.0	37.8	36.7	36.6	36.4	36.5	36.5
30.0	50.2	47.4	45.9	45.7	46.4	47.6
40.0	59.7	55.6	52.6	52.1	53.9	55.6
50.0	67.2	61.8	57.7	57.0	59.6	62.1
60.0	73.1	66.8	61.6	60.7	64.0	67.4
80.0	82.2	74.5	67.5	66.4	70.8	75.6
100	88.6	79.7	71.8	70.6	75.5	82.1
150	99.8	88.3	78.9	77.6	83.0	94.0
200	107	93.7	83.7	82.3	88.0	102
300	116	101	89.6	88.1	94.3	113
400	120	105	93.0	91.4	98.3	120
500	124	108	95.2	93.5	101	126
600	127	111	96.9	95.2	103	130
800	131	115	99.4	97.6	106	136
1,000	134	117	101	99.5	108	141
1,500	140	121	104	103	110	150
2,000	142	122	106	104	112	156
3,000	145	125	107	106	114	166
4,000	147	127	108	107	117	174
5,000	148	128	109	107	118	180
6,000	149	129	110	107	119	185
8,000	151	131	111	108	121	192
10,000	152	132	112	109	122	198

* 2.8E−8 は 2.8×10^{-8} を示す。

表 B.2　**光子（女性）**　いろいろなジオメトリーで入射する単一エネルギー粒子に対するフルエンスあたりの乳房の吸収線量（単位：pGy·cm²）

エネルギー (MeV)	AP (前方-後方)	PA (後方-前方)	LLAT (左側方)	RLAT (右側方)	ROT (回転)	ISO (等方)
0.01	0.323	—	0.0617	0.0575	0.120	0.100
0.015	0.720	1.1E−5	0.175	0.167	0.282	0.233
0.02	0.751	4.7E−4	0.228	0.220	0.322	0.279
0.03	0.569	0.0187	0.222	0.216	0.272	0.246
0.04	0.457	0.0502	0.197	0.191	0.231	0.213
0.05	0.416	0.0753	0.188	0.183	0.221	0.201
0.06	0.416	0.0956	0.195	0.190	0.229	0.206
0.07	0.444	0.118	0.212	0.206	0.249	0.221
0.08	0.479	0.139	0.235	0.229	0.276	0.247
0.1	0.577	0.186	0.294	0.288	0.343	0.305
0.15	0.878	0.328	0.477	0.470	0.546	0.490
0.2	1.19	0.489	0.683	0.674	0.769	0.686
0.3	1.81	0.849	1.11	1.10	1.22	1.10
0.4	2.38	1.23	1.55	1.53	1.67	1.51
0.5	2.91	1.62	1.97	1.96	2.10	1.92
0.511	2.98	1.66	2.02	2.01	2.15	1.96
0.6	3.42	2.00	2.39	2.38	2.52	2.30
0.662	3.72	2.23	2.64	2.63	2.77	2.53
0.8	4.35	2.74	3.16	3.16	3.31	3.03
1.0	5.17	3.44	3.91	3.90	4.04	3.73
1.117	5.59	3.83	4.31	4.31	4.43	4.11
1.33	6.30	4.50	5.02	5.00	5.10	4.74
1.5	6.79	5.02	5.53	5.51	5.61	5.21
2.0	7.96	6.40	6.85	6.85	6.89	6.43
3.0	9.43	8.75	8.95	8.97	8.91	8.37
4.0	10.2	10.8	10.7	10.7	10.5	9.92
5.0	10.7	12.7	12.2	12.3	11.8	11.3
6.0	10.9	14.5	13.5	13.6	12.9	12.4
6.129	10.9	14.7	13.7	13.8	13.1	12.6
8.0	10.9	17.8	15.8	15.9	14.9	14.5
10.0	10.7	21.0	17.8	18.0	16.7	16.3
15.0	10.6	29.4	22.4	22.7	20.9	20.6
20.0	10.7	38.2	26.7	27.0	24.9	24.7
30.0	10.9	54.7	34.4	34.8	32.5	32.4
40.0	11.3	68.3	41.4	41.9	39.9	39.7
50.0	11.7	79.0	47.4	48.1	46.4	46.4
60.0	12.0	87.1	52.2	53.2	51.8	52.2
80.0	12.4	98.9	60.2	61.2	60.5	61.6
100	12.7	107	65.8	66.9	66.7	69.0
150	13.4	119	75.5	76.8	76.4	81.9
200	14.2	127	82.2	83.4	82.9	91.0
300	15.2	137	90.7	91.9	91.2	104
400	15.8	143	95.7	97.3	96.4	113
500	16.1	147	99.0	101	99.9	119
600	16.2	151	101	103	103	124
800	16.2	156	105	107	107	132
1,000	16.3	159	107	109	109	138
1,500	16.5	164	112	114	114	149
2,000	16.6	167	114	116	118	157
3,000	16.7	171	117	119	122	168
4,000	16.8	174	119	121	125	175
5,000	16.9	176	121	123	127	183
6,000	16.9	178	122	124	129	188
8,000	17.1	179	125	127	131	197
10,000	17.1	180	127	128	133	203

* 1.1E−5 は 1.1×10^{-5} を示す。

表 B.3　光子（女性）　いろいろなジオメトリーで入射する単一エネルギー粒子に対するフルエンスあたりの結腸の吸収線量（単位：pGy·cm²）

エネルギー (MeV)	AP (前方-後方)	PA (後方-前方)	LLAT (左側方)	RLAT (右側方)	ROT (回転)	ISO (等方)
0.01	3.3E−4	—	9.9E−8	2.0E−7	5.1E−5	2.0E−5
0.015	0.0407	9.8E−4	0.0012	0.0010	0.0092	0.0057
0.02	0.178	0.0115	0.0177	0.0180	0.0542	0.0352
0.03	0.369	0.0757	0.0800	0.0832	0.153	0.111
0.04	0.412	0.139	0.120	0.123	0.203	0.152
0.05	0.423	0.183	0.144	0.144	0.228	0.173
0.06	0.441	0.215	0.163	0.161	0.249	0.192
0.07	0.468	0.242	0.180	0.178	0.272	0.209
0.08	0.496	0.274	0.198	0.195	0.295	0.229
0.1	0.575	0.332	0.242	0.236	0.349	0.275
0.15	0.818	0.502	0.372	0.365	0.524	0.407
0.2	1.09	0.689	0.524	0.515	0.715	0.559
0.3	1.63	1.09	0.849	0.838	1.11	0.888
0.4	2.14	1.48	1.19	1.17	1.50	1.23
0.5	2.63	1.88	1.53	1.51	1.89	1.56
0.511	2.68	1.93	1.57	1.55	1.93	1.59
0.6	3.08	2.26	1.87	1.84	2.27	1.89
0.662	3.35	2.50	2.08	2.05	2.50	2.09
0.8	3.92	2.99	2.53	2.50	3.00	2.53
1.0	4.70	3.68	3.16	3.12	3.68	3.13
1.117	5.11	4.06	3.52	3.47	4.05	3.48
1.33	5.82	4.71	4.14	4.10	4.68	4.06
1.5	6.37	5.20	4.62	4.57	5.17	4.51
2.0	7.80	6.54	5.91	5.88	6.52	5.79
3.0	10.3	8.94	8.19	8.17	8.88	8.07
4.0	12.4	11.0	10.2	10.2	11.0	10.1
5.0	14.4	12.9	12.1	12.0	12.9	12.0
6.0	16.4	14.7	13.9	13.9	14.8	13.7
6.129	16.6	14.9	14.1	14.1	15.0	13.9
8.0	19.8	18.2	17.4	17.3	18.2	17.0
10.0	22.7	21.7	20.8	20.7	21.4	20.2
15.0	27.6	30.6	28.7	28.5	28.5	27.6
20.0	31.4	39.0	36.4	35.9	35.6	34.8
30.0	36.5	53.6	50.1	49.5	47.3	47.5
40.0	40.3	65.6	62.4	62.0	57.4	58.8
50.0	43.2	75.2	73.3	73.1	66.0	68.5
60.0	45.3	82.5	82.6	82.6	73.0	77.0
80.0	48.7	93.8	97.7	97.7	84.2	90.9
100	51.1	101	109	109	92.2	102
150	55.2	113	127	128	104	123
200	58.4	120	139	140	112	137
300	62.3	130	154	156	123	157
400	65.0	136	164	166	130	169
500	66.6	140	171	173	135	179
600	67.6	143	176	179	139	187
800	68.8	148	184	187	145	199
1,000	69.8	151	189	192	148	207
1,500	71.3	157	199	202	154	222
2,000	72.5	161	204	209	159	232
3,000	73.9	164	212	216	165	248
4,000	74.6	167	217	221	168	259
5,000	75.2	168	220	225	171	268
6,000	75.6	169	223	228	173	275
8,000	76.2	171	228	233	175	286
10,000	76.6	173	233	237	177	294

＊　3.3E−4 は 3.3×10⁻⁴ を示す。

表 B.4 **光子（女性）** いろいろなジオメトリーで入射する単一エネルギー粒子に対するフルエンスあたりの骨表面（骨内膜）の吸収線量（単位：pGy·cm²）

エネルギー (MeV)	AP (前方-後方)	PA (後方-前方)	LLAT (左側方)	RLAT (右側方)	ROT (回転)	ISO (等方)
0.01	2.0E-4	6.1E-5	1.2E-4	1.1E-4	2.0E-4	0.0012
0.015	0.0107	0.0067	0.0072	0.0070	0.0102	0.0156
0.02	0.0717	0.0566	0.0495	0.0506	0.0617	0.0601
0.03	0.277	0.243	0.179	0.182	0.233	0.192
0.04	0.392	0.363	0.251	0.254	0.335	0.274
0.05	0.434	0.412	0.279	0.282	0.374	0.307
0.06	0.451	0.432	0.290	0.293	0.391	0.322
0.07	0.464	0.447	0.298	0.300	0.401	0.332
0.08	0.479	0.463	0.308	0.310	0.415	0.342
0.1	0.524	0.509	0.338	0.340	0.455	0.375
0.15	0.699	0.682	0.459	0.461	0.612	0.507
0.2	0.914	0.894	0.612	0.615	0.805	0.671
0.3	1.36	1.35	0.952	0.956	1.22	1.04
0.4	1.83	1.80	1.30	1.31	1.65	1.41
0.5	2.27	2.24	1.66	1.66	2.07	1.78
0.511	2.31	2.29	1.70	1.70	2.11	1.82
0.6	2.69	2.67	2.00	2.00	2.47	2.15
0.662	2.96	2.92	2.22	2.22	2.71	2.36
0.8	3.50	3.47	2.67	2.67	3.22	2.84
1.0	4.24	4.20	3.31	3.31	3.93	3.50
1.117	4.64	4.60	3.67	3.67	4.32	3.86
1.33	5.33	5.30	4.30	4.30	5.01	4.51
1.5	5.85	5.82	4.77	4.78	5.52	4.99
2.0	7.30	7.24	6.07	6.08	6.91	6.32
3.0	9.74	9.71	8.37	8.37	9.35	8.66
4.0	11.9	11.9	10.4	10.4	11.5	10.7
5.0	13.9	13.8	12.3	12.3	13.5	12.6
6.0	15.7	15.7	14.1	14.1	15.3	14.4
6.129	16.0	15.9	14.3	14.3	15.5	14.6
8.0	19.1	19.2	17.3	17.3	18.7	17.8
10.0	22.2	22.5	20.3	20.3	21.8	20.9
15.0	28.7	29.5	27.1	27.2	28.7	28.0
20.0	34.0	35.3	33.5	33.4	34.4	34.3
30.0	41.9	43.8	44.6	44.4	43.6	45.0
40.0	47.8	50.0	54.4	54.1	51.0	53.8
50.0	52.2	54.6	62.9	62.5	57.2	61.1
60.0	55.6	58.3	70.1	69.8	62.1	67.3
80.0	60.9	64.0	82.1	81.8	69.9	77.3
100	64.7	67.9	91.3	91.1	75.3	85.2
150	71.1	74.4	108	107	84.4	99.8
200	75.6	78.5	119	119	90.3	110
300	81.2	83.5	133	133	97.9	124
400	84.5	86.7	143	143	103	133
500	86.7	88.9	150	149	106	139
600	88.2	90.5	155	155	109	145
800	90.4	93.0	162	162	113	153
1,000	91.9	94.5	168	168	115	159
1,500	94.5	97.1	178	178	120	171
2,000	95.9	98.6	184	184	122	178
3,000	97.7	100	193	193	126	189
4,000	98.8	102	200	199	129	197
5,000	99.7	102	204	204	131	204
6,000	100	103	208	208	132	210
8,000	101	104	213	214	134	219
10,000	102	104	217	218	135	227

* 2.0E-4 は 2.0×10^{-4} を示す。

表 B.5 光子（女性） いろいろなジオメトリーで入射する単一エネルギー粒子に対するフルエンスあたりの肝臓の吸収線量（単位：pGy·cm²）

エネルギー (MeV)	AP (前方－後方)	PA (後方－前方)	LLAT (左側方)	RLAT (右側方)	ROT (回転)	ISO (等方)
0.01	2.9E−5	1.1E−6	2.4E−7	8.4E−6	1.3E−5	6.6E−6
0.015	0.0131	0.0022	3.9E−4	0.0068	0.0055	0.0031
0.02	0.0859	0.0235	0.0046	0.0488	0.0388	0.0248
0.03	0.257	0.110	0.0308	0.164	0.138	0.0984
0.04	0.335	0.182	0.0614	0.227	0.201	0.149
0.05	0.367	0.230	0.0839	0.255	0.235	0.177
0.06	0.391	0.264	0.102	0.275	0.259	0.198
0.07	0.420	0.295	0.117	0.297	0.283	0.217
0.08	0.445	0.325	0.132	0.318	0.309	0.236
0.1	0.516	0.389	0.165	0.375	0.367	0.283
0.15	0.736	0.575	0.264	0.554	0.538	0.420
0.2	0.977	0.779	0.379	0.759	0.730	0.573
0.3	1.47	1.20	0.641	1.19	1.14	0.905
0.4	1.95	1.63	0.924	1.62	1.54	1.25
0.5	2.41	2.04	1.22	2.05	1.93	1.59
0.511	2.46	2.08	1.25	2.09	1.97	1.62
0.6	2.85	2.44	1.52	2.46	2.32	1.92
0.662	3.11	2.68	1.71	2.70	2.55	2.12
0.8	3.67	3.19	2.11	3.22	3.04	2.56
1.0	4.42	3.89	2.69	3.95	3.73	3.17
1.117	4.82	4.27	3.01	4.35	4.11	3.52
1.33	5.52	4.93	3.60	5.05	4.77	4.12
1.5	6.04	5.43	4.05	5.58	5.26	4.58
2.0	7.44	6.80	5.29	6.97	6.59	5.84
3.0	9.89	9.18	7.49	9.39	8.95	8.07
4.0	12.1	11.3	9.49	11.5	11.1	10.1
5.0	14.1	13.2	11.3	13.5	13.1	12.0
6.0	16.0	15.1	13.1	15.4	14.9	13.8
6.129	16.2	15.4	13.3	15.7	15.2	14.0
8.0	19.6	18.8	16.5	19.1	18.4	17.2
10.0	22.9	22.2	19.9	22.5	21.8	20.6
15.0	29.8	30.4	28.2	30.3	29.6	28.4
20.0	35.2	38.3	36.5	37.1	36.7	35.6
30.0	43.0	51.0	52.6	48.4	48.7	48.6
40.0	48.7	61.2	68.0	57.2	58.8	60.1
50.0	52.8	69.4	82.0	64.2	67.1	70.0
60.0	55.9	75.6	94.1	69.6	73.8	78.3
80.0	60.5	85.3	114	77.9	84.5	92.0
100	63.9	91.7	129	83.6	92.0	103
150	69.6	102	153	93.4	105	122
200	74.0	108	170	100.0	113	135
300	79.6	117	190	108	123	153
400	83.1	122	204	113	129	165
500	85.1	125	213	116	134	174
600	86.7	128	221	118	137	181
800	88.1	133	231	121	142	191
1,000	89.4	136	239	124	147	199
1,500	91.6	140	252	128	153	213
2,000	93.6	142	261	130	157	224
3,000	95.6	144	273	133	162	237
4,000	96.7	147	282	135	165	246
5,000	97.3	149	288	137	167	254
6,000	97.7	150	293	138	168	260
8,000	98.1	152	300	140	171	271
10,000	98.3	154	305	142	173	279

* 2.9E−5 は 2.9×10⁻⁵ を示す。

表 B.6 光子（女性） いろいろなジオメトリーで入射する単一エネルギー粒子に対するフルエンスあたりの肺の吸収線量（単位：pGy·cm²）

エネルギー (MeV)	AP (前方-後方)	PA (後方-前方)	LLAT (左側方)	RLAT (右側方)	ROT (回転)	ISO (等方)
0.01	2.4E−5	4.9E−6	4.4E−6	3.5E−6	6.7E−6	7.7E−6
0.015	0.0065	0.0069	0.0030	0.0030	0.0045	0.0026
0.02	0.0593	0.0568	0.0172	0.0201	0.0376	0.0248
0.03	0.219	0.208	0.0554	0.0657	0.142	0.106
0.04	0.291	0.291	0.0884	0.0972	0.205	0.158
0.05	0.319	0.331	0.111	0.117	0.236	0.185
0.06	0.340	0.360	0.127	0.133	0.259	0.206
0.07	0.363	0.387	0.144	0.150	0.281	0.226
0.08	0.390	0.423	0.159	0.164	0.307	0.247
0.1	0.457	0.500	0.195	0.200	0.365	0.296
0.15	0.665	0.734	0.304	0.311	0.542	0.445
0.2	0.897	0.993	0.433	0.440	0.744	0.614
0.3	1.37	1.51	0.722	0.730	1.17	0.979
0.4	1.84	2.01	1.03	1.03	1.59	1.35
0.5	2.29	2.50	1.34	1.34	2.00	1.71
0.511	2.34	2.55	1.38	1.38	2.05	1.75
0.6	2.72	2.95	1.66	1.65	2.40	2.06
0.662	2.98	3.23	1.85	1.84	2.64	2.28
0.8	3.53	3.80	2.28	2.26	3.16	2.75
1.0	4.27	4.56	2.88	2.86	3.87	3.41
1.117	4.68	4.98	3.23	3.20	4.26	3.78
1.33	5.39	5.71	3.84	3.80	4.95	4.41
1.5	5.92	6.26	4.32	4.26	5.45	4.90
2.0	7.36	7.70	5.61	5.52	6.84	6.22
3.0	9.85	10.2	7.88	7.80	9.31	8.55
4.0	12.1	12.4	9.95	9.90	11.5	10.7
5.0	14.2	14.5	11.9	11.8	13.6	12.6
6.0	16.2	16.6	13.8	13.6	15.5	14.5
6.129	16.5	16.8	14.0	13.9	15.8	14.8
8.0	20.1	20.5	17.4	17.3	19.3	18.2
10.0	23.7	24.2	20.9	20.8	23.0	21.8
15.0	31.4	31.3	29.5	29.2	31.2	30.0
20.0	37.6	36.6	38.0	37.5	38.3	37.6
30.0	46.2	43.4	54.2	53.1	49.9	50.5
40.0	52.1	48.1	68.9	67.3	59.1	60.8
50.0	56.4	51.5	81.4	79.5	66.5	69.3
60.0	59.7	54.3	91.9	89.9	72.5	76.4
80.0	64.9	58.6	108	107	81.9	87.8
100	68.5	61.4	120	119	88.6	96.4
150	74.9	65.9	140	140	99.1	112
200	79.4	69.0	154	154	106	123
300	85.0	73.0	171	172	114	138
400	88.3	75.3	181	183	119	147
500	90.3	76.9	188	191	123	155
600	91.6	78.1	193	197	126	160
800	93.5	79.8	201	206	130	169
1,000	94.9	80.9	208	212	133	175
1,500	97.0	82.6	218	223	137	187
2,000	98.6	83.4	224	230	140	194
3,000	100	84.6	232	239	143	206
4,000	101	85.5	237	246	146	214
5,000	102	86.1	241	251	147	220
6,000	103	86.6	245	255	149	225
8,000	104	86.7	250	261	151	233
10,000	104	86.8	253	265	152	240

* 2.4E−5 は 2.4×10⁻⁵ を示す。

表 B.7　光子（女性）　いろいろなジオメトリーで入射する単一エネルギー粒子に対するフルエンスあたりの食道の吸収線量（単位：pGy·cm²）

エネルギー (MeV)	AP (前方-後方)	PA (後方-前方)	LLAT (左側方)	RLAT (右側方)	ROT (回転)	ISO (等方)
0.01	4.6E−5	4.7E−8	1.4E−6	1.7E−6	2.7E−6	4.0E−5
0.015	0.0141	4.1E−6	1.1E−4	1.2E−4	0.0025	0.0013
0.02	0.0754	0.0021	0.0025	0.0040	0.0204	0.0129
0.03	0.201	0.0510	0.0257	0.0297	0.0865	0.0545
0.04	0.261	0.140	0.0602	0.0570	0.149	0.102
0.05	0.300	0.211	0.0890	0.0827	0.189	0.136
0.06	0.331	0.260	0.110	0.101	0.222	0.164
0.07	0.360	0.289	0.130	0.120	0.249	0.199
0.08	0.393	0.330	0.149	0.139	0.283	0.217
0.1	0.470	0.410	0.189	0.178	0.347	0.268
0.15	0.702	0.621	0.302	0.288	0.530	0.408
0.2	0.948	0.844	0.437	0.411	0.725	0.565
0.3	1.44	1.30	0.731	0.690	1.15	0.898
0.4	1.94	1.75	1.03	0.987	1.57	1.23
0.5	2.41	2.19	1.35	1.28	1.98	1.58
0.511	2.44	2.23	1.38	1.32	2.03	1.60
0.6	2.82	2.61	1.67	1.59	2.41	1.91
0.662	3.07	2.84	1.89	1.78	2.64	2.12
0.8	3.66	3.35	2.33	2.21	3.16	2.60
1.0	4.41	4.09	2.95	2.78	3.84	3.27
1.117	4.84	4.51	3.28	3.11	4.24	3.67
1.33	5.54	5.23	3.85	3.67	4.90	4.26
1.5	6.05	5.75	4.28	4.14	5.40	4.72
2.0	7.46	7.08	5.53	5.40	6.84	5.99
3.0	9.95	9.34	7.73	7.68	9.35	8.13
4.0	12.1	11.4	9.79	9.63	11.5	10.2
5.0	14.2	13.4	11.6	11.6	13.3	12.1
6.0	16.1	15.4	13.5	13.5	15.1	13.9
6.129	16.4	15.7	13.6	13.8	15.4	14.1
8.0	19.9	19.4	17.3	17.0	18.9	17.5
10.0	23.3	23.1	20.8	20.3	22.5	20.9
15.0	30.6	32.3	28.8	28.5	31.0	29.7
20.0	36.5	41.0	37.1	37.2	38.9	38.1
30.0	45.5	53.4	54.3	53.5	52.1	51.8
40.0	51.5	61.7	69.2	68.5	62.2	63.7
50.0	55.6	67.9	81.2	81.6	70.3	73.1
60.0	58.6	72.4	91.2	92.6	76.6	81.6
80.0	63.1	80.4	107	110	86.3	94.9
100	66.4	84.7	119	121	93.3	105
150	71.8	93.2	139	141	105	123
200	76.3	97.6	151	155	112	135
300	82.2	103	166	173	120	150
400	85.2	108	175	184	126	160
500	86.9	111	183	192	129	167
600	87.8	114	188	198	132	174
800	89.4	116	196	206	136	184
1,000	90.7	118	201	211	138	192
1,500	93.1	120	211	220	143	204
2,000	94.2	122	218	226	147	213
3,000	95.7	124	226	235	149	225
4,000	97.5	126	229	241	152	234
5,000	98.7	127	232	245	154	243
6,000	99.4	128	235	247	155	250
8,000	100	129	241	248	158	262
10,000	100	129	247	248	159	272

*　4.6E−5 は 4.6×10^{-5} を示す。

表 B.8 光子（女性） いろいろなジオメトリーで入射する単一エネルギー粒子に対するフルエンスあたりの卵巣の吸収線量（単位：pGy·cm²）

エネルギー (MeV)	AP (前方‐後方)	PA (後方‐前方)	LLAT (左側方)	RLAT (右側方)	ROT (回転)	ISO (等方)
0.01	—	—	—	—	—	—
0.015	6.4E−6	1.1E−4	—	—	—	7.8E−5
0.02	0.0034	0.0126	2.9E−5	5.8E−5	0.0037	0.0018
0.03	0.0843	0.145	0.0042	0.0055	0.0535	0.0366
0.04	0.180	0.241	0.0242	0.0300	0.121	0.0857
0.05	0.247	0.311	0.0493	0.0586	0.161	0.128
0.06	0.295	0.359	0.0717	0.0832	0.199	0.154
0.07	0.331	0.392	0.0828	0.106	0.246	0.183
0.08	0.370	0.425	0.105	0.125	0.267	0.204
0.1	0.439	0.490	0.142	0.159	0.322	0.246
0.15	0.652	0.700	0.230	0.254	0.468	0.366
0.2	0.892	0.942	0.333	0.368	0.634	0.502
0.3	1.36	1.40	0.564	0.611	1.000	0.807
0.4	1.79	1.85	0.807	0.883	1.37	1.13
0.5	2.21	2.30	1.06	1.17	1.73	1.45
0.511	2.27	2.34	1.10	1.20	1.77	1.48
0.6	2.62	2.71	1.35	1.46	2.09	1.77
0.662	2.87	2.97	1.54	1.64	2.32	1.96
0.8	3.42	3.55	1.93	2.03	2.80	2.41
1.0	4.18	4.32	2.49	2.63	3.45	3.02
1.117	4.60	4.75	2.79	2.97	3.82	3.35
1.33	5.31	5.41	3.36	3.54	4.46	3.93
1.5	5.89	5.94	3.77	3.95	4.95	4.38
2.0	7.23	7.28	4.95	5.17	6.22	5.58
3.0	9.52	9.66	7.10	7.36	8.56	7.72
4.0	11.5	11.8	9.09	9.34	10.7	9.72
5.0	13.4	13.8	10.9	11.2	12.6	11.6
6.0	15.2	15.9	12.7	13.0	14.5	13.4
6.129	15.4	16.1	13.0	13.2	14.7	13.7
8.0	18.8	19.7	16.0	16.4	18.0	17.0
10.0	22.5	23.5	19.3	19.7	21.5	20.5
15.0	31.8	32.4	27.9	28.0	29.8	28.8
20.0	39.8	40.6	36.8	36.5	38.5	37.4
30.0	53.9	50.9	54.2	54.7	54.3	52.7
40.0	63.4	57.5	71.7	72.4	66.7	66.5
50.0	70.4	63.0	88.1	87.4	76.7	78.5
60.0	75.4	67.0	102	100	85.6	89.0
80.0	82.0	74.1	127	121	98.4	104
100	87.2	79.4	144	136	109	117
150	94.9	87.1	171	163	127	139
200	100	91.4	189	182	137	153
300	108	96.3	212	205	150	174
400	112	98.8	229	217	158	191
500	115	100	241	228	163	201
600	118	102	250	235	166	207
800	120	104	264	245	173	221
1,000	122	105	272	254	178	230
1,500	124	108	290	268	185	246
2,000	124	110	300	277	190	258
3,000	124	112	310	289	198	272
4,000	125	113	316	298	203	283
5,000	127	114	322	305	206	292
6,000	128	114	328	310	209	299
8,000	129	114	335	320	213	310
10,000	131	114	341	326	216	320

* 6.4E−6 は 6.4×10⁻⁶ を示す。

表 B.9 光子（女性） いろいろなジオメトリーで入射する単一エネルギー粒子に対するフルエンスあたりの赤色（活性）骨髄の吸収線量（単位：pGy·cm^2）

エネルギー (MeV)	AP (前方-後方)	PA (後方-前方)	LLAT (左側方)	RLAT (右側方)	ROT (回転)	ISO (等方)
0.01	3.5E−4	2.8E−5	2.0E−4	1.5E−4	2.2E−4	6.9E−4
0.015	0.0169	0.0080	0.0092	0.0082	0.0106	0.0114
0.02	0.0669	0.0542	0.0344	0.0342	0.0469	0.0414
0.03	0.202	0.211	0.0972	0.100	0.156	0.125
0.04	0.305	0.333	0.148	0.154	0.243	0.191
0.05	0.362	0.398	0.180	0.187	0.295	0.231
0.06	0.395	0.437	0.200	0.207	0.326	0.257
0.07	0.423	0.465	0.217	0.224	0.350	0.278
0.08	0.447	0.492	0.232	0.239	0.371	0.294
0.1	0.502	0.552	0.265	0.272	0.419	0.333
0.15	0.678	0.743	0.372	0.381	0.574	0.460
0.2	0.882	0.963	0.501	0.512	0.754	0.609
0.3	1.32	1.43	0.792	0.807	1.14	0.936
0.4	1.75	1.88	1.10	1.12	1.54	1.28
0.5	2.17	2.32	1.41	1.43	1.93	1.61
0.511	2.22	2.37	1.45	1.47	1.97	1.65
0.6	2.58	2.75	1.72	1.74	2.31	1.95
0.662	2.83	3.01	1.92	1.94	2.54	2.15
0.8	3.35	3.55	2.34	2.36	3.03	2.59
1.0	4.07	4.28	2.93	2.96	3.70	3.21
1.117	4.47	4.68	3.27	3.30	4.08	3.56
1.33	5.14	5.37	3.87	3.89	4.74	4.17
1.5	5.65	5.89	4.32	4.36	5.23	4.63
2.0	7.02	7.29	5.57	5.61	6.58	5.90
3.0	9.44	9.73	7.80	7.84	8.97	8.17
4.0	11.6	11.9	9.81	9.85	11.1	10.2
5.0	13.6	13.9	11.7	11.7	13.1	12.1
6.0	15.4	15.8	13.5	13.5	14.9	13.9
6.129	15.6	16.1	13.7	13.8	15.1	14.1
8.0	18.9	19.5	16.9	16.9	18.4	17.3
10.0	22.2	22.9	20.1	20.1	21.8	20.6
15.0	30.0	30.4	28.0	27.9	29.8	28.5
20.0	37.1	36.8	35.6	35.7	37.0	35.9
30.0	48.4	46.3	50.1	49.9	49.1	49.1
40.0	56.8	53.1	63.3	62.9	59.0	60.3
50.0	63.1	58.2	74.8	74.3	67.3	69.8
60.0	67.9	62.1	84.6	83.9	73.8	77.9
80.0	75.1	68.2	101	99.8	84.1	91.0
100	80.3	72.4	113	112	91.4	101
150	89.1	79.2	134	132	103	120
200	95.0	83.5	148	146	111	133
300	102	89.0	166	164	121	150
400	107	92.6	177	175	127	161
500	110	95.1	185	183	132	170
600	112	96.9	192	189	135	176
800	115	99.5	201	198	140	187
1,000	117	101	208	205	143	194
1,500	120	104	220	217	149	208
2,000	122	105	227	224	152	218
3,000	125	107	238	234	158	231
4,000	127	108	245	241	161	240
5,000	128	109	250	247	163	248
6,000	128	110	254	251	165	254
8,000	130	111	261	258	168	264
10,000	131	111	267	263	169	271

* 3.5E−4 は 3.5×10^{-4} を示す。

付属書 B 光子に対する臓器吸収線量換算係数   121

表 B.10 光子（女性） いろいろなジオメトリーで入射する単一エネルギー粒子に対するフルエンスあたりの残りの組織の吸収線量（単位：pGy·cm²）

エネルギー (MeV)	AP (前方-後方)	PA (後方-前方)	LLAT (左側方)	RLAT (右側方)	ROT (回転)	ISO (等方)
0.01	0.0023	8.0E−4	0.0011	0.0012	0.0014	0.0017
0.015	0.0370	0.0114	0.0130	0.0119	0.0177	0.0135
0.02	0.0966	0.0361	0.0347	0.0271	0.0469	0.0346
0.03	0.210	0.120	0.0888	0.0676	0.122	0.0883
0.04	0.273	0.187	0.129	0.105	0.178	0.131
0.05	0.308	0.231	0.156	0.130	0.215	0.159
0.06	0.335	0.265	0.176	0.150	0.239	0.182
0.07	0.368	0.296	0.197	0.171	0.266	0.203
0.08	0.395	0.328	0.219	0.191	0.292	0.225
0.1	0.470	0.399	0.267	0.235	0.355	0.273
0.15	0.687	0.596	0.414	0.370	0.533	0.414
0.2	0.925	0.813	0.580	0.524	0.733	0.572
0.3	1.41	1.26	0.939	0.855	1.15	0.910
0.4	1.88	1.70	1.31	1.20	1.56	1.25
0.5	2.33	2.12	1.68	1.54	1.96	1.60
0.511	2.38	2.17	1.72	1.57	2.00	1.63
0.6	2.76	2.53	2.04	1.87	2.35	1.93
0.662	3.01	2.78	2.26	2.08	2.59	2.14
0.8	3.56	3.31	2.73	2.53	3.10	2.59
1.0	4.30	4.03	3.39	3.17	3.80	3.21
1.117	4.71	4.42	3.76	3.53	4.19	3.57
1.33	5.40	5.11	4.40	4.16	4.86	4.19
1.5	5.93	5.63	4.90	4.63	5.36	4.65
2.0	7.33	7.02	6.23	5.92	6.72	5.93
3.0	9.75	9.40	8.56	8.20	9.09	8.22
4.0	11.9	11.5	10.6	10.2	11.2	10.3
5.0	13.8	13.5	12.6	12.1	13.1	12.1
6.0	15.7	15.3	14.4	13.9	15.0	13.9
6.129	15.9	15.6	14.6	14.1	15.2	14.1
8.0	19.1	18.9	17.9	17.4	18.5	17.2
10.0	22.4	22.4	21.3	20.7	21.9	20.5
15.0	29.4	30.6	29.2	28.7	29.9	28.2
20.0	35.6	38.6	36.8	36.4	37.2	35.9
30.0	44.7	50.7	50.2	50.6	49.2	49.4
40.0	51.0	59.8	62.0	63.4	59.0	60.6
50.0	55.6	66.7	72.0	74.3	67.0	70.1
60.0	59.3	71.8	80.3	83.5	73.3	78.2
80.0	64.6	79.8	92.9	98.2	83.3	91.5
100	68.5	85.2	102	109	90.3	102
150	75.2	94.1	117	128	102	120
200	79.8	100	128	140	109	133
300	85.8	107	141	155	118	150
400	89.6	111	149	166	124	161
500	92.0	114	154	173	128	169
600	93.6	117	159	178	132	175
800	95.4	120	165	186	136	185
1,000	97.1	123	169	192	139	193
1,500	99.6	126	177	201	144	206
2,000	101	129	182	208	148	216
3,000	103	131	188	216	152	230
4,000	105	133	192	222	155	240
5,000	106	134	195	226	157	247
6,000	106	135	197	230	159	254
8,000	107	136	201	235	161	263
10,000	107	136	204	239	162	270

* 8.0E−4 は 8.0×10⁻⁴ を示す。

表 B.11 **光子（女性）** いろいろなジオメトリーで入射する単一エネルギー粒子に対するフルエンスあたりの唾液腺の吸収線量（単位：pGy·cm²）

エネルギー (MeV)	AP (前方-後方)	PA (後方-前方)	LLAT (左側方)	RLAT (右側方)	ROT (回転)	ISO (等方)
0.01	7.9E−5	5.3E−4	0.0302	0.0224	0.0121	0.0075
0.015	0.0094	0.0255	0.220	0.202	0.120	0.0787
0.02	0.0583	0.101	0.330	0.326	0.214	0.154
0.03	0.161	0.207	0.324	0.329	0.260	0.192
0.04	0.209	0.234	0.293	0.296	0.256	0.190
0.05	0.228	0.241	0.282	0.287	0.260	0.194
0.06	0.249	0.261	0.290	0.291	0.274	0.206
0.07	0.275	0.284	0.307	0.305	0.297	0.219
0.08	0.305	0.308	0.336	0.338	0.325	0.248
0.1	0.372	0.387	0.408	0.407	0.396	0.299
0.15	0.578	0.612	0.632	0.628	0.614	0.475
0.2	0.814	0.858	0.878	0.871	0.851	0.672
0.3	1.30	1.37	1.36	1.37	1.32	1.07
0.4	1.77	1.87	1.86	1.85	1.81	1.47
0.5	2.24	2.34	2.33	2.32	2.28	1.86
0.511	2.29	2.39	2.38	2.37	2.33	1.90
0.6	2.69	2.78	2.76	2.77	2.73	2.23
0.662	2.95	3.05	3.03	3.02	3.01	2.45
0.8	3.52	3.62	3.60	3.59	3.58	2.95
1.0	4.28	4.44	4.39	4.34	4.33	3.62
1.117	4.69	4.90	4.83	4.76	4.76	4.02
1.33	5.40	5.67	5.56	5.47	5.47	4.66
1.5	5.92	6.28	6.12	6.00	6.05	5.18
2.0	7.34	7.74	7.50	7.46	7.49	6.52
3.0	9.82	10.2	9.82	9.88	10.0	8.79
4.0	12.0	12.4	11.8	11.9	12.0	10.8
5.0	14.0	14.3	13.3	13.5	13.7	12.5
6.0	15.9	16.2	14.8	14.8	15.4	14.1
6.129	16.1	16.4	14.9	15.0	15.5	14.2
8.0	19.3	19.5	17.0	17.1	18.2	16.9
10.0	22.4	22.6	19.1	19.1	20.9	19.6
15.0	29.1	29.2	24.3	23.9	26.3	26.0
20.0	35.0	34.5	28.7	28.4	31.7	31.7
30.0	42.6	41.2	36.4	36.2	38.8	42.2
40.0	47.8	45.2	42.4	41.9	44.4	50.8
50.0	51.5	48.0	46.7	46.5	49.5	57.7
60.0	54.0	50.9	50.2	49.8	52.7	63.2
80.0	58.1	55.7	55.5	55.1	57.2	72.5
100	61.0	59.9	58.8	59.1	60.1	79.1
150	65.3	63.9	65.1	65.1	66.4	92.6
200	69.1	65.8	69.0	69.2	70.3	102
300	74.0	69.3	74.4	74.9	75.0	115
400	76.6	71.7	77.9	78.4	77.2	123
500	78.6	73.5	79.9	80.1	79.1	128
600	79.5	74.7	81.5	81.9	80.7	132
800	81.3	76.1	83.0	84.1	82.8	140
1,000	81.9	77.2	84.1	85.6	84.0	145
1,500	84.2	78.1	86.0	86.1	86.5	156
2,000	85.6	78.7	87.4	87.1	88.1	162
3,000	85.6	80.2	90.1	88.0	89.1	171
4,000	85.6	80.8	91.8	89.3	90.2	174
5,000	85.7	81.1	92.6	90.4	91.2	179
6,000	86.0	81.2	93.2	91.4	92.0	184
8,000	86.9	81.4	93.7	93.0	93.6	193
10,000	87.3	81.4	93.5	94.3	95.2	199

* 7.9E−5 は 7.9×10^{-5} を示す。

表B.12 **光子（女性）** いろいろなジオメトリーで入射する単一エネルギー粒子に対するフルエンスあたりの皮膚の吸収線量（単位：pGy·cm²）

エネルギー (MeV)	AP (前方-後方)	PA (後方-前方)	LLAT (左側方)	RLAT (右側方)	ROT (回転)	ISO (等方)
0.01	1.95	1.92	0.998	1.00	1.59	1.31
0.015	1.30	1.27	0.688	0.692	1.10	0.971
0.02	0.894	0.874	0.494	0.497	0.768	0.696
0.03	0.531	0.529	0.312	0.314	0.460	0.419
0.04	0.392	0.397	0.237	0.238	0.342	0.308
0.05	0.340	0.343	0.208	0.209	0.296	0.266
0.06	0.328	0.331	0.203	0.204	0.286	0.256
0.07	0.339	0.339	0.212	0.212	0.294	0.264
0.08	0.360	0.362	0.228	0.229	0.315	0.282
0.1	0.429	0.429	0.277	0.279	0.375	0.338
0.15	0.658	0.652	0.439	0.442	0.581	0.526
0.2	0.910	0.902	0.623	0.627	0.809	0.734
0.3	1.41	1.39	1.00	1.01	1.27	1.16
0.4	1.88	1.85	1.37	1.38	1.70	1.56
0.5	2.30	2.26	1.71	1.72	2.09	1.93
0.511	2.34	2.30	1.74	1.76	2.13	1.97
0.6	2.66	2.63	2.02	2.03	2.43	2.26
0.662	2.87	2.83	2.20	2.22	2.63	2.45
0.8	3.27	3.22	2.56	2.57	3.01	2.83
1.0	3.72	3.66	3.00	3.02	3.46	3.28
1.117	3.94	3.87	3.23	3.25	3.70	3.52
1.33	4.27	4.22	3.61	3.62	4.04	3.88
1.5	4.51	4.47	3.87	3.88	4.30	4.13
2.0	5.10	5.06	4.53	4.56	4.97	4.75
3.0	6.09	6.03	5.73	5.74	6.03	5.84
4.0	6.92	6.91	6.76	6.79	6.97	6.78
5.0	7.70	7.75	7.73	7.75	7.83	7.67
6.0	8.45	8.56	8.67	8.66	8.67	8.51
6.129	8.54	8.66	8.79	8.78	8.77	8.60
8.0	9.85	10.1	10.5	10.4	10.3	10.1
10.0	11.2	11.4	12.2	12.2	11.8	11.6
15.0	14.4	14.7	16.4	16.4	15.5	15.3
20.0	17.3	17.7	20.5	20.5	18.9	18.9
30.0	22.5	22.9	28.1	28.1	25.1	25.5
40.0	26.8	27.2	34.8	34.7	30.4	31.4
50.0	29.8	30.8	40.9	40.7	35.0	36.3
60.0	33.4	34.2	46.5	46.4	39.5	40.9
80.0	36.6	38.1	55.5	55.3	45.4	48.3
100	39.4	41.1	62.8	62.5	49.8	54.3
150	44.5	46.0	76.1	75.6	57.7	65.2
200	47.5	49.2	85.3	84.8	62.8	73.2
300	52.0	53.1	97.7	97.0	69.1	84.3
400	54.9	55.6	106	105	73.4	91.5
500	56.7	57.4	112	111	76.5	96.8
600	57.6	58.8	116	115	78.9	101
800	59.6	60.7	123	122	82.4	108
1,000	60.2	61.9	128	127	84.9	113
1,500	62.2	64.1	137	136	89.0	122
2,000	63.7	65.6	143	141	91.6	129
3,000	66.4	67.2	151	149	95.4	138
4,000	66.9	68.3	156	154	97.7	144
5,000	67.9	68.9	160	158	99.6	149
6,000	68.9	69.5	164	162	101	154
8,000	69.6	70.6	169	167	103	161
10,000	69.8	71.0	172	172	105	168

表B.13 光子（女性） いろいろなジオメトリーで入射する単一エネルギー粒子に対するフルエンスあたりの胃壁の吸収線量（単位：pGy·cm²）

エネルギー (MeV)	AP (前方-後方)	PA (後方-前方)	LLAT (左側方)	RLAT (右側方)	ROT (回転)	ISO (等方)
0.01	1.9E−5	—	8.9E−6	—	3.7E−6	—
0.015	0.0243	2.0E−5	0.0109	1.3E−5	0.0079	0.0046
0.02	0.137	0.0049	0.0829	7.3E−4	0.0516	0.0331
0.03	0.321	0.0701	0.246	0.0153	0.155	0.111
0.04	0.381	0.140	0.309	0.0408	0.209	0.156
0.05	0.402	0.188	0.331	0.0613	0.240	0.181
0.06	0.420	0.220	0.344	0.0784	0.262	0.201
0.07	0.450	0.254	0.365	0.0945	0.286	0.218
0.08	0.473	0.283	0.391	0.109	0.309	0.237
0.1	0.547	0.335	0.458	0.140	0.372	0.285
0.15	0.780	0.517	0.672	0.228	0.542	0.420
0.2	1.04	0.708	0.916	0.336	0.737	0.574
0.3	1.55	1.11	1.42	0.588	1.15	0.909
0.4	2.06	1.52	1.91	0.859	1.55	1.25
0.5	2.53	1.91	2.38	1.15	1.95	1.59
0.511	2.58	1.96	2.43	1.18	2.00	1.63
0.6	2.97	2.30	2.83	1.45	2.34	1.92
0.662	3.24	2.52	3.10	1.64	2.57	2.13
0.8	3.80	3.02	3.67	2.05	3.09	2.56
1.0	4.57	3.70	4.44	2.63	3.77	3.18
1.117	4.99	4.09	4.86	2.96	4.14	3.53
1.33	5.72	4.75	5.58	3.56	4.78	4.18
1.5	6.25	5.27	6.13	4.01	5.24	4.69
2.0	7.69	6.61	7.58	5.25	6.51	5.96
3.0	10.2	8.90	10.1	7.43	8.99	8.15
4.0	12.3	10.9	12.2	9.40	11.2	10.2
5.0	14.3	12.9	14.3	11.3	13.2	12.0
6.0	16.2	14.7	16.3	13.1	15.0	13.8
6.129	16.4	15.0	16.5	13.2	15.2	14.0
8.0	19.7	18.4	19.9	16.6	18.3	17.1
10.0	22.7	21.9	23.2	19.9	21.5	20.2
15.0	28.5	30.4	30.2	28.1	28.6	27.5
20.0	32.9	38.9	36.0	36.7	35.7	35.0
30.0	38.8	53.0	44.2	53.6	47.0	48.1
40.0	43.1	64.6	49.8	70.0	56.6	59.0
50.0	46.2	73.9	53.8	84.9	65.0	68.3
60.0	48.4	80.6	56.9	97.7	71.9	76.2
80.0	52.2	91.2	61.6	119	82.6	89.8
100	54.8	98.4	65.0	134	90.4	100
150	59.4	109	70.9	158	102	120
200	63.0	116	75.0	174	109	134
300	67.5	125	80.2	195	120	152
400	70.4	130	82.8	208	126	163
500	72.1	135	84.8	217	131	171
600	73.3	138	86.1	224	134	178
800	74.5	143	88.0	234	140	188
1,000	75.5	147	89.7	242	144	197
1,500	77.1	150	92.1	255	150	212
2,000	77.7	152	93.1	264	154	222
3,000	79.2	155	94.6	276	159	238
4,000	79.9	158	95.2	284	161	249
5,000	80.4	160	96.1	290	163	258
6,000	80.7	161	96.7	294	165	264
8,000	81.3	164	98.0	300	167	273
10,000	81.8	165	99.2	304	167	278

* 1.9E−5 は 1.9×10^{-5} を示す。

表 B.14 **光子（女性）** いろいろなジオメトリーで入射する単一エネルギー粒子に対するフルエンスあたりの甲状腺の吸収線量（単位：pGy・cm²）

エネルギー (MeV)	AP (前方-後方)	PA (後方-前方)	LLAT (左側方)	RLAT (右側方)	ROT (回転)	ISO (等方)
0.01	0.0129	—	2.0E−6	—	0.0019	9.8E−4
0.015	0.308	—	2.7E−4	0.0015	0.0773	0.0414
0.02	0.644	6.4E−4	0.0029	0.0173	0.205	0.119
0.03	0.698	0.0279	0.0250	0.0674	0.287	0.186
0.04	0.684	0.0972	0.0512	0.107	0.300	0.206
0.05	0.624	0.157	0.0737	0.129	0.301	0.223
0.06	0.592	0.201	0.0930	0.147	0.312	0.239
0.07	0.597	0.226	0.111	0.167	0.330	0.250
0.08	0.619	0.254	0.126	0.183	0.353	0.274
0.1	0.699	0.310	0.154	0.217	0.413	0.318
0.15	0.962	0.483	0.233	0.324	0.607	0.471
0.2	1.28	0.662	0.333	0.452	0.825	0.645
0.3	1.88	1.05	0.560	0.746	1.26	1.04
0.4	2.47	1.44	0.792	1.05	1.69	1.41
0.5	3.02	1.82	1.05	1.35	2.13	1.78
0.511	3.08	1.86	1.07	1.39	2.16	1.82
0.6	3.52	2.19	1.30	1.67	2.53	2.15
0.662	3.80	2.41	1.45	1.85	2.79	2.39
0.8	4.39	2.88	1.81	2.26	3.32	2.88
1.0	5.25	3.52	2.33	2.88	4.02	3.55
1.117	5.70	3.88	2.65	3.21	4.40	3.95
1.33	6.50	4.55	3.19	3.85	5.06	4.63
1.5	7.08	5.05	3.58	4.36	5.52	5.15
2.0	8.58	6.42	4.77	5.64	6.89	6.53
3.0	11.1	8.80	7.05	7.91	9.45	8.86
4.0	13.1	10.9	9.11	9.98	11.5	10.8
5.0	14.9	12.9	11.0	11.9	13.4	12.5
6.0	16.1	14.8	12.7	13.8	15.1	14.2
6.129	16.2	15.1	12.9	14.1	15.4	14.5
8.0	16.9	18.6	16.0	17.3	18.0	17.6
10.0	17.0	22.2	19.1	20.6	20.6	20.9
15.0	17.0	31.2	26.4	27.7	26.0	27.6
20.0	17.4	40.5	34.3	34.2	31.1	33.5
30.0	18.0	56.3	49.3	45.8	40.5	45.2
40.0	18.9	67.8	63.6	57.0	48.7	55.0
50.0	19.5	76.9	76.3	66.4	55.8	62.8
60.0	19.9	83.2	87.3	75.2	61.0	69.7
80.0	20.5	93.6	106	90.5	69.5	80.3
100	21.3	101	120	102	75.7	89.0
150	22.5	112	145	120	85.9	104
200	24.0	120	163	132	93.2	115
300	25.3	130	186	146	102	128
400	26.2	136	200	156	108	135
500	26.3	140	211	162	110	143
600	26.6	142	219	168	113	150
800	26.8	147	232	177	117	160
1,000	27.2	149	239	183	120	169
1,500	27.5	154	252	193	125	183
2,000	27.6	157	260	197	129	190
3,000	28.3	160	275	202	132	197
4,000	28.3	162	285	208	134	203
5,000	28.3	164	290	211	136	209
6,000	28.2	165	290	214	137	214
8,000	28.4	167	282	218	139	226
10,000	28.5	170	268	222	141	237

* 2.0E−6 は 2.0×10⁻⁶ を示す。

表 B.15 **光子（女性）** いろいろなジオメトリーで入射する単一エネルギー粒子に対するフルエンスあたりの膀胱壁（UB-wall）の吸収線量（単位：pGy·cm^2）

エネルギー (MeV)	AP (前方 - 後方)	PA (後方 - 前方)	LLAT (左側方)	RLAT (右側方)	ROT (回転)	ISO (等方)
0.01	0.0154	—	8.8E−7	—	0.0025	0.0015
0.015	0.234	—	2.3E−5	9.3E−6	0.0574	0.0388
0.02	0.415	5.4E−4	8.0E−4	6.1E−4	0.120	0.0866
0.03	0.501	0.0306	0.0161	0.0144	0.166	0.132
0.04	0.498	0.0797	0.0399	0.0411	0.195	0.154
0.05	0.496	0.128	0.0646	0.0638	0.212	0.171
0.06	0.505	0.166	0.0840	0.0857	0.236	0.190
0.07	0.532	0.187	0.104	0.0993	0.252	0.207
0.08	0.555	0.217	0.120	0.118	0.281	0.226
0.1	0.645	0.273	0.154	0.154	0.327	0.273
0.15	0.915	0.425	0.253	0.255	0.501	0.404
0.2	1.20	0.590	0.371	0.370	0.675	0.554
0.3	1.77	0.951	0.636	0.639	1.05	0.875
0.4	2.30	1.33	0.921	0.920	1.44	1.20
0.5	2.80	1.69	1.22	1.21	1.82	1.53
0.511	2.88	1.72	1.24	1.24	1.85	1.57
0.6	3.31	2.04	1.50	1.50	2.18	1.87
0.662	3.62	2.25	1.68	1.67	2.39	2.09
0.8	4.19	2.71	2.09	2.07	2.86	2.52
1.0	4.97	3.36	2.71	2.66	3.51	3.15
1.117	5.39	3.73	3.06	3.01	3.88	3.49
1.33	6.16	4.37	3.64	3.61	4.54	4.11
1.5	6.71	4.85	4.12	4.10	5.06	4.56
2.0	8.21	6.15	5.38	5.35	6.38	5.80
3.0	10.7	8.47	7.57	7.53	8.65	7.95
4.0	12.6	10.4	9.56	9.49	10.7	9.82
5.0	14.4	12.4	11.4	11.3	12.7	11.6
6.0	15.8	14.2	13.2	13.1	14.5	13.2
6.129	15.9	14.4	13.4	13.3	14.8	13.4
8.0	18.1	17.7	16.6	16.5	17.6	16.4
10.0	20.0	21.0	19.9	19.9	20.6	19.4
15.0	23.9	29.6	28.1	28.1	27.9	26.6
20.0	26.8	38.6	36.4	36.1	34.5	33.5
30.0	30.5	55.3	53.2	52.7	46.5	46.6
40.0	32.7	70.6	68.6	68.8	57.3	58.6
50.0	34.5	82.6	82.1	82.6	67.3	68.6
60.0	35.8	92.2	93.8	94.5	75.4	77.9
80.0	38.3	105	112	112	88.6	92.4
100	39.8	114	125	125	98.5	104
150	42.7	127	147	147	114	126
200	44.7	137	161	162	124	141
300	47.8	149	178	180	136	160
400	49.4	156	188	191	141	173
500	50.1	160	196	199	145	183
600	51.0	164	202	204	150	190
800	51.7	172	212	213	157	201
1,000	51.9	176	220	220	163	208
1,500	53.3	182	229	228	174	224
2,000	54.3	185	233	234	179	236
3,000	55.0	189	240	245	184	249
4,000	56.2	193	246	253	189	257
5,000	56.3	196	248	258	191	267
6,000	56.1	199	252	263	193	273
8,000	56.3	203	259	269	197	283
10,000	56.0	208	267	271	202	291

* 8.8E−7 は 8.8×10^{-7} を示す。

表 B.16 **光子（男性）** いろいろなジオメトリーで入射する単一エネルギー粒子に対するフルエンスあたりの脳の吸収線量（単位：pGy·cm²）

エネルギー (MeV)	AP (前方-後方)	PA (後方-前方)	LLAT (左側方)	RLAT (右側方)	ROT (回転)	ISO (等方)
0.01	3.6E−7	—	—	2.5E−8	2.8E−8	7.9E−7
0.015	9.7E−5	3.1E−5	6.0E−5	7.2E−5	1.1E−4	2.8E−4
0.02	0.0022	0.0023	0.0046	0.0048	0.0040	0.0060
0.03	0.0400	0.0580	0.0805	0.0834	0.0661	0.0662
0.04	0.0988	0.135	0.169	0.173	0.144	0.136
0.05	0.141	0.181	0.218	0.224	0.193	0.177
0.06	0.170	0.210	0.250	0.255	0.224	0.204
0.07	0.188	0.236	0.276	0.282	0.249	0.228
0.08	0.219	0.262	0.306	0.313	0.279	0.253
0.1	0.274	0.321	0.371	0.377	0.337	0.308
0.15	0.432	0.496	0.566	0.574	0.522	0.476
0.2	0.612	0.691	0.784	0.795	0.726	0.661
0.3	0.990	1.10	1.24	1.25	1.15	1.06
0.4	1.38	1.52	1.69	1.70	1.59	1.46
0.5	1.77	1.93	2.12	2.13	2.01	1.85
0.511	1.81	1.97	2.17	2.18	2.05	1.89
0.6	2.15	2.32	2.54	2.56	2.41	2.23
0.662	2.38	2.57	2.79	2.81	2.65	2.45
0.8	2.87	3.09	3.33	3.36	3.18	2.95
1.0	3.56	3.79	4.07	4.10	3.91	3.65
1.117	3.94	4.18	4.48	4.50	4.30	4.04
1.33	4.61	4.85	5.18	5.20	5.00	4.70
1.5	5.12	5.37	5.70	5.73	5.53	5.21
2.0	6.50	6.76	7.14	7.15	6.93	6.56
3.0	8.89	9.18	9.62	9.63	9.37	8.92
4.0	11.0	11.4	11.8	11.8	11.5	11.1
5.0	13.0	13.4	13.8	13.8	13.6	13.0
6.0	14.9	15.4	15.8	15.8	15.5	14.9
6.129	15.1	15.6	16.0	16.0	15.8	15.2
8.0	18.5	19.1	19.5	19.4	19.1	18.6
10.0	22.0	22.5	22.9	22.9	22.5	22.0
15.0	30.3	30.3	30.2	30.3	30.6	29.9
20.0	38.1	37.5	37.1	36.8	37.4	36.9
30.0	51.6	48.7	47.1	46.5	48.3	48.1
40.0	61.8	57.3	54.2	53.2	56.5	56.6
50.0	70.4	64.1	59.5	58.5	62.9	63.4
60.0	76.8	69.5	63.7	62.3	67.8	69.0
80.0	86.3	78.1	70.1	68.4	75.0	77.9
100	92.2	84.0	74.7	72.8	80.3	84.8
150	104	93.2	82.6	80.2	88.7	96.9
200	111	98.7	87.7	85.2	94.5	105
300	121	105	93.8	91.5	102	116
400	128	110	97.2	95.0	106	124
500	132	114	99.7	97.3	109	130
600	135	116	101	99.2	111	134
800	138	120	104	102	114	141
1,000	141	122	106	103	116	147
1,500	146	126	109	107	119	156
2,000	149	128	111	108	122	163
3,000	153	131	113	110	124	174
4,000	156	134	114	111	126	182
5,000	158	135	115	112	128	189
6,000	159	136	116	112	128	194
8,000	161	137	117	113	129	203
10,000	163	138	117	114	130	210

* 3.6E−7 は 3.6×10⁻⁷ を示す。

表 B.17 **光子（男性）** いろいろなジオメトリーで入射する単一エネルギー粒子に対するフルエンスあたりの乳房の吸収線量（単位：pGy·cm²）

エネルギー (MeV)	AP (前方-後方)	PA (後方-前方)	LLAT (左側方)	RLAT (右側方)	ROT (回転)	ISO (等方)
0.01	0.449	—	0.0802	0.0747	0.160	0.131
0.015	0.987	—	0.283	0.268	0.378	0.328
0.02	0.922	3.8E−6	0.346	0.331	0.390	0.366
0.03	0.613	0.0048	0.277	0.267	0.296	0.289
0.04	0.463	0.0211	0.215	0.206	0.230	0.224
0.05	0.417	0.0356	0.197	0.190	0.215	0.207
0.06	0.423	0.0525	0.197	0.190	0.217	0.207
0.07	0.428	0.0692	0.209	0.198	0.241	0.220
0.08	0.475	0.0861	0.233	0.225	0.265	0.245
0.1	0.571	0.120	0.290	0.279	0.332	0.305
0.15	0.886	0.228	0.462	0.448	0.533	0.494
0.2	1.21	0.365	0.656	0.639	0.754	0.687
0.3	1.82	0.667	1.04	1.01	1.18	1.10
0.4	2.40	0.997	1.44	1.39	1.62	1.50
0.5	2.95	1.34	1.83	1.78	2.05	1.89
0.511	3.00	1.39	1.88	1.83	2.09	1.93
0.6	3.45	1.72	2.23	2.16	2.45	2.28
0.662	3.76	1.94	2.46	2.38	2.71	2.50
0.8	4.39	2.45	2.93	2.85	3.25	2.99
1.0	5.23	3.11	3.59	3.50	3.98	3.64
1.117	5.67	3.47	3.93	3.86	4.37	3.99
1.33	6.36	4.14	4.56	4.49	5.06	4.59
1.5	6.81	4.65	5.03	4.95	5.58	5.03
2.0	7.80	6.04	6.26	6.12	6.75	6.07
3.0	8.72	8.41	8.20	8.02	8.45	7.73
4.0	8.80	10.4	9.66	9.50	9.69	9.03
5.0	8.56	12.1	10.8	10.8	10.7	10.3
6.0	8.21	13.8	11.8	11.7	11.6	11.3
6.129	8.17	14.0	11.9	11.8	11.7	11.4
8.0	7.68	17.1	13.5	13.4	13.2	12.7
10.0	7.28	20.3	15.0	14.9	14.5	14.1
15.0	6.93	28.6	18.5	18.5	17.7	17.7
20.0	6.79	37.2	21.9	22.1	20.7	21.6
30.0	6.75	54.8	28.7	29.3	28.1	28.4
40.0	6.91	71.5	35.6	37.0	35.6	34.4
50.0	7.12	85.6	42.2	44.1	42.3	40.4
60.0	7.30	97.8	48.1	50.3	48.0	45.8
80.0	7.53	114	58.2	61.2	57.5	55.4
100	7.87	125	66.2	69.3	63.7	63.5
150	8.29	144	80.9	84.4	76.3	77.9
200	8.81	154	91.1	95.5	84.7	88.3
300	9.59	166	104	111	96.2	103
400	10.1	174	112	121	103	113
500	10.3	179	118	128	108	120
600	10.4	184	122	133	112	127
800	10.4	189	129	142	118	137
1,000	10.6	194	133	147	122	145
1,500	10.6	201	143	158	129	158
2,000	10.6	206	148	164	134	166
3,000	10.6	211	155	169	140	177
4,000	10.6	214	157	174	143	186
5,000	10.6	218	160	178	147	195
6,000	10.7	220	162	182	150	202
8,000	10.7	222	167	188	155	212
10,000	10.8	223	172	195	158	218

* 3.8E−6 は 3.8×10⁻⁶ を示す。

表 B.18 光子（男性） いろいろなジオメトリーで入射する単一エネルギー粒子に対するフルエンスあたりの結腸の吸収線量（単位：pGy·cm²）

エネルギー (MeV)	AP (前方-後方)	PA (後方-前方)	LLAT (左側方)	RLAT (右側方)	ROT (回転)	ISO (等方)
0.01	3.2E−4	—	2.1E−6	1.1E−7	3.3E−5	3.3E−5
0.015	0.0168	6.6E−5	0.0051	9.5E−4	0.0050	0.0030
0.02	0.0926	0.0044	0.0499	0.0197	0.0386	0.0259
0.03	0.269	0.0634	0.151	0.0951	0.136	0.101
0.04	0.340	0.130	0.190	0.138	0.194	0.146
0.05	0.372	0.178	0.204	0.159	0.225	0.170
0.06	0.396	0.210	0.218	0.175	0.245	0.188
0.07	0.412	0.245	0.233	0.190	0.267	0.209
0.08	0.447	0.270	0.253	0.208	0.292	0.226
0.1	0.521	0.333	0.298	0.251	0.350	0.269
0.15	0.749	0.501	0.445	0.377	0.514	0.404
0.2	0.997	0.690	0.610	0.525	0.702	0.550
0.3	1.50	1.09	0.964	0.841	1.09	0.868
0.4	1.99	1.49	1.33	1.17	1.47	1.19
0.5	2.46	1.88	1.68	1.49	1.85	1.52
0.511	2.50	1.92	1.71	1.53	1.89	1.55
0.6	2.90	2.26	2.02	1.82	2.22	1.84
0.662	3.16	2.50	2.23	2.02	2.46	2.03
0.8	3.71	2.99	2.69	2.45	2.95	2.47
1.0	4.44	3.67	3.33	3.07	3.61	3.07
1.117	4.84	4.06	3.70	3.41	3.98	3.41
1.33	5.53	4.72	4.31	4.01	4.61	4.00
1.5	6.06	5.22	4.79	4.48	5.07	4.44
2.0	7.48	6.59	6.09	5.74	6.39	5.67
3.0	9.94	8.97	8.42	7.97	8.72	7.89
4.0	12.1	11.0	10.5	9.99	10.8	9.88
5.0	14.1	12.9	12.3	11.8	12.7	11.7
6.0	16.0	14.7	14.1	13.6	14.5	13.5
6.129	16.3	14.9	14.3	13.8	14.7	13.7
8.0	19.6	18.2	17.5	17.0	18.0	16.7
10.0	22.8	21.7	20.6	20.3	21.0	19.9
15.0	29.5	29.8	27.4	27.9	28.1	27.5
20.0	34.7	37.9	33.5	35.1	35.1	34.8
30.0	42.2	52.3	45.0	47.8	47.6	47.5
40.0	47.4	64.3	55.8	59.6	58.2	58.7
50.0	51.3	73.9	65.5	70.3	67.0	68.6
60.0	54.3	81.3	74.1	79.8	74.1	77.3
80.0	58.7	92.5	88.2	96.4	85.6	92.2
100	62.0	100	99.0	109	93.9	104
150	67.5	112	117	131	108	126
200	71.6	120	129	145	118	142
300	76.8	131	145	164	130	163
400	79.9	138	156	175	138	175
500	82.0	143	163	184	143	185
600	83.4	146	169	191	147	193
800	85.1	150	177	201	154	206
1,000	86.3	153	183	208	158	217
1,500	88.4	157	193	219	165	235
2,000	89.7	161	199	227	169	247
3,000	91.2	166	207	237	176	263
4,000	92.8	170	214	243	181	275
5,000	93.7	172	219	247	184	285
6,000	94.2	173	223	251	186	292
8,000	94.6	174	228	258	190	305
10,000	94.4	174	231	265	193	316

* 3.2E−4 は 3.2×10⁻⁴ を示す。

表 B.19 光子（男性） いろいろなジオメトリーで入射する単一エネルギー粒子に対するフルエンスあたりの骨表面（骨内膜）の吸収線量（単位：pGy·cm²）

エネルギー (MeV)	AP (前方-後方)	PA (後方-前方)	LLAT (左側方)	RLAT (右側方)	ROT (回転)	ISO (等方)
0.01	3.5E−4	4.3E−5	1.1E−4	1.4E−4	2.3E−4	0.0016
0.015	0.0098	0.0030	0.0051	0.0056	0.0082	0.0152
0.02	0.0586	0.0356	0.0384	0.0410	0.0493	0.0542
0.03	0.238	0.196	0.153	0.158	0.198	0.170
0.04	0.346	0.313	0.219	0.223	0.292	0.245
0.05	0.389	0.365	0.246	0.250	0.333	0.277
0.06	0.408	0.392	0.258	0.262	0.351	0.293
0.07	0.425	0.411	0.268	0.273	0.367	0.307
0.08	0.442	0.433	0.281	0.285	0.384	0.320
0.1	0.491	0.484	0.315	0.319	0.428	0.358
0.15	0.669	0.665	0.440	0.444	0.588	0.494
0.2	0.882	0.878	0.593	0.599	0.782	0.659
0.3	1.33	1.33	0.928	0.935	1.20	1.02
0.4	1.79	1.78	1.27	1.28	1.62	1.40
0.5	2.22	2.22	1.62	1.63	2.03	1.76
0.511	2.27	2.26	1.65	1.67	2.07	1.81
0.6	2.64	2.64	1.96	1.97	2.42	2.13
0.662	2.89	2.89	2.16	2.18	2.66	2.35
0.8	3.43	3.43	2.62	2.63	3.18	2.82
1.0	4.16	4.16	3.24	3.26	3.88	3.47
1.117	4.56	4.56	3.59	3.61	4.27	3.83
1.33	5.25	5.25	4.20	4.22	4.95	4.47
1.5	5.77	5.79	4.66	4.69	5.46	4.96
2.0	7.19	7.20	5.95	5.97	6.83	6.28
3.0	9.66	9.65	8.23	8.25	9.22	8.61
4.0	11.8	11.8	10.3	10.3	11.3	10.7
5.0	13.7	13.8	12.1	12.1	13.3	12.6
6.0	15.5	15.7	13.9	13.9	15.1	14.3
6.129	15.8	16.0	14.1	14.1	15.3	14.6
8.0	18.8	19.3	17.1	17.1	18.5	17.6
10.0	21.8	22.6	20.1	20.0	21.6	20.7
15.0	28.3	29.7	26.9	26.8	28.4	27.7
20.0	33.7	35.7	33.1	32.9	34.2	34.0
30.0	42.2	44.6	44.0	43.8	43.8	44.7
40.0	48.9	51.2	53.9	53.6	51.7	53.7
50.0	54.0	56.2	62.7	62.2	58.3	61.2
60.0	58.1	60.2	70.4	69.8	63.6	67.6
80.0	64.3	66.4	83.3	82.5	72.0	78.2
100	68.7	70.6	93.4	92.4	78.0	86.6
150	76.2	77.2	111	110	88.1	102
200	81.3	81.5	124	123	94.7	113
300	87.8	87.0	141	140	103	128
400	91.5	90.5	152	151	109	138
500	94.0	93.1	160	159	113	145
600	95.8	95.0	166	165	116	151
800	98.1	97.6	176	175	120	160
1,000	99.9	99.4	183	182	123	167
1,500	103	102	195	194	128	180
2,000	105	104	203	203	131	189
3,000	107	106	215	214	136	203
4,000	109	108	224	223	138	213
5,000	110	108	230	229	141	221
6,000	111	109	235	234	143	228
8,000	112	110	243	241	145	239
10,000	113	110	249	246	147	247

* 3.5E−4 は 3.5×10⁻⁴ を示す。

付属書 B　光子に対する臓器吸収線量換算係数

表 B.20　光子（男性）　いろいろなジオメトリーで入射する単一エネルギー粒子に対するフルエンスあたりの肝臓の吸収線量（単位：pGy·cm^2）

エネルギー (MeV)	AP (前方-後方)	PA (後方-前方)	LLAT (左側方)	RLAT (右側方)	ROT (回転)	ISO (等方)
0.01	1.5E−6	—	—	1.8E−6	1.7E−6	—
0.015	0.0040	2.9E−4	4.7E−6	0.0037	0.0018	0.0010
0.02	0.0406	0.0070	3.0E−4	0.0339	0.0188	0.0119
0.03	0.169	0.0618	0.0084	0.136	0.0906	0.0660
0.04	0.255	0.127	0.0270	0.208	0.152	0.115
0.05	0.304	0.178	0.0454	0.246	0.192	0.148
0.06	0.337	0.219	0.0610	0.272	0.223	0.173
0.07	0.359	0.253	0.0743	0.298	0.249	0.195
0.08	0.396	0.285	0.0875	0.323	0.275	0.217
0.1	0.466	0.350	0.114	0.383	0.330	0.263
0.15	0.668	0.526	0.188	0.566	0.491	0.392
0.2	0.889	0.719	0.274	0.772	0.669	0.538
0.3	1.34	1.12	0.477	1.20	1.04	0.850
0.4	1.78	1.52	0.708	1.63	1.40	1.17
0.5	2.21	1.91	0.952	2.05	1.77	1.49
0.511	2.26	1.95	0.979	2.09	1.81	1.52
0.6	2.62	2.29	1.20	2.45	2.13	1.81
0.662	2.87	2.52	1.36	2.69	2.35	2.00
0.8	3.39	3.01	1.71	3.21	2.82	2.42
1.0	4.10	3.69	2.23	3.93	3.47	3.01
1.117	4.49	4.06	2.52	4.32	3.83	3.34
1.33	5.16	4.71	3.05	5.01	4.46	3.92
1.5	5.67	5.21	3.47	5.52	4.94	4.37
2.0	7.04	6.54	4.63	6.90	6.24	5.60
3.0	9.44	8.82	6.75	9.29	8.57	7.82
4.0	11.6	10.8	8.67	11.4	10.6	9.81
5.0	13.6	12.8	10.5	13.4	12.6	11.7
6.0	15.5	14.7	12.1	15.3	14.4	13.4
6.129	15.7	14.9	12.4	15.5	14.6	13.7
8.0	19.1	18.3	15.4	18.9	17.9	16.8
10.0	22.5	21.9	18.6	22.3	21.3	20.1
15.0	30.3	30.1	26.7	30.0	29.2	28.0
20.0	37.1	38.2	34.9	37.2	36.7	35.8
30.0	47.8	52.6	51.1	49.0	50.0	49.8
40.0	56.3	64.8	67.5	58.5	61.8	62.2
50.0	62.6	74.8	82.8	66.1	71.8	73.1
60.0	67.5	82.5	96.7	72.0	80.0	82.4
80.0	74.6	94.5	121	81.0	93.2	98.1
100	79.7	103	139	87.4	102	110
150	87.8	116	171	98.2	119	132
200	94.0	124	193	105	129	148
300	102	135	221	114	143	169
400	107	142	240	120	152	183
500	110	147	253	123	158	192
600	112	151	264	126	163	200
800	115	156	279	130	169	213
1,000	117	160	291	133	174	222
1,500	120	166	310	137	183	239
2,000	123	170	323	140	189	251
3,000	126	175	342	144	196	266
4,000	128	178	354	146	201	278
5,000	129	180	363	148	205	288
6,000	130	182	371	150	208	295
8,000	131	184	383	151	211	308
10,000	133	186	393	152	213	318

*　1.5E−6 は 1.5×10^{-6} を示す。

ICRP Publication 116

表 B.21　**光子（男性）** いろいろなジオメトリーで入射する単一エネルギー粒子に対するフルエンスあたりの肺の吸収線量（単位：pGy·cm²）

エネルギー (MeV)	AP (前方-後方)	PA (後方-前方)	LLAT (左側方)	RLAT (右側方)	ROT (回転)	ISO (等方)
0.01	7.1E−6	—	1.3E−7	1.8E−7	8.0E−7	2.2E−6
0.015	0.0100	3.5E−4	6.8E−4	2.6E−4	0.0021	0.0017
0.02	0.0761	0.0094	0.0075	0.0054	0.0222	0.0165
0.03	0.230	0.0833	0.0373	0.0371	0.0985	0.0758
0.04	0.290	0.168	0.0678	0.0681	0.157	0.124
0.05	0.319	0.226	0.0909	0.0906	0.193	0.154
0.06	0.342	0.268	0.109	0.109	0.220	0.178
0.07	0.361	0.305	0.126	0.125	0.246	0.201
0.08	0.396	0.340	0.142	0.141	0.271	0.223
0.1	0.468	0.415	0.177	0.176	0.329	0.273
0.15	0.691	0.629	0.279	0.278	0.500	0.417
0.2	0.936	0.859	0.397	0.395	0.688	0.577
0.3	1.43	1.32	0.662	0.655	1.08	0.919
0.4	1.91	1.78	0.941	0.936	1.48	1.27
0.5	2.38	2.23	1.23	1.22	1.87	1.62
0.511	2.43	2.28	1.26	1.25	1.91	1.66
0.6	2.82	2.65	1.52	1.51	2.25	1.97
0.662	3.09	2.90	1.70	1.69	2.48	2.18
0.8	3.64	3.44	2.10	2.08	2.98	2.62
1.0	4.39	4.17	2.67	2.64	3.67	3.26
1.117	4.80	4.58	2.99	2.95	4.04	3.61
1.33	5.51	5.28	3.57	3.52	4.69	4.24
1.5	6.04	5.82	4.01	3.96	5.18	4.72
2.0	7.47	7.24	5.24	5.17	6.52	5.99
3.0	9.94	9.67	7.45	7.37	8.90	8.24
4.0	12.1	11.8	9.46	9.38	11.0	10.3
5.0	14.3	13.8	11.4	11.3	13.0	12.3
6.0	16.2	15.8	13.2	13.1	14.9	14.2
6.129	16.5	16.0	13.5	13.3	15.1	14.4
8.0	20.0	19.7	16.8	16.7	18.6	17.8
10.0	23.4	23.6	20.3	20.1	22.3	21.3
15.0	30.6	32.7	28.8	28.6	30.8	29.8
20.0	36.5	40.8	37.2	37.0	38.9	37.8
30.0	44.4	51.9	53.4	52.9	51.7	51.7
40.0	50.2	60.1	68.6	67.7	62.5	63.3
50.0	54.4	66.2	82.1	81.0	71.2	72.9
60.0	57.6	70.9	93.8	92.5	78.3	80.9
80.0	62.3	78.2	113	112	89.8	93.9
100	65.9	83.1	127	127	97.3	104
150	71.6	90.6	152	153	111	123
200	75.8	95.4	168	170	119	136
300	81.1	101	189	191	130	153
400	84.6	105	202	206	137	164
500	86.8	108	211	216	142	172
600	88.3	110	218	224	146	179
800	89.9	113	229	236	151	189
1,000	91.2	114	236	244	155	196
1,500	93.3	118	249	259	162	211
2,000	95.0	120	258	269	166	221
3,000	96.9	123	270	283	170	235
4,000	98.5	124	277	291	174	245
5,000	99.4	125	283	298	176	252
6,000	99.8	126	288	304	178	258
8,000	100	126	296	313	181	268
10,000	100	126	302	319	183	278

* 7.1E−6 は 7.1×10⁻⁶ を示す。

表 B.22 光子（男性） いろいろなジオメトリーで入射する単一エネルギー粒子に対するフルエンスあたりの食道の吸収線量（単位：pGy・cm²）

エネルギー (MeV)	AP (前方-後方)	PA (後方-前方)	LLAT (左側方)	RLAT (右側方)	ROT (回転)	ISO (等方)
0.01	9.8E−5	—	—	—	8.2E−6	1.1E−5
0.015	0.0120	—	2.6E−4	1.2E−4	0.0026	0.0015
0.02	0.0626	4.8E−4	0.0080	0.0047	0.0193	0.0115
0.03	0.166	0.0237	0.0403	0.0312	0.0707	0.0460
0.04	0.229	0.0951	0.0703	0.0547	0.119	0.0838
0.05	0.273	0.157	0.0949	0.0781	0.156	0.116
0.06	0.304	0.209	0.116	0.0992	0.193	0.146
0.07	0.326	0.257	0.134	0.117	0.227	0.170
0.08	0.369	0.294	0.157	0.133	0.254	0.191
0.1	0.446	0.364	0.197	0.173	0.317	0.244
0.15	0.665	0.579	0.313	0.277	0.498	0.377
0.2	0.897	0.789	0.452	0.402	0.686	0.530
0.3	1.35	1.22	0.737	0.679	1.08	0.855
0.4	1.83	1.64	1.05	0.957	1.45	1.19
0.5	2.27	2.05	1.37	1.24	1.84	1.52
0.511	2.32	2.08	1.41	1.28	1.89	1.56
0.6	2.69	2.44	1.68	1.54	2.23	1.85
0.662	2.95	2.67	1.87	1.72	2.45	2.05
0.8	3.51	3.18	2.28	2.11	2.96	2.47
1.0	4.27	3.88	2.90	2.70	3.63	3.04
1.117	4.68	4.28	3.24	3.03	4.02	3.34
1.33	5.38	4.98	3.86	3.64	4.66	3.88
1.5	5.92	5.50	4.31	4.12	5.18	4.34
2.0	7.38	6.94	5.57	5.27	6.53	5.64
3.0	9.86	9.29	7.86	7.34	8.86	8.03
4.0	12.0	11.5	9.83	9.30	10.9	10.0
5.0	13.9	13.3	11.7	11.1	12.8	11.8
6.0	15.8	15.1	13.5	13.0	14.7	13.5
6.129	16.0	15.4	13.7	13.2	14.9	13.7
8.0	19.2	18.7	16.9	16.6	18.3	16.9
10.0	22.4	22.4	20.3	20.0	21.7	20.1
15.0	29.6	31.8	28.6	28.1	30.1	28.3
20.0	36.7	41.1	36.6	35.8	38.4	36.6
30.0	47.1	56.4	52.3	50.9	52.7	52.0
40.0	55.2	67.6	67.1	66.3	64.0	65.5
50.0	60.8	75.8	79.9	80.1	73.4	76.7
60.0	65.1	81.7	91.2	92.2	80.8	86.4
80.0	71.0	90.8	108	112	92.4	100
100	75.6	96.5	121	126	99.8	112
150	82.5	107	144	151	113	134
200	88.0	113	159	167	121	150
300	95.0	122	176	188	132	168
400	99.7	127	185	200	140	179
500	102	131	192	209	146	188
600	104	134	196	216	150	194
800	106	138	204	225	155	205
1,000	107	141	210	233	159	213
1,500	111	146	221	246	163	231
2,000	114	148	228	255	167	244
3,000	117	150	237	269	172	258
4,000	118	152	245	280	175	270
5,000	118	152	250	287	177	279
6,000	119	153	254	291	180	286
8,000	119	153	261	294	183	297
10,000	118	154	265	297	186	306

* 9.8E−5 は 9.8×10⁻⁵ を示す。

表 B.23 光子（男性） いろいろなジオメトリーで入射する単一エネルギー粒子に対するフルエンスあたりの赤色（活性）骨髄の吸収線量（単位：pGy·cm^2）

エネルギー (MeV)	AP (前方-後方)	PA (後方-前方)	LLAT (左側方)	RLAT (右側方)	ROT (回転)	ISO (等方)
0.01	6.7E−4	1.6E−5	1.2E−4	1.5E−4	2.5E−4	6.8E−4
0.015	0.0178	0.0024	0.0071	0.0079	0.0088	0.0099
0.02	0.0597	0.0266	0.0295	0.0323	0.0371	0.0347
0.03	0.175	0.155	0.0863	0.0909	0.128	0.104
0.04	0.267	0.275	0.130	0.134	0.207	0.164
0.05	0.321	0.347	0.158	0.161	0.257	0.203
0.06	0.355	0.394	0.177	0.180	0.290	0.229
0.07	0.384	0.427	0.193	0.197	0.315	0.251
0.08	0.409	0.462	0.208	0.211	0.340	0.269
0.1	0.465	0.529	0.241	0.245	0.392	0.311
0.15	0.639	0.729	0.345	0.350	0.545	0.436
0.2	0.839	0.953	0.468	0.475	0.723	0.581
0.3	1.26	1.41	0.741	0.750	1.10	0.897
0.4	1.68	1.87	1.03	1.04	1.49	1.22
0.5	2.09	2.31	1.32	1.34	1.87	1.55
0.511	2.14	2.36	1.35	1.37	1.91	1.59
0.6	2.49	2.73	1.62	1.64	2.23	1.88
0.662	2.72	2.98	1.80	1.82	2.45	2.07
0.8	3.24	3.52	2.20	2.22	2.94	2.50
1.0	3.94	4.24	2.77	2.79	3.61	3.10
1.117	4.33	4.64	3.09	3.11	3.98	3.44
1.33	4.99	5.32	3.66	3.68	4.63	4.04
1.5	5.50	5.85	4.10	4.11	5.11	4.50
2.0	6.87	7.24	5.31	5.33	6.44	5.76
3.0	9.25	9.65	7.49	7.54	8.76	8.01
4.0	11.4	11.8	9.47	9.53	10.9	10.0
5.0	13.3	13.9	11.3	11.4	12.8	11.9
6.0	15.2	15.8	13.1	13.1	14.7	13.6
6.129	15.4	16.1	13.3	13.3	14.9	13.9
8.0	18.6	19.5	16.4	16.4	18.2	17.1
10.0	21.8	23.1	19.6	19.7	21.5	20.3
15.0	29.6	31.2	27.4	27.4	29.4	28.2
20.0	36.8	37.7	34.9	35.0	36.8	35.7
30.0	48.9	47.8	49.1	49.2	49.6	49.2
40.0	58.5	55.1	62.7	62.5	60.4	60.9
50.0	66.0	60.8	74.9	74.5	69.4	71.0
60.0	71.8	65.2	85.7	85.1	76.8	79.8
80.0	80.6	72.2	104	103	88.4	94.2
100	86.7	76.8	118	117	96.6	106
150	97.3	84.0	142	141	111	127
200	104	88.9	159	158	120	142
300	113	95.0	181	180	131	162
400	119	98.9	195	194	138	175
500	122	102	206	205	143	184
600	125	104	214	213	148	192
800	128	107	226	224	153	204
1,000	131	109	235	233	158	214
1,500	135	111	250	249	165	230
2,000	138	113	260	259	170	242
3,000	142	116	275	274	176	258
4,000	144	118	285	283	179	271
5,000	146	119	292	291	182	281
6,000	147	119	298	297	185	288
8,000	149	120	308	307	189	301
10,000	151	120	315	314	192	312

* 6.7E−4 は 6.7×10^{-4} を示す。

表 B.24 光子（男性） いろいろなジオメトリーで入射する単一エネルギー粒子に対するフルエンスあたりの残りの組織の吸収線量（単位：pGy·cm²）

エネルギー(MeV)	AP(前方-後方)	PA(後方-前方)	LLAT(左側方)	RLAT(右側方)	ROT(回転)	ISO(等方)
0.01	0.0076	0.0021	0.0041	0.0039	0.0044	0.0051
0.015	0.0492	0.0134	0.0199	0.0186	0.0247	0.0201
0.02	0.100	0.0323	0.0341	0.0317	0.0493	0.0378
0.03	0.184	0.102	0.0679	0.0628	0.106	0.0798
0.04	0.240	0.163	0.103	0.0958	0.155	0.119
0.05	0.279	0.206	0.131	0.121	0.191	0.148
0.06	0.309	0.242	0.152	0.142	0.220	0.170
0.07	0.331	0.272	0.172	0.160	0.246	0.192
0.08	0.368	0.306	0.193	0.181	0.276	0.215
0.1	0.441	0.371	0.239	0.226	0.337	0.263
0.15	0.647	0.560	0.371	0.355	0.507	0.403
0.2	0.870	0.769	0.520	0.499	0.697	0.556
0.3	1.33	1.19	0.843	0.808	1.09	0.881
0.4	1.77	1.61	1.18	1.13	1.48	1.21
0.5	2.20	2.02	1.52	1.46	1.87	1.55
0.511	2.25	2.07	1.55	1.49	1.91	1.58
0.6	2.62	2.43	1.85	1.78	2.25	1.88
0.662	2.86	2.66	2.05	1.98	2.47	2.08
0.8	3.39	3.18	2.50	2.41	2.96	2.51
1.0	4.11	3.87	3.12	3.01	3.64	3.11
1.117	4.49	4.25	3.46	3.35	4.01	3.45
1.33	5.17	4.91	4.07	3.95	4.66	4.05
1.5	5.68	5.40	4.53	4.41	5.15	4.51
2.0	7.05	6.74	5.81	5.65	6.49	5.77
3.0	9.43	9.10	8.09	7.87	8.82	8.00
4.0	11.5	11.2	10.1	9.84	10.9	10.0
5.0	13.4	13.1	11.9	11.7	12.8	11.9
6.0	15.2	15.0	13.7	13.4	14.5	13.6
6.129	15.4	15.2	13.9	13.6	14.7	13.8
8.0	18.5	18.6	17.0	16.7	17.9	16.9
10.0	21.5	21.9	20.3	20.0	21.2	20.1
15.0	28.5	30.1	28.1	27.7	29.0	27.8
20.0	34.9	38.0	35.9	35.3	36.5	35.2
30.0	45.3	51.1	50.0	49.1	49.1	48.7
40.0	53.4	61.5	62.7	61.7	60.0	60.5
50.0	59.6	69.9	73.9	73.2	69.0	70.6
60.0	64.4	76.6	83.4	83.1	76.5	79.2
80.0	71.5	86.6	98.7	99.4	88.1	93.4
100	76.7	93.5	110	112	96.4	105
150	85.3	105	130	134	110	125
200	91.5	112	142	149	119	139
300	99.4	120	159	168	130	159
400	104	126	170	181	137	172
500	108	130	177	190	142	181
600	110	133	183	198	146	188
800	112	137	192	208	152	200
1,000	115	140	198	216	155	208
1,500	118	146	208	229	163	225
2,000	121	149	215	238	167	236
3,000	124	153	223	249	173	252
4,000	126	155	229	257	177	264
5,000	128	156	233	263	180	273
6,000	129	157	237	268	182	280
8,000	130	158	242	276	186	291
10,000	131	159	246	282	187	299

表 B.25 光子（男性） いろいろなジオメトリーで入射する単一エネルギー粒子に対するフルエンスあたりの唾液腺の吸収線量（単位：pGy·cm²）

エネルギー (MeV)	AP (前方-後方)	PA (後方-前方)	LLAT (左側方)	RLAT (右側方)	ROT (回転)	ISO (等方)
0.01	7.0E−4	0.0058	0.0775	0.0544	0.0335	0.0231
0.015	0.0325	0.0700	0.328	0.284	0.191	0.138
0.02	0.136	0.178	0.420	0.392	0.296	0.225
0.03	0.251	0.256	0.360	0.345	0.294	0.238
0.04	0.262	0.247	0.303	0.294	0.267	0.214
0.05	0.264	0.245	0.283	0.278	0.258	0.210
0.06	0.273	0.254	0.283	0.280	0.266	0.214
0.07	0.291	0.278	0.295	0.292	0.289	0.228
0.08	0.325	0.307	0.323	0.318	0.313	0.248
0.1	0.400	0.374	0.390	0.384	0.377	0.305
0.15	0.621	0.602	0.599	0.587	0.589	0.482
0.2	0.867	0.859	0.823	0.820	0.810	0.674
0.3	1.37	1.38	1.28	1.29	1.30	1.07
0.4	1.87	1.88	1.76	1.76	1.79	1.47
0.5	2.36	2.38	2.22	2.20	2.25	1.87
0.511	2.41	2.42	2.26	2.24	2.29	1.92
0.6	2.82	2.83	2.64	2.63	2.67	2.26
0.662	3.10	3.11	2.89	2.88	2.92	2.49
0.8	3.68	3.69	3.43	3.43	3.46	3.00
1.0	4.48	4.47	4.18	4.15	4.24	3.69
1.117	4.92	4.91	4.59	4.54	4.66	4.06
1.33	5.65	5.62	5.29	5.24	5.40	4.72
1.5	6.22	6.17	5.82	5.79	5.94	5.23
2.0	7.69	7.62	7.17	7.24	7.33	6.62
3.0	10.1	10.3	9.32	9.46	9.50	8.67
4.0	12.1	12.6	10.9	11.1	11.3	10.4
5.0	14.0	14.4	12.2	12.5	13.0	12.1
6.0	15.9	16.1	13.4	13.5	14.4	13.6
6.129	16.1	16.4	13.5	13.7	14.6	13.8
8.0	19.0	19.1	15.3	15.4	16.5	16.5
10.0	21.6	21.8	17.2	17.3	18.5	19.0
15.0	27.0	27.7	21.9	22.2	24.0	24.7
20.0	31.1	32.4	26.5	26.8	29.0	30.0
30.0	37.0	39.2	35.0	35.2	37.2	39.6
40.0	40.7	43.6	42.2	42.6	44.0	48.0
50.0	43.3	47.0	48.0	48.5	49.4	55.0
60.0	45.3	48.8	52.6	53.5	53.4	60.9
80.0	47.7	52.3	59.7	60.8	59.6	70.4
100	49.7	53.9	64.6	66.2	63.5	77.7
150	53.3	59.0	73.7	75.2	70.3	91.9
200	56.0	62.6	79.6	81.5	75.7	102
300	59.2	65.9	86.5	88.7	81.4	114
400	61.4	68.2	91.4	93.1	84.8	123
500	62.6	69.6	94.6	96.1	87.3	130
600	63.5	70.6	96.9	98.4	89.4	135
800	65.0	71.9	100	102	91.8	142
1,000	66.1	72.9	103	104	93.6	148
1,500	66.7	74.2	107	109	96.5	158
2,000	67.6	75.3	109	112	98.7	165
3,000	69.3	77.3	113	114	101	177
4,000	70.1	78.5	115	117	102	184
5,000	70.7	79.4	116	118	103	190
6,000	71.3	80.1	117	120	104	194
8,000	72.1	81.3	117	122	105	201
10,000	72.8	82.4	117	124	106	205

* 7.0E−4 は 7.0×10^{-4} を示す。

表 B.26　**光子（男性）**　いろいろなジオメトリーで入射する単一エネルギー粒子に対するフルエンスあたりの皮膚の吸収線量（単位：pGy·cm²）

エネルギー (MeV)	AP (前方‐後方)	PA (後方‐前方)	LLAT (左側方)	RLAT (右側方)	ROT (回転)	ISO (等方)
0.01	1.74	1.72	0.912	0.907	1.43	1.17
0.015	1.23	1.20	0.665	0.653	1.04	0.917
0.02	0.855	0.839	0.480	0.467	0.735	0.667
0.03	0.506	0.506	0.298	0.291	0.439	0.403
0.04	0.376	0.378	0.227	0.223	0.326	0.298
0.05	0.328	0.329	0.201	0.197	0.284	0.258
0.06	0.320	0.319	0.197	0.194	0.276	0.249
0.07	0.326	0.328	0.207	0.203	0.286	0.258
0.08	0.353	0.351	0.223	0.220	0.307	0.276
0.1	0.421	0.418	0.272	0.269	0.368	0.333
0.15	0.649	0.640	0.433	0.428	0.569	0.518
0.2	0.898	0.885	0.615	0.607	0.792	0.725
0.3	1.40	1.38	0.987	0.978	1.24	1.14
0.4	1.87	1.83	1.35	1.34	1.67	1.55
0.5	2.29	2.25	1.69	1.68	2.07	1.92
0.511	2.34	2.29	1.73	1.71	2.11	1.96
0.6	2.68	2.62	2.01	1.99	2.42	2.26
0.662	2.89	2.83	2.20	2.18	2.62	2.46
0.8	3.30	3.24	2.57	2.55	3.03	2.85
1.0	3.80	3.72	3.03	3.01	3.51	3.33
1.117	4.03	3.95	3.27	3.24	3.76	3.57
1.33	4.40	4.31	3.65	3.62	4.14	3.95
1.5	4.65	4.54	3.92	3.89	4.39	4.21
2.0	5.28	5.16	4.62	4.60	5.05	4.89
3.0	6.26	6.18	5.78	5.76	6.11	6.00
4.0	7.11	7.06	6.81	6.79	7.05	6.94
5.0	7.90	7.87	7.77	7.77	7.93	7.81
6.0	8.65	8.67	8.71	8.70	8.77	8.64
6.129	8.75	8.77	8.83	8.82	8.88	8.75
8.0	10.1	10.2	10.5	10.5	10.4	10.3
10.0	11.5	11.7	12.3	12.3	11.9	11.8
15.0	14.8	15.2	16.6	16.6	15.7	15.6
20.0	17.9	18.3	20.7	20.7	19.2	19.3
30.0	23.2	23.8	28.3	28.4	25.6	26.0
40.0	27.9	28.6	35.2	35.4	31.4	32.0
50.0	31.6	32.6	41.4	41.7	36.4	37.3
60.0	34.6	35.9	47.0	47.4	40.7	42.0
80.0	39.1	41.1	56.6	57.2	47.6	50.0
100	42.4	44.7	64.5	65.3	52.9	56.5
150	47.9	50.5	79.4	80.4	61.8	68.8
200	51.8	54.3	90.2	91.2	67.8	77.7
300	56.8	59.0	105	106	75.6	90.0
400	60.1	62.0	115	116	80.7	98.3
500	62.2	64.1	122	124	84.4	105
600	63.7	65.8	128	129	87.2	109
800	65.4	68.0	137	138	91.5	117
1,000	67.0	69.7	143	145	94.6	123
1,500	69.4	72.4	155	156	99.9	134
2,000	71.5	74.2	163	165	104	142
3,000	73.8	76.5	174	176	108	154
4,000	75.3	77.9	182	184	111	163
5,000	76.5	78.9	188	189	114	169
6,000	77.3	79.6	193	194	116	175
8,000	78.4	80.6	202	203	119	184
10,000	79.1	81.4	208	210	121	191

表 B.27 光子（男性） いろいろなジオメトリーで入射する単一エネルギー粒子に対するフルエンスあたりの胃壁の吸収線量（単位：pGy·cm²）

エネルギー (MeV)	AP (前方-後方)	PA (後方-前方)	LLAT (左側方)	RLAT (右側方)	ROT (回転)	ISO (等方)
0.01	3.3E−6	—	—	—	—	—
0.015	0.0077	—	0.0014	6.9E−7	0.0019	0.0011
0.02	0.0767	8.5E−4	0.0258	5.4E−5	0.0240	0.0149
0.03	0.256	0.0285	0.144	0.0064	0.104	0.0738
0.04	0.336	0.0826	0.222	0.0265	0.162	0.121
0.05	0.375	0.130	0.261	0.0475	0.199	0.153
0.06	0.404	0.167	0.287	0.0655	0.227	0.176
0.07	0.422	0.201	0.311	0.0800	0.251	0.199
0.08	0.460	0.227	0.339	0.0951	0.277	0.218
0.1	0.536	0.285	0.398	0.123	0.331	0.261
0.15	0.763	0.436	0.593	0.202	0.492	0.388
0.2	1.01	0.615	0.806	0.298	0.664	0.530
0.3	1.50	0.965	1.26	0.521	1.03	0.838
0.4	1.98	1.33	1.71	0.769	1.39	1.17
0.5	2.45	1.69	2.14	1.03	1.75	1.49
0.511	2.50	1.73	2.19	1.06	1.80	1.52
0.6	2.89	2.05	2.56	1.30	2.11	1.80
0.662	3.15	2.26	2.81	1.47	2.33	1.98
0.8	3.70	2.73	3.35	1.84	2.80	2.42
1.0	4.44	3.38	4.09	2.38	3.46	3.03
1.117	4.85	3.74	4.49	2.68	3.83	3.37
1.33	5.55	4.35	5.18	3.24	4.48	3.97
1.5	6.10	4.82	5.71	3.67	4.95	4.42
2.0	7.50	6.13	7.14	4.87	6.25	5.62
3.0	9.91	8.48	9.61	7.03	8.52	7.78
4.0	12.1	10.6	11.8	8.96	10.5	9.74
5.0	14.1	12.5	13.7	10.7	12.4	11.7
6.0	16.0	14.2	15.5	12.4	14.3	13.4
6.129	16.2	14.4	15.8	12.7	14.5	13.6
8.0	19.6	17.5	19.2	15.8	17.8	16.7
10.0	23.0	20.8	22.7	19.0	21.1	20.0
15.0	30.0	29.2	30.5	26.9	28.8	27.8
20.0	35.5	37.7	37.5	35.1	36.2	35.4
30.0	43.4	53.9	48.8	52.0	49.3	48.7
40.0	49.2	68.2	57.1	68.7	61.1	61.0
50.0	53.5	80.2	63.5	84.3	71.0	71.7
60.0	56.8	90.0	68.4	98.0	79.5	80.9
80.0	61.3	104	75.9	121	92.6	96.2
100	64.8	115	81.1	138	102	108
150	70.4	131	90.9	167	118	130
200	74.8	141	97.3	185	128	146
300	80.2	154	105	210	142	167
400	83.4	162	109	226	150	180
500	85.2	168	112	238	155	190
600	86.8	172	114	247	160	197
800	88.6	178	117	259	165	209
1,000	89.6	183	118	269	170	217
1,500	92.2	191	122	284	180	234
2,000	93.5	196	124	294	186	246
3,000	95.1	202	126	310	194	263
4,000	96.7	206	128	320	199	276
5,000	97.3	208	130	328	203	286
6,000	97.7	210	132	335	205	295
8,000	97.9	212	134	345	210	309
10,000	98.2	213	137	352	213	320

* 3.3E−6 は 3.3×10⁻⁶ を示す。

ICRP Publication 116

表 B.28 光子（男性） いろいろなジオメトリーで入射する単一エネルギー粒子に対するフルエンスあたりの精巣の吸収線量（単位：pGy·cm²）

エネルギー (MeV)	AP (前方-後方)	PA (後方-前方)	LLAT (左側方)	RLAT (右側方)	ROT (回転)	ISO (等方)
0.01	0.0569	—	2.2E−5	9.1E−6	0.0278	0.0439
0.015	0.268	6.1E−5	5.0E−4	8.0E−5	0.118	0.120
0.02	0.487	0.0050	0.0036	0.0010	0.205	0.188
0.03	0.620	0.0676	0.0269	0.0145	0.258	0.231
0.04	0.585	0.127	0.0559	0.0379	0.264	0.229
0.05	0.547	0.166	0.0767	0.0590	0.263	0.224
0.06	0.535	0.189	0.0940	0.0752	0.267	0.230
0.07	0.543	0.211	0.110	0.0890	0.283	0.237
0.08	0.571	0.236	0.124	0.102	0.297	0.253
0.1	0.650	0.287	0.152	0.131	0.352	0.304
0.15	0.904	0.436	0.252	0.215	0.528	0.450
0.2	1.20	0.616	0.371	0.324	0.730	0.617
0.3	1.77	1.02	0.644	0.575	1.10	0.975
0.4	2.33	1.41	0.945	0.855	1.51	1.34
0.5	2.83	1.80	1.25	1.15	1.91	1.68
0.511	2.88	1.84	1.29	1.19	1.95	1.72
0.6	3.30	2.18	1.57	1.46	2.30	2.04
0.662	3.59	2.41	1.77	1.64	2.53	2.25
0.8	4.17	2.94	2.20	2.04	3.04	2.69
1.0	4.96	3.63	2.83	2.64	3.72	3.33
1.117	5.37	4.02	3.18	2.98	4.09	3.67
1.33	6.07	4.68	3.81	3.58	4.76	4.25
1.5	6.64	5.16	4.30	4.04	5.26	4.68
2.0	8.04	6.44	5.56	5.29	6.59	5.87
3.0	10.3	8.75	7.84	7.56	8.83	7.98
4.0	12.1	10.9	9.92	9.58	10.7	9.91
5.0	13.4	12.9	11.7	11.4	12.4	11.6
6.0	14.6	14.7	13.5	13.1	13.8	13.1
6.129	14.7	15.0	13.7	13.3	14.1	13.3
8.0	16.6	18.2	16.7	16.4	16.6	16.1
10.0	18.2	21.7	19.8	19.6	19.1	18.5
15.0	20.0	30.3	27.2	27.3	24.7	24.2
20.0	21.1	39.1	35.1	35.1	30.2	29.5
30.0	22.8	54.5	50.4	51.0	40.8	40.0
40.0	24.3	66.3	65.0	66.6	51.2	50.3
50.0	25.5	75.1	77.1	79.9	59.8	58.6
60.0	26.5	81.9	87.5	90.8	67.0	66.4
80.0	27.6	91.9	102	107	77.3	78.6
100	28.6	98.7	113	119	84.8	88.1
150	30.4	109	131	138	97.9	107
200	32.0	116	142	151	107	121
300	34.0	125	156	168	118	140
400	36.0	131	165	178	124	154
500	36.9	135	172	184	128	163
600	37.4	138	177	190	132	171
800	37.6	142	184	198	138	181
1,000	37.7	145	188	203	142	189
1,500	38.0	150	197	212	150	203
2,000	38.4	153	202	217	154	215
3,000	39.1	156	207	222	158	232
4,000	39.9	158	210	227	162	247
5,000	40.5	159	214	231	165	260
6,000	41.0	160	216	233	167	269
8,000	41.5	162	218	235	170	280
10,000	41.6	164	220	237	172	287

* 2.2E−5 は 2.2×10^{-5} を示す。

表 B.29 光子（男性） いろいろなジオメトリーで入射する単一エネルギー粒子に対するフルエンスあたりの甲状腺の吸収線量（単位：pGy·cm²）

エネルギー (MeV)	AP (前方−後方)	PA (後方−前方)	LLAT (左側方)	RLAT (右側方)	ROT (回転)	ISO (等方)
0.01	0.0063	—	2.2E−5	4.5E−5	0.0015	5.9E−4
0.015	0.216	3.1E−5	0.0116	0.0175	0.0627	0.0328
0.02	0.534	3.9E−4	0.0621	0.0873	0.186	0.107
0.03	0.649	0.0187	0.134	0.173	0.267	0.179
0.04	0.634	0.0757	0.160	0.195	0.284	0.197
0.05	0.596	0.126	0.175	0.202	0.294	0.204
0.06	0.578	0.166	0.185	0.209	0.301	0.220
0.07	0.595	0.202	0.200	0.222	0.325	0.243
0.08	0.613	0.229	0.218	0.243	0.349	0.265
0.1	0.693	0.281	0.266	0.289	0.408	0.317
0.15	0.955	0.443	0.396	0.431	0.600	0.450
0.2	1.27	0.627	0.551	0.603	0.797	0.627
0.3	1.88	1.01	0.874	0.970	1.25	0.985
0.4	2.45	1.40	1.22	1.34	1.69	1.35
0.5	2.99	1.80	1.55	1.70	2.12	1.71
0.511	3.05	1.84	1.59	1.74	2.17	1.74
0.6	3.48	2.18	1.88	2.06	2.52	2.05
0.662	3.77	2.40	2.07	2.27	2.77	2.27
0.8	4.39	2.89	2.51	2.74	3.28	2.72
1.0	5.19	3.57	3.16	3.39	3.98	3.38
1.117	5.63	3.93	3.54	3.76	4.36	3.74
1.33	6.37	4.56	4.18	4.42	5.01	4.39
1.5	6.90	5.01	4.68	4.94	5.51	4.87
2.0	8.42	6.31	5.98	6.29	6.88	6.16
3.0	11.0	8.62	8.28	8.69	9.35	8.53
4.0	13.1	10.7	10.4	10.8	11.5	10.4
5.0	14.9	12.7	12.4	12.8	13.5	12.3
6.0	16.4	14.7	14.1	14.5	15.2	14.0
6.129	16.4	15.0	14.3	14.7	15.4	14.2
8.0	17.8	18.6	17.3	17.5	17.7	17.1
10.0	18.5	22.4	20.1	20.4	20.3	20.0
15.0	18.9	31.6	26.9	27.2	26.3	26.9
20.0	19.3	40.6	33.2	33.3	31.6	33.1
30.0	20.1	56.7	44.7	44.6	41.2	44.5
40.0	20.8	69.2	56.0	55.0	49.5	54.0
50.0	21.4	78.9	66.7	65.0	56.2	62.5
60.0	21.9	86.3	75.8	73.1	62.0	69.7
80.0	22.7	96.8	91.9	86.2	70.2	81.5
100	23.3	105	103	96.1	76.1	91.4
150	25.0	118	122	113	86.4	109
200	26.3	126	135	124	93.4	121
300	27.6	135	150	140	103	137
400	28.3	141	160	148	110	147
500	29.0	146	166	155	114	154
600	29.2	149	172	161	117	160
800	29.6	153	180	168	120	169
1,000	29.6	156	184	173	122	178
1,500	30.0	161	194	183	127	192
2,000	30.4	164	199	188	130	201
3,000	31.0	167	207	195	134	218
4,000	31.5	170	214	200	137	228
5,000	31.9	171	219	204	140	236
6,000	32.2	172	223	207	141	242
8,000	32.7	174	229	211	144	251
10,000	33.1	175	235	214	146	258

* 2.2E−5 は 2.2×10^{-5} を示す。

表 B.30 光子（男性） いろいろなジオメトリーで入射する単一エネルギー粒子に対するフルエンスあたりの膀胱壁（UB-wall）の吸収線量（単位：pGy·cm²）

エネルギー (MeV)	AP (前方-後方)	PA (後方-前方)	LLAT (左側方)	RLAT (右側方)	ROT (回転)	ISO (等方)
0.01	1.0E−6	—	—	—	—	—
0.015	0.0064	2.3E−5	1.0E−5	1.5E−5	0.0021	0.0010
0.02	0.0662	0.0021	5.7E−4	3.4E−4	0.0217	0.0135
0.03	0.203	0.0474	0.0109	0.0067	0.0892	0.0608
0.04	0.351	0.111	0.0359	0.0261	0.145	0.100
0.05	0.392	0.165	0.0623	0.0503	0.177	0.130
0.06	0.422	0.212	0.0827	0.0713	0.208	0.156
0.07	0.443	0.247	0.101	0.0902	0.240	0.180
0.08	0.486	0.278	0.119	0.109	0.272	0.201
0.1	0.574	0.357	0.159	0.144	0.327	0.247
0.15	0.822	0.528	0.259	0.236	0.483	0.366
0.2	1.09	0.725	0.374	0.347	0.656	0.506
0.3	1.62	1.12	0.641	0.592	1.03	0.803
0.4	2.12	1.50	0.929	0.863	1.41	1.11
0.5	2.58	1.90	1.22	1.15	1.79	1.41
0.511	2.63	1.94	1.25	1.18	1.83	1.45
0.6	3.02	2.27	1.51	1.44	2.13	1.72
0.662	3.28	2.50	1.70	1.61	2.35	1.91
0.8	3.85	3.01	2.09	2.00	2.81	2.31
1.0	4.66	3.71	2.66	2.57	3.45	2.90
1.117	5.10	4.08	2.99	2.90	3.81	3.22
1.33	5.85	4.75	3.58	3.46	4.45	3.82
1.5	6.41	5.25	4.02	3.91	4.92	4.27
2.0	7.81	6.60	5.26	5.13	6.19	5.49
3.0	10.2	8.88	7.49	7.24	8.50	7.59
4.0	12.4	11.0	9.39	9.12	10.6	9.52
5.0	14.5	12.9	11.2	11.0	12.6	11.3
6.0	16.4	14.8	13.0	12.8	14.5	13.0
6.129	16.6	15.0	13.2	13.0	14.7	13.2
8.0	20.0	18.4	16.3	16.3	18.1	16.4
10.0	23.2	21.8	19.6	19.5	21.5	19.7
15.0	29.8	30.3	27.5	27.7	29.3	27.5
20.0	35.2	38.9	36.0	36.1	37.1	35.3
30.0	42.2	54.8	53.9	53.4	51.1	49.9
40.0	46.9	68.0	70.6	70.3	63.5	63.2
50.0	50.4	77.9	85.5	85.8	73.8	74.6
60.0	52.9	86.1	98.2	98.7	82.3	84.6
80.0	57.2	97.0	118	120	95.8	101
100	60.1	104	132	135	106	114
150	65.1	116	156	161	121	138
200	68.6	122	172	178	130	155
300	72.6	131	191	199	143	178
400	75.6	138	205	213	152	193
500	77.3	143	213	222	158	205
600	78.7	147	220	230	163	213
800	80.4	152	230	240	170	227
1,000	81.5	154	238	248	174	236
1,500	82.7	159	250	261	183	254
2,000	83.0	163	259	270	190	270
3,000	83.3	166	268	284	196	287
4,000	84.0	169	276	292	200	299
5,000	84.6	171	283	299	203	307
6,000	85.1	172	288	304	204	314
8,000	85.8	174	296	311	207	323
10,000	86.4	175	302	317	208	330

* 1.0E−6 は 1.0×10⁻⁶ を示す。

付属書C　中性子に対する臓器吸収線量換算係数

（C1）　この付属書は，以下の臓器について，考慮した特定の照射ジオメトリーにおける中性子に対する臓器吸収線量換算係数の基準値を表にしている。それらは，赤色（活性）骨髄，結腸，肺，胃，乳房，卵巣，精巣，膀胱壁（UB-wall），食道，肝臓，甲状腺，骨表面（骨内膜），脳，唾液腺，皮膚および残りの組織である。データは，男性ファントムと女性ファントムそれぞれについて与えられている。眼の水晶体のデータは，付属書Fにある。本報告書に添付しているCD-ROMには，これらの線量換算係数が，個々の残りの組織の線量換算係数とともにASCIIフォーマットの表で収載されている。個々の残りの組織には，副腎，胸郭外領域，胆嚢，心臓，腎臓，リンパ節，筋肉，口腔粘膜，膵臓，前立腺，小腸，脾臓，胸腺，子宮／子宮頸部が含まれる。

（C2）　考慮した特定の照射ジオメトリーは，前方‐後方（AP），後方‐前方（PA），左右側方軸に沿った幅広い平行ビーム（LLATとRLAT），そして回転（ROT）および等方（ISO）方向（3.2節参照）である。

（C3）　臓器吸収線量は，粒子フルエンスで規格化され，$pGy \cdot cm^2$の単位で与えられている。以下に続く表の数字は基準値であり，ICRP/ICRU標準ファントムと様々なモンテカルロ放射線輸送コード（3.1節と3.3節参照）を使って計算された線量換算係数に，平均化および平滑化手法（付属書I参照）を適用して導き出された。

表 C.1 中性子（女性） いろいろなジオメトリーで入射する単一エネルギー粒子に対するフルエンスあたりの脳の吸収線量（単位：pGy·cm²）

エネルギー (MeV)	AP (前方-後方)	PA (後方-前方)	LLAT (左側方)	RLAT (右側方)	ROT (回転)	ISO (等方)
1.0E−9	0.577	0.630	0.675	0.685	0.595	0.526
1.0E−8	0.636	0.686	0.804	0.798	0.736	0.641
2.5E−8	0.728	0.808	0.946	0.952	0.853	0.736
1.0E−7	0.942	1.06	1.26	1.26	1.13	0.972
2.0E−7	1.08	1.22	1.45	1.47	1.28	1.10
5.0E−7	1.21	1.40	1.67	1.69	1.49	1.27
1.0E−6	1.29	1.50	1.81	1.83	1.61	1.37
2.0E−6	1.35	1.56	1.89	1.91	1.69	1.45
5.0E−6	1.42	1.64	1.98	2.00	1.76	1.51
1.0E−5	1.44	1.66	1.99	2.01	1.79	1.53
2.0E−5	1.45	1.67	2.00	2.02	1.80	1.53
5.0E−5	1.44	1.64	1.98	1.99	1.79	1.52
1.0E−4	1.43	1.64	1.95	1.99	1.77	1.51
2.0E−4	1.39	1.63	1.94	1.96	1.72	1.46
5.0E−4	1.33	1.60	1.91	1.90	1.63	1.38
0.001	1.34	1.57	1.88	1.89	1.60	1.36
0.002	1.34	1.55	1.84	1.87	1.60	1.36
0.005	1.30	1.53	1.82	1.84	1.55	1.31
0.01	1.27	1.52	1.81	1.82	1.52	1.28
0.02	1.29	1.54	1.85	1.87	1.53	1.30
0.03	1.31	1.57	1.89	1.93	1.57	1.34
0.05	1.37	1.66	2.02	2.06	1.68	1.43
0.07	1.46	1.76	2.15	2.19	1.80	1.54
0.1	1.59	1.92	2.38	2.41	2.00	1.71
0.15	1.84	2.23	2.80	2.83	2.37	2.03
0.2	2.11	2.57	3.25	3.28	2.75	2.38
0.3	2.69	3.30	4.20	4.24	3.56	3.11
0.5	3.96	4.84	6.21	6.26	5.27	4.65
0.7	5.30	6.37	8.13	8.20	7.01	6.23
0.9	6.68	7.88	9.94	10.0	8.77	7.83
1.0	7.40	8.65	10.8	10.9	9.64	8.63
1.2	8.86	10.2	12.7	12.9	11.4	10.2
1.5	11.0	12.6	15.6	15.7	13.9	12.5
2.0	14.3	16.2	19.8	20.0	17.7	16.0
3.0	20.2	22.5	26.8	27.0	24.2	22.0
4.0	25.1	27.7	32.4	32.5	29.6	27.0
5.0	29.3	32.0	36.8	37.0	34.1	31.2
6.0	33.0	35.6	40.5	40.7	37.9	34.8
7.0	36.1	38.8	43.8	43.9	41.2	37.9
8.0	39.0	41.6	46.7	46.8	44.1	40.7
9.0	41.5	44.2	49.3	49.5	46.7	43.2
10.0	43.8	46.5	51.8	51.9	49.1	45.4
12.0	47.8	50.7	56.1	56.3	53.0	49.2
14.0	51.1	54.1	59.6	59.8	56.2	52.4
15.0	52.5	55.5	61.1	61.3	57.6	53.7
16.0	53.8	56.9	62.4	62.6	58.8	54.9
18.0	56.2	59.2	64.6	64.8	60.9	56.9
20.0	58.2	61.1	66.4	66.5	62.6	58.6
21.0	59.1	61.9	67.1	67.3	63.3	59.4
30.0	65.2	67.4	72.0	71.9	68.0	64.1
50.0	73.1	74.6	78.0	77.6	73.1	69.8
75.0	79.5	80.8	83.4	83.0	77.5	75.1
100	84.0	84.6	86.1	85.8	81.3	80.0
130	87.7	87.1	87.0	86.8	85.2	84.9
150	89.7	88.3	87.4	87.1	87.6	87.7
180	92.5	89.9	88.3	87.8	91.0	91.7
200	94.3	91.0	89.1	88.5	93.2	94.3
300	105	100	97.2	96.1	105	108
400	119	114	111	110	118	122
500	134	129	128	127	131	136
600	148	144	145	143	143	148
700	161	157	159	157	154	160
800	172	167	170	169	163	169
900	181	175	177	177	171	177
1,000	188	181	183	184	178	184
2,000	229	214	215	214	217	227
5,000	286	271	266	254	268	293
10,000	382	366	362	358	321	379

* 1.0E−9 は 1.0×10^{-9} を示す。

表 C.2 **中性子（女性）** いろいろなジオメトリーで入射する単一エネルギー粒子に対するフルエンスあたりの乳房の吸収線量（単位：pGy·cm²）

エネルギー (MeV)	AP (前方-後方)	PA (後方-前方)	LLAT (左側方)	RLAT (右側方)	ROT (回転)	ISO (等方)
1.0E−9	1.71	0.430	0.472	0.440	0.733	0.581
1.0E−8	1.94	0.437	0.478	0.447	0.852	0.658
2.5E−8	2.12	0.516	0.584	0.539	0.948	0.739
1.0E−7	2.62	0.667	0.666	0.626	1.17	0.906
2.0E−7	2.90	0.757	0.806	0.740	1.27	0.989
5.0E−7	3.04	0.876	0.828	0.764	1.40	1.09
1.0E−6	3.13	0.959	0.928	0.853	1.47	1.14
2.0E−6	3.18	1.01	0.887	0.828	1.50	1.17
5.0E−6	3.22	1.07	0.968	0.896	1.52	1.18
1.0E−5	3.17	1.09	0.893	0.822	1.52	1.19
2.0E−5	3.14	1.11	0.951	0.868	1.51	1.16
5.0E−5	3.00	1.11	0.840	0.788	1.48	1.13
1.0E−4	2.96	1.11	0.829	0.779	1.45	1.12
2.0E−4	2.89	1.12	0.882	0.808	1.41	1.09
5.0E−4	2.63	1.12	0.799	0.735	1.34	1.03
0.001	2.65	1.12	0.833	0.766	1.31	1.02
0.002	2.68	1.11	0.790	0.723	1.32	1.04
0.005	2.69	1.12	0.846	0.764	1.33	1.04
0.01	2.83	1.13	0.861	0.779	1.40	1.09
0.02	3.31	1.14	0.978	0.912	1.60	1.26
0.03	3.78	1.16	1.10	1.02	1.80	1.43
0.05	4.64	1.18	1.35	1.28	2.20	1.78
0.07	5.49	1.20	1.60	1.51	2.58	2.11
0.1	6.83	1.23	1.99	1.87	3.13	2.58
0.15	8.76	1.28	2.61	2.46	3.97	3.32
0.2	10.4	1.34	3.16	3.04	4.76	4.01
0.3	13.5	1.46	4.27	4.12	6.18	5.29
0.5	18.5	1.79	6.28	6.08	8.67	7.55
0.7	22.5	2.25	8.03	7.83	10.8	9.55
0.9	26.2	2.81	9.61	9.39	12.8	11.4
1.0	27.9	3.14	10.4	10.1	13.7	12.2
1.2	30.7	3.92	11.9	11.7	15.5	13.9
1.5	34.0	5.29	14.1	13.8	17.8	16.1
2.0	38.7	7.88	17.4	17.1	21.3	19.3
3.0	46.6	13.4	23.0	22.8	27.1	24.7
4.0	52.7	18.5	28.0	27.7	31.9	29.2
5.0	56.7	23.3	32.0	31.6	36.0	33.1
6.0	59.9	27.5	35.4	35.0	39.6	36.4
7.0	62.7	31.3	38.4	38.0	42.8	39.4
8.0	65.5	34.7	41.0	40.7	45.7	42.2
9.0	68.2	37.9	43.6	43.4	48.4	44.7
10.0	70.8	40.8	46.1	45.9	50.8	47.1
12.0	75.2	46.0	50.7	50.5	55.1	51.3
14.0	78.5	50.7	54.7	54.4	58.6	54.8
15.0	79.7	52.8	56.4	56.2	60.0	56.3
16.0	80.6	54.8	57.9	57.7	61.4	57.6
18.0	81.8	58.4	60.4	60.3	63.5	59.9
20.0	82.3	61.5	62.4	62.4	65.2	61.7
21.0	82.4	62.9	63.2	63.3	65.9	62.4
30.0	81.9	72.1	69.0	69.3	69.8	66.4
50.0	78.0	82.5	74.5	75.6	71.9	68.8
75.0	71.8	90.8	79.1	79.3	73.1	70.9
100	63.5	98.0	80.9	80.9	74.7	73.8
130	55.6	106	79.8	80.6	77.3	77.9
150	52.6	111	80.6	81.3	79.3	80.7
180	50.7	117	84.3	83.6	82.5	84.8
200	50.4	121	86.4	85.4	84.9	87.5
300	55.5	139	93.6	95.5	97.6	101
400	64.7	158	107	110	112	114
500	74.8	176	122	126	125	128
600	85.0	193	140	144	138	141
700	93.6	208	154	158	149	153
800	100	220	164	168	158	163
900	105	230	172	175	165	171
1,000	109	238	177	179	171	178
2,000	129	287	211	207	210	221
5,000	136	378	269	278	272	296
10,000	204	479	375	373	347	389

* 1.0E−9 は 1.0×10^{-9} を示す。

表 C.3　**中性子（女性）**　いろいろなジオメトリーで入射する単一エネルギー粒子に対するフルエンスあたりの結腸の吸収線量（単位：pGy･cm²）

エネルギー (MeV)	AP (前方-後方)	PA (後方-前方)	LLAT (左側方)	RLAT (右側方)	ROT (回転)	ISO (等方)
1.0E−9	1.35	0.689	0.362	0.361	0.642	0.504
1.0E−8	1.48	0.774	0.390	0.377	0.806	0.614
2.5E−8	1.75	0.893	0.466	0.451	0.924	0.703
1.0E−7	2.37	1.19	0.597	0.580	1.22	0.910
2.0E−7	2.81	1.36	0.699	0.685	1.39	1.03
5.0E−7	3.09	1.56	0.816	0.790	1.62	1.20
1.0E−6	3.39	1.71	0.898	0.869	1.77	1.30
2.0E−6	3.70	1.81	0.950	0.916	1.88	1.37
5.0E−6	3.87	1.92	1.01	0.981	1.97	1.43
1.0E−5	3.82	1.97	1.03	0.981	2.02	1.46
2.0E−5	3.97	2.00	1.04	1.01	2.03	1.48
5.0E−5	3.93	2.01	1.04	1.00	2.05	1.49
1.0E−4	3.83	2.02	1.04	0.992	2.05	1.50
2.0E−4	3.90	2.05	1.05	1.01	2.03	1.50
5.0E−4	3.74	2.06	1.04	0.992	2.02	1.48
0.001	3.77	2.06	1.03	0.992	2.02	1.47
0.002	3.81	2.06	1.01	0.964	2.01	1.47
0.005	3.72	2.07	1.02	0.987	1.99	1.47
0.01	3.61	2.09	1.02	0.991	1.99	1.48
0.02	3.65	2.12	1.02	0.991	2.02	1.49
0.03	3.69	2.15	1.03	0.988	2.05	1.51
0.05	3.84	2.21	1.06	1.01	2.12	1.55
0.07	4.02	2.27	1.10	1.05	2.20	1.60
0.1	4.28	2.35	1.17	1.11	2.33	1.69
0.15	4.77	2.49	1.29	1.23	2.57	1.86
0.2	5.33	2.64	1.43	1.36	2.82	2.04
0.3	6.45	2.94	1.73	1.65	3.36	2.41
0.5	8.83	3.62	2.42	2.34	4.48	3.21
0.7	11.2	4.37	3.16	3.09	5.62	4.04
0.9	13.5	5.21	3.94	3.86	6.78	4.90
1.0	14.6	5.66	4.35	4.27	7.37	5.34
1.2	16.8	6.65	5.23	5.16	8.58	6.24
1.5	20.1	8.26	6.62	6.57	10.4	7.62
2.0	24.8	11.1	8.97	8.94	13.4	9.92
3.0	32.7	16.6	13.5	13.4	18.9	14.3
4.0	39.1	21.7	17.6	17.4	23.8	18.3
5.0	44.1	26.4	21.4	21.1	28.1	22.0
6.0	48.3	30.5	24.8	24.5	32.0	25.3
7.0	51.8	34.2	27.9	27.5	35.4	28.2
8.0	54.9	37.5	30.7	30.2	38.4	30.9
9.0	57.8	40.5	33.2	32.7	41.2	33.3
10.0	60.4	43.2	35.5	35.0	43.6	35.5
12.0	64.8	48.0	39.7	39.2	48.0	39.4
14.0	68.2	52.0	43.4	42.8	51.5	42.7
15.0	69.5	53.8	45.0	44.5	53.0	44.1
16.0	70.7	55.4	46.6	46.0	54.4	45.5
18.0	72.5	58.3	49.4	48.8	56.8	47.9
20.0	73.9	60.7	51.8	51.3	58.9	49.9
21.0	74.4	61.8	53.0	52.5	59.8	50.9
30.0	77.9	69.0	61.0	60.2	66.0	57.5
50.0	82.0	78.1	71.7	69.9	74.1	66.9
75.0	85.1	86.4	80.8	79.1	81.3	75.6
100	86.3	93.6	88.2	87.3	87.5	83.4
130	86.6	101	95.9	95.8	94.1	91.9
150	86.9	106	101	101	98.2	97.1
180	88.0	113	107	108	104	105
200	89.0	117	111	111	108	109
300	98.8	137	130	128	127	132
400	114	158	149	147	146	152
500	132	178	169	168	164	171
600	149	198	189	189	181	188
700	164	215	206	207	196	203
800	176	229	220	222	209	216
900	185	240	231	234	221	228
1,000	193	250	241	244	230	238
2,000	235	308	299	298	291	313
5,000	286	407	400	424	388	443
10,000	381	521	514	536	503	594

* 1.0E−9 は 1.0×10⁻⁹ を示す。

表 C.4 **中性子（女性）** いろいろなジオメトリーで入射する単一エネルギー粒子に対するフルエンスあたりの骨表面（骨内膜）の吸収線量（単位：pGy・cm²）

エネルギー (MeV)	AP (前方-後方)	PA (後方-前方)	LLAT (左側方)	RLAT (右側方)	ROT (回転)	ISO (等方)
1.0E−9	0.970	0.878	0.451	0.454	0.687	0.546
1.0E−8	1.09	0.978	0.511	0.518	0.825	0.657
2.5E−8	1.23	1.14	0.596	0.601	0.936	0.741
1.0E−7	1.59	1.49	0.763	0.777	1.22	0.948
2.0E−7	1.79	1.70	0.874	0.886	1.37	1.06
5.0E−7	2.00	1.94	0.988	1.000	1.56	1.20
1.0E−6	2.13	2.09	1.06	1.07	1.67	1.28
2.0E−6	2.22	2.19	1.10	1.11	1.75	1.34
5.0E−6	2.31	2.30	1.13	1.15	1.81	1.39
1.0E−5	2.34	2.33	1.13	1.16	1.83	1.40
2.0E−5	2.34	2.34	1.13	1.15	1.83	1.40
5.0E−5	2.32	2.31	1.11	1.13	1.81	1.39
1.0E−4	2.30	2.30	1.09	1.11	1.79	1.37
2.0E−4	2.26	2.30	1.08	1.10	1.74	1.33
5.0E−4	2.15	2.26	1.05	1.07	1.66	1.27
0.001	2.15	2.23	1.03	1.05	1.64	1.26
0.002	2.15	2.20	1.01	1.03	1.64	1.26
0.005	2.09	2.19	1.00	1.02	1.59	1.22
0.01	2.06	2.19	0.997	1.01	1.58	1.21
0.02	2.10	2.22	1.03	1.05	1.61	1.23
0.03	2.16	2.26	1.07	1.09	1.66	1.27
0.05	2.29	2.38	1.16	1.18	1.78	1.36
0.07	2.46	2.51	1.27	1.29	1.91	1.47
0.1	2.71	2.72	1.44	1.46	2.12	1.64
0.15	3.16	3.10	1.73	1.76	2.50	1.94
0.2	3.63	3.51	2.03	2.07	2.89	2.24
0.3	4.59	4.35	2.64	2.68	3.69	2.87
0.5	6.54	6.08	3.85	3.88	5.32	4.16
0.7	8.45	7.77	4.96	5.00	6.92	5.45
0.9	10.3	9.40	6.00	6.08	8.50	6.73
1.0	11.2	10.2	6.53	6.62	9.28	7.36
1.2	13.0	11.9	7.61	7.71	10.8	8.62
1.5	15.6	14.4	9.22	9.32	13.0	10.4
2.0	19.3	18.2	11.8	11.9	16.3	13.2
3.0	25.7	24.7	16.3	16.4	22.0	18.1
4.0	30.8	29.9	20.1	20.2	26.7	22.3
5.0	34.9	34.1	23.4	23.5	30.7	25.8
6.0	38.5	37.6	26.2	26.4	34.2	29.0
7.0	41.6	40.7	28.8	28.9	37.2	31.8
8.0	44.4	43.6	31.2	31.3	40.0	34.3
9.0	47.0	46.2	33.3	33.5	42.5	36.6
10.0	49.3	48.6	35.4	35.5	44.8	38.7
12.0	53.5	52.9	39.2	39.2	48.7	42.4
14.0	57.0	56.5	42.5	42.5	52.0	45.5
15.0	58.4	58.0	43.9	44.0	53.4	46.8
16.0	59.8	59.3	45.3	45.3	54.6	48.1
18.0	62.0	61.6	47.7	47.7	56.8	50.3
20.0	63.8	63.4	49.8	49.8	58.6	52.1
21.0	64.5	64.1	50.7	50.8	59.3	52.9
30.0	69.3	68.9	56.9	57.3	64.3	58.5
50.0	75.0	74.9	65.6	66.2	70.0	65.7
75.0	79.5	80.6	73.9	74.1	75.1	72.2
100	82.4	84.6	80.3	80.0	79.7	77.9
130	84.8	87.4	85.8	85.4	84.6	84.2
150	86.2	88.7	88.7	88.4	87.6	88.0
180	88.4	90.6	92.4	92.4	91.9	93.5
200	90.0	91.9	94.6	94.9	94.8	97.0
300	101	102	107	108	109	114
400	116	117	123	124	124	130
500	132	134	141	142	139	146
600	147	150	160	159	154	160
700	161	164	176	174	166	173
800	172	175	188	186	177	184
900	182	183	197	196	186	193
1,000	189	189	204	203	193	201
2,000	230	223	245	247	239	254
5,000	281	279	331	330	301	338
10,000	370	368	441	437	376	436

* 1.0E−9 は 1.0×10⁻⁹ を示す。

表C.5 中性子（女性） いろいろなジオメトリーで入射する単一エネルギー粒子に対するフルエンスあたりの卵巣の吸収線量（単位：pGy·cm^2）

エネルギー (MeV)	AP (前方-後方)	PA (後方-前方)	LLAT (左側方)	RLAT (右側方)	ROT (回転)	ISO (等方)
1.0E−9	0.935	0.950	0.218	0.215	0.578	0.375
1.0E−8	1.01	1.09	0.199	0.252	0.661	0.490
2.5E−8	1.17	1.27	0.246	0.269	0.767	0.568
1.0E−7	1.50	1.72	0.366	0.314	0.962	0.757
2.0E−7	1.70	1.98	0.385	0.388	1.10	0.866
5.0E−7	1.98	2.36	0.405	0.407	1.35	0.997
1.0E−6	2.17	2.59	0.482	0.543	1.54	1.10
2.0E−6	2.31	2.73	0.555	0.524	1.63	1.21
5.0E−6	2.44	2.86	0.523	0.579	1.69	1.30
1.0E−5	2.51	2.90	0.545	0.628	1.74	1.28
2.0E−5	2.57	3.00	0.545	0.610	1.78	1.25
5.0E−5	2.67	3.03	0.545	0.548	1.84	1.28
1.0E−4	2.73	3.01	0.594	0.507	1.87	1.28
2.0E−4	2.76	3.07	0.567	0.623	1.82	1.31
5.0E−4	2.74	3.14	0.536	0.595	1.81	1.36
0.001	2.73	3.15	0.565	0.669	1.82	1.37
0.002	2.75	3.17	0.550	0.608	1.83	1.36
0.005	2.74	3.22	0.511	0.602	1.86	1.34
0.01	2.74	3.24	0.516	0.581	1.88	1.37
0.02	2.80	3.27	0.583	0.677	1.90	1.45
0.03	2.85	3.30	0.558	0.721	1.94	1.48
0.05	2.92	3.38	0.601	0.786	2.02	1.50
0.07	2.97	3.47	0.636	0.695	2.08	1.51
0.1	3.06	3.58	0.660	0.683	2.15	1.54
0.15	3.24	3.78	0.672	0.776	2.26	1.61
0.2	3.44	4.00	0.705	0.870	2.37	1.70
0.3	3.88	4.47	0.809	0.990	2.60	1.88
0.5	4.90	5.56	0.975	1.22	3.10	2.30
0.7	6.03	6.75	1.11	1.26	3.71	2.79
0.9	7.28	8.05	1.26	1.39	4.41	3.35
1.0	7.94	8.74	1.36	1.50	4.81	3.65
1.2	9.32	10.2	1.68	1.88	5.66	4.29
1.5	11.5	12.5	2.36	2.72	7.04	5.32
2.0	15.1	16.3	3.74	4.50	9.46	7.13
3.0	21.9	23.4	6.51	7.59	14.4	10.9
4.0	27.9	29.6	9.27	10.4	19.1	14.7
5.0	33.2	34.9	12.4	13.9	23.4	18.3
6.0	37.7	39.5	15.4	17.2	27.4	21.6
7.0	41.7	43.5	18.1	20.2	30.9	24.7
8.0	45.1	47.1	20.5	22.6	34.1	27.5
9.0	48.2	50.2	22.7	24.7	36.9	30.2
10.0	50.9	53.0	24.7	26.6	39.5	32.6
12.0	55.6	57.8	28.6	30.3	43.8	37.0
14.0	59.4	61.7	32.2	34.1	47.4	41.0
15.0	61.1	63.3	33.9	35.9	48.9	42.8
16.0	62.6	64.8	35.5	37.6	50.3	44.5
18.0	65.4	67.3	38.9	41.0	52.7	47.6
20.0	67.7	69.4	42.1	44.2	54.8	50.4
21.0	68.7	70.3	43.7	45.7	55.7	51.7
30.0	75.8	76.0	55.0	54.5	61.9	60.5
50.0	84.4	82.8	65.2	65.7	70.5	71.4
75.0	91.6	87.6	75.6	73.8	79.2	79.8
100	97.6	91.4	87.6	87.4	87.6	86.8
130	104	95.5	104	97.7	97.3	94.4
150	108	98.2	114	104	103	99.2
180	114	103	125	115	111	106
200	118	106	129	119	116	111
300	136	123	142	134	138	137
400	155	142	170	152	159	163
500	173	162	201	184	179	187
600	189	181	231	230	196	209
700	204	198	254	262	211	227
800	218	213	267	267	224	242
900	229	225	275	262	235	255
1,000	239	235	278	256	244	266
2,000	299	287	327	303	300	337
5,000	375	349	490	395	406	462
10,000	468	434	611	593	568	618

* 1.0E−9 は 1.0×10^{-9} を示す。

表 C.6 **中性子（女性）** いろいろなジオメトリーで入射する単一エネルギー粒子に対するフルエンスあたりの肝臓の吸収線量（単位：pGy·cm²）

エネルギー (MeV)	AP (前方‒後方)	PA (後方‒前方)	LLAT (左側方)	RLAT (右側方)	ROT (回転)	ISO (等方)
1.0E−9	1.24	0.868	0.224	0.583	0.688	0.520
1.0E−8	1.43	0.983	0.241	0.665	0.846	0.638
2.5E−8	1.63	1.14	0.277	0.779	0.973	0.728
1.0E−7	2.18	1.52	0.358	1.02	1.28	0.946
2.0E−7	2.49	1.74	0.411	1.19	1.46	1.07
5.0E−7	2.85	2.02	0.479	1.39	1.69	1.24
1.0E−6	3.07	2.20	0.521	1.51	1.84	1.35
2.0E−6	3.24	2.33	0.553	1.59	1.95	1.42
5.0E−6	3.42	2.48	0.585	1.68	2.06	1.50
1.0E−5	3.50	2.54	0.597	1.70	2.10	1.53
2.0E−5	3.54	2.57	0.606	1.73	2.12	1.55
5.0E−5	3.53	2.56	0.605	1.70	2.13	1.57
1.0E−4	3.54	2.59	0.605	1.71	2.14	1.58
2.0E−4	3.50	2.62	0.609	1.72	2.12	1.56
5.0E−4	3.40	2.61	0.609	1.69	2.07	1.52
0.001	3.41	2.60	0.610	1.68	2.06	1.51
0.002	3.43	2.58	0.609	1.66	2.06	1.51
0.005	3.36	2.60	0.609	1.65	2.02	1.49
0.01	3.30	2.62	0.608	1.63	2.00	1.49
0.02	3.33	2.65	0.617	1.65	2.02	1.50
0.03	3.36	2.68	0.626	1.67	2.04	1.51
0.05	3.47	2.75	0.649	1.75	2.11	1.55
0.07	3.60	2.83	0.672	1.82	2.18	1.60
0.1	3.81	2.95	0.707	1.95	2.31	1.68
0.15	4.20	3.16	0.768	2.20	2.55	1.83
0.2	4.63	3.39	0.831	2.48	2.80	2.00
0.3	5.54	3.87	0.966	3.07	3.34	2.37
0.5	7.48	4.91	1.27	4.38	4.48	3.17
0.7	9.45	6.00	1.63	5.69	5.69	4.04
0.9	11.4	7.14	2.03	7.00	6.93	4.96
1.0	12.4	7.75	2.26	7.68	7.56	5.43
1.2	14.4	9.05	2.75	9.12	8.84	6.40
1.5	17.2	11.1	3.57	11.4	10.7	7.86
2.0	21.4	14.5	5.07	14.9	13.8	10.2
3.0	28.4	20.6	8.31	21.2	19.3	14.7
4.0	34.2	25.9	11.6	26.4	24.2	18.8
5.0	39.0	30.5	14.7	30.9	28.5	22.4
6.0	43.0	34.5	17.7	34.7	32.3	25.7
7.0	46.5	37.9	20.4	38.1	35.6	28.6
8.0	49.7	41.1	23.0	41.1	38.6	31.3
9.0	52.5	43.9	25.3	43.9	41.3	33.7
10.0	55.0	46.5	27.5	46.4	43.7	35.9
12.0	59.4	51.2	31.5	50.9	47.8	39.7
14.0	62.9	55.0	35.1	54.7	51.2	43.0
15.0	64.3	56.7	36.7	56.3	52.7	44.5
16.0	65.5	58.2	38.3	57.8	54.1	45.8
18.0	67.6	60.8	41.1	60.4	56.4	48.3
20.0	69.3	62.9	43.8	62.5	58.4	50.4
21.0	70.0	63.9	45.0	63.5	59.3	51.4
30.0	74.6	70.0	53.9	69.5	65.2	58.2
50.0	80.0	77.7	66.6	76.5	72.7	67.7
75.0	84.3	85.4	77.7	83.6	79.7	76.3
100	86.9	92.0	87.0	89.5	86.1	83.7
130	89.1	98.5	96.8	94.8	93.0	91.7
150	90.5	102	103	97.5	97.3	96.6
180	92.7	107	111	101	103	103
200	94.4	110	117	103	107	108
300	107	126	140	115	126	128
400	123	145	162	132	144	148
500	141	165	182	152	161	166
600	158	185	201	171	176	183
700	174	201	217	188	190	198
800	186	215	232	201	203	211
900	196	225	244	211	213	222
1,000	204	233	255	219	223	233
2,000	249	279	328	260	284	300
5,000	306	360	452	333	373	410
10,000	400	461	574	442	465	532

* 1.0E−9 は 1.0×10⁻⁹ を示す。

表 C.7 **中性子（女性）** いろいろなジオメトリーで入射する単一エネルギー粒子に対するフルエンスあたりの肺の吸収線量（単位：pGy·cm²）

エネルギー (MeV)	AP (前方-後方)	PA (後方-前方)	LLAT (左側方)	RLAT (右側方)	ROT (回転)	ISO (等方)
1.0E−9	1.01	1.03	0.324	0.342	0.654	0.519
1.0E−8	1.15	1.22	0.352	0.366	0.808	0.628
2.5E−8	1.31	1.42	0.406	0.424	0.928	0.716
1.0E−7	1.73	1.93	0.519	0.537	1.22	0.934
2.0E−7	1.98	2.21	0.594	0.621	1.38	1.06
5.0E−7	2.26	2.58	0.681	0.715	1.60	1.23
1.0E−6	2.44	2.80	0.742	0.769	1.74	1.33
2.0E−6	2.58	2.94	0.785	0.804	1.84	1.41
5.0E−6	2.73	3.11	0.824	0.850	1.94	1.48
1.0E−5	2.80	3.19	0.829	0.861	1.99	1.51
2.0E−5	2.83	3.22	0.846	0.876	2.01	1.53
5.0E−5	2.84	3.20	0.847	0.871	2.02	1.54
1.0E−4	2.84	3.21	0.844	0.873	2.01	1.53
2.0E−4	2.80	3.21	0.844	0.879	1.99	1.52
5.0E−4	2.71	3.17	0.833	0.864	1.93	1.48
0.001	2.73	3.15	0.833	0.864	1.92	1.47
0.002	2.75	3.11	0.823	0.852	1.91	1.46
0.005	2.69	3.10	0.827	0.845	1.88	1.44
0.01	2.63	3.10	0.829	0.835	1.85	1.43
0.02	2.65	3.11	0.834	0.850	1.85	1.42
0.03	2.68	3.15	0.838	0.855	1.87	1.43
0.05	2.75	3.26	0.861	0.880	1.93	1.47
0.07	2.84	3.39	0.895	0.915	2.00	1.52
0.1	2.98	3.62	0.945	0.967	2.13	1.61
0.15	3.27	4.05	1.03	1.06	2.37	1.79
0.2	3.61	4.53	1.12	1.17	2.63	1.99
0.3	4.34	5.58	1.32	1.39	3.21	2.42
0.5	5.99	7.80	1.76	1.90	4.49	3.39
0.7	7.76	9.96	2.25	2.46	5.85	4.43
0.9	9.58	12.0	2.78	3.06	7.25	5.54
1.0	10.5	13.1	3.07	3.38	7.96	6.11
1.2	12.4	15.2	3.72	4.08	9.40	7.27
1.5	15.1	18.3	4.80	5.21	11.5	9.01
2.0	19.2	23.0	6.73	7.20	14.8	11.8
3.0	26.1	30.6	10.6	11.1	20.8	16.9
4.0	31.8	36.7	14.2	14.7	25.9	21.4
5.0	36.5	41.5	17.7	18.1	30.3	25.4
6.0	40.5	45.5	20.8	21.1	34.2	28.9
7.0	43.9	49.0	23.6	23.8	37.6	32.0
8.0	47.0	52.0	26.1	26.3	40.5	34.8
9.0	49.8	54.8	28.4	28.6	43.2	37.3
10.0	52.4	57.4	30.6	30.6	45.6	39.6
12.0	56.8	61.8	34.4	34.4	49.6	43.5
14.0	60.3	65.2	37.8	37.6	52.9	46.9
15.0	61.8	66.6	39.3	39.1	54.3	48.4
16.0	63.1	67.8	40.8	40.6	55.6	49.7
18.0	65.3	69.8	43.5	43.1	57.8	52.1
20.0	67.1	71.3	45.9	45.5	59.7	54.2
21.0	67.8	71.9	47.0	46.5	60.5	55.2
30.0	72.7	75.6	54.9	54.2	66.0	61.5
50.0	78.9	80.1	66.0	65.2	73.0	69.9
75.0	84.3	84.5	76.1	75.3	79.3	77.3
100	87.9	87.2	84.6	83.4	84.8	83.9
130	90.5	88.8	93.1	91.5	90.6	90.9
150	91.9	89.5	97.7	96.0	94.1	95.2
180	93.7	90.9	103	102	99.1	101
200	95.0	92.1	107	105	102	105
300	105	103	120	119	118	122
400	121	119	136	136	134	139
500	138	137	154	154	149	154
600	155	154	172	172	163	169
700	171	168	189	188	175	181
800	183	179	202	200	186	193
900	193	187	213	210	195	202
1,000	201	193	221	219	203	211
2,000	243	227	274	265	254	268
5,000	292	280	378	360	326	359
10,000	390	364	488	478	401	457

* 1.0E−9 は 1.0×10⁻⁹ を示す。

表 C.8　中性子（女性）　いろいろなジオメトリーで入射する単一エネルギー粒子に対するフルエンスあたりの食道の吸収線量（単位：pGy·cm²）

エネルギー (MeV)	AP (前方-後方)	PA (後方-前方)	LLAT (左側方)	RLAT (右側方)	ROT (回転)	ISO (等方)
1.0E−9	1.04	0.922	0.328	0.320	0.664	0.520
1.0E−8	1.22	1.12	0.380	0.331	0.820	0.621
2.5E−8	1.38	1.30	0.427	0.393	0.943	0.706
1.0E−7	1.85	1.74	0.519	0.506	1.24	0.919
2.0E−7	2.12	2.02	0.601	0.582	1.39	1.04
5.0E−7	2.44	2.38	0.710	0.675	1.61	1.20
1.0E−6	2.65	2.62	0.778	0.741	1.76	1.30
2.0E−6	2.75	2.81	0.823	0.781	1.86	1.39
5.0E−6	2.84	3.01	0.881	0.836	1.97	1.46
1.0E−5	2.98	3.11	0.908	0.853	2.02	1.52
2.0E−5	3.10	3.14	0.898	0.862	2.07	1.56
5.0E−5	3.12	3.14	0.882	0.869	2.12	1.60
1.0E−4	3.11	3.19	0.906	0.878	2.12	1.62
2.0E−4	3.07	3.23	0.913	0.883	2.08	1.61
5.0E−4	3.00	3.22	0.893	0.879	2.03	1.57
0.001	3.00	3.21	0.904	0.870	2.03	1.57
0.002	3.07	3.21	0.919	0.864	2.02	1.57
0.005	2.97	3.23	0.906	0.873	2.00	1.54
0.01	2.91	3.24	0.904	0.880	1.98	1.50
0.02	2.96	3.26	0.931	0.900	2.01	1.49
0.03	3.01	3.28	0.934	0.903	2.04	1.50
0.05	3.12	3.34	0.936	0.904	2.11	1.55
0.07	3.23	3.41	0.965	0.918	2.18	1.59
0.1	3.40	3.53	1.01	0.948	2.27	1.67
0.15	3.76	3.74	1.09	1.02	2.44	1.81
0.2	4.15	3.99	1.15	1.09	2.64	1.97
0.3	4.94	4.55	1.29	1.27	3.10	2.30
0.5	6.68	5.83	1.61	1.67	4.16	3.04
0.7	8.53	7.23	1.98	2.10	5.32	3.86
0.9	10.4	8.72	2.43	2.58	6.54	4.76
1.0	11.4	9.49	2.68	2.85	7.18	5.23
1.2	13.4	11.1	3.25	3.42	8.50	6.21
1.5	16.3	13.5	4.24	4.38	10.5	7.72
2.0	20.7	17.5	6.07	6.12	13.7	10.2
3.0	28.3	24.7	10.0	9.76	19.7	15.1
4.0	34.5	30.7	13.9	13.3	25.0	19.5
5.0	39.5	35.7	17.5	16.7	29.7	23.4
6.0	43.6	39.9	20.8	19.8	33.7	26.9
7.0	47.1	43.6	23.8	22.6	37.2	30.1
8.0	50.3	46.7	26.5	25.2	40.3	32.9
9.0	53.2	49.6	28.9	27.6	43.0	35.5
10.0	55.9	52.1	31.2	29.7	45.5	37.8
12.0	60.6	56.4	35.2	33.7	49.8	41.8
14.0	64.4	59.8	38.7	37.1	53.3	45.2
15.0	66.0	61.2	40.3	38.7	54.7	46.7
16.0	67.3	62.5	41.8	40.2	56.1	48.1
18.0	69.5	64.6	44.7	42.9	58.4	50.6
20.0	71.1	66.4	47.2	45.4	60.4	52.7
21.0	71.8	67.1	48.4	46.5	61.2	53.7
30.0	75.7	72.0	57.4	54.8	66.8	60.5
50.0	80.7	78.1	70.0	66.5	74.4	69.8
75.0	86.5	84.3	80.1	75.6	81.7	78.1
100	91.2	89.9	88.2	82.5	88.0	85.2
130	95.0	95.8	96.9	89.7	94.8	93.0
150	97.0	99.4	102	94.4	98.8	97.7
180	99.8	104	108	101	104	105
200	101	108	112	105	108	109
300	112	123	128	126	124	129
400	128	139	145	146	140	149
500	146	154	162	165	156	166
600	165	169	180	183	172	183
700	181	181	197	198	186	197
800	195	192	211	210	199	210
900	206	201	222	221	210	220
1,000	215	209	232	230	219	230
2,000	258	258	289	285	276	291
5,000	304	332	381	377	357	385
10,000	415	411	493	518	434	480

*　1.0E−9 は 1.0×10⁻⁹ を示す。

表 C.9 **中性子（女性）** いろいろなジオメトリーで入射する単一エネルギー粒子に対するフルエンスあたりの赤色（活性）骨髄の吸収線量（単位：pGy·cm²）

エネルギー (MeV)	AP (前方-後方)	PA (後方-前方)	LLAT (左側方)	RLAT (右側方)	ROT (回転)	ISO (等方)
1.0E−9	0.928	1.01	0.353	0.367	0.651	0.507
1.0E−8	1.06	1.16	0.394	0.408	0.789	0.614
2.5E−8	1.20	1.36	0.458	0.474	0.901	0.705
1.0E−7	1.58	1.83	0.587	0.608	1.18	0.911
2.0E−7	1.79	2.11	0.674	0.696	1.35	1.03
5.0E−7	2.04	2.45	0.769	0.800	1.56	1.18
1.0E−6	2.19	2.66	0.832	0.864	1.69	1.27
2.0E−6	2.32	2.80	0.870	0.909	1.78	1.35
5.0E−6	2.44	2.99	0.918	0.954	1.86	1.41
1.0E−5	2.50	3.04	0.931	0.967	1.91	1.44
2.0E−5	2.53	3.08	0.940	0.977	1.93	1.45
5.0E−5	2.54	3.05	0.933	0.970	1.94	1.46
1.0E−4	2.54	3.06	0.930	0.970	1.94	1.46
2.0E−4	2.53	3.08	0.933	0.971	1.91	1.45
5.0E−4	2.47	3.06	0.920	0.959	1.86	1.42
0.001	2.47	3.04	0.914	0.955	1.86	1.41
0.002	2.48	3.00	0.904	0.948	1.86	1.41
0.005	2.45	3.00	0.907	0.937	1.83	1.39
0.01	2.44	3.00	0.913	0.924	1.82	1.38
0.02	2.48	3.03	0.930	0.954	1.85	1.39
0.03	2.52	3.08	0.946	0.981	1.88	1.42
0.05	2.63	3.19	0.995	1.03	1.95	1.48
0.07	2.75	3.31	1.05	1.09	2.04	1.55
0.1	2.92	3.50	1.14	1.18	2.17	1.65
0.15	3.23	3.84	1.29	1.33	2.40	1.83
0.2	3.54	4.21	1.43	1.49	2.65	2.02
0.3	4.19	5.00	1.73	1.80	3.17	2.41
0.5	5.55	6.65	2.34	2.41	4.25	3.25
0.7	6.95	8.27	2.94	3.04	5.39	4.13
0.9	8.39	9.85	3.54	3.68	6.57	5.05
1.0	9.13	10.7	3.86	4.02	7.17	5.53
1.2	10.6	12.3	4.56	4.75	8.40	6.49
1.5	12.8	14.9	5.69	5.91	10.2	7.93
2.0	16.3	18.8	7.64	7.89	13.1	10.3
3.0	22.4	25.6	11.4	11.7	18.4	14.6
4.0	27.6	31.0	14.8	15.2	23.1	18.5
5.0	32.0	35.4	18.0	18.4	27.1	22.0
6.0	35.7	39.1	20.9	21.3	30.7	25.2
7.0	39.0	42.4	23.5	23.9	33.9	28.0
8.0	42.0	45.3	25.9	26.3	36.7	30.5
9.0	44.7	48.1	28.0	28.5	39.3	32.9
10.0	47.2	50.6	30.1	30.5	41.7	35.0
12.0	51.6	55.1	33.9	34.3	45.8	38.8
14.0	55.2	58.8	37.3	37.7	49.2	42.1
15.0	56.8	60.3	38.8	39.2	50.7	43.6
16.0	58.2	61.7	40.3	40.7	52.0	44.9
18.0	60.6	64.0	43.1	43.3	54.4	47.3
20.0	62.6	65.7	45.5	45.7	56.4	49.4
21.0	63.5	66.5	46.5	46.8	57.3	50.3
30.0	69.2	71.0	54.3	54.6	63.1	56.8
50.0	76.1	77.0	64.8	65.4	70.6	65.7
75.0	82.2	83.5	74.8	75.1	77.7	74.2
100	87.1	88.3	83.6	83.3	84.2	82.0
130	92.1	92.3	92.4	91.6	91.3	90.7
150	95.2	94.2	97.3	96.5	95.6	95.9
180	99.5	96.7	103	103	102	103
200	102	98.4	107	107	105	108
300	118	110	123	124	123	129
400	135	128	142	143	141	148
500	154	147	163	163	159	166
600	172	165	184	183	175	183
700	187	181	202	200	189	198
800	201	193	216	214	202	210
900	212	202	227	225	212	222
1,000	221	209	236	234	222	231
2,000	274	247	286	288	278	295
5,000	344	312	392	392	359	402
10,000	444	407	513	510	455	527

* 1.0E−9 は 1.0×10⁻⁹ を示す。

表 C.10 **中性子（女性）** いろいろなジオメトリーで入射する単一エネルギー粒子に対するフルエンスあたりの残りの組織の吸収線量（単位：pGy・cm²）

エネルギー (MeV)	AP (前方-後方)	PA (後方-前方)	LLAT (左側方)	RLAT (右側方)	ROT (回転)	ISO (等方)
1.0E−9	1.13	0.846	0.397	0.353	0.674	0.515
1.0E−8	1.31	0.968	0.464	0.400	0.816	0.621
2.5E−8	1.48	1.13	0.535	0.464	0.936	0.709
1.0E−7	1.95	1.50	0.700	0.601	1.22	0.923
2.0E−7	2.21	1.72	0.795	0.695	1.39	1.05
5.0E−7	2.52	2.00	0.916	0.808	1.61	1.20
1.0E−6	2.71	2.18	1.00	0.874	1.75	1.30
2.0E−6	2.87	2.32	1.06	0.918	1.85	1.37
5.0E−6	3.02	2.47	1.12	0.973	1.96	1.45
1.0E−5	3.07	2.53	1.14	0.989	2.00	1.48
2.0E−5	3.09	2.57	1.16	1.00	2.02	1.48
5.0E−5	3.10	2.56	1.16	1.00	2.03	1.49
1.0E−4	3.09	2.58	1.15	1.00	2.03	1.49
2.0E−4	3.07	2.60	1.15	1.01	2.01	1.48
5.0E−4	2.99	2.60	1.14	1.01	1.96	1.45
0.001	3.00	2.59	1.13	1.000	1.94	1.45
0.002	3.01	2.57	1.12	0.987	1.94	1.44
0.005	2.95	2.59	1.11	0.984	1.93	1.42
0.01	2.92	2.60	1.12	0.985	1.92	1.42
0.02	2.97	2.63	1.14	1.00	1.94	1.43
0.03	3.02	2.66	1.16	1.02	1.97	1.45
0.05	3.14	2.74	1.22	1.07	2.05	1.51
0.07	3.29	2.83	1.29	1.12	2.13	1.57
0.1	3.50	2.97	1.38	1.21	2.27	1.67
0.15	3.90	3.20	1.55	1.36	2.51	1.85
0.2	4.33	3.46	1.74	1.51	2.76	2.03
0.3	5.21	4.00	2.12	1.85	3.31	2.43
0.5	7.06	5.19	2.96	2.55	4.49	3.27
0.7	8.92	6.44	3.83	3.29	5.74	4.18
0.9	10.8	7.73	4.73	4.07	7.04	5.13
1.0	11.7	8.41	5.20	4.48	7.70	5.62
1.2	13.6	9.83	6.19	5.34	9.04	6.62
1.5	16.2	12.0	7.73	6.69	11.0	8.13
2.0	20.2	15.6	10.3	8.99	14.2	10.6
3.0	27.2	22.2	15.2	13.4	20.0	15.2
4.0	33.0	27.8	19.6	17.5	25.2	19.5
5.0	37.7	32.7	23.6	21.2	29.6	23.2
6.0	41.8	36.8	27.2	24.6	33.5	26.6
7.0	45.3	40.5	30.4	27.6	37.0	29.6
8.0	48.4	43.7	33.2	30.3	40.1	32.3
9.0	51.2	46.6	35.8	32.8	42.8	34.8
10.0	53.8	49.3	38.2	35.1	45.3	37.0
12.0	58.1	53.9	42.4	39.1	49.6	41.0
14.0	61.6	57.7	46.0	42.7	53.1	44.3
15.0	63.0	59.3	47.6	44.2	54.6	45.7
16.0	64.3	60.8	49.1	45.7	55.9	47.1
18.0	66.4	63.2	51.7	48.4	58.3	49.5
20.0	68.1	65.3	54.0	50.8	60.2	51.6
21.0	68.9	66.2	55.0	51.9	61.1	52.5
30.0	73.6	72.0	62.1	59.4	66.8	59.1
50.0	79.2	79.3	71.8	69.7	73.6	68.3
75.0	83.8	85.8	80.4	78.8	80.0	76.6
100	87.2	91.0	87.4	86.4	86.0	83.8
130	90.4	96.2	94.4	94.3	92.8	91.6
150	92.3	99.4	98.5	99.0	97.0	96.5
180	95.2	104	104	106	103	104
200	97.2	107	108	110	107	108
300	110	123	125	128	125	129
400	126	142	143	147	143	148
500	143	160	162	167	160	166
600	160	178	180	185	176	182
700	175	192	196	201	190	196
800	187	204	209	214	201	209
900	197	214	220	225	212	220
1,000	206	222	229	234	221	230
2,000	253	270	284	288	278	295
5,000	310	346	382	383	361	402
10,000	399	442	489	500	450	526

* 1.0E−9 は 1.0×10⁻⁹ を示す。

表 C.11 **中性子（女性）** いろいろなジオメトリーで入射する単一エネルギー粒子に対するフルエンスあたりの唾液腺の吸収線量（単位：pGy·cm^2）

エネルギー (MeV)	AP (前方-後方)	PA (後方-前方)	LLAT (左側方)	RLAT (右側方)	ROT (回転)	ISO (等方)
1.0E−9	0.971	0.638	0.906	0.904	0.836	0.612
1.0E−8	1.01	0.689	1.05	1.10	0.980	0.749
2.5E−8	1.12	0.779	1.23	1.24	1.11	0.849
1.0E−7	1.39	1.01	1.60	1.56	1.41	1.06
2.0E−7	1.56	1.16	1.78	1.76	1.57	1.17
5.0E−7	1.69	1.33	1.96	1.97	1.75	1.30
1.0E−6	1.80	1.47	2.03	2.05	1.84	1.38
2.0E−6	1.85	1.55	2.02	2.09	1.91	1.43
5.0E−6	1.91	1.64	2.10	2.13	1.97	1.46
1.0E−5	1.94	1.66	2.09	2.13	1.98	1.46
2.0E−5	1.98	1.66	2.05	2.10	1.97	1.45
5.0E−5	1.95	1.62	1.95	2.04	1.95	1.43
1.0E−4	1.92	1.61	1.92	2.02	1.91	1.42
2.0E−4	1.88	1.62	1.91	1.98	1.84	1.39
5.0E−4	1.80	1.59	1.82	1.90	1.76	1.32
0.001	1.78	1.58	1.78	1.85	1.72	1.29
0.002	1.80	1.56	1.76	1.80	1.70	1.28
0.005	1.70	1.54	1.74	1.83	1.66	1.24
0.01	1.61	1.52	1.71	1.89	1.66	1.23
0.02	1.65	1.55	1.86	1.97	1.73	1.28
0.03	1.69	1.60	2.05	2.08	1.83	1.36
0.05	1.76	1.70	2.39	2.37	2.05	1.52
0.07	1.86	1.82	2.74	2.70	2.29	1.68
0.1	2.01	2.01	3.27	3.19	2.66	1.93
0.15	2.31	2.39	4.10	3.99	3.27	2.35
0.2	2.68	2.80	4.87	4.75	3.87	2.77
0.3	3.48	3.69	6.32	6.18	5.07	3.60
0.5	5.27	5.60	9.01	8.79	7.39	5.23
0.7	7.21	7.53	11.4	11.1	9.62	6.81
0.9	9.19	9.43	13.5	13.3	11.7	8.35
1.0	10.2	10.4	14.5	14.3	12.8	9.10
1.2	12.2	12.4	16.4	16.2	14.7	10.6
1.5	15.1	15.4	19.1	18.9	17.5	12.6
2.0	19.3	20.0	23.1	22.8	21.6	15.8
3.0	26.4	27.8	29.9	29.5	28.4	21.3
4.0	32.1	33.9	35.3	34.9	34.0	25.9
5.0	36.8	38.8	39.7	39.3	38.7	29.9
6.0	40.7	42.8	43.4	43.1	42.6	33.3
7.0	44.1	46.3	46.6	46.4	46.1	36.3
8.0	47.1	49.5	49.6	49.4	49.0	39.0
9.0	49.9	52.4	52.3	52.1	51.7	41.4
10.0	52.3	55.1	54.8	54.6	54.0	43.5
12.0	56.6	59.8	59.2	58.8	57.9	47.0
14.0	60.1	63.7	62.8	62.3	60.9	49.9
15.0	61.5	65.3	64.2	63.7	62.1	51.2
16.0	62.8	66.7	65.5	65.0	63.2	52.3
18.0	64.9	69.0	67.6	67.2	64.9	54.3
20.0	66.7	70.8	69.2	68.9	66.3	56.0
21.0	67.4	71.5	69.8	69.6	66.8	56.7
30.0	72.4	75.7	73.5	73.6	70.1	62.1
50.0	78.4	81.3	77.9	77.3	73.1	69.2
75.0	82.3	86.7	82.5	79.5	76.2	75.1
100	83.3	89.3	84.4	80.9	79.3	80.0
130	83.3	89.8	84.8	82.4	83.0	85.1
150	83.4	90.0	85.1	83.7	85.3	88.1
180	84.2	90.9	86.0	86.1	88.9	92.3
200	85.0	91.9	87.1	87.9	91.4	95.0
300	93.2	102	97.3	99.6	104	109
400	106	117	112	114	117	122
500	120	133	127	129	130	136
600	134	148	142	143	143	149
700	146	161	155	155	153	160
800	156	171	167	165	163	170
900	164	179	176	173	171	179
1,000	171	185	183	180	178	186
2,000	206	217	217	225	222	236
5,000	244	258	264	293	271	311
10,000	332	363	379	382	310	397

* 1.0E−9 は 1.0×10^{-9} を示す。

表 C.12 **中性子（女性）** いろいろなジオメトリーで入射する単一エネルギー粒子に対するフルエンスあたりの皮膚の吸収線量（単位：pGy·cm²）

エネルギー (MeV)	AP (前方-後方)	PA (後方-前方)	LLAT (左側方)	RLAT (右側方)	ROT (回転)	ISO (等方)
1.0E−9	1.73	1.85	0.826	0.825	1.28	1.02
1.0E−8	1.43	1.46	0.648	0.647	1.11	0.880
2.5E−8	1.43	1.52	0.666	0.664	1.09	0.862
1.0E−7	1.50	1.57	0.663	0.661	1.15	0.897
2.0E−7	1.61	1.71	0.708	0.705	1.20	0.926
5.0E−7	1.62	1.73	0.722	0.720	1.25	0.960
1.0E−6	1.64	1.79	0.750	0.744	1.27	0.978
2.0E−6	1.66	1.79	0.746	0.739	1.29	0.992
5.0E−6	1.68	1.86	0.760	0.755	1.29	0.991
1.0E−5	1.65	1.81	0.738	0.736	1.27	0.973
2.0E−5	1.64	1.82	0.733	0.728	1.25	0.954
5.0E−5	1.57	1.70	0.688	0.680	1.22	0.927
1.0E−4	1.54	1.66	0.677	0.668	1.19	0.906
2.0E−4	1.52	1.69	0.680	0.674	1.15	0.879
5.0E−4	1.42	1.60	0.649	0.646	1.09	0.832
0.001	1.44	1.60	0.654	0.648	1.09	0.833
0.002	1.48	1.60	0.657	0.648	1.12	0.869
0.005	1.57	1.71	0.726	0.720	1.20	0.945
0.01	1.75	1.89	0.829	0.824	1.37	1.10
0.02	2.18	2.30	1.06	1.06	1.73	1.43
0.03	2.58	2.67	1.26	1.27	2.06	1.74
0.05	3.31	3.36	1.65	1.66	2.67	2.30
0.07	3.97	4.00	2.01	2.02	3.22	2.81
0.1	4.84	4.82	2.48	2.49	3.94	3.48
0.15	6.06	5.99	3.15	3.17	4.97	4.43
0.2	7.11	7.00	3.75	3.76	5.85	5.25
0.3	8.87	8.70	4.77	4.79	7.37	6.66
0.5	11.8	11.5	6.49	6.52	9.89	8.99
0.7	14.3	13.9	8.03	8.08	12.1	11.0
0.9	16.6	16.1	9.45	9.52	14.0	12.8
1.0	17.7	17.1	10.1	10.2	14.9	13.6
1.2	19.5	18.8	11.3	11.4	16.5	15.2
1.5	21.8	21.0	13.0	13.1	18.7	17.1
2.0	25.1	24.3	15.6	15.7	21.7	20.0
3.0	30.8	30.2	20.1	20.2	27.0	24.8
4.0	35.7	35.0	23.9	24.1	31.4	28.8
5.0	39.6	38.9	27.2	27.5	35.2	32.3
6.0	42.9	42.1	30.1	30.4	38.4	35.3
7.0	45.9	45.0	32.8	33.0	41.3	38.1
8.0	48.6	47.7	35.2	35.4	43.9	40.5
9.0	51.1	50.2	37.4	37.7	46.3	42.8
10.0	53.5	52.6	39.5	39.7	48.3	44.8
12.0	57.5	56.6	43.1	43.4	51.7	48.1
14.0	60.4	59.6	46.0	46.3	54.1	50.6
15.0	61.5	60.6	47.2	47.6	55.0	51.5
16.0	62.4	61.5	48.3	48.7	55.7	52.2
18.0	63.5	62.5	50.1	50.5	56.5	53.2
20.0	64.0	62.9	51.4	51.9	56.9	53.7
21.0	64.1	63.0	52.0	52.4	57.0	53.8
30.0	64.2	63.0	55.4	55.9	56.6	54.0
50.0	63.9	63.4	59.7	60.0	55.2	53.6
75.0	64.2	64.5	62.9	63.1	55.8	55.1
100	63.2	63.6	64.1	64.4	57.9	57.7
130	62.3	62.0	64.5	64.9	61.0	61.3
150	62.4	61.7	65.3	65.8	63.1	63.7
180	63.6	62.3	67.3	67.8	66.2	67.2
200	64.7	63.2	68.9	69.4	68.3	69.6
300	73.4	70.6	78.5	79.0	79.2	81.4
400	84.8	81.6	90.7	91.0	90.5	93.3
500	96.9	93.6	104	104	102	105
600	109	105	116	117	112	116
700	119	115	127	128	121	125
800	128	123	136	137	129	133
900	134	128	144	144	135	140
1,000	140	133	149	149	140	145
2,000	170	157	182	182	172	181
5,000	205	197	245	245	219	243
10,000	280	272	338	339	277	317

* 1.0E−9 は 1.0×10^{-9} を示す。

表 C.13　**中性子（女性）**　いろいろなジオメトリーで入射する単一エネルギー粒子に対するフルエンスあたりの胃壁の吸収線量（単位：pGy·cm²）

エネルギー (MeV)	AP (前方-後方)	PA (後方-前方)	LLAT (左側方)	RLAT (右側方)	ROT (回転)	ISO (等方)
1.0E−9	1.33	0.724	0.695	0.177	0.685	0.509
1.0E−8	1.55	0.792	0.798	0.173	0.840	0.629
2.5E−8	1.79	0.932	0.954	0.204	0.967	0.714
1.0E−7	2.37	1.23	1.26	0.266	1.27	0.924
2.0E−7	2.70	1.40	1.46	0.304	1.45	1.05
5.0E−7	3.10	1.62	1.69	0.354	1.68	1.24
1.0E−6	3.32	1.77	1.85	0.378	1.83	1.36
2.0E−6	3.50	1.88	1.96	0.392	1.94	1.42
5.0E−6	3.67	2.01	2.05	0.416	2.03	1.48
1.0E−5	3.76	2.07	2.07	0.431	2.07	1.52
2.0E−5	3.79	2.10	2.09	0.437	2.09	1.54
5.0E−5	3.78	2.10	2.08	0.441	2.11	1.55
1.0E−4	3.76	2.11	2.08	0.449	2.10	1.54
2.0E−4	3.69	2.13	2.08	0.452	2.08	1.52
5.0E−4	3.57	2.14	2.03	0.447	2.03	1.49
0.001	3.59	2.15	2.02	0.448	2.02	1.49
0.002	3.63	2.14	2.01	0.446	2.02	1.49
0.005	3.54	2.17	2.01	0.444	1.98	1.47
0.01	3.46	2.18	2.01	0.450	1.97	1.45
0.02	3.48	2.22	2.00	0.456	1.97	1.46
0.03	3.52	2.24	2.01	0.463	1.99	1.47
0.05	3.65	2.30	2.09	0.480	2.06	1.51
0.07	3.82	2.36	2.19	0.495	2.14	1.57
0.1	4.07	2.44	2.37	0.514	2.29	1.66
0.15	4.57	2.58	2.75	0.548	2.55	1.84
0.2	5.11	2.73	3.17	0.583	2.83	2.04
0.3	6.24	3.03	4.07	0.657	3.41	2.44
0.5	8.62	3.73	5.95	0.830	4.63	3.31
0.7	11.0	4.53	7.84	1.05	5.90	4.23
0.9	13.3	5.43	9.71	1.32	7.20	5.19
1.0	14.4	5.92	10.7	1.48	7.86	5.68
1.2	16.6	7.01	12.6	1.84	9.19	6.67
1.5	19.7	8.78	15.4	2.51	11.1	8.17
2.0	24.1	11.9	19.9	3.82	14.3	10.6
3.0	31.6	17.8	27.3	6.89	20.0	15.2
4.0	37.6	23.1	33.3	10.1	25.0	19.3
5.0	42.5	27.7	38.3	13.4	29.3	23.1
6.0	46.6	31.9	42.4	16.5	33.2	26.4
7.0	50.2	35.5	46.1	19.3	36.6	29.4
8.0	53.3	38.8	49.3	22.0	39.6	32.1
9.0	56.1	41.7	52.2	24.4	42.4	34.6
10.0	58.7	44.4	54.9	26.7	44.8	36.9
12.0	62.9	49.2	59.5	30.8	49.0	40.9
14.0	66.3	53.3	63.3	34.4	52.4	44.3
15.0	67.6	55.1	64.8	36.1	53.9	45.8
16.0	68.8	56.7	66.3	37.7	55.3	47.2
18.0	70.7	59.5	68.6	40.7	57.6	49.7
20.0	72.2	61.9	70.6	43.4	59.6	51.9
21.0	72.9	63.0	71.4	44.7	60.5	52.9
30.0	76.8	70.1	76.4	54.0	66.4	59.9
50.0	81.2	78.6	81.7	67.6	73.8	69.3
75.0	84.0	86.1	85.9	79.6	80.4	77.8
100	85.4	92.7	88.9	89.4	86.4	85.1
130	86.5	99.4	91.6	99.7	93.0	92.9
150	87.4	103	93.3	106	97.2	97.7
180	89.2	109	96.2	114	103	104
200	90.7	113	98.3	120	107	109
300	102	131	111	143	125	130
400	117	151	127	166	142	149
500	133	171	144	187	158	168
600	150	191	161	207	173	185
700	164	208	175	224	186	200
800	175	221	187	240	198	213
900	185	233	197	252	209	224
1,000	192	242	205	263	218	234
2,000	232	297	245	331	279	302
5,000	277	383	313	452	370	414
10,000	361	486	407	578	462	544

*　1.0E−9 は 1.0×10⁻⁹ を示す。

表 C.14　**中性子（女性）**　いろいろなジオメトリーで入射する単一エネルギー粒子に対するフルエンスあたりの甲状腺の吸収線量（単位：pGy·cm²）

エネルギー (MeV)	AP (前方－後方)	PA (後方－前方)	LLAT (左側方)	RLAT (右側方)	ROT (回転)	ISO (等方)
1.0E−9	1.66	0.671	0.395	0.504	0.816	0.561
1.0E−8	2.02	0.665	0.398	0.540	0.955	0.755
2.5E−8	2.32	0.820	0.457	0.574	1.07	0.805
1.0E−7	2.93	1.12	0.590	0.715	1.40	1.000
2.0E−7	3.31	1.28	0.670	0.855	1.61	1.11
5.0E−7	3.60	1.46	0.763	0.999	1.84	1.28
1.0E−6	3.74	1.64	0.802	1.04	1.95	1.41
2.0E−6	3.81	1.76	0.824	1.05	2.02	1.52
5.0E−6	3.88	1.88	0.848	1.11	2.08	1.57
1.0E−5	3.85	1.90	0.871	1.14	2.08	1.58
2.0E−5	3.83	1.95	0.898	1.14	2.05	1.59
5.0E−5	3.80	1.99	0.904	1.11	2.05	1.53
1.0E−4	3.68	1.97	0.894	1.13	2.04	1.50
2.0E−4	3.48	1.98	0.885	1.11	1.98	1.49
5.0E−4	3.17	1.97	0.876	1.06	1.85	1.46
0.001	3.17	1.99	0.876	1.09	1.79	1.42
0.002	3.23	1.96	0.859	1.10	1.77	1.38
0.005	3.11	1.96	0.820	1.13	1.76	1.32
0.01	3.08	2.04	0.806	1.19	1.78	1.31
0.02	3.27	2.04	0.847	1.17	1.84	1.34
0.03	3.49	2.05	0.865	1.13	1.93	1.39
0.05	4.03	2.08	0.872	1.09	2.13	1.51
0.07	4.63	2.11	0.874	1.10	2.33	1.65
0.1	5.53	2.15	0.877	1.15	2.63	1.85
0.15	7.01	2.20	0.903	1.29	3.15	2.19
0.2	8.42	2.30	0.949	1.43	3.67	2.54
0.3	11.0	2.57	1.06	1.73	4.70	3.24
0.5	15.7	3.18	1.31	2.31	6.67	4.60
0.7	19.6	3.89	1.59	2.85	8.54	5.91
0.9	23.1	4.70	1.91	3.41	10.3	7.19
1.0	24.6	5.18	2.08	3.71	11.2	7.82
1.2	27.4	6.28	2.46	4.35	12.8	9.06
1.5	30.8	8.17	3.10	5.38	15.1	10.8
2.0	35.5	11.4	4.30	7.18	18.5	13.6
3.0	43.0	17.5	6.96	10.8	24.3	18.6
4.0	48.7	22.8	9.67	14.2	29.2	22.9
5.0	53.2	27.3	12.3	17.4	33.4	26.8
6.0	56.9	31.1	14.8	20.3	37.0	30.2
7.0	60.1	34.6	17.2	22.9	40.2	33.2
8.0	63.1	37.6	19.3	25.3	43.0	36.0
9.0	65.9	40.4	21.3	27.5	45.5	38.5
10.0	68.4	43.0	23.2	29.5	47.8	40.8
12.0	72.6	47.6	26.5	33.0	51.7	44.8
14.0	75.7	51.3	29.4	36.0	54.8	48.3
15.0	76.8	52.9	30.8	37.4	56.2	49.8
16.0	77.8	54.4	32.1	38.6	57.4	51.2
18.0	79.3	56.9	34.5	40.8	59.5	53.7
20.0	80.3	59.0	36.8	42.7	61.3	55.8
21.0	80.7	59.9	37.8	43.6	62.0	56.8
30.0	82.3	66.6	45.8	50.1	66.6	63.2
50.0	81.6	73.8	58.2	60.7	70.6	71.1
75.0	78.1	81.3	69.2	70.7	73.8	76.8
100	73.4	89.1	77.6	77.8	77.3	81.3
130	69.5	97.1	85.6	84.3	82.0	86.3
150	68.4	100	90.3	87.8	85.2	89.7
180	68.7	103	96.4	92.6	90.0	94.8
200	69.6	104	100	95.6	93.2	98.3
300	79.1	113	117	110	109	115
400	93.2	128	132	125	124	132
500	109	148	147	140	138	147
600	124	168	160	155	151	160
700	136	186	172	167	162	172
800	144	200	182	177	172	181
900	151	210	191	185	181	190
1,000	156	218	198	193	188	197
2,000	182	260	239	238	236	245
5,000	205	345	324	330	300	333
10,000	282	434	445	418	366	445

＊　1.0E−9 は 1.0×10^{-9} を示す。

表 C.15　中性子（女性）　いろいろなジオメトリーで入射する単一エネルギー粒子に対するフルエンスあたりの膀胱壁（UB-wall）の吸収線量（単位：pGy·cm²）

エネルギー (MeV)	AP (前方－後方)	PA (後方－前方)	LLAT (左側方)	RLAT (右側方)	ROT (回転)	ISO (等方)
1.0E−9	1.64	0.584	0.211	0.207	0.659	0.481
1.0E−8	1.91	0.635	0.216	0.221	0.813	0.615
2.5E−8	2.22	0.734	0.254	0.255	0.932	0.698
1.0E−7	2.96	0.956	0.314	0.318	1.23	0.899
2.0E−7	3.41	1.11	0.362	0.361	1.38	1.01
5.0E−7	3.79	1.28	0.411	0.418	1.56	1.16
1.0E−6	4.08	1.39	0.480	0.468	1.68	1.26
2.0E−6	4.20	1.48	0.520	0.508	1.77	1.33
5.0E−6	4.35	1.59	0.520	0.535	1.86	1.40
1.0E−5	4.37	1.64	0.499	0.539	1.89	1.43
2.0E−5	4.48	1.64	0.538	0.540	1.91	1.45
5.0E−5	4.37	1.62	0.545	0.533	1.92	1.42
1.0E−4	4.45	1.64	0.524	0.531	1.91	1.40
2.0E−4	4.43	1.67	0.545	0.542	1.87	1.38
5.0E−4	4.04	1.67	0.564	0.551	1.83	1.35
0.001	4.17	1.67	0.550	0.550	1.83	1.34
0.002	4.19	1.66	0.543	0.542	1.83	1.33
0.005	4.10	1.68	0.543	0.544	1.80	1.30
0.01	4.03	1.69	0.498	0.542	1.79	1.29
0.02	4.25	1.73	0.557	0.558	1.82	1.34
0.03	4.31	1.77	0.563	0.569	1.87	1.39
0.05	4.63	1.84	0.547	0.584	1.99	1.49
0.07	5.10	1.90	0.598	0.605	2.11	1.58
0.1	5.48	1.98	0.668	0.630	2.31	1.71
0.15	6.43	2.08	0.717	0.659	2.62	1.94
0.2	7.49	2.17	0.733	0.685	2.93	2.18
0.3	9.00	2.32	0.784	0.745	3.54	2.65
0.5	12.4	2.67	0.956	0.926	4.72	3.57
0.7	15.5	3.10	1.16	1.17	5.87	4.49
0.9	18.1	3.61	1.39	1.46	7.01	5.42
1.0	19.6	3.91	1.53	1.63	7.58	5.89
1.2	23.0	4.57	1.92	2.02	8.71	6.82
1.5	25.8	5.70	2.70	2.72	10.4	8.20
2.0	29.9	7.81	4.25	4.09	13.0	10.4
3.0	37.6	12.3	7.51	7.27	17.9	14.6
4.0	44.4	16.8	10.6	10.6	22.4	18.4
5.0	49.4	21.1	14.1	14.0	26.4	22.0
6.0	53.2	25.0	17.5	17.2	30.1	25.2
7.0	55.8	28.6	20.6	20.1	33.3	28.1
8.0	58.3	31.9	23.1	22.9	36.3	30.8
9.0	61.4	34.9	25.4	25.4	38.9	33.2
10.0	64.7	37.7	27.6	27.7	41.4	35.4
12.0	70.5	42.6	31.5	31.9	45.6	39.4
14.0	73.8	46.8	35.2	35.5	49.1	42.7
15.0	74.8	48.7	37.0	37.2	50.7	44.2
16.0	75.5	50.4	38.6	38.8	52.1	45.6
18.0	76.4	53.5	41.8	41.7	54.5	48.2
20.0	76.8	56.2	44.7	44.3	56.6	50.4
21.0	76.7	57.4	46.1	45.6	57.6	51.4
30.0	79.6	65.4	55.9	54.3	63.8	58.4
50.0	80.7	75.5	67.3	66.7	71.2	68.0
75.0	84.8	84.5	77.5	77.6	77.6	76.6
100	84.0	92.6	86.6	86.9	83.9	84.0
130	77.4	102	96.4	96.5	91.2	92.3
150	77.4	107	103	102	95.9	97.6
180	74.6	116	111	109	103	105
200	73.4	121	115	114	107	110
300	83.5	146	130	133	128	132
400	99.9	170	151	152	148	153
500	116	194	177	171	167	172
600	147	215	205	188	185	190
700	171	233	225	203	200	206
800	176	248	237	217	214	220
900	169	259	244	229	225	232
1,000	165	269	249	239	236	243
2,000	220	326	300	309	300	316
5,000	243	428	420	426	394	444
10,000	349	557	562	538	498	596

* 1.0E−9 は 1.0×10⁻⁹ を示す。

表 C.16　中性子（男性）　いろいろなジオメトリーで入射する単一エネルギー粒子に対するフルエンスあたりの脳の吸収線量（単位：pGy·cm²）

エネルギー (MeV)	AP (前方-後方)	PA (後方-前方)	LLAT (左側方)	RLAT (右側方)	ROT (回転)	ISO (等方)
1.0E−9	0.518	0.629	0.663	0.708	0.605	0.526
1.0E−8	0.574	0.698	0.789	0.835	0.736	0.639
2.5E−8	0.646	0.810	0.918	0.965	0.847	0.730
1.0E−7	0.847	1.07	1.23	1.29	1.11	0.964
2.0E−7	0.963	1.21	1.42	1.49	1.27	1.09
5.0E−7	1.10	1.40	1.66	1.73	1.48	1.27
1.0E−6	1.17	1.51	1.81	1.88	1.61	1.38
2.0E−6	1.24	1.59	1.90	1.98	1.70	1.46
5.0E−6	1.29	1.66	1.97	2.06	1.78	1.52
1.0E−5	1.32	1.69	2.00	2.08	1.80	1.54
2.0E−5	1.32	1.69	2.01	2.09	1.81	1.55
5.0E−5	1.34	1.70	2.01	2.09	1.80	1.55
1.0E−4	1.35	1.70	2.00	2.07	1.79	1.54
2.0E−4	1.32	1.67	1.98	2.05	1.78	1.53
5.0E−4	1.31	1.66	1.96	2.02	1.76	1.52
0.001	1.29	1.63	1.93	1.99	1.74	1.50
0.002	1.28	1.61	1.91	1.97	1.72	1.48
0.005	1.26	1.60	1.87	1.95	1.71	1.46
0.01	1.27	1.60	1.86	1.97	1.71	1.46
0.02	1.28	1.61	1.89	1.98	1.72	1.47
0.03	1.31	1.64	1.94	2.01	1.75	1.49
0.05	1.37	1.70	2.05	2.11	1.83	1.57
0.07	1.44	1.78	2.16	2.24	1.94	1.66
0.1	1.55	1.93	2.35	2.46	2.11	1.82
0.15	1.75	2.20	2.71	2.85	2.43	2.10
0.2	1.97	2.49	3.11	3.25	2.78	2.41
0.3	2.46	3.14	3.96	4.12	3.50	3.06
0.5	3.55	4.54	5.73	5.96	5.02	4.42
0.7	4.68	5.94	7.46	7.72	6.57	5.82
0.9	5.85	7.36	9.16	9.45	8.12	7.23
1.0	6.46	8.08	10.0	10.3	8.90	7.94
1.2	7.75	9.58	11.8	12.1	10.5	9.37
1.5	9.76	11.8	14.4	14.8	12.8	11.5
2.0	13.0	15.4	18.5	19.0	16.5	14.9
3.0	18.9	21.6	25.3	25.8	23.0	20.8
4.0	23.8	26.8	30.9	31.3	28.4	25.8
5.0	28.0	31.1	35.4	35.7	33.0	30.0
6.0	31.7	34.8	39.2	39.5	36.9	33.7
7.0	34.9	38.1	42.5	42.8	40.2	36.8
8.0	37.7	40.9	45.4	45.7	43.2	39.6
9.0	40.3	43.5	48.0	48.3	45.8	42.1
10.0	42.6	45.9	50.4	50.7	48.2	44.3
12.0	46.7	49.9	54.6	55.0	52.2	48.1
14.0	50.0	53.2	58.1	58.4	55.4	51.1
15.0	51.5	54.7	59.5	59.9	56.8	52.5
16.0	52.9	55.9	60.8	61.1	58.0	53.6
18.0	55.3	58.2	63.1	63.3	60.1	55.7
20.0	57.3	60.0	64.9	65.0	61.8	57.5
21.0	58.2	60.8	65.6	65.7	62.6	58.2
30.0	64.4	66.3	70.5	70.2	67.4	63.5
50.0	72.4	73.8	76.4	76.1	73.0	70.6
75.0	79.5	80.6	81.8	81.6	77.9	76.7
100	85.0	85.4	85.7	85.5	82.2	81.9
130	90.2	89.0	88.6	88.4	86.7	87.2
150	92.9	90.6	90.2	89.7	89.5	90.4
180	96.2	92.7	92.3	91.5	93.4	95.0
200	98.3	93.9	93.8	92.7	96.0	98.1
300	109	103	104	102	109	113
400	124	116	119	116	123	128
500	140	131	134	132	137	143
600	155	146	150	148	149	156
700	169	159	163	162	160	168
800	181	169	174	173	170	178
900	190	177	183	182	178	187
1,000	198	184	190	188	185	194
2,000	242	219	228	224	227	241
5,000	302	274	291	281	281	316
10,000	406	362	382	377	333	399

* 1.0E−9 は 1.0×10^{-9} を示す。

表 C.17 **中性子（男性）** いろいろなジオメトリーで入射する単一エネルギー粒子に対するフルエンスあたりの乳房の吸収線量（単位：pGy·cm²）

エネルギー (MeV)	AP (前方－後方)	PA (後方－前方)	LLAT (左側方)	RLAT (右側方)	ROT (回転)	ISO (等方)
1.0E−9	1.75	0.318	0.530	0.488	0.819	0.503
1.0E−8	1.98	0.330	0.570	0.521	0.868	0.685
2.5E−8	2.12	0.368	0.630	0.567	0.956	0.741
1.0E−7	2.57	0.478	0.713	0.701	1.11	0.848
2.0E−7	2.68	0.542	0.784	0.746	1.19	0.938
5.0E−7	2.74	0.633	0.874	0.795	1.30	1.04
1.0E−6	2.80	0.692	0.902	0.845	1.35	1.10
2.0E−6	2.84	0.738	0.912	0.855	1.37	1.13
5.0E−6	2.84	0.771	0.911	0.871	1.35	1.12
1.0E−5	2.85	0.793	0.887	0.875	1.33	1.11
2.0E−5	2.69	0.796	0.873	0.865	1.32	1.08
5.0E−5	2.61	0.814	0.840	0.818	1.30	1.02
1.0E−4	2.58	0.827	0.824	0.776	1.28	0.991
2.0E−4	2.56	0.811	0.810	0.773	1.26	0.964
5.0E−4	2.53	0.808	0.797	0.782	1.22	0.936
0.001	2.44	0.809	0.784	0.761	1.19	0.927
0.002	2.44	0.803	0.785	0.744	1.19	0.940
0.005	2.58	0.782	0.785	0.745	1.27	0.994
0.01	3.00	0.774	0.844	0.819	1.41	1.10
0.02	3.57	0.793	1.08	1.06	1.65	1.34
0.03	4.16	0.814	1.33	1.29	1.90	1.58
0.05	5.36	0.840	1.79	1.70	2.40	2.03
0.07	6.49	0.863	2.23	2.10	2.87	2.45
0.1	8.05	0.893	2.82	2.65	3.53	3.05
0.15	10.3	0.932	3.69	3.54	4.55	3.96
0.2	12.2	0.960	4.48	4.36	5.47	4.79
0.3	15.5	1.01	5.89	5.79	7.09	6.28
0.5	20.6	1.18	8.30	8.20	9.76	8.82
0.7	24.7	1.42	10.4	10.2	12.0	11.0
0.9	28.2	1.74	12.2	11.9	13.9	12.9
1.0	29.6	1.94	13.0	12.7	14.8	13.7
1.2	32.2	2.39	14.5	14.1	16.5	15.4
1.5	35.3	3.21	16.5	16.0	18.7	17.6
2.0	39.8	4.85	19.3	18.7	22.0	20.8
3.0	47.4	8.74	24.0	23.1	27.5	26.2
4.0	53.0	12.9	27.7	26.8	32.0	30.5
5.0	56.9	17.0	30.9	30.0	35.8	34.2
6.0	60.1	20.9	33.8	32.8	39.1	37.4
7.0	63.0	24.5	36.4	35.3	42.2	40.2
8.0	65.8	27.9	38.7	37.6	44.9	42.6
9.0	68.5	30.9	41.0	39.7	47.5	44.9
10.0	71.0	33.8	43.0	41.8	49.8	46.9
12.0	75.5	38.9	46.7	45.5	53.9	50.3
14.0	78.7	43.4	49.9	48.7	57.2	53.0
15.0	79.9	45.5	51.2	50.2	58.6	54.1
16.0	80.8	47.4	52.5	51.5	59.9	55.1
18.0	81.9	50.9	54.7	54.0	61.9	56.8
20.0	82.2	54.1	56.6	56.0	63.6	58.1
21.0	82.2	55.5	57.4	56.9	64.3	58.7
30.0	80.1	65.4	63.0	62.4	67.8	61.9
50.0	74.3	78.2	68.7	67.0	68.8	64.0
75.0	65.3	88.6	71.2	68.3	68.4	65.5
100	54.9	97.5	72.1	67.7	69.2	67.8
130	45.8	107	73.2	67.0	71.1	71.3
150	42.5	113	74.4	67.4	72.9	74.0
180	40.7	120	76.9	69.3	76.1	78.3
200	40.8	125	79.0	71.2	78.5	81.3
300	47.8	145	91.5	85.2	92.1	96.4
400	56.5	164	106	102	106	111
500	65.5	182	119	119	120	123
600	73.5	198	132	136	133	135
700	79.4	213	143	149	144	145
800	84.0	225	152	160	154	155
900	87.6	235	160	168	162	163
1,000	90.7	244	167	173	170	170
2,000	109	305	211	202	217	224
5,000	129	416	284	274	291	304
10,000	190	520	347	369	377	381

* 1.0E−9 は 1.0×10⁻⁹ を示す。

表 C.18 **中性子（男性）** いろいろなジオメトリーで入射する単一エネルギー粒子に対するフルエンスあたりの結腸の吸収線量（単位：pGy·cm²）

エネルギー (MeV)	AP (前方‒後方)	PA (後方‒前方)	LLAT (左側方)	RLAT (右側方)	ROT (回転)	ISO (等方)
1.0E−9	1.20	0.633	0.528	0.394	0.673	0.497
1.0E−8	1.39	0.754	0.612	0.458	0.806	0.610
2.5E−8	1.57	0.858	0.713	0.524	0.925	0.699
1.0E−7	2.10	1.14	0.944	0.690	1.23	0.911
2.0E−7	2.41	1.28	1.08	0.803	1.40	1.04
5.0E−7	2.77	1.51	1.25	0.948	1.62	1.20
1.0E−6	2.97	1.66	1.36	1.04	1.77	1.30
2.0E−6	3.13	1.77	1.43	1.10	1.89	1.37
5.0E−6	3.30	1.85	1.51	1.16	1.98	1.44
1.0E−5	3.38	1.90	1.53	1.19	2.02	1.47
2.0E−5	3.38	1.93	1.53	1.20	2.05	1.49
5.0E−5	3.40	1.99	1.51	1.20	2.05	1.50
1.0E−4	3.43	2.00	1.49	1.21	2.04	1.51
2.0E−4	3.41	1.97	1.49	1.21	2.04	1.51
5.0E−4	3.39	1.99	1.48	1.20	2.02	1.49
0.001	3.36	2.00	1.46	1.20	2.02	1.48
0.002	3.34	2.00	1.44	1.19	2.00	1.48
0.005	3.31	2.00	1.42	1.18	1.99	1.48
0.01	3.32	2.02	1.40	1.17	1.99	1.49
0.02	3.35	2.06	1.40	1.18	2.01	1.50
0.03	3.39	2.10	1.42	1.19	2.04	1.51
0.05	3.51	2.16	1.50	1.24	2.12	1.56
0.07	3.64	2.21	1.59	1.28	2.21	1.61
0.1	3.85	2.30	1.74	1.35	2.34	1.70
0.15	4.25	2.44	2.02	1.50	2.58	1.87
0.2	4.69	2.58	2.31	1.67	2.82	2.04
0.3	5.64	2.89	2.92	2.04	3.35	2.41
0.5	7.63	3.55	4.15	2.84	4.44	3.19
0.7	9.58	4.28	5.36	3.67	5.56	4.02
0.9	11.5	5.10	6.54	4.53	6.69	4.87
1.0	12.4	5.55	7.12	4.98	7.27	5.30
1.2	14.4	6.52	8.28	5.89	8.44	6.20
1.5	17.2	8.09	9.97	7.29	10.2	7.57
2.0	21.6	10.9	12.6	9.59	13.1	9.85
3.0	29.1	16.3	17.4	13.9	18.5	14.2
4.0	35.1	21.4	21.6	17.8	23.3	18.1
5.0	40.0	26.0	25.2	21.3	27.5	21.6
6.0	44.2	30.1	28.5	24.4	31.3	24.8
7.0	47.8	33.8	31.4	27.3	34.6	27.7
8.0	51.0	37.0	34.1	29.8	37.6	30.3
9.0	53.9	40.0	36.5	32.2	40.3	32.7
10.0	56.5	42.7	38.7	34.4	42.8	34.8
12.0	60.9	47.4	42.7	38.3	47.0	38.7
14.0	64.4	51.4	46.0	41.8	50.6	42.1
15.0	65.8	53.1	47.5	43.3	52.1	43.6
16.0	67.0	54.7	48.9	44.8	53.6	45.0
18.0	69.0	57.5	51.4	47.4	56.1	47.5
20.0	70.5	59.9	53.6	49.8	58.2	49.7
21.0	71.2	61.0	54.6	50.9	59.2	50.8
30.0	75.4	68.1	61.5	58.7	65.6	58.0
50.0	80.5	77.1	70.8	69.6	73.5	67.9
75.0	84.8	85.5	78.9	79.3	80.5	76.9
100	87.7	92.9	85.8	87.5	86.9	84.7
130	90.0	101	93.3	96.3	94.1	93.2
150	91.2	106	97.9	102	98.6	98.6
180	93.2	113	105	109	105	106
200	94.7	118	109	114	109	111
300	106	139	129	135	129	134
400	122	160	150	156	149	155
500	139	181	169	176	168	176
600	157	200	187	195	185	195
700	173	217	203	211	200	211
800	185	231	217	225	214	226
900	196	242	229	236	225	238
1,000	204	252	239	247	235	249
2,000	249	309	307	311	299	322
5,000	309	407	420	422	394	446
10,000	401	519	529	537	501	584

* 1.0E−9 は 1.0×10⁻⁹ を示す。

表 C.19 　**中性子（男性）**　いろいろなジオメトリーで入射する単一エネルギー粒子に対するフルエンスあたりの骨表面（骨内膜）の吸収線量（単位：pGy·cm²）

エネルギー (MeV)	AP (前方−後方)	PA (後方−前方)	LLAT (左側方)	RLAT (右側方)	ROT (回転)	ISO (等方)
1.0E−9	0.915	0.824	0.441	0.450	0.679	0.551
1.0E−8	1.04	0.952	0.506	0.517	0.814	0.653
2.5E−8	1.16	1.09	0.578	0.587	0.925	0.737
1.0E−7	1.50	1.44	0.750	0.762	1.20	0.946
2.0E−7	1.67	1.64	0.850	0.863	1.35	1.06
5.0E−7	1.88	1.89	0.970	0.981	1.53	1.20
1.0E−6	1.99	2.04	1.03	1.04	1.64	1.28
2.0E−6	2.09	2.14	1.08	1.09	1.71	1.33
5.0E−6	2.15	2.24	1.11	1.11	1.77	1.37
1.0E−5	2.18	2.28	1.11	1.12	1.79	1.38
2.0E−5	2.17	2.28	1.10	1.11	1.78	1.38
5.0E−5	2.16	2.28	1.09	1.09	1.76	1.37
1.0E−4	2.15	2.26	1.07	1.08	1.74	1.35
2.0E−4	2.11	2.24	1.05	1.06	1.72	1.33
5.0E−4	2.08	2.21	1.03	1.03	1.69	1.31
0.001	2.04	2.18	1.01	1.01	1.67	1.29
0.002	2.01	2.16	0.992	0.996	1.65	1.27
0.005	1.99	2.14	0.974	0.982	1.63	1.26
0.01	2.01	2.15	0.974	0.986	1.64	1.26
0.02	2.05	2.18	1.01	1.02	1.67	1.30
0.03	2.12	2.23	1.06	1.07	1.72	1.34
0.05	2.28	2.34	1.15	1.17	1.85	1.44
0.07	2.45	2.46	1.26	1.28	1.99	1.56
0.1	2.72	2.67	1.44	1.47	2.22	1.74
0.15	3.19	3.04	1.74	1.78	2.61	2.05
0.2	3.68	3.44	2.05	2.10	3.01	2.38
0.3	4.66	4.27	2.67	2.74	3.83	3.04
0.5	6.59	5.99	3.90	3.98	5.47	4.36
0.7	8.37	7.65	5.03	5.13	7.02	5.63
0.9	10.0	9.26	6.12	6.24	8.52	6.87
1.0	10.9	10.1	6.65	6.78	9.26	7.49
1.2	12.5	11.7	7.74	7.88	10.7	8.71
1.5	15.0	14.2	9.34	9.50	12.9	10.5
2.0	18.7	18.1	11.9	12.0	16.2	13.3
3.0	25.0	24.6	16.3	16.5	22.0	18.3
4.0	30.0	29.8	20.0	20.3	26.7	22.4
5.0	34.2	34.0	23.3	23.5	30.7	26.0
6.0	37.6	37.5	26.1	26.4	34.1	29.1
7.0	40.7	40.7	28.7	28.9	37.1	31.9
8.0	43.5	43.5	31.0	31.2	39.8	34.4
9.0	46.0	46.1	33.1	33.4	42.3	36.7
10.0	48.4	48.4	35.1	35.4	44.6	38.8
12.0	52.6	52.6	38.7	39.0	48.6	42.5
14.0	56.0	56.1	41.9	42.1	51.9	45.6
15.0	57.5	57.6	43.3	43.5	53.3	47.0
16.0	58.8	58.9	44.6	44.8	54.5	48.2
18.0	60.9	61.1	46.9	47.2	56.7	50.4
20.0	62.7	62.9	48.9	49.2	58.5	52.3
21.0	63.4	63.7	49.8	50.1	59.2	53.1
30.0	68.1	68.5	56.2	56.4	64.0	58.7
50.0	73.7	74.5	64.8	65.1	69.5	65.7
75.0	78.4	79.9	72.5	72.5	74.6	72.0
100	81.6	83.6	78.3	78.1	79.3	77.6
130	84.3	86.5	83.9	83.3	84.3	83.8
150	85.8	88.0	87.2	86.4	87.3	87.6
180	88.1	90.3	91.7	90.8	91.5	93.0
200	89.8	92.0	94.5	93.6	94.2	96.6
300	101	103	109	108	109	114
400	116	118	125	125	125	131
500	133	135	142	143	141	147
600	149	151	159	159	156	162
700	164	165	174	174	169	176
800	176	176	186	186	180	188
900	185	185	195	196	190	197
1,000	193	191	203	204	197	206
2,000	234	226	251	252	243	261
5,000	286	282	343	343	307	352
10,000	383	371	456	445	386	460

＊　1.0E−9 は 1.0×10⁻⁹ を示す。

表 C.20 中性子（男性） いろいろなジオメトリーで入射する単一エネルギー粒子に対するフルエンスあたりの精巣の吸収線量（単位：pGy·cm²）

エネルギー (MeV)	AP (前方-後方)	PA (後方-前方)	LLAT (左側方)	RLAT (右側方)	ROT (回転)	ISO (等方)
1.0E−9	2.04	0.579	0.250	0.182	0.823	0.645
1.0E−8	2.32	0.630	0.254	0.180	0.983	0.778
2.5E−8	2.58	0.712	0.295	0.224	1.09	0.849
1.0E−7	3.10	0.943	0.399	0.317	1.34	1.03
2.0E−7	3.41	1.05	0.423	0.346	1.45	1.15
5.0E−7	3.74	1.19	0.452	0.378	1.57	1.30
1.0E−6	3.88	1.31	0.490	0.408	1.67	1.36
2.0E−6	4.03	1.39	0.520	0.441	1.76	1.38
5.0E−6	4.16	1.45	0.514	0.454	1.83	1.37
1.0E−5	4.19	1.49	0.514	0.456	1.85	1.36
2.0E−5	4.07	1.52	0.534	0.448	1.83	1.36
5.0E−5	4.04	1.51	0.545	0.455	1.77	1.38
1.0E−4	3.94	1.50	0.543	0.446	1.74	1.38
2.0E−4	3.87	1.52	0.552	0.439	1.71	1.36
5.0E−4	3.78	1.56	0.553	0.430	1.69	1.32
0.001	3.71	1.54	0.527	0.436	1.68	1.30
0.002	3.67	1.53	0.527	0.436	1.69	1.28
0.005	3.64	1.52	0.516	0.446	1.73	1.30
0.01	3.72	1.52	0.513	0.454	1.77	1.35
0.02	3.88	1.56	0.545	0.445	1.85	1.45
0.03	4.05	1.61	0.554	0.439	1.94	1.53
0.05	4.46	1.67	0.540	0.440	2.13	1.70
0.07	4.95	1.70	0.537	0.447	2.33	1.86
0.1	5.67	1.75	0.548	0.459	2.63	2.12
0.15	6.78	1.83	0.599	0.483	3.12	2.55
0.2	7.84	1.92	0.654	0.510	3.59	2.97
0.3	9.93	2.10	0.745	0.566	4.46	3.75
0.5	13.8	2.54	0.932	0.698	6.04	5.17
0.7	17.1	3.08	1.14	0.853	7.48	6.47
0.9	19.9	3.72	1.39	1.05	8.84	7.68
1.0	21.2	4.08	1.54	1.17	9.49	8.26
1.2	23.7	4.89	1.93	1.45	10.8	9.41
1.5	27.0	6.27	2.66	1.99	12.6	11.0
2.0	31.7	8.77	4.15	3.12	15.4	13.6
3.0	39.3	14.0	7.46	5.91	20.6	18.0
4.0	45.3	19.0	10.8	9.02	25.1	22.0
5.0	49.9	23.6	14.2	12.2	29.1	25.5
6.0	53.6	27.8	17.5	15.3	32.6	28.7
7.0	56.8	31.5	20.5	18.2	35.8	31.5
8.0	59.7	34.8	23.2	20.8	38.7	34.1
9.0	62.3	37.9	25.6	23.3	41.2	36.5
10.0	64.7	40.8	27.9	25.5	43.5	38.7
12.0	68.7	45.8	31.9	29.6	47.5	42.4
14.0	71.5	50.2	35.5	33.1	50.8	45.6
15.0	72.6	52.1	37.1	34.8	52.2	47.0
16.0	73.4	53.8	38.7	36.3	53.4	48.2
18.0	74.7	56.9	41.5	39.1	55.6	50.4
20.0	75.6	59.6	44.0	41.7	57.4	52.3
21.0	76.0	60.8	45.2	42.8	58.2	53.1
30.0	78.0	68.6	53.0	51.0	63.2	58.7
50.0	78.5	78.7	62.9	61.6	68.8	66.0
75.0	76.1	88.5	72.0	71.1	74.1	73.8
100	71.4	97.9	79.7	79.2	79.7	80.6
130	65.8	108	87.7	88.0	86.4	87.9
150	63.2	114	92.6	93.4	90.6	92.3
180	61.1	121	98.7	101	96.5	98.5
200	60.6	125	102	105	100	102
300	65.3	141	117	124	118	121
400	75.2	160	135	142	135	140
500	87.4	181	154	159	150	159
600	100	201	173	176	164	177
700	111	218	190	192	176	193
800	121	232	203	205	187	207
900	129	243	213	216	197	218
1,000	136	252	220	226	205	228
2,000	173	309	276	280	265	288
5,000	204	417	422	388	353	385
10,000	263	548	502	496	436	534

* 1.0E−9 は 1.0×10⁻⁹ を示す。

表 C.21　**中性子（男性）**　いろいろなジオメトリーで入射する単一エネルギー粒子に対するフルエンスあたりの肝臓の吸収線量（単位：pGy·cm²）

エネルギー (MeV)	AP (前方-後方)	PA (後方-前方)	LLAT (左側方)	RLAT (右側方)	ROT (回転)	ISO (等方)
1.0E−9	1.05	0.695	0.168	0.610	0.618	0.479
1.0E−8	1.25	0.823	0.177	0.725	0.768	0.583
2.5E−8	1.42	0.949	0.200	0.839	0.885	0.664
1.0E−7	1.89	1.26	0.254	1.13	1.16	0.872
2.0E−7	2.14	1.45	0.288	1.30	1.33	0.985
5.0E−7	2.49	1.70	0.334	1.52	1.55	1.15
1.0E−6	2.69	1.85	0.363	1.66	1.69	1.25
2.0E−6	2.86	1.97	0.386	1.77	1.79	1.33
5.0E−6	3.02	2.09	0.404	1.86	1.89	1.40
1.0E−5	3.10	2.15	0.412	1.90	1.94	1.44
2.0E−5	3.13	2.18	0.419	1.91	1.95	1.46
5.0E−5	3.17	2.21	0.426	1.92	1.97	1.47
1.0E−4	3.19	2.22	0.427	1.92	1.98	1.48
2.0E−4	3.18	2.24	0.428	1.91	1.98	1.48
5.0E−4	3.20	2.25	0.430	1.90	1.99	1.49
0.001	3.17	2.25	0.428	1.88	1.99	1.50
0.002	3.15	2.24	0.426	1.87	1.99	1.49
0.005	3.16	2.25	0.427	1.85	1.99	1.49
0.01	3.19	2.27	0.432	1.85	2.00	1.49
0.02	3.22	2.30	0.443	1.88	2.02	1.51
0.03	3.26	2.34	0.450	1.91	2.05	1.53
0.05	3.35	2.41	0.460	1.99	2.11	1.57
0.07	3.45	2.48	0.471	2.07	2.17	1.62
0.1	3.62	2.58	0.487	2.22	2.28	1.69
0.15	3.91	2.76	0.516	2.48	2.46	1.83
0.2	4.22	2.95	0.544	2.77	2.66	1.97
0.3	4.89	3.33	0.600	3.39	3.09	2.27
0.5	6.30	4.16	0.720	4.67	3.99	2.91
0.7	7.72	5.06	0.864	5.96	4.92	3.59
0.9	9.14	6.01	1.04	7.27	5.89	4.31
1.0	9.87	6.52	1.15	7.95	6.39	4.69
1.2	11.4	7.60	1.39	9.35	7.44	5.50
1.5	13.8	9.30	1.84	11.5	9.07	6.77
2.0	17.5	12.2	2.74	15.0	11.8	8.95
3.0	24.2	17.7	4.91	21.2	16.9	13.1
4.0	29.7	22.8	7.31	26.5	21.4	17.0
5.0	34.3	27.2	9.81	31.0	25.5	20.5
6.0	38.3	31.2	12.3	34.8	29.1	23.7
7.0	41.7	34.7	14.7	38.2	32.4	26.6
8.0	44.8	37.8	16.9	41.2	35.3	29.2
9.0	47.5	40.7	19.0	44.0	37.9	31.5
10.0	50.0	43.3	20.9	46.5	40.3	33.7
12.0	54.4	47.8	24.6	50.9	44.5	37.7
14.0	57.9	51.6	27.9	54.5	48.0	41.1
15.0	59.4	53.3	29.5	56.1	49.6	42.6
16.0	60.8	54.8	31.0	57.5	51.0	44.0
18.0	63.0	57.5	33.9	60.0	53.5	46.6
20.0	64.9	59.8	36.6	62.1	55.6	48.9
21.0	65.7	60.8	37.8	63.0	56.6	49.9
30.0	71.0	67.7	47.3	68.9	63.2	57.1
50.0	77.5	76.5	61.3	76.1	71.9	66.8
75.0	83.3	84.5	73.8	82.7	80.0	75.8
100	88.1	91.6	84.5	88.5	87.5	84.1
130	92.6	99.4	96.1	94.3	95.7	93.2
150	95.2	104	103	97.8	101	98.9
180	98.6	111	113	102	108	107
200	101	115	119	105	112	111
300	114	136	146	121	133	133
400	131	157	171	139	153	155
500	150	178	194	158	172	176
600	169	197	216	176	190	196
700	186	213	235	192	206	214
800	200	227	251	205	220	229
900	211	239	265	216	232	243
1,000	221	249	276	225	242	254
2,000	272	310	354	275	307	330
5,000	338	410	504	362	410	451
10,000	442	514	649	459	528	597

＊　1.0E−9 は 1.0×10⁻⁹ を示す。

表 C.22 **中性子（男性）** いろいろなジオメトリーで入射する単一エネルギー粒子に対するフルエンスあたりの肺の吸収線量（単位：pGy·cm²）

エネルギー (MeV)	AP (前方-後方)	PA (後方-前方)	LLAT (左側方)	RLAT (右側方)	ROT (回転)	ISO (等方)
1.0E−9	0.976	0.811	0.325	0.315	0.611	0.482
1.0E−8	1.13	0.984	0.359	0.352	0.743	0.587
2.5E−8	1.29	1.14	0.410	0.395	0.853	0.665
1.0E−7	1.74	1.55	0.528	0.502	1.13	0.877
2.0E−7	1.98	1.77	0.600	0.571	1.28	0.999
5.0E−7	2.29	2.09	0.691	0.662	1.49	1.17
1.0E−6	2.47	2.28	0.746	0.721	1.62	1.27
2.0E−6	2.61	2.43	0.791	0.763	1.72	1.34
5.0E−6	2.75	2.56	0.830	0.801	1.81	1.42
1.0E−5	2.83	2.64	0.843	0.819	1.86	1.45
2.0E−5	2.85	2.67	0.855	0.831	1.88	1.47
5.0E−5	2.85	2.73	0.862	0.841	1.90	1.48
1.0E−4	2.86	2.74	0.867	0.842	1.91	1.48
2.0E−4	2.84	2.72	0.867	0.841	1.91	1.48
5.0E−4	2.85	2.73	0.867	0.841	1.91	1.48
0.001	2.82	2.72	0.861	0.839	1.90	1.48
0.002	2.78	2.72	0.856	0.834	1.89	1.47
0.005	2.78	2.71	0.851	0.836	1.88	1.47
0.01	2.79	2.73	0.848	0.842	1.88	1.47
0.02	2.82	2.75	0.865	0.840	1.90	1.49
0.03	2.87	2.79	0.882	0.844	1.93	1.51
0.05	2.97	2.87	0.907	0.862	1.99	1.56
0.07	3.09	2.95	0.928	0.884	2.05	1.60
0.1	3.29	3.08	0.965	0.923	2.16	1.69
0.15	3.68	3.33	1.04	0.997	2.36	1.84
0.2	4.10	3.61	1.12	1.08	2.58	2.01
0.3	5.02	4.23	1.30	1.26	3.07	2.38
0.5	6.95	5.62	1.69	1.65	4.12	3.20
0.7	8.82	7.07	2.12	2.10	5.24	4.08
0.9	10.6	8.57	2.59	2.60	6.40	5.02
1.0	11.6	9.36	2.85	2.87	7.00	5.51
1.2	13.4	11.0	3.42	3.46	8.24	6.53
1.5	16.2	13.5	4.38	4.43	10.1	8.11
2.0	20.6	17.5	6.10	6.15	13.3	10.7
3.0	27.8	24.6	9.56	9.63	18.9	15.7
4.0	33.7	30.4	12.9	12.9	23.9	20.0
5.0	38.5	35.3	16.0	16.1	28.2	23.9
6.0	42.5	39.4	18.9	18.9	31.9	27.3
7.0	45.9	43.0	21.6	21.5	35.2	30.3
8.0	49.0	46.1	24.0	23.9	38.2	33.0
9.0	51.9	48.9	26.2	26.0	40.8	35.5
10.0	54.4	51.4	28.2	28.0	43.2	37.7
12.0	58.8	55.7	31.8	31.6	47.3	41.6
14.0	62.3	59.2	35.1	34.8	50.7	45.0
15.0	63.7	60.7	36.6	36.3	52.2	46.4
16.0	65.0	62.0	38.0	37.6	53.6	47.8
18.0	67.1	64.2	40.6	40.2	56.0	50.2
20.0	68.7	66.0	42.9	42.5	58.0	52.2
21.0	69.4	66.8	44.0	43.5	58.9	53.2
30.0	73.8	71.8	51.8	51.3	64.8	59.6
50.0	79.1	77.8	63.2	62.7	72.3	68.1
75.0	83.5	83.5	73.9	73.1	79.3	76.2
100	86.7	88.2	83.0	81.7	85.6	83.4
130	89.2	92.8	92.2	90.5	92.5	91.0
150	90.5	95.6	97.5	95.6	96.6	95.7
180	92.4	99.4	104	102	102	102
200	93.9	102	108	107	106	106
300	105	116	124	125	123	126
400	121	133	142	144	140	144
500	139	151	162	163	157	163
600	157	167	180	181	173	180
700	173	181	197	197	187	195
800	186	193	211	210	199	208
900	196	202	221	222	209	219
1,000	205	210	230	231	218	229
2,000	250	254	284	296	274	294
5,000	307	325	404	414	360	395
10,000	400	410	538	524	452	514

* 1.0E−9 は 1.0×10⁻⁹ を示す。

表 C.23 中性子（男性） いろいろなジオメトリーで入射する単一エネルギー粒子に対するフルエンスあたりの食道の吸収線量（単位：pGy·cm²）

エネルギー (MeV)	AP (前方－後方)	PA (後方－前方)	LLAT (左側方)	RLAT (右側方)	ROT (回転)	ISO (等方)
1.0E−9	0.984	0.777	0.362	0.299	0.593	0.451
1.0E−8	1.15	0.906	0.416	0.354	0.734	0.558
2.5E−8	1.30	1.06	0.464	0.393	0.854	0.640
1.0E−7	1.77	1.44	0.591	0.488	1.10	0.851
2.0E−7	2.02	1.66	0.676	0.560	1.26	0.967
5.0E−7	2.32	1.96	0.791	0.661	1.50	1.11
1.0E−6	2.50	2.18	0.860	0.721	1.64	1.22
2.0E−6	2.67	2.34	0.911	0.763	1.74	1.32
5.0E−6	2.82	2.49	0.947	0.811	1.82	1.46
1.0E−5	2.89	2.56	0.957	0.835	1.87	1.49
2.0E−5	2.90	2.63	0.966	0.846	1.92	1.46
5.0E−5	2.95	2.71	0.973	0.864	1.96	1.46
1.0E−4	2.97	2.74	0.980	0.887	1.98	1.49
2.0E−4	2.96	2.76	0.989	0.887	1.98	1.52
5.0E−4	2.96	2.78	1.00	0.873	1.98	1.53
0.001	2.96	2.77	1.01	0.861	1.96	1.53
0.002	2.97	2.77	0.999	0.866	1.94	1.52
0.005	2.96	2.79	0.986	0.884	1.94	1.52
0.01	2.91	2.84	0.990	0.893	1.97	1.53
0.02	2.92	2.89	1.02	0.883	2.02	1.54
0.03	2.99	2.93	1.05	0.879	2.05	1.56
0.05	3.14	3.01	1.08	0.890	2.11	1.61
0.07	3.26	3.06	1.11	0.914	2.17	1.66
0.1	3.44	3.14	1.15	0.959	2.27	1.74
0.15	3.78	3.30	1.24	1.04	2.46	1.85
0.2	4.16	3.48	1.33	1.13	2.66	1.96
0.3	4.96	3.88	1.54	1.31	3.07	2.23
0.5	6.56	4.81	2.02	1.70	3.97	2.84
0.7	8.10	5.88	2.53	2.13	4.92	3.51
0.9	9.64	7.05	3.09	2.61	5.93	4.25
1.0	10.4	7.68	3.39	2.87	6.46	4.64
1.2	12.0	9.01	4.03	3.42	7.57	5.48
1.5	14.5	11.1	5.07	4.33	9.30	6.81
2.0	18.4	14.7	6.91	5.97	12.2	9.09
3.0	25.4	21.3	10.7	9.40	17.8	13.6
4.0	31.3	27.1	14.3	12.8	22.9	17.7
5.0	36.2	32.1	17.8	16.0	27.4	21.5
6.0	40.4	36.4	21.0	19.0	31.4	24.8
7.0	44.0	40.1	23.9	21.7	34.9	27.9
8.0	47.3	43.4	26.5	24.2	38.0	30.6
9.0	50.2	46.3	29.0	26.5	40.7	33.0
10.0	52.8	48.9	31.3	28.7	43.2	35.2
12.0	57.4	53.4	35.4	32.5	47.5	39.1
14.0	61.1	57.1	39.0	35.9	51.0	42.4
15.0	62.7	58.6	40.6	37.4	52.5	43.9
16.0	64.1	60.0	42.2	38.8	53.9	45.2
18.0	66.5	62.4	45.0	41.5	56.4	47.7
20.0	68.5	64.4	47.6	43.9	58.4	49.9
21.0	69.4	65.3	48.8	45.0	59.3	50.9
30.0	74.6	70.9	57.3	53.0	65.6	58.6
50.0	80.6	77.8	68.7	65.0	73.6	69.9
75.0	86.2	84.2	77.9	75.4	81.6	78.9
100	91.0	89.7	85.2	83.7	88.9	85.6
130	95.9	95.6	92.8	92.5	96.9	92.7
150	98.8	99.3	97.6	97.8	102	97.2
180	103	105	105	105	109	104
200	106	108	109	110	113	108
300	121	126	131	130	133	130
400	140	144	152	150	153	153
500	159	163	172	170	171	175
600	177	180	191	189	188	195
700	193	195	208	206	203	213
800	207	208	222	220	216	228
900	218	219	234	233	227	241
1,000	227	229	244	245	236	251
2,000	282	290	311	323	295	322
5,000	353	379	435	444	393	448
10,000	440	462	545	550	501	597

* 1.0E−9 は 1.0×10⁻⁹ を示す。

表 C.24 中性子（男性） いろいろなジオメトリーで入射する単一エネルギー粒子に対するフルエンスあたりの赤色（活性）骨髄の吸収線量（単位：pGy·cm²）

エネルギー (MeV)	AP (前方-後方)	PA (後方-前方)	LLAT (左側方)	RLAT (右側方)	ROT (回転)	ISO (等方)
1.0E−9	0.856	0.940	0.356	0.361	0.630	0.500
1.0E−8	0.991	1.13	0.407	0.411	0.771	0.602
2.5E−8	1.12	1.31	0.462	0.465	0.885	0.685
1.0E−7	1.48	1.78	0.598	0.601	1.17	0.893
2.0E−7	1.67	2.04	0.679	0.685	1.32	1.01
5.0E−7	1.91	2.39	0.781	0.790	1.53	1.17
1.0E−6	2.06	2.61	0.843	0.852	1.66	1.26
2.0E−6	2.17	2.77	0.890	0.897	1.75	1.33
5.0E−6	2.28	2.93	0.928	0.932	1.84	1.39
1.0E−5	2.33	3.00	0.944	0.947	1.89	1.42
2.0E−5	2.34	3.02	0.949	0.953	1.90	1.44
5.0E−5	2.37	3.05	0.947	0.956	1.91	1.44
1.0E−4	2.37	3.06	0.943	0.953	1.91	1.44
2.0E−4	2.36	3.05	0.938	0.947	1.90	1.44
5.0E−4	2.35	3.04	0.931	0.939	1.90	1.43
0.001	2.34	3.02	0.923	0.930	1.89	1.43
0.002	2.32	3.01	0.917	0.923	1.88	1.42
0.005	2.32	3.00	0.909	0.918	1.88	1.42
0.01	2.35	3.01	0.912	0.924	1.89	1.42
0.02	2.39	3.05	0.934	0.944	1.92	1.45
0.03	2.45	3.10	0.961	0.970	1.95	1.48
0.05	2.57	3.20	1.01	1.02	2.03	1.54
0.07	2.69	3.32	1.07	1.08	2.12	1.61
0.1	2.88	3.50	1.15	1.17	2.26	1.72
0.15	3.19	3.84	1.30	1.33	2.50	1.90
0.2	3.51	4.19	1.45	1.48	2.75	2.09
0.3	4.16	4.94	1.75	1.79	3.25	2.48
0.5	5.44	6.52	2.35	2.40	4.29	3.28
0.7	6.67	8.08	2.95	3.02	5.35	4.09
0.9	7.89	9.65	3.57	3.65	6.41	4.91
1.0	8.52	10.4	3.89	3.98	6.96	5.34
1.2	9.83	12.1	4.54	4.65	8.10	6.22
1.5	11.8	14.6	5.57	5.71	9.83	7.57
2.0	15.1	18.5	7.31	7.50	12.7	9.80
3.0	20.9	25.2	10.7	11.0	17.9	14.0
4.0	25.9	30.7	13.9	14.2	22.4	17.8
5.0	30.1	35.2	16.9	17.2	26.4	21.2
6.0	33.8	39.0	19.6	19.9	29.9	24.2
7.0	37.0	42.3	22.1	22.4	33.0	26.9
8.0	39.9	45.2	24.4	24.7	35.8	29.4
9.0	42.6	48.0	26.5	26.8	38.4	31.7
10.0	45.1	50.4	28.4	28.8	40.7	33.8
12.0	49.5	54.8	32.0	32.4	44.8	37.6
14.0	53.1	58.3	35.2	35.6	48.2	40.8
15.0	54.7	59.8	36.6	37.0	49.7	42.3
16.0	56.1	61.1	38.0	38.4	51.1	43.6
18.0	58.6	63.3	40.5	40.9	53.5	46.1
20.0	60.6	65.1	42.8	43.2	55.5	48.2
21.0	61.5	65.8	43.9	44.2	56.3	49.1
30.0	67.1	70.6	51.5	51.9	62.2	55.7
50.0	74.2	76.6	62.8	63.0	69.7	64.5
75.0	80.9	82.5	73.1	73.0	77.1	72.8
100	86.8	87.2	81.6	81.3	83.9	80.6
130	93.0	91.5	90.7	89.9	91.5	89.2
150	96.5	94.0	96.1	95.2	96.0	94.6
180	101	97.6	104	102	102	102
200	104	100	108	107	106	107
300	120	114	129	128	126	129
400	138	132	149	148	145	150
500	158	151	169	168	164	170
600	178	169	187	187	182	188
700	195	185	203	203	198	205
800	210	198	216	217	211	219
900	222	207	228	229	222	231
1,000	231	215	238	239	232	242
2,000	288	258	306	306	292	315
5,000	365	326	431	423	382	436
10,000	477	418	559	534	487	577

* 1.0E−9 は 1.0×10^{-9} を示す。

表 C.25 中性子（男性） いろいろなジオメトリーで入射する単一エネルギー粒子に対するフルエンスあたりの残りの組織の吸収線量（単位：pGy·cm²）

エネルギー (MeV)	AP (前方-後方)	PA (後方-前方)	LLAT (左側方)	RLAT (右側方)	ROT (回転)	ISO (等方)
1.0E−9	1.05	0.765	0.400	0.367	0.640	0.493
1.0E−8	1.22	0.897	0.453	0.423	0.774	0.599
2.5E−8	1.38	1.04	0.518	0.480	0.884	0.684
1.0E−7	1.82	1.39	0.677	0.625	1.17	0.880
2.0E−7	2.05	1.59	0.773	0.714	1.33	0.992
5.0E−7	2.36	1.86	0.891	0.827	1.54	1.14
1.0E−6	2.52	2.03	0.967	0.901	1.67	1.24
2.0E−6	2.65	2.14	1.03	0.959	1.77	1.31
5.0E−6	2.77	2.27	1.07	1.00	1.85	1.37
1.0E−5	2.84	2.34	1.09	1.02	1.89	1.40
2.0E−5	2.85	2.37	1.11	1.03	1.91	1.41
5.0E−5	2.86	2.39	1.12	1.04	1.92	1.43
1.0E−4	2.88	2.41	1.12	1.04	1.92	1.43
2.0E−4	2.86	2.41	1.11	1.03	1.92	1.44
5.0E−4	2.86	2.42	1.10	1.03	1.91	1.44
0.001	2.82	2.41	1.09	1.02	1.90	1.43
0.002	2.79	2.40	1.09	1.02	1.90	1.43
0.005	2.79	2.41	1.09	1.01	1.91	1.42
0.01	2.81	2.43	1.11	1.02	1.93	1.42
0.02	2.86	2.47	1.12	1.03	1.96	1.45
0.03	2.94	2.51	1.14	1.05	1.99	1.49
0.05	3.09	2.59	1.20	1.11	2.08	1.56
0.07	3.25	2.68	1.26	1.17	2.17	1.63
0.1	3.49	2.81	1.36	1.28	2.33	1.74
0.15	3.91	3.05	1.52	1.45	2.58	1.93
0.2	4.33	3.29	1.70	1.62	2.85	2.12
0.3	5.19	3.78	2.05	1.98	3.38	2.52
0.5	6.88	4.84	2.80	2.71	4.48	3.34
0.7	8.48	5.93	3.57	3.45	5.60	4.18
0.9	10.0	7.07	4.35	4.22	6.73	5.04
1.0	10.8	7.67	4.76	4.62	7.31	5.48
1.2	12.4	8.94	5.62	5.45	8.49	6.39
1.5	14.7	10.9	6.96	6.73	10.3	7.78
2.0	18.5	14.2	9.21	8.90	13.3	10.1
3.0	25.0	20.3	13.5	13.0	18.8	14.5
4.0	30.4	25.7	17.5	16.9	23.7	18.5
5.0	35.0	30.3	21.1	20.3	28.0	22.2
6.0	38.9	34.4	24.4	23.5	31.7	25.4
7.0	42.4	37.9	27.3	26.3	35.1	28.4
8.0	45.4	41.1	30.0	28.9	38.1	31.0
9.0	48.2	43.9	32.4	31.2	40.8	33.5
10.0	50.7	46.5	34.7	33.4	43.2	35.7
12.0	55.0	51.1	38.7	37.3	47.5	39.5
14.0	58.5	54.9	42.2	40.7	51.0	42.8
15.0	60.0	56.5	43.8	42.3	52.5	44.3
16.0	61.3	58.0	45.2	43.7	53.9	45.6
18.0	63.4	60.6	47.8	46.3	56.4	48.0
20.0	65.2	62.7	50.1	48.6	58.4	50.2
21.0	66.0	63.7	51.2	49.6	59.4	51.1
30.0	70.9	69.9	58.6	57.0	65.5	58.0
50.0	76.7	77.0	68.8	67.1	73.3	67.7
75.0	81.8	83.7	77.9	76.1	80.6	76.7
100	86.0	90.0	85.5	83.6	87.0	84.5
130	90.1	96.8	93.3	91.7	94.0	92.9
150	92.6	101	98.1	96.7	98.4	98.1
180	96.0	106	105	104	105	105
200	98.4	110	109	108	109	110
300	112	126	128	129	128	132
400	130	145	147	149	147	152
500	148	164	166	169	165	170
600	166	183	184	187	182	188
700	182	199	200	203	197	203
800	195	212	213	217	210	217
900	206	222	224	228	222	229
1,000	215	231	234	238	231	239
2,000	266	282	295	300	292	312
5,000	332	367	408	409	380	430
10,000	431	468	527	520	484	565

* 1.0E−9 は 1.0×10⁻⁹ を示す。

表 C.26　中性子（男性）　いろいろなジオメトリーで入射する単一エネルギー粒子に対するフルエンスあたりの唾液腺の吸収線量（単位：pGy·cm²）

エネルギー (MeV)	AP (前方-後方)	PA (後方-前方)	LLAT (左側方)	RLAT (右側方)	ROT (回転)	ISO (等方)
1.0E−9	0.872	0.573	1.00	0.973	0.845	0.622
1.0E−8	0.976	0.613	1.17	1.15	0.960	0.741
2.5E−8	1.05	0.689	1.32	1.28	1.05	0.821
1.0E−7	1.29	0.888	1.63	1.53	1.34	1.04
2.0E−7	1.43	0.981	1.76	1.72	1.50	1.13
5.0E−7	1.59	1.12	1.91	1.89	1.66	1.24
1.0E−6	1.65	1.21	1.98	1.94	1.74	1.31
2.0E−6	1.70	1.26	2.03	1.97	1.77	1.37
5.0E−6	1.78	1.30	2.05	2.01	1.80	1.38
1.0E−5	1.80	1.32	2.03	1.99	1.79	1.37
2.0E−5	1.79	1.32	2.01	1.96	1.78	1.34
5.0E−5	1.76	1.31	1.97	1.92	1.74	1.32
1.0E−4	1.74	1.32	1.92	1.88	1.71	1.29
2.0E−4	1.71	1.29	1.86	1.82	1.69	1.27
5.0E−4	1.69	1.28	1.80	1.77	1.66	1.25
0.001	1.67	1.26	1.75	1.73	1.63	1.23
0.002	1.65	1.23	1.72	1.71	1.59	1.22
0.005	1.61	1.23	1.73	1.72	1.59	1.21
0.01	1.61	1.26	1.81	1.79	1.63	1.23
0.02	1.65	1.31	2.02	1.92	1.76	1.32
0.03	1.70	1.38	2.23	2.10	1.91	1.43
0.05	1.83	1.55	2.64	2.46	2.21	1.65
0.07	1.95	1.75	3.03	2.84	2.51	1.88
0.1	2.17	2.04	3.59	3.38	2.95	2.21
0.15	2.59	2.56	4.48	4.23	3.65	2.75
0.2	3.06	3.09	5.29	5.03	4.33	3.27
0.3	4.08	4.20	6.79	6.50	5.62	4.26
0.5	6.23	6.41	9.33	9.04	7.94	6.09
0.7	8.34	8.49	11.5	11.2	10.0	7.76
0.9	10.4	10.5	13.4	13.1	11.9	9.30
1.0	11.4	11.5	14.3	14.0	12.9	10.0
1.2	13.4	13.5	16.0	15.7	14.6	11.5
1.5	16.3	16.4	18.3	18.1	17.1	13.5
2.0	20.7	20.8	21.8	21.5	20.9	16.6
3.0	28.0	28.2	27.6	27.5	27.3	22.0
4.0	33.8	34.1	32.5	32.4	32.6	26.5
5.0	38.5	38.9	36.7	36.5	37.0	30.2
6.0	42.5	42.9	40.2	39.9	40.7	33.5
7.0	45.9	46.4	43.4	43.0	44.0	36.5
8.0	48.9	49.5	46.2	45.7	46.9	39.1
9.0	51.6	52.4	48.7	48.3	49.6	41.6
10.0	54.1	55.1	50.9	50.6	52.0	43.8
12.0	58.4	59.7	54.8	54.8	56.2	47.6
14.0	61.8	63.4	57.9	58.2	59.5	50.7
15.0	63.2	64.9	59.2	59.7	60.9	52.1
16.0	64.5	66.3	60.4	61.0	62.0	53.2
18.0	66.6	68.6	62.3	63.2	63.9	55.2
20.0	68.3	70.4	63.9	65.0	65.2	56.8
21.0	69.1	71.1	64.5	65.8	65.7	57.5
30.0	73.9	75.6	68.3	70.2	68.4	61.6
50.0	78.6	79.7	71.8	73.7	69.5	65.4
75.0	79.7	82.5	74.5	76.2	71.0	68.7
100	78.4	83.9	76.8	78.1	73.6	72.3
130	76.9	84.7	79.2	80.0	77.0	76.9
150	76.7	85.2	80.8	81.6	79.2	79.9
180	77.2	86.4	83.6	84.5	82.7	84.3
200	78.1	87.7	85.6	86.5	85.0	87.2
300	87.4	98.6	97.5	98.0	98.1	102
400	101	114	111	112	113	117
500	115	132	125	127	129	133
600	129	149	138	142	143	148
700	141	163	149	154	155	160
800	151	175	159	165	165	169
900	158	183	168	173	173	177
1,000	165	190	175	179	180	184
2,000	196	220	220	213	213	226
5,000	240	267	291	280	254	300
10,000	306	352	373	391	326	417

* 1.0E−9 は 1.0×10⁻⁹ を示す。

表 C.27 **中性子（男性）** いろいろなジオメトリーで入射する単一エネルギー粒子に対するフルエンスあたりの皮膚の吸収線量（単位：pGy·cm²）

エネルギー (MeV)	AP (前方-後方)	PA (後方-前方)	LLAT (左側方)	RLAT (右側方)	ROT (回転)	ISO (等方)
1.0E−9	1.62	1.71	0.792	0.786	1.25	0.993
1.0E−8	1.40	1.43	0.655	0.653	1.11	0.881
2.5E−8	1.38	1.45	0.653	0.652	1.10	0.870
1.0E−7	1.48	1.55	0.667	0.667	1.16	0.910
2.0E−7	1.55	1.63	0.698	0.697	1.20	0.942
5.0E−7	1.60	1.70	0.726	0.725	1.26	0.978
1.0E−6	1.62	1.75	0.739	0.740	1.28	0.996
2.0E−6	1.64	1.77	0.739	0.743	1.30	1.00
5.0E−6	1.65	1.80	0.743	0.745	1.30	0.999
1.0E−5	1.63	1.77	0.733	0.732	1.28	0.986
2.0E−5	1.60	1.75	0.719	0.719	1.26	0.971
5.0E−5	1.56	1.68	0.689	0.689	1.23	0.942
1.0E−4	1.52	1.65	0.674	0.674	1.20	0.919
2.0E−4	1.49	1.63	0.663	0.663	1.17	0.899
5.0E−4	1.46	1.58	0.645	0.644	1.14	0.878
0.001	1.45	1.56	0.642	0.642	1.13	0.876
0.002	1.47	1.57	0.649	0.651	1.15	0.894
0.005	1.57	1.66	0.708	0.710	1.24	0.978
0.01	1.78	1.86	0.819	0.818	1.41	1.14
0.02	2.19	2.25	1.04	1.03	1.76	1.46
0.03	2.58	2.62	1.26	1.24	2.10	1.76
0.05	3.30	3.29	1.64	1.61	2.70	2.31
0.07	3.94	3.90	1.99	1.95	3.23	2.80
0.1	4.78	4.70	2.46	2.41	3.94	3.46
0.15	5.99	5.84	3.14	3.07	4.95	4.41
0.2	7.02	6.82	3.73	3.64	5.83	5.23
0.3	8.78	8.50	4.76	4.65	7.34	6.63
0.5	11.6	11.2	6.49	6.33	9.81	8.93
0.7	14.1	13.6	8.00	7.81	11.9	10.9
0.9	16.2	15.6	9.39	9.17	13.8	12.6
1.0	17.2	16.6	10.0	9.81	14.6	13.4
1.2	18.9	18.3	11.3	11.0	16.2	14.8
1.5	21.2	20.5	12.9	12.7	18.2	16.8
2.0	24.5	23.8	15.4	15.1	21.3	19.6
3.0	30.3	29.4	19.8	19.5	26.6	24.5
4.0	35.1	34.1	23.6	23.2	30.9	28.5
5.0	39.0	38.0	26.8	26.5	34.7	32.0
6.0	42.3	41.3	29.7	29.3	37.9	35.0
7.0	45.3	44.3	32.3	31.9	40.8	37.7
8.0	48.0	46.9	34.6	34.2	43.3	40.1
9.0	50.5	49.4	36.7	36.3	45.7	42.3
10.0	52.7	51.6	38.7	38.3	47.7	44.3
12.0	56.6	55.4	42.2	41.8	51.1	47.6
14.0	59.4	58.1	45.0	44.6	53.5	50.0
15.0	60.5	59.2	46.1	45.7	54.4	51.0
16.0	61.3	60.0	47.2	46.8	55.1	51.7
18.0	62.5	61.2	48.9	48.5	56.1	52.8
20.0	63.2	61.8	50.3	49.9	56.6	53.5
21.0	63.4	62.1	50.9	50.5	56.8	53.7
30.0	63.9	62.6	54.4	54.1	56.7	54.4
50.0	63.4	62.8	58.3	58.1	55.6	54.5
75.0	63.3	63.2	61.2	61.0	56.3	55.9
100	62.8	62.9	62.8	62.7	58.3	58.5
130	62.8	62.6	64.3	64.3	61.4	62.1
150	63.4	63.0	65.6	65.6	63.7	64.5
180	64.9	64.1	68.1	68.1	67.0	68.3
200	66.3	65.3	69.9	69.9	69.3	70.8
300	75.6	73.7	80.8	80.8	81.0	83.5
400	87.3	85.0	93.4	93.5	92.8	96.0
500	99.6	97.0	106	106	104	108
600	112	108	119	119	115	119
700	122	118	129	130	125	129
800	131	126	138	139	132	138
900	138	132	146	146	139	145
1,000	144	137	152	152	145	152
2,000	176	164	189	191	181	193
5,000	218	209	265	264	235	262
10,000	291	281	360	352	297	346

* 1.0E−9 は 1.0×10⁻⁹ を示す。

ICRP Publication 116

表 C.28 中性子（男性） いろいろなジオメトリーで入射する単一エネルギー粒子に対するフルエンスあたりの胃壁の吸収線量（単位：pGy·cm²）

エネルギー (MeV)	AP (前方-後方)	PA (後方-前方)	LLAT (左側方)	RLAT (右側方)	ROT (回転)	ISO (等方)
1.0E−9	1.18	0.551	0.560	0.166	0.607	0.452
1.0E−8	1.42	0.631	0.666	0.172	0.740	0.549
2.5E−8	1.60	0.726	0.748	0.191	0.834	0.632
1.0E−7	2.16	0.971	1.01	0.244	1.13	0.834
2.0E−7	2.47	1.12	1.18	0.281	1.30	0.941
5.0E−7	2.87	1.31	1.39	0.331	1.50	1.09
1.0E−6	3.10	1.43	1.51	0.357	1.63	1.21
2.0E−6	3.32	1.53	1.63	0.374	1.73	1.30
5.0E−6	3.52	1.62	1.75	0.396	1.85	1.39
1.0E−5	3.58	1.67	1.79	0.412	1.90	1.41
2.0E−5	3.59	1.69	1.80	0.421	1.92	1.42
5.0E−5	3.64	1.73	1.81	0.423	1.92	1.44
1.0E−4	3.67	1.74	1.82	0.421	1.95	1.46
2.0E−4	3.65	1.74	1.83	0.423	1.96	1.47
5.0E−4	3.65	1.76	1.82	0.424	1.96	1.46
0.001	3.64	1.76	1.79	0.426	1.95	1.45
0.002	3.62	1.75	1.76	0.424	1.95	1.44
0.005	3.61	1.76	1.78	0.430	1.96	1.44
0.01	3.62	1.78	1.81	0.442	1.96	1.45
0.02	3.66	1.82	1.81	0.439	1.99	1.46
0.03	3.71	1.86	1.84	0.437	2.02	1.47
0.05	3.82	1.92	1.92	0.443	2.07	1.51
0.07	3.95	1.97	1.98	0.463	2.12	1.56
0.1	4.15	2.04	2.08	0.492	2.21	1.64
0.15	4.52	2.14	2.30	0.528	2.39	1.78
0.2	4.92	2.25	2.54	0.557	2.59	1.92
0.3	5.80	2.46	3.11	0.612	3.02	2.21
0.5	7.68	2.92	4.38	0.729	3.91	2.84
0.7	9.53	3.45	5.73	0.874	4.84	3.53
0.9	11.4	4.05	7.13	1.06	5.81	4.26
1.0	12.3	4.39	7.86	1.17	6.32	4.65
1.2	14.2	5.15	9.39	1.44	7.38	5.46
1.5	17.0	6.43	11.7	1.94	9.03	6.73
2.0	21.3	8.76	15.6	2.96	11.8	8.91
3.0	28.8	13.6	22.4	5.46	16.9	13.2
4.0	34.9	18.2	28.1	8.25	21.6	17.1
5.0	39.9	22.5	32.9	11.1	25.8	20.8
6.0	44.1	26.4	37.0	14.0	29.5	24.0
7.0	47.7	30.0	40.7	16.6	32.9	27.0
8.0	50.9	33.1	43.9	19.1	35.9	29.6
9.0	53.7	36.0	46.8	21.4	38.6	32.0
10.0	56.3	38.7	49.5	23.5	41.0	34.2
12.0	60.6	43.4	54.1	27.5	45.4	38.0
14.0	64.0	47.5	57.9	31.0	49.0	41.3
15.0	65.4	49.2	59.5	32.7	50.6	42.7
16.0	66.6	50.9	61.0	34.3	52.1	44.1
18.0	68.7	53.8	63.5	37.4	54.7	46.5
20.0	70.3	56.3	65.6	40.2	56.9	48.6
21.0	71.0	57.4	66.5	41.5	57.9	49.5
30.0	75.6	65.1	72.2	51.0	64.6	56.4
50.0	80.8	75.2	78.9	64.7	73.3	66.3
75.0	85.1	84.6	85.9	76.6	81.3	75.4
100	88.3	93.0	92.1	86.7	88.4	83.3
130	91.3	102	97.8	97.7	96.3	91.8
150	93.1	108	101	104	101	97.0
180	95.8	116	104	114	108	104
200	97.7	121	107	119	112	109
300	110	145	119	146	133	131
400	125	168	136	171	153	152
500	142	191	155	194	173	172
600	159	212	173	216	191	191
700	174	230	189	235	207	208
800	186	245	203	250	222	223
900	197	257	214	263	233	236
1,000	206	268	223	274	244	247
2,000	253	333	271	349	309	325
5,000	305	446	355	484	410	450
10,000	394	559	459	617	529	601

* 1.0E−9 は 1.0×10⁻⁹ を示す。

表 C.29　中性子（男性）　いろいろなジオメトリーで入射する単一エネルギー粒子に対するフルエンスあたりの甲状腺の吸収線量（単位：pGy·cm²）

エネルギー (MeV)	AP (前方-後方)	PA (後方-前方)	LLAT (左側方)	RLAT (右側方)	ROT (回転)	ISO (等方)
1.0E−9	1.66	0.563	0.517	0.495	0.878	0.677
1.0E−8	1.98	0.661	0.568	0.557	0.985	0.749
2.5E−8	2.20	0.723	0.640	0.612	1.08	0.849
1.0E−7	2.84	0.940	0.836	0.805	1.34	1.07
2.0E−7	3.21	1.08	0.945	0.923	1.51	1.19
5.0E−7	3.62	1.26	1.08	1.08	1.73	1.35
1.0E−6	3.82	1.42	1.15	1.14	1.86	1.43
2.0E−6	3.94	1.56	1.19	1.17	1.96	1.46
5.0E−6	4.00	1.63	1.24	1.16	2.06	1.51
1.0E−5	4.02	1.65	1.25	1.15	2.11	1.55
2.0E−5	3.98	1.65	1.24	1.20	2.12	1.56
5.0E−5	3.85	1.67	1.21	1.23	2.08	1.53
1.0E−4	3.73	1.69	1.20	1.22	2.05	1.50
2.0E−4	3.66	1.72	1.21	1.20	2.02	1.47
5.0E−4	3.59	1.74	1.22	1.16	1.95	1.43
0.001	3.50	1.74	1.20	1.14	1.89	1.42
0.002	3.43	1.71	1.16	1.13	1.87	1.42
0.005	3.39	1.71	1.10	1.11	1.85	1.40
0.01	3.42	1.73	1.09	1.10	1.87	1.41
0.02	3.52	1.75	1.13	1.13	1.95	1.45
0.03	3.70	1.77	1.16	1.17	2.02	1.50
0.05	4.14	1.83	1.23	1.24	2.18	1.61
0.07	4.65	1.88	1.30	1.31	2.37	1.72
0.1	5.43	1.95	1.42	1.45	2.68	1.91
0.15	6.73	2.05	1.61	1.74	3.21	2.22
0.2	8.01	2.13	1.83	2.05	3.74	2.55
0.3	10.5	2.29	2.29	2.68	4.77	3.18
0.5	14.9	2.76	3.26	3.93	6.69	4.42
0.7	18.7	3.38	4.22	5.09	8.47	5.66
0.9	21.9	4.14	5.17	6.21	10.1	6.89
1.0	23.4	4.57	5.64	6.77	10.9	7.50
1.2	26.1	5.51	6.59	7.90	12.5	8.69
1.5	29.7	7.09	8.01	9.59	14.7	10.4
2.0	34.7	9.91	10.3	12.3	18.2	13.2
3.0	42.4	15.5	14.6	17.1	24.2	18.1
4.0	48.3	20.6	18.4	21.2	29.2	22.3
5.0	53.0	25.2	21.8	24.8	33.6	26.1
6.0	56.8	29.2	24.9	28.0	37.3	29.4
7.0	60.1	32.8	27.6	30.8	40.5	32.3
8.0	63.0	35.9	30.1	33.4	43.4	35.0
9.0	65.7	38.8	32.4	35.7	45.9	37.4
10.0	68.0	41.4	34.4	37.8	48.1	39.7
12.0	71.9	45.9	38.2	41.6	51.9	43.6
14.0	74.8	49.7	41.4	44.8	54.8	47.0
15.0	76.0	51.4	42.9	46.2	56.1	48.4
16.0	77.1	52.9	44.3	47.6	57.2	49.8
18.0	78.8	55.7	46.8	49.9	59.0	52.2
20.0	80.1	58.0	49.1	51.9	60.6	54.2
21.0	80.6	59.1	50.1	52.9	61.2	55.2
30.0	83.2	66.6	57.9	59.4	65.5	61.3
50.0	82.4	75.8	69.0	68.9	70.9	69.3
75.0	78.3	83.0	77.7	76.0	76.0	76.0
100	74.5	88.8	83.5	80.7	80.5	81.3
130	72.0	95.3	88.9	85.1	85.7	86.8
150	71.5	99.4	92.0	87.7	89.2	90.2
180	72.0	105	96.5	91.6	94.4	95.2
200	72.8	109	99.4	94.3	97.9	98.5
300	80.9	128	114	111	115	115
400	92.5	147	128	130	130	132
500	105	165	142	149	144	147
600	118	182	155	168	156	162
700	129	197	167	185	167	176
800	138	209	177	197	177	188
900	146	219	187	206	186	198
1,000	152	228	195	213	193	208
2,000	190	288	250	249	242	269
5,000	238	379	346	317	319	374
10,000	297	457	448	441	401	523

*　1.0E−9 は 1.0×10⁻⁹ を示す。

表 C.30 **中性子（男性）** いろいろなジオメトリーで入射する単一エネルギー粒子に対するフルエンスあたりの膀胱壁（UB-wall）の吸収線量（単位：pGy·cm^2）

エネルギー (MeV)	AP (前方－後方)	PA (後方－前方)	LLAT (左側方)	RLAT (右側方)	ROT (回転)	ISO (等方)
1.0E−9	1.21	0.655	0.226	0.205	0.613	0.453
1.0E−8	1.47	0.784	0.258	0.223	0.752	0.532
2.5E−8	1.68	0.926	0.276	0.245	0.859	0.602
1.0E−7	2.27	1.24	0.352	0.317	1.14	0.808
2.0E−7	2.63	1.40	0.407	0.365	1.27	0.938
5.0E−7	3.11	1.61	0.472	0.423	1.46	1.10
1.0E−6	3.38	1.76	0.515	0.460	1.59	1.18
2.0E−6	3.61	1.90	0.553	0.489	1.72	1.25
5.0E−6	3.84	2.02	0.579	0.519	1.83	1.32
1.0E−5	3.92	2.06	0.593	0.534	1.88	1.37
2.0E−5	3.91	2.11	0.603	0.543	1.90	1.41
5.0E−5	3.93	2.18	0.616	0.552	1.90	1.44
1.0E−4	3.93	2.22	0.612	0.554	1.93	1.43
2.0E−4	3.93	2.20	0.615	0.556	1.96	1.41
5.0E−4	3.94	2.20	0.627	0.557	1.95	1.41
0.001	3.93	2.21	0.627	0.552	1.93	1.42
0.002	3.92	2.22	0.628	0.550	1.93	1.42
0.005	3.89	2.27	0.619	0.561	1.98	1.40
0.01	3.91	2.30	0.615	0.576	2.02	1.41
0.02	3.95	2.32	0.618	0.576	2.04	1.44
0.03	4.01	2.35	0.619	0.580	2.05	1.46
0.05	4.15	2.43	0.636	0.597	2.07	1.51
0.07	4.29	2.51	0.655	0.612	2.13	1.55
0.1	4.50	2.61	0.680	0.633	2.22	1.62
0.15	4.92	2.75	0.725	0.664	2.38	1.73
0.2	5.39	2.87	0.772	0.700	2.56	1.85
0.3	6.40	3.13	0.866	0.776	2.93	2.10
0.5	8.50	3.72	1.07	0.932	3.72	2.65
0.7	10.5	4.38	1.31	1.12	4.55	3.26
0.9	12.5	5.14	1.60	1.36	5.44	3.91
1.0	13.5	5.56	1.77	1.50	5.92	4.26
1.2	15.6	6.49	2.18	1.85	6.92	4.98
1.5	18.7	8.02	2.91	2.47	8.52	6.12
2.0	23.4	10.8	4.34	3.73	11.2	8.07
3.0	31.2	16.3	7.63	6.74	16.4	12.0
4.0	37.5	21.5	11.1	9.98	21.2	15.7
5.0	42.6	26.2	14.5	13.2	25.5	19.2
6.0	46.9	30.4	17.7	16.4	29.3	22.3
7.0	50.6	34.2	20.7	19.3	32.7	25.2
8.0	53.9	37.6	23.5	21.9	35.7	27.8
9.0	56.9	40.7	25.9	24.4	38.5	30.2
10.0	59.6	43.5	28.2	26.6	41.0	32.4
12.0	64.2	48.4	32.4	30.8	45.5	36.3
14.0	67.7	52.5	36.1	34.5	49.2	39.6
15.0	69.2	54.3	37.8	36.2	50.9	41.1
16.0	70.5	55.9	39.4	37.8	52.4	42.5
18.0	72.6	58.8	42.4	40.8	55.0	45.1
20.0	74.3	61.2	45.1	43.5	57.3	47.4
21.0	75.0	62.3	46.4	44.8	58.3	48.5
30.0	79.3	69.3	55.4	53.6	65.1	56.4
50.0	83.4	78.0	67.3	65.6	74.0	68.3
75.0	86.6	86.5	78.2	76.9	82.3	79.2
100	88.9	94.4	87.7	86.8	90.0	88.6
130	90.7	103	98.2	97.9	98.5	98.5
150	92.0	108	105	105	104	105
180	94.2	114	113	114	111	113
200	95.9	118	119	119	115	119
300	108	139	143	143	135	144
400	125	161	166	166	157	165
500	143	183	189	188	179	184
600	162	204	209	210	200	202
700	179	222	227	228	218	218
800	192	236	241	243	233	232
900	203	248	253	256	245	244
1,000	212	258	263	266	256	256
2,000	260	317	330	335	322	338
5,000	314	412	471	472	419	483
10,000	414	525	612	614	525	652

* 1.0E−9 は 1.0×10^{-9} を示す。

付属書 D　骨格のフルエンスから線量への応答関数：光子

（**D1**）　放射線リスクを有し，それゆえ組織加重係数 w_T が割り当てられている骨格組織は，ICRP 標準コンピュータファントムにおいて幾何学的に表すことができない。これらの組織へのエネルギー沈着は，近傍にある異なる密度と元素組成をもつ組織によって影響を受ける。このエネルギー沈着は，光子輸送のモンテカルロ計算時に，骨格領域（海綿質または髄腔）ごとの光子フルエンスの計算値を，光子フルエンスあたりの標的組織の吸収線量を表す関数によってスケーリングすることで導出できる（Eckerman, 1985; Eckerman ら, 2008; Johnson ら, 2011）。応答関数 R と呼ばれるこれらの関数は，様々な骨格領域の骨の幾何学的形状の微細構造モデルと，それらの幾何学的形状による二次電離放射線の輸送モデル（Hough ら, 2011）を使って導出される。この付属書では，骨格内での光子の相互作用についての応答関数の値を提示するが，中性子照射による骨格線量を評価するために同様の関数を導出することができる（付属書 E 参照）。

D.1　骨部位別の光子骨格線量評価のための応答関数

（**D2**）　骨部位 x においてエネルギー E の光子によってもたらされる骨部位別の骨格組織の吸収線量を評価するための応答関数 R は，以下のように与えられる。

$$R(r_T \leftarrow r_S, x, E) = \frac{D(r_T, x)}{\varPhi(E, r_S, x)} \tag{D.1}$$

$$= \sum_r \frac{m(r, x)}{m(r_T, x)} \sum_i \int_0^\infty \phi(r_T \leftarrow r, T_i, x)(\mu_i/\rho)_{r,E} T_i n_r(T_i, E) \mathrm{d}T_i \tag{D.2}$$

ここで，x はファントム内の様々な骨部位のインデックス（大腿骨上部，頭蓋，その他；長骨については，海綿質領域と髄腔領域は異なる骨部位と見なす），r_T は線量評価における標的組織のインデックス（活性骨髄または骨内膜），r_S は光子フルエンスが記録される骨部位 x の線源組織のインデックス（海綿質または骨髄髄質），r は線源組織 r_S の構成組織のインデックス（r_S＝海綿質の場合には，r は骨梁骨，活性骨髄または不活性骨髄であり，r_S＝骨髄髄質の場合には，r は成人における不活性骨髄である），E は骨部位 x の骨格組織 r_S を通過し，その中で相互作用する可能性のある光子のエネルギー，$m(r, x)$ は骨部位 x の構成組織 r の質量，$m(r_T, x)$ は骨部位 x の標的組織 r_T の質量，i は考慮している光子の相互作用の種類を示すイ

ンデックス（光電子，コンプトン，電子対生成または３電子生成），T_iは相互作用の種類iによって構成組織rにおいて解放される二次電子のエネルギー，$\phi(r_T, \leftarrow r, T_i, x)$は骨部位$x$の構成組織$r$において解放される二次電子エネルギー$T_i$のうち，骨部位$x$の標的組織$r_T$に付与される割合，$(\mu_i/\rho)_{r,E}$は構成組織$r$における光子相互作用の種類$i$に対する光子エネルギー$E$での質量減衰係数，そして$n_r(T_i, E)dT_i$は相互作用の種類$i$で，エネルギー$E$の光子により構成組織$r$で解放される$T_i$と$T_i+dT_i$の間のエネルギーの二次電子の数である。

（D3） 本報告書では，式（D.2）をJohnsonら（2011）の論文に述べられている方法で評

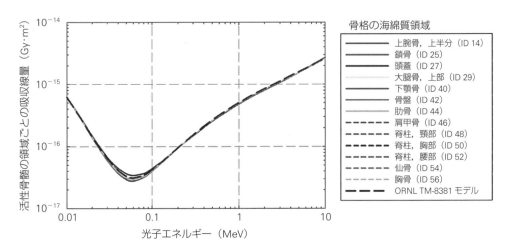

図 D.1 ICRP 標準ファントムの個々の骨の海綿質領域内で記録された光子フルエンス（Gy·m²）あたりの骨部位別の活性骨髄吸収線量。腰椎の活性骨髄に対するORNL-TM 8381 均一骨格モデルを比較のために示す。

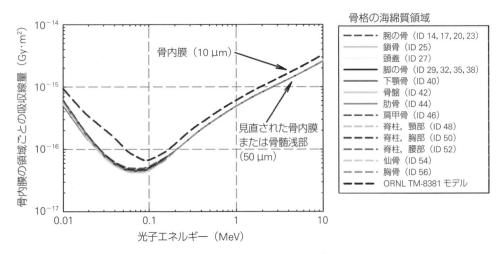

図 D.2 ICRP 標準ファントムの個々の骨の海綿質領域内で記録された光子フルエンス（Gy·m²）あたりの骨部位別の骨内膜吸収線量。腰椎の骨内膜に対するORNL-TM 8381 均一骨格モデルを比較のために示す。

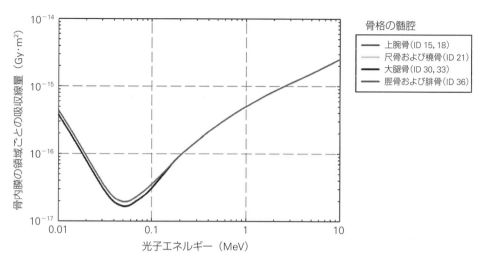

図 D.3 ICRP 標準ファントムの個々の長骨の髄腔内で記録された光子フルエンスあたりの骨部位別の骨内膜吸収線量 （Gy・m²）

価した．電子の吸収割合のデータは，40 歳の男性の遺体の骨格から得た 32 の骨部位のマイクロコンピュータ断層撮影画像を使った対画像（paired-image）放射線輸送計算（Hough ら，2011）から得た．荷電粒子平衡は，通常，200 keV を上回る光子エネルギーにおいて，骨部位全体で成り立つ．そのため，本報告書では，このエネルギーより上での線量応答関数の値は，対応する海綿質のカーマ係数を用いている．式（D.2）から得られた骨部位別の線量応答関数を表 D.1 に表形式で示し，図 D.1～D.3 に同じ関数を図示する．

（D4） したがって，骨部位 x における組織 r_T の骨部位別吸収線量 $D(r_T, x)$ は，骨部位別のエネルギー依存光子フルエンス $\Phi(E, r_S, x)$ と骨部位別のエネルギー依存線量応答関数 $R(r_T \leftarrow r_S, x, E)$ の積の積分として決定される．

$$D(r_T, x) = \int_E \Phi(E, r_S, x) R(r_T \leftarrow r_S, x, E) \, dE \tag{D.3}$$

（D5） 光子フルエンスのいくつかの評価法（estimator）を，光子輸送のモンテカルロシミュレーションの中で定式化できる．着目するフルエンスは，ボイドではない体積内のものであるため，「衝突密度評価法」を，以下のように使用できる．

$$\Phi(E, r_S, x) = \frac{N(E, r_S, x)}{\mu(E, r_S, x) V(r_S, x)} \tag{D.4a}$$

ここで，$V(r_S, x)$ はフルエンスを計算しようとしている骨部位 x 内の線源組織 r_S の体積，$N(E, r_S, x)$ はこの体積内で起こる光子相互作用の数，そして $\mu(E, r_S, x)$ は光子エネルギー E における当該組織媒質の線減衰係数である．同様に，フルエンスは，以下のように「飛跡長評価法」に基づいて計算できる．

$$\varPhi(E, r_{\mathrm{S}}, x) = \frac{L(E, r_{\mathrm{S}}, x)}{V(r_{\mathrm{S}}, x)} \tag{D.4b}$$

ここで，$L(E, r_{\mathrm{S}}, x)$ は，骨部位 x 内の線源組織 r_{S} におけるエネルギー E の光子の総飛跡長である。

D.2 骨部位別の光子骨格線量評価のスケーリングファクター

(**D6**) 線量応答関数法に代わる方法となるのは，エネルギー依存スケーリングファクターを海綿質カーマに適用することである (Kramer, 1979; Zankl ら, 2002; Lee ら, 2006)。このアプローチでは，活性骨髄と骨内膜の吸収線量は，3つのファクターによって決定される。

$$D(\mathrm{AM}, x) = \int_E K(\mathrm{SP}, x, E) \left[\frac{\mu_{\mathrm{en}}}{\rho}(E)\right]_{\mathrm{SP}}^{\mathrm{AM}} S(\mathrm{AM}, x, E) \mathrm{d}E \tag{D.5}$$

および

$$D(\mathrm{TM}_{50}, x) = \int_E K(\mathrm{SP/MM}, x, E) \left[\frac{\mu_{\mathrm{en}}}{\rho}(E)\right]_{\mathrm{SP/MM}}^{\mathrm{TM}} S(\mathrm{TM}_{50}, x, E) \mathrm{d}E \tag{D.6}$$

ここで，$K(\mathrm{SP/MM}, x, E)$ はエネルギー E の光子による骨部位 x 内の海綿質 (SP) あるいは骨髄髄質 (MM) のいずれかのカーマ，$\left[\frac{\mu_{\mathrm{en}}}{\rho}(E)\right]_{\mathrm{SP}}^{\mathrm{AM}}$ は活性骨髄と海綿質との MEAC (mass energy absorption coefficient：質量エネルギー吸収係数) 比，$\left[\frac{\mu_{\mathrm{en}}}{\rho}(E)\right]_{\mathrm{SP/MM}}^{\mathrm{TM}}$ は骨髄全体と海綿質または骨髄髄質との MEAC 比，$S(\mathrm{AM}, x, E)$ は活性骨髄の線量増加ファクター，そして $S(\mathrm{TM}_{50}, x, E)$ は骨内膜の線量増加ファクターである。

(**D7**) 式 (D.5) と (D.6) は，カーマ係数 (フルエンスあたりのカーマ，小文字の k で表す) の比と線量応答関数を使って，次のように表現しなおすこともできる。

$$D(\mathrm{AM}, x) = \int_E K(\mathrm{SP}, x, E) \left[\frac{k(\mathrm{AM}, x, E)}{k(\mathrm{SP}, x, E)}\right] \left[\frac{R(\mathrm{AM} \leftarrow \mathrm{SP}, x, E)}{k(\mathrm{AM}, x, E)}\right] \mathrm{d}E \tag{D.7}$$

および

$$D(\mathrm{TM}_{50}, x) = \int_E K(\mathrm{SP/MM}, x, E) \left[\frac{k(\mathrm{TM}, x, E)}{k(\mathrm{SP/MM}, x, E)}\right] \left[\frac{R(\mathrm{TM}_{50} \leftarrow \mathrm{SP}, x, E)}{k(\mathrm{TM}, x, E)}\right] \mathrm{d}E \tag{D.8}$$

(**D8**) この3ファクター法を適用する場合，最初に，エネルギー依存のカーマをコンピュータファントムの海綿質と骨髄髄質領域ごとに記録する。次に，これらの値を，対応する MEAC 比 (活性骨髄と海綿質，あるいは骨髄全体と海綿質または骨髄髄質) および線量増加ファクター (活性骨髄，あるいは骨内膜標的) によって，さらにスケーリングする。MEAC 比は，使用するコンピュータファントムの骨格組織固有の元素組成と，光子放射線輸送時に使用する断面積ライブラリ固有の MEAC 値に基づいて，各ユーザーによって整備されるべきで

ある。参考のために，ICRP の標準男性と標準女性コンピュータファントム（成人）における比を，それぞれ表 D.2 と D.3 に示している。これらの比は，ICRP *Publication 110*（ICRP, 2009）の付属書 B に与えられている骨格の元素組成と，これらの元素組成に基づく MEAC 値（米国国立標準技術研究所の物理データライブラリ（Hubbell と Seltzer, 2004）から引用）に基づいている。Johnson ら（2011）の研究において示されているのと同様に，活性骨髄と骨内膜の線量増加ファクターの値を，光子エネルギーの関数として骨部位ごとに表 D.4 に示している。髄腔の組成は，その骨内膜と同じであるため，MEAC 比と線量増加ファクターは，髄腔に沿った骨内膜で 1 である。線量応答関数と同様，エネルギー E は，骨格組織を通過し，その中で相互作用する可能性がある光子のエネルギーであり，コンピュータファントムの外表面に入射する光子のエネルギーではない。

D.3　骨格平均光子吸収線量

（**D9**）　骨部位別の骨格組織の吸収線量推定値は，インターベンショナル透視検査あるいはコンピュータ断層撮影のような，身体が部分的に照射される場合には重要になり得る。しかし，放射線防護と実効線量の計算の目的のためには，活性骨髄と骨内膜の骨格平均吸収線量が必要となる。そこで，骨格平均吸収線量を骨部位別の吸収線量の質量加重平均として求める。

$$D_{\mathrm{skel}}(r_{\mathrm{T}}) = \sum_x \frac{m(r_{\mathrm{T}}, x)}{m(r_{\mathrm{T}})} D(r_{\mathrm{T}}, x) \tag{D.9}$$

ここで，$m(r_{\mathrm{T}}, x)$ は骨部位 x における標的組織 r_{T} の質量，$m(r_{\mathrm{T}})$ は骨格全体を通じた標的組織 r_{T} の全質量，そして $D(r_{\mathrm{T}}, x)$ は式（D.3）［または式（D.5）と（D.6）］によって与えられる骨部位別吸収線量である。ICRP の標準男性と標準女性ファントム（成人）の骨格組織の質量は，本報告書の 3.4 節にまとめられている。

D.4　海綿質の線量を用いた骨格標的組織線量の近似

（**D10**）　式（D.5）と（D.6）に示すように，骨梁海綿質のカーマは，活性骨髄か骨内膜いずれかの吸収線量のおおよその推定値にすぎない。2 つの追加のスケーリングファクター，すなわち MEAC 比と線量増加ファクターを，名目上適用しなければならない。成人の標準男性について表 D.2 に示したように，MEAC 比は，約 200 keV 未満では 1 より小さく，30 keV で最小値に達し，その値は 0.261（下顎骨における骨髄全体の海綿質に対する比）から 0.945（仙骨における活性骨髄の海綿質に対する比）の範囲にある。このような海綿質吸収線量の減少は，完全にではないが，部分的に式（D.5）と式（D.6）の第 3 項，すなわち線量増加ファクター S を適用することによって補われる。活性骨髄の S 値を表 D.4 に示す。この値は 50

keV で最大値になり，その最大値は近位上腕骨の 1.00 から頭蓋の 1.25 の範囲にある。骨内膜の S 値も表 D.4 で示しているが，この値も 50 keV で最大値に達し，その範囲は仙骨の 1.68 から手と手首の 2.33 である（Johnson ら，2011）。

(D11) 図 D.4 は，MEAC 比と線量増加ファクターの複合的影響を，海綿質カーマと活性骨髄および骨内膜の吸収線量の相対差として示している。活性骨髄の場合，海綿質カーマからの相対差は，10 keV で 144%，25 keV で 172%（最大値），そして 100 keV で約 16% である。骨内膜の場合，海綿質カーマとの相対差は，10 keV で 180%，25 keV で 135%，60 keV で 15% である。海綿質カーマは，80 keV から 200 keV までのエネルギー範囲にわたって，骨内膜吸収線量を数パーセント低めに予測することが分かる。全体的に見て，骨格内で相互作用する光子に対して，海綿質カーマは，活性骨髄と骨内膜の吸収線量を，それぞれ 200 keV 未満と 80 keV 未満で高めに推定する。

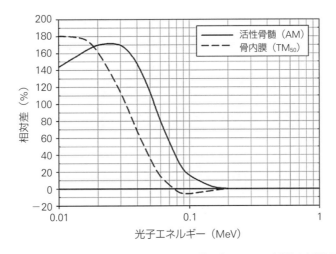

図 D.4　標準成人の骨格における，海綿質の光子カーマ係数と活性骨髄（AM）標的および骨内膜（TM$_{50}$）標的の対応する線量応答関数との間の相対差（%）

D.5　参 考 文 献

Eckerman, K. F., 1985. Aspects of the dosimetry of radionuclides within the skeleton with particular emphasis on the active marrow. In: Schlafke-Stelson, A. T., Watson, E. E. (Eds.), Proceedings of the Fourth International Radiopharmaceutical Dosimetry Symposium. Oak Ridge Associated Universities, Oak Ridge, TN, pp. 514-534.

Eckerman, K. F., Bolch, W. E., Zankl, et al., 2008. Response functions for computing absorbed dose to skeletal tissues for photon irradiation. *Radiat. Prot. Dosim.* **127**, 187-191.

Hough, M., Johnson, P., Rajon, D., et al., 2011. An image-based skeletal dosimetry model for the ICRP reference adult male – internal electron sources. *Phys. Med. Biol.* **56**, 2309-2346.

Hubbell, J., Seltzer, S., 2004. Tables of X-ray Mass Attenuation Coefficients and Mass Energy-Absorption Coefficients. Version 1.4. National Institute of Standards and Technology, Gaithersburg, MD.

ICRP, 2009. Adult reference computational phantoms. ICRP Publication 110. *Ann. ICRP* **39**(2).

Johnson, P. B., Bahadori, A. A., Eckerman, K. F., et al., 2011. Response functions for computing absorbed dose to skeletal tissues from photon irradiation—an update. *Phys. Med. Biol.* **56**, 2347–2365.

Kramer, R., 1979. Determination of Conversion Factors Between Tissue Dose and Relevant Radiation Quantities for External X-ray and Gamma-ray Radiation. GSF Report S-556. GSF—National Research Centre for Environment and Health, Neuherberg.

Lee, C., Lee, C., Shah, A. P., et al., 2006. An assessment of bone marrow and bone endosteum dosimetry methods for photon sources. *Phys. Med. Biol.* **51**, 5391–5407.

Zankl, M., Fill, U., Petoussi-Henss, N., et al., 2002. Organ dose conversion coefficients for external photon irradiation of male and female voxel models. *Phys. Med. Biol.* **47**, 2367–2385.

表 D.1　ICRP *Publication 110* の標準ファントムの骨部位ごとに光子エネルギーの関数として表した，活性骨髄（AM）と骨内膜（TM$_{50}$）の光子フルエンスあたりの骨部位別吸収線量（単位：Gy・cm^2）

光子エネルギー (MeV)	臓器 ID：14 上腕骨，上半分 線源：海綿質 標的組織 AM (活性骨髄)	臓器 ID：14 上腕骨，上半分 線源：海綿質 標的組織 TM$_{50}$ (骨内膜)	臓器 ID：15 上腕骨，上半分 線源：髄腔 標的組織 AM (活性骨髄)	臓器 ID：15 上腕骨，上半分 線源：髄腔 標的組織 TM$_{50}$ (骨内膜)	臓器 ID：17 上腕骨，下半分 線源：海綿質 標的組織 AM (活性骨髄)	臓器 ID：17 上腕骨，下半分 線源：海綿質 標的組織 TM$_{50}$ (骨内膜)	臓器 ID：18 上腕骨，下半分 線源：髄腔 標的組織 AM (活性骨髄)	臓器 ID：18 上腕骨，下半分 線源：髄腔 標的組織 TM$_{50}$ (骨内膜)	臓器 ID：20 前腕骨 線源：海綿質 標的組織 AM (活性骨髄)	臓器 ID：20 前腕骨 線源：海綿質 標的組織 TM$_{50}$ (骨内膜)	臓器 ID：21 前腕骨 線源：髄腔 標的組織 AM (活性骨髄)	臓器 ID：21 前腕骨 線源：髄腔 標的組織 TM$_{50}$ (骨内膜)
0.010	6.13E−16	5.36E−16	—	3.78E−16	—	4.71E−16	—	3.78E−16	—	4.75E−16	—	4.38E−16
0.015	2.58E−16	2.44E−16	—	1.54E−16	—	2.17E−16	—	1.54E−16	—	2.19E−16	—	1.79E−16
0.020	1.38E−16	1.46E−16	—	8.06E−17	—	1.33E−16	—	8.06E−17	—	1.33E−16	—	9.35E−17
0.030	5.98E−17	8.00E−17	—	3.25E−17	—	7.44E−17	—	3.25E−17	—	7.49E−17	—	3.76E−17
0.040	3.68E−17	5.90E−17	—	1.95E−17	—	5.62E−17	—	1.95E−17	—	5.61E−17	—	2.26E−17
0.050	2.92E−17	5.04E−17	—	1.67E−17	—	4.88E−17	—	1.67E−17	—	4.88E−17	—	1.94E−17
0.060	2.76E−17	4.73E−17	—	1.75E−17	—	4.58E−17	—	1.75E−17	—	4.58E−17	—	2.03E−17
0.080	3.18E−17	4.75E−17	—	2.32E−17	—	4.59E−17	—	2.32E−17	—	4.60E−17	—	2.69E−17
0.10	3.99E−17	5.17E−17	—	3.04E−17	—	4.97E−17	—	3.04E−17	—	4.99E−17	—	3.53E−17
0.15	6.56E−17	7.05E−17	—	5.99E−17	—	6.97E−17	—	5.99E−17	—	6.89E−17	—	6.20E−17
0.20	9.48E−17	9.48E−17	—	9.48E−17	—	9.49E−17	—	9.48E−17	—	9.49E−17	—	9.48E−17
0.30	1.52E−16	1.52E−16	—	1.53E−16	—	1.51E−16	—	1.53E−16	—	1.51E−16	—	1.53E−16
0.40	2.08E−16	2.08E−16	—	2.10E−16	—	2.07E−16	—	2.10E−16	—	2.08E−16	—	2.10E−16
0.50	2.61E−16	2.61E−16	—	2.65E−16	—	2.60E−16	—	2.65E−16	—	2.61E−16	—	2.65E−16
0.60	3.12E−16	3.12E−16	—	3.17E−16	—	3.11E−16	—	3.17E−16	—	3.12E−16	—	3.17E−16
0.80	4.07E−16	4.07E−16	—	4.12E−16	—	4.05E−16	—	4.12E−16	—	4.06E−16	—	4.12E−16
1.0	4.92E−16	4.92E−16	—	4.99E−16	—	4.90E−16	—	4.99E−16	—	4.92E−16	—	4.99E−16
1.5	6.76E−16	6.76E−16	—	6.86E−16	—	6.73E−16	—	6.86E−16	—	6.75E−16	—	6.86E−16
2.0	8.30E−16	8.30E−16	—	8.41E−16	—	8.26E−16	—	8.41E−16	—	8.28E−16	—	8.41E−16
3.0	1.09E−15	1.09E−15	—	1.10E−15	—	1.09E−15	—	1.10E−15	—	1.09E−15	—	1.10E−15
4.0	1.32E−15	1.32E−15	—	1.33E−15	—	1.32E−15	—	1.33E−15	—	1.32E−15	—	1.33E−15
5.0	1.54E−15	1.54E−15	—	1.54E−15	—	1.54E−15	—	1.54E−15	—	1.54E−15	—	1.54E−15
6.0	1.75E−15	1.75E−15	—	1.74E−15	—	1.75E−15	—	1.74E−15	—	1.75E−15	—	1.74E−15
8.0	2.16E−15	2.16E−15	—	2.13E−15	—	2.17E−15	—	2.13E−15	—	2.16E−15	—	2.13E−15
10.0	2.58E−15	2.58E−15	—	2.52E−15	—	2.60E−15	—	2.52E−15	—	2.58E−15	—	2.52E−15

付属書 D 骨格のフルエンスから線量への応答関数：光子

光子エネルギー (MeV)	臓器 ID：23 手首と手 線源：海綿質 標的組織		臓器 ID：25 鎖骨 線源：海綿質 標的組織		臓器 ID：27 頭蓋 線源：海綿質 標的組織		臓器 ID：29 大腿骨，上半分 線源：海綿質 標的組織		臓器 ID：30 大腿骨，上半分 線源：髄腔 標的組織		臓器 ID：32 大腿骨，下半分 線源：海綿質 標的組織	
	AM (活性骨髄)	TM_{50} (骨内膜)	AM (活性骨髄)	TM_{50} (骨内膜)	AM (活性骨髄)	TM_{50} (骨内膜)	AM (活性骨髄)	TM_{50} (骨内膜)	AM (活性骨髄)	TM_{50} (骨内膜)	AM (活性骨髄)	TM_{50} (骨内膜)
0.010	—	5.15E−16	6.14E−16	5.81E−16	6.21E−16	5.78E−16	6.16E−16	5.03E−16	—	3.74E−16	—	5.30E−16
0.015	—	2.39E−16	2.58E−16	2.62E−16	2.67E−16	2.58E−16	2.60E−16	2.31E−16	—	1.53E−16	—	2.44E−16
0.020	—	1.47E−16	1.38E−16	1.55E−16	1.48E−16	1.50E−16	1.40E−16	1.39E−16	—	7.97E−17	—	1.48E−16
0.030	—	8.36E−17	6.00E−17	8.32E−17	6.75E−17	7.57E−17	6.16E−17	7.68E−17	—	3.21E−17	—	8.23E−17
0.040	—	6.33E−17	3.71E−17	6.03E−17	4.44E−17	5.48E−17	3.84E−17	5.65E−17	—	1.93E−17	—	6.15E−17
0.050	—	5.49E−17	2.95E−17	5.14E−17	3.63E−17	4.74E−17	3.07E−17	4.84E−17	—	1.66E−17	—	5.35E−17
0.060	—	5.16E−17	2.78E−17	4.80E−17	3.40E−17	4.51E−17	2.89E−17	4.51E−17	—	1.73E−17	—	5.06E−17
0.080	—	5.13E−17	3.18E−17	4.87E−17	3.66E−17	4.71E−17	3.28E−17	4.51E−17	—	2.29E−17	—	5.11E−17
0.10	—	5.48E−17	3.99E−17	5.37E−17	4.39E−17	5.37E−17	4.08E−17	4.87E−17	—	3.11E−17	—	5.56E−17
0.15	—	7.15E−17	6.55E−17	7.21E−17	6.66E−17	7.10E−17	6.63E−17	6.80E−17	—	6.13E−17	—	7.26E−17
0.20	—	9.49E−17	9.48E−17	9.48E−17	9.50E−17	9.50E−17	9.48E−17	9.48E−17	—	9.48E−17	—	9.49E−17
0.30	—	1.51E−16	1.51E−16	1.51E−16	1.48E−16	1.48E−16	1.51E−16	1.51E−16	—	1.53E−16	—	1.51E−16
0.40	—	2.07E−16	2.07E−16	2.07E−16	2.03E−16	2.03E−16	2.07E−16	2.07E−16	—	2.10E−16	—	2.07E−16
0.50	—	2.60E−16	2.61E−16	2.61E−16	2.54E−16	2.54E−16	2.60E−16	2.60E−16	—	2.65E−16	—	2.61E−16
0.60	—	3.11E−16	3.12E−16	3.12E−16	3.04E−16	3.04E−16	3.11E−16	3.11E−16	—	3.17E−16	—	3.11E−16
0.80	—	4.05E−16	4.06E−16	4.06E−16	3.95E−16	3.95E−16	4.04E−16	4.04E−16	—	4.12E−16	—	4.05E−16
1.0	—	4.90E−16	4.91E−16	4.91E−16	4.78E−16	4.78E−16	4.90E−16	4.90E−16	—	4.99E−16	—	4.90E−16
1.5	—	6.73E−16	6.74E−16	6.74E−16	6.56E−16	6.56E−16	6.72E−16	6.72E−16	—	6.86E−16	—	6.73E−16
2.0	—	8.26E−16	8.28E−16	8.28E−16	8.08E−16	8.08E−16	8.25E−16	8.25E−16	—	8.41E−16	—	8.27E−16
3.0	—	1.09E−15	1.09E−15	1.09E−15	1.07E−15	1.07E−15	1.09E−15	1.09E−15	—	1.10E−15	—	1.09E−15
4.0	—	1.32E−15	1.32E−15	1.32E−15	1.31E−15	1.31E−15	1.32E−15	1.32E−15	—	1.33E−15	—	1.32E−15
5.0	—	1.54E−15	1.54E−15	1.54E−15	1.54E−15	1.54E−15	1.54E−15	1.54E−15	—	1.54E−15	—	1.54E−15
6.0	—	1.75E−15	1.75E−15	1.75E−15	1.76E−15	1.76E−15	1.75E−15	1.75E−15	—	1.74E−15	—	1.75E−15
8.0	—	2.17E−15	2.17E−15	2.17E−15	2.22E−15	2.22E−15	2.17E−15	2.17E−15	—	2.13E−15	—	2.17E−15
10.0	—	2.60E−15	2.59E−15	2.59E−15	2.69E−15	2.69E−15	2.60E−15	2.60E−15	—	2.52E−15	—	2.59E−15

（つづく）

表 D.1 (つづき)

光子エネルギー (MeV)	臓器 ID：33 大腿骨，下半分 線源：髄腔 標的組織		臓器 ID：35 下腿骨 線源：海綿質 標的組織		臓器 ID：36 下腿骨 線源：髄腔 標的組織		臓器 ID：38 足首と足 線源：海綿質 標的組織		臓器 ID：40 下顎骨 線源：海綿質 標的組織		臓器 ID：42 骨盤 線源：海綿質 標的組織		臓器 ID：44 肋骨 線源：海綿質 標的組織	
	AM (活性骨髄)	TM$_{50}$ (骨内膜)	AM (活性骨髄)	TM$_{50}$ (骨内膜)	AM (活性骨髄)	TM$_{50}$ (骨内膜)	AM (活性骨髄)	TM$_{50}$ (骨内膜)	AM (活性骨髄)	TM$_{50}$ (骨内膜)	AM (活性骨髄)	TM$_{50}$ (骨内膜)	AM (活性骨髄)	TM$_{50}$ (骨内膜)
0.010	—	3.74E−16	—	4.57E−16	—	4.38E−16	—	5.11E−16	6.14E−16	5.56E−16	6.16E−16	5.13E−16	6.18E−16	6.15E−16
0.015	—	1.53E−16	—	2.10E−16	—	1.79E−16	—	2.35E−16	2.58E−16	2.54E−16	2.60E−16	2.35E−16	2.62E−16	2.77E−16
0.020	—	7.97E−17	—	1.27E−16	—	9.35E−17	—	1.42E−16	1.39E−16	1.51E−16	1.40E−16	1.39E−16	1.42E−16	1.64E−16
0.030	—	3.21E−17	—	7.10E−17	—	3.76E−17	—	7.90E−17	6.02E−17	8.16E−17	6.15E−17	7.48E−17	6.29E−17	8.61E−17
0.040	—	1.93E−17	—	5.30E−17	—	2.25E−17	—	5.96E−17	3.72E−17	5.94E−17	3.84E−17	5.45E−17	3.95E−17	6.17E−17
0.050	—	1.66E−17	—	4.61E−17	—	1.94E−17	—	5.17E−17	2.96E−17	5.06E−17	3.06E−17	4.63E−17	3.16E−17	5.19E−17
0.060	—	1.73E−17	—	4.34E−17	—	2.03E−17	—	4.87E−17	2.79E−17	4.70E−17	2.88E−17	4.30E−17	2.96E−17	4.80E−17
0.080	—	2.29E−17	—	4.38E−17	—	2.69E−17	—	4.90E−17	3.19E−17	4.68E−17	3.26E−17	4.24E−17	3.33E−17	4.77E−17
0.10	—	3.11E−17	—	4.83E−17	—	3.53E−17	—	5.32E−17	4.00E−17	5.10E−17	4.06E−17	4.58E−17	4.12E−17	5.17E−17
0.15	—	6.13E−17	—	6.84E−17	—	6.30E−17	—	7.12E−17	6.56E−17	7.17E−17	6.61E−17	6.71E−17	6.76E−17	7.12E−17
0.20	—	9.48E−17	—	9.49E−17	—	9.48E−17	—	9.49E−17	9.47E−17	9.47E−17	9.47E−17	9.47E−17	9.47E−17	9.47E−17
0.30	—	1.53E−16	—	1.51E−16	—	1.53E−16	—	1.51E−16	1.52E−16	1.52E−16	1.51E−16	1.51E−16	1.51E−16	1.51E−16
0.40	—	2.10E−16	—	2.08E−16	—	2.10E−16	—	2.07E−16	2.08E−16	2.08E−16	2.07E−16	2.07E−16	2.07E−16	2.07E−16
0.50	—	2.65E−16	—	2.61E−16	—	2.65E−16	—	2.61E−16	2.61E−16	2.61E−16	2.61E−16	2.61E−16	2.60E−16	2.60E−16
0.60	—	3.17E−16	—	3.12E−16	—	3.17E−16	—	3.11E−16	3.12E−16	3.12E−16	3.12E−16	3.12E−16	3.11E−16	3.11E−16
0.80	—	4.12E−16	—	4.06E−16	—	4.12E−16	—	4.05E−16	4.07E−16	4.07E−16	4.06E−16	4.06E−16	4.05E−16	4.05E−16
1.0	—	4.99E−16	—	4.92E−16	—	4.99E−16	—	4.90E−16	4.92E−16	4.92E−16	4.91E−16	4.91E−16	4.90E−16	4.90E−16
1.5	—	6.86E−16	—	6.75E−16	—	6.86E−16	—	6.73E−16	6.76E−16	6.76E−16	6.74E−16	6.74E−16	6.72E−16	6.72E−16
2.0	—	8.41E−16	—	8.29E−16	—	8.41E−16	—	8.27E−16	8.30E−16	8.30E−16	8.28E−16	8.28E−16	8.26E−16	8.26E−16
3.0	—	1.10E−15	—	1.09E−15	—	1.10E−15	—	1.09E−15	1.09E−15	1.09E−15	1.09E−15	1.09E−15	1.09E−15	1.09E−15
4.0	—	1.33E−15	—	1.32E−15	—	1.33E−15	—	1.32E−15	1.32E−15	1.32E−15	1.32E−15	1.32E−15	1.32E−15	1.32E−15
5.0	—	1.54E−15	—	1.54E−15	—	1.54E−15	—	1.54E−15	1.54E−15	1.54E−15	1.54E−15	1.54E−15	1.54E−15	1.54E−15
6.0	—	1.74E−15	—	1.75E−15	—	1.74E−15	—	1.75E−15	1.75E−15	1.75E−15	1.75E−15	1.75E−15	1.75E−15	1.75E−15
8.0	—	2.13E−15	—	2.16E−15	—	2.13E−15	—	2.17E−15	2.16E−15	2.16E−15	2.16E−15	2.16E−15	2.17E−15	2.17E−15
10.0	—	2.52E−15	—	2.58E−15	—	2.52E−15	—	2.59E−15	2.58E−15	2.58E−15	2.59E−15	2.59E−15	2.60E−15	2.60E−15

付属書 D　骨格のフルエンスから線量への応答関数：光子　　185

光子エネルギー(MeV)	臓器 ID：46 肩甲骨 線源：海綿質 標的組織		臓器 ID：48 頸椎 線源：海綿質 標的組織		臓器 ID：50 胸椎 線源：海綿質 標的組織		臓器 ID：52 腰椎 線源：海綿質 標的組織		臓器 ID：54 仙骨 線源：海綿質 標的組織		臓器 ID：56 胸骨 線源：海綿質 標的組織	
	AM (活性骨髄)	TM₅₀ (骨内膜)	AM (活性骨髄)	TM₅₀ (骨内膜)	AM (活性骨髄)	TM₅₀ (骨内膜)	AM (活性骨髄)	TM₅₀ (骨内膜)	AM (活性骨髄)	TM₅₀ (骨内膜)	AM (活性骨髄)	TM₅₀ (骨内膜)
0.010	6.16E−16	5.74E−16	6.19E−16	5.96E−16	6.16E−16	6.04E−16	6.17E−16	5.65E−16	6.17E−16	5.44E−16	6.16E−16	5.73E−16
0.015	2.60E−16	2.63E−16	2.64E−16	2.71E−16	2.60E−16	2.74E−16	2.61E−16	2.57E−16	2.61E−16	2.47E−16	2.60E−16	2.61E−16
0.020	1.40E−16	1.57E−16	1.44E−16	1.61E−16	1.41E−16	1.62E−16	1.41E−16	1.51E−16	1.41E−16	1.45E−16	1.41E−16	1.54E−16
0.030	6.16E−17	8.61E−17	6.43E−17	8.56E−17	6.18E−17	8.57E−17	6.20E−17	8.01E−17	6.22E−17	7.69E−17	6.18E−17	8.08E−17
0.040	3.85E−17	6.29E−17	4.09E−17	6.15E−17	3.86E−17	6.11E−17	3.88E−17	5.75E−17	3.89E−17	5.47E−17	3.86E−17	5.76E−17
0.050	3.07E−17	5.37E−17	3.28E−17	5.18E−17	3.08E−17	5.14E−17	3.10E−17	4.82E−17	3.11E−17	4.61E−17	3.08E−17	4.84E−17
0.060	2.89E−17	4.99E−17	3.08E−17	4.76E−17	2.89E−17	4.73E−17	2.91E−17	4.44E−17	2.92E−17	4.26E−17	2.89E−17	4.47E−17
0.080	3.27E−17	4.94E−17	3.42E−17	4.69E−17	3.27E−17	4.68E−17	3.28E−17	4.39E−17	3.29E−17	4.21E−17	3.27E−17	4.43E−17
0.10	4.07E−17	5.33E−17	4.18E−17	5.05E−17	4.06E−17	5.07E−17	4.07E−17	4.75E−17	4.08E−17	4.57E−17	4.06E−17	4.79E−17
0.15	6.61E−17	7.24E−17	6.68E−17	7.01E−17	6.60E−17	7.07E−17	6.61E−17	6.64E−17	6.62E−17	6.73E−17	6.59E−17	6.70E−17
0.20	9.48E−17	9.48E−17	9.47E−17	9.47E−17	9.46E−17	9.46E−17	9.46E−17	9.46E−17	9.47E−17	9.47E−17	9.46E−17	9.46E−17
0.30	1.51E−16	1.51E−16	1.50E−16	1.50E−16	1.51E−16	1.51E−16	1.51E−16	1.51E−16	1.51E−16	1.51E−16	1.51E−16	1.51E−16
0.40	2.06E−16	2.06E−16	2.06E−16	2.06E−16	2.07E−16	2.07E−16	2.07E−16	2.07E−16	2.07E−16	2.07E−16	2.07E−16	2.07E−16
0.50	2.60E−16	2.60E−16	2.59E−16	2.59E−16	2.61E−16	2.61E−16	2.60E−16	2.60E−16	2.60E−16	2.60E−16	2.61E−16	2.61E−16
0.60	3.10E−16	3.10E−16	3.09E−16	3.09E−16	3.11E−16	3.11E−16	3.11E−16	3.11E−16	3.11E−16	3.11E−16	3.12E−16	3.12E−16
0.80	4.04E−16	4.04E−16	4.02E−16	4.02E−16	4.05E−16	4.05E−16	4.05E−16	4.05E−16	4.04E−16	4.04E−16	4.06E−16	4.06E−16
1.0	4.89E−16	4.89E−16	4.87E−16	4.87E−16	4.91E−16	4.91E−16	4.91E−16	4.91E−16	4.90E−16	4.90E−16	4.92E−16	4.92E−16
1.5	6.71E−16	6.71E−16	6.68E−16	6.68E−16	6.73E−16	6.73E−16	6.73E−16	6.73E−16	6.72E−16	6.72E−16	6.74E−16	6.74E−16
2.0	8.24E−16	8.24E−16	8.21E−16	8.21E−16	8.28E−16	8.28E−16	8.27E−16	8.27E−16	8.26E−16	8.26E−16	8.29E−16	8.29E−16
3.0	1.09E−15	1.09E−15	1.08E−15	1.08E−15	1.09E−15	1.09E−15	1.09E−15	1.09E−15	1.09E−15	1.09E−15	1.09E−15	1.09E−15
4.0	1.32E−15	1.32E−15	1.32E−15	1.32E−15	1.32E−15	1.32E−15	1.32E−15	1.32E−15	1.32E−15	1.32E−15	1.32E−15	1.32E−15
5.0	1.54E−15	1.54E−15	1.54E−15	1.54E−15	1.54E−15	1.54E−15	1.54E−15	1.54E−15	1.54E−15	1.54E−15	1.54E−15	1.54E−15
6.0	1.75E−15	1.75E−15	1.76E−15	1.76E−15	1.75E−15	1.75E−15	1.75E−15	1.75E−15	1.75E−15	1.75E−15	1.75E−15	1.75E−15
8.0	2.17E−15	2.17E−15	2.18E−15	2.18E−15	2.17E−15	2.17E−15	2.17E−15	2.17E−15	2.17E−15	2.17E−15	2.16E−15	2.16E−15
10.0	2.61E−15	2.61E−15	2.62E−15	2.62E−15	2.59E−15	2.59E−15	2.60E−15	2.60E−15	2.60E−15	2.60E−15	2.59E−15	2.59E−15

* 6.16E−16 は 6.16×10⁻¹⁶ を示し，— は該当なし（NA : not applicabile）を示す。

表 D.2 ICRPの標準男性（成人）の骨部位ごとに光子エネルギーの関数として表した，活性骨髄（AM）の海綿質（SP）に対する質量エネルギー吸収係数（MEAC, μ_{en}/ρ）の比，および骨髄全体（TM）の海綿質または骨髄腔（MM）のいずれかに対する質量エネルギー吸収係数（MEAC, μ_{en}/ρ）の比

光子エネルギー (MeV)	臓器 ID : 14 上腕骨，上半分 線源：海綿質 MEAC 比		臓器 ID : 15 上腕骨，上半分 線源：髄腔 MEAC 比		臓器 ID : 17 上腕骨，下半分 線源：海綿質 MEAC 比		臓器 ID : 18 上腕骨，下半分 線源：髄腔 MEAC 比		臓器 ID : 20 前腕骨 線源：海綿質 MEAC 比		臓器 ID : 21 前腕骨 線源：髄腔 MEAC 比	
	AM/SP	TM/SP	AM/MM	TM/MM	AM/SP	TM/SP	AM/MM	TM/MM	AM/SP	TM/SP	AM/MM	TM/MM
0.010	0.399	0.318	—	1.0	—	0.368	—	1.0	—	0.368	—	1.0
0.015	0.372	0.293	—	1.0	—	0.339	—	1.0	—	0.339	—	1.0
0.020	0.357	0.280	—	1.0	—	0.324	—	1.0	—	0.324	—	1.0
0.030	0.351	0.277	—	1.0	—	0.322	—	1.0	—	0.322	—	1.0
0.040	0.373	0.304	—	1.0	—	0.359	—	1.0	—	0.359	—	1.0
0.050	0.426	0.364	—	1.0	—	0.433	—	1.0	—	0.433	—	1.0
0.060	0.504	0.452	—	1.0	—	0.533	—	1.0	—	0.533	—	1.0
0.080	0.681	0.649	—	1.0	—	0.729	—	1.0	—	0.729	—	1.0
0.10	0.816	0.800	—	1.0	—	0.856	—	1.0	—	0.856	—	1.0
0.15	0.958	0.958	—	1.0	—	0.972	—	1.0	—	0.972	—	1.0
0.20	0.995	0.998	—	1.0	—	1.000	—	1.0	—	1.000	—	1.0

光子エネルギー (MeV)	臓器 ID : 23 手首と手 線源：海綿質 MEAC 比		臓器 ID : 25 鎖骨 線源：海綿質 MEAC 比		臓器 ID : 27 頭蓋 線源：海綿質 MEAC 比		臓器 ID : 29 大腿骨，上半分 線源：海綿質 MEAC 比		臓器 ID : 30 大腿骨，上半分 線源：髄腔 MEAC 比		臓器 ID : 32 大腿骨，下半分 線源：海綿質 MEAC 比	
	AM/SP	TM/SP	AM/SP	TM/SP	AM/SP	TM/SP	AM/SP	TM/SP	AM/MM	TM/MM	AM/SP	TM/MM
0.010	—	0.368	0.472	0.370	0.463	0.370	0.522	0.399	—	1.0	—	0.368
0.015	—	0.339	0.443	0.342	0.434	0.343	0.492	0.371	—	1.0	—	0.339
0.020	—	0.324	0.427	0.328	0.418	0.329	0.475	0.356	—	1.0	—	0.324
0.030	—	0.322	0.420	0.325	0.411	0.326	0.467	0.353	—	1.0	—	0.322
0.040	—	0.359	0.443	0.355	0.435	0.355	0.491	0.385	—	1.0	—	0.359
0.050	—	0.433	0.497	0.420	0.489	0.419	0.545	0.453	—	1.0	—	0.433
0.060	—	0.533	0.575	0.511	0.567	0.509	0.621	0.546	—	1.0	—	0.533
0.080	—	0.729	0.739	0.703	0.733	0.699	0.774	0.732	—	1.0	—	0.729
0.10	—	0.856	0.855	0.837	0.851	0.834	0.876	0.856	—	1.0	—	0.856
0.15	—	0.972	0.967	0.967	0.967	0.966	0.972	0.971	—	1.0	—	0.972
0.20	—	1.000	0.995	0.999	0.995	0.999	0.995	0.999	—	1.0	—	1.000

付属書 D　骨格のフルエンスから線量への応答関数：光子

光子エネルギー(MeV)	臓器ID：33 大腿骨，下半分 線源：髄腔 MEAC比		臓器ID：35 下腿骨 線源：海綿質 MEAC比		臓器ID：36 下腿骨 線源：髄腔 MEAC比		臓器ID：38 足首と足 線源：海綿質 MEAC比		臓器ID：40 下顎骨 線源：海綿質 MEAC比		臓器ID：42 骨盤 線源：海綿質 MEAC比		臓器ID：44 肋骨 線源：海綿質 MEAC比	
	AM/MM	TM/MM	AM/SP	TM/SP	AM/MM	TM/MM	AM/SP	TM/SP	AM/SP	TM/SP	AM/SP	TM/SP	AM/SP	TM/SP
0.010	—	1.0	—	0.368	—	1.0	—	0.368	0.376	0.301	0.532	0.443	0.456	0.413
0.015	—	1.0	—	0.339	—	1.0	—	0.339	0.349	0.276	0.503	0.415	0.428	0.385
0.020	—	1.0	—	0.324	—	1.0	—	0.324	0.335	0.264	0.487	0.400	0.413	0.371
0.030	—	1.0	—	0.322	—	1.0	—	0.322	0.329	0.261	0.479	0.396	0.407	0.366
0.040	—	1.0	—	0.359	—	1.0	—	0.359	0.351	0.287	0.503	0.426	0.430	0.393
0.050	—	1.0	—	0.433	—	1.0	—	0.433	0.403	0.345	0.557	0.491	0.485	0.452
0.060	—	1.0	—	0.533	—	1.0	—	0.533	0.480	0.431	0.632	0.579	0.563	0.536
0.080	—	1.0	—	0.729	—	1.0	—	0.729	0.660	0.630	0.783	0.753	0.730	0.715
0.10	—	1.0	—	0.856	—	1.0	—	0.856	0.802	0.786	0.882	0.868	0.850	0.842
0.15	—	1.0	—	0.972	—	1.0	—	0.972	0.955	0.954	0.974	0.974	0.967	0.967
0.20	—	1.0	—	1.000	—	1.0	—	1.000	0.995	0.998	0.996	0.999	0.996	0.998

光子エネルギー(MeV)	臓器ID：46 肩甲骨 線源：海綿質 標的組織		臓器ID：48 頸椎 線源：海綿質 標的組織		臓器ID：50 胸椎 線源：海綿質 標的組織		臓器ID：52 腰椎 線源：海綿質 標的組織		臓器ID：54 仙骨 線源：海綿質 標的組織		臓器ID：56 胸骨 線源：海綿質 標的組織	
	AM/SP	TM/SP	AM/SP	TM/SP	AM/SP	TM/SP	AM/SP	TM/SP	AM/SP	TM/SP	AM/SP	TM/SP
0.010	0.425	0.340	0.818	0.740	0.696	0.630	0.567	0.513	0.960	0.869	0.882	0.798
0.015	0.397	0.314	0.799	0.719	0.671	0.604	0.538	0.485	0.953	0.858	0.867	0.781
0.020	0.382	0.300	0.788	0.708	0.656	0.590	0.523	0.470	0.948	0.852	0.859	0.771
0.030	0.375	0.297	0.782	0.705	0.650	0.586	0.516	0.465	0.945	0.852	0.854	0.769
0.040	0.398	0.325	0.798	0.728	0.671	0.613	0.540	0.493	0.949	0.867	0.865	0.790
0.050	0.452	0.387	0.831	0.774	0.718	0.669	0.594	0.553	0.958	0.893	0.888	0.828
0.060	0.530	0.476	0.870	0.828	0.776	0.739	0.667	0.634	0.968	0.921	0.915	0.871
0.080	0.703	0.671	0.933	0.913	0.879	0.860	0.808	0.790	0.984	0.963	0.957	0.936
0.10	0.831	0.815	0.966	0.957	0.938	0.929	0.897	0.889	0.992	0.982	0.978	0.969
0.15	0.962	0.961	0.993	0.992	0.987	0.986	0.978	0.978	0.997	0.997	0.995	0.995
0.20	0.995	0.999	0.998	1.000	0.998	0.999	0.997	0.999	0.999	1.000	0.998	1.000

—は該当なし（NA：not applicabile）を示す。

表 D.3　ICRPの標準女性（成人）の骨部位ごとに光子エネルギーの関数として表した，活性骨髄（AM）の海綿質（SP）に対する質量エネルギー吸収係数（MEAC, μ_{en}/ρ）の比，および骨髄全体（TM）の海綿質または骨髄（MM）のいずれかに対する質量エネルギー吸収係数（MEAC, μ_{en}/ρ）の比

光子エネルギー (MeV)	臓器 ID：14 上腕骨，上半分 線源：海綿質 MEAC 比		臓器 ID：15 上腕骨，上半分 線源：髄腔 MEAC 比		臓器 ID：17 上腕骨，下半分 線源：海綿質 MEAC 比		臓器 ID：18 上腕骨，下半分 線源：髄腔 MEAC 比		臓器 ID：20 前腕骨 線源：海綿質 MEAC 比		臓器 ID：21 前腕骨 線源：髄腔 MEAC 比	
	AM/SP	TM/SP	AM/MM	TM/MM	AM/SP	TM/SP	AM/MM	TM/MM	AM/SP	TM/SP	AM/MM	TM/MM
0.010	0.414	0.325	—	1.0	—	0.347	—	1.0	—	0.347	—	1.0
0.015	0.385	0.298	—	1.0	—	0.317	—	1.0	—	0.317	—	1.0
0.020	0.369	0.285	—	1.0	—	0.302	—	1.0	—	0.302	—	1.0
0.030	0.362	0.281	—	1.0	—	0.300	—	1.0	—	0.300	—	1.0
0.040	0.384	0.309	—	1.0	—	0.335	—	1.0	—	0.335	—	1.0
0.050	0.436	0.370	—	1.0	—	0.407	—	1.0	—	0.407	—	1.0
0.060	0.514	0.458	—	1.0	—	0.506	—	1.0	—	0.506	—	1.0
0.080	0.689	0.656	—	1.0	—	0.706	—	1.0	—	0.706	—	1.0
0.10	0.821	0.804	—	1.0	—	0.841	—	1.0	—	0.841	—	1.0
0.15	0.959	0.958	—	1.0	—	0.968	—	1.0	—	0.968	—	1.0
0.20	0.994	0.997	—	1.0	—	0.999	—	1.0	—	0.999	—	1.0

光子エネルギー (MeV)	臓器 ID：23 手首と手 線源：海綿質 MEAC 比		臓器 ID：25 骨 線源：海綿質 MEAC 比		臓器 ID：27 頭蓋 線源：海綿質 MEAC 比		臓器 ID：29 大腿骨，上半分 線源：海綿質 MEAC 比		臓器 ID：30 大腿骨，上半分 線源：髄腔 MEAC 比		臓器 ID：32 大腿骨，下半分 線源：海綿質 MEAC 比	
	AM/SP	TM/SP	AM/SP	TM/SP	AM/SP	TM/SP	AM/SP	TM/SP	AM/MM	TM/MM	AM/SP	TM/SP
0.010	—	0.347	0.406	0.318	0.352	0.282	0.788	0.611	—	1.0	—	0.347
0.015	—	0.317	0.377	0.292	0.326	0.258	0.760	0.581	—	1.0	—	0.317
0.020	—	0.302	0.362	0.278	0.311	0.245	0.743	0.565	—	1.0	—	0.302
0.030	—	0.300	0.354	0.275	0.305	0.242	0.733	0.561	—	1.0	—	0.300
0.040	—	0.335	0.376	0.302	0.326	0.266	0.748	0.594	—	1.0	—	0.335
0.050	—	0.407	0.429	0.362	0.375	0.322	0.785	0.659	—	1.0	—	0.407
0.060	—	0.506	0.506	0.450	0.451	0.405	0.832	0.736	—	1.0	—	0.506
0.080	—	0.706	0.682	0.649	0.633	0.604	0.910	0.863	—	1.0	—	0.706
0.10	—	0.841	0.817	0.799	0.782	0.767	0.953	0.932	—	1.0	—	0.841
0.15	—	0.968	0.957	0.957	0.948	0.948	0.988	0.987	—	1.0	—	0.968
0.20	—	0.999	0.994	0.997	0.993	0.996	0.996	0.999	—	1.0	—	0.999

付属書 D 骨格のフルエンスから線量への応答関数：光子

光子エネルギー (MeV)	臓器 ID：33 大腿骨，下半分 線源：髄腔 MEAC 比		臓器 ID：35 下腿骨 線源：海綿質 MEAC 比		臓器 ID：36 下腿骨 線源：髄腔 MEAC 比		臓器 ID：38 足首と足 線源：海綿質 MEAC 比		臓器 ID：40 下顎骨 線源：海綿質 MEAC 比		臓器 ID：42 盤 骨 線源：海綿質 MEAC 比		臓器 ID：44 肋 骨 線源：海綿質 MEAC 比	
	AM/MM	TM/MM	AM/SP	TM/SP	AM/MM	TM/MM	AM/SP	TM/SP	AM/SP	TM/SP	AM/SP	TM/SP	AM/SP	TM/SP
0.010	—	1.0	—	0.347	—	1.0	—	0.347	0.409	0.328	0.556	0.463	0.620	0.561
0.015	—	1.0	—	0.317	—	1.0	—	0.317	0.380	0.301	0.524	0.433	0.591	0.532
0.020	—	1.0	—	0.302	—	1.0	—	0.302	0.365	0.287	0.507	0.417	0.575	0.517
0.030	—	1.0	—	0.300	—	1.0	—	0.300	0.358	0.283	0.499	0.413	0.567	0.511
0.040	—	1.0	—	0.335	—	1.0	—	0.335	0.380	0.310	0.522	0.443	0.590	0.539
0.050	—	1.0	—	0.407	—	1.0	—	0.407	0.432	0.371	0.576	0.507	0.642	0.598
0.060	—	1.0	—	0.506	—	1.0	—	0.506	0.510	0.458	0.649	0.594	0.710	0.676
0.080	—	1.0	—	0.706	—	1.0	—	0.706	0.685	0.654	0.795	0.765	0.837	0.819
0.10	—	1.0	—	0.841	—	1.0	—	0.841	0.819	0.803	0.889	0.874	0.914	0.906
0.15	—	1.0	—	0.968	—	1.0	—	0.968	0.958	0.957	0.975	0.975	0.981	0.981
0.20	—	1.0	—	0.999	—	1.0	—	0.999	0.994	0.997	0.996	0.998	0.997	0.999

光子エネルギー (MeV)	臓器 ID：46 肩甲骨 線源：海綿質 標的組織		臓器 ID：48 頸 椎 線源：海綿質 標的組織		臓器 ID：50 胸 椎 線源：海綿質 標的組織		臓器 ID：52 腰 椎 線源：海綿質 標的組織		臓器 ID：54 仙 骨 線源：海綿質 標的組織		臓器 ID：56 胸 骨 線源：海綿質 標的組織	
	AM/SP	TM/SP	AM/SP	TM/SP	AM/SP	TM/SP	AM/SP	TM/SP	AM/SP	TM/SP	AM/SP	TM/SP
0.010	0.508	0.406	0.504	0.456	0.649	0.587	0.441	0.399	0.800	0.724	0.679	0.614
0.015	0.476	0.377	0.474	0.427	0.621	0.559	0.412	0.371	0.778	0.701	0.651	0.587
0.020	0.459	0.362	0.457	0.411	0.605	0.544	0.397	0.356	0.766	0.688	0.636	0.572
0.030	0.451	0.357	0.450	0.406	0.597	0.538	0.390	0.351	0.759	0.684	0.629	0.566
0.040	0.474	0.388	0.474	0.433	0.620	0.566	0.413	0.377	0.776	0.708	0.650	0.594
0.050	0.528	0.453	0.528	0.493	0.670	0.624	0.467	0.435	0.811	0.756	0.698	0.651
0.060	0.604	0.543	0.605	0.576	0.735	0.699	0.545	0.518	0.854	0.813	0.759	0.723
0.080	0.762	0.727	0.763	0.746	0.853	0.834	0.715	0.700	0.924	0.904	0.868	0.850
0.10	0.868	0.852	0.870	0.862	0.923	0.915	0.839	0.832	0.961	0.953	0.932	0.923
0.15	0.970	0.969	0.971	0.971	0.983	0.983	0.964	0.964	0.991	0.991	0.985	0.985
0.20	0.995	0.998	0.996	0.998	0.997	0.999	0.995	0.997	0.998	1.000	0.997	0.999

—は該当なし（NA：not applicable）を示す。

表 D.4 骨部位ごとに光子エネルギーの関数として表した、活性骨髄 (AM) と骨内膜 (TM₅₀) の線量増加ファクター S

光子エネルギー (MeV)	臓器 ID : 14 上腕骨, 上半分 線源：海綿質 標的組織		臓器 ID : 15 上腕骨, 上半分 線源：髄腔 標的組織		臓器 ID : 17 上腕骨, 下半分 線源：海綿質 標的組織		臓器 ID : 18 上腕骨, 下半分 線源：髄腔 標的組織		臓器 ID : 20 前腕骨 線源：海綿質 標的組織		臓器 ID : 21 前腕骨 線源：髄腔 標的組織	
	AM (活性骨髄)	TM_{50} (骨内膜)	AM (活性骨髄)	TM_{50} (骨内膜)	AM (活性骨髄)	TM_{50} (骨内膜)	AM (活性骨髄)	TM_{50} (骨内膜)	AM (活性骨髄)	TM_{50} (骨内膜)	AM (活性骨髄)	TM_{50} (骨内膜)
0.010	1.00	1.10	1.00	1.0	—	1.07	—	1.0	—	1.09	—	1.0
0.015	1.00	1.21	1.00	1.0	—	1.19	—	1.0	—	1.20	—	1.0
0.020	1.00	1.36	1.00	1.0	—	1.37	—	1.0	—	1.37	—	1.0
0.030	1.00	1.70	1.00	1.0	—	1.74	—	1.0	—	1.75	—	1.0
0.040	1.00	1.97	1.00	1.0	—	2.03	—	1.0	—	2.03	—	1.0
0.050	1.00	2.02	1.00	1.0	—	2.07	—	1.0	—	2.07	—	1.0
0.060	1.01	1.92	1.01	1.0	—	1.93	—	1.0	—	1.93	—	1.0
0.080	1.01	1.58	1.01	1.0	—	1.55	—	1.0	—	1.55	—	1.0
0.10	1.01	1.34	1.01	1.0	—	1.29	—	1.0	—	1.30	—	1.0
0.15	1.01	1.08	1.01	1.0	—	1.06	—	1.0	—	1.05	—	1.0
0.20	1.00	1.00	1.00	1.0	—	1.00	—	1.0	—	1.00	—	1.0

光子エネルギー (MeV)	臓器 ID : 23 手首と手 線源：海綿質 標的組織		臓器 ID : 25 鎖骨 線源：海綿質 標的組織		臓器 ID : 27 頭蓋 線源：海綿質 標的組織		臓器 ID : 29 大腿骨, 上半分 線源：海綿質 標的組織		臓器 ID : 30 大腿骨, 上半分 線源：髄腔 標的組織		臓器 ID : 32 大腿骨, 下半分 線源：海綿質 標的組織	
	AM (活性骨髄)	TM_{50} (骨内膜)	AM (活性骨髄)	TM_{50} (骨内膜)	AM (活性骨髄)	TM_{50} (骨内膜)	AM (活性骨髄)	TM_{50} (骨内膜)	AM (活性骨髄)	TM_{50} (骨内膜)	AM (活性骨髄)	TM_{50} (骨内膜)
0.010	—	1.17	1.00	1.16	1.01	1.14	1.00	1.03	—	1.0	—	1.20
0.015	—	1.31	1.00	1.26	1.03	1.21	1.01	1.14	—	1.0	—	1.34
0.020	—	1.51	1.00	1.39	1.07	1.32	1.01	1.28	—	1.0	—	1.52
0.030	—	1.96	1.00	1.72	1.13	1.53	1.03	1.63	—	1.0	—	1.93
0.040	—	2.29	1.01	1.96	1.21	1.76	1.04	1.88	—	1.0	—	2.23
0.050	—	2.33	1.01	2.02	1.25	1.84	1.05	1.94	—	1.0	—	2.27
0.060	—	2.17	1.01	1.92	1.24	1.79	1.05	1.83	—	1.0	—	2.13
0.080	—	1.73	1.02	1.61	1.17	1.55	1.05	1.50	—	1.0	—	1.72
0.10	—	1.43	1.01	1.39	1.11	1.38	1.03	1.26	—	1.0	—	1.45
0.15	—	1.09	1.01	1.10	1.02	1.09	1.02	1.04	—	1.0	—	1.11
0.20	—	1.00	1.00	1.00	1.01	1.00	1.01	1.01	—	1.0	—	1.00

付属書 D　骨格のフルエンスから線量への応答関数：光子

光子エネルギー (MeV)	臓器 ID：33 大腿骨，下半分 線源：髄腔 標的組織		臓器 ID：35 下腿骨 線源：海綿質 標的組織		臓器 ID：36 下腿骨 線源：髄腔 標的組織		臓器 ID：38 足首と足 線源：海綿質 標的組織		臓器 ID：40 下顎骨 線源：海綿質 標的組織		臓器 ID：42 骨盤 線源：海綿質 標的組織		臓器 ID：44 肋骨 線源：海綿質 標的組織	
	AM (活性骨髄)	TM_{50} (骨内膜)	AM (活性骨髄)	TM_{50} (骨内膜)	AM (活性骨髄)	TM_{50} (骨内膜)	AM (活性骨髄)	TM_{50} (骨内膜)	AM (活性骨髄)	TM_{50} (骨内膜)	AM (活性骨髄)	TM_{50} (骨内膜)	AM (活性骨髄)	TM_{50} (骨内膜)
0.010	—	1.0	—	1.08	—	1.0	—	1.16	1.00	1.09	1.00	1.00	1.01	1.09
0.015	—	1.0	—	1.16	—	1.0	—	1.29	1.00	1.20	1.01	1.07	1.01	1.17
0.020	—	1.0	—	1.31	—	1.0	—	1.46	1.00	1.33	1.01	1.18	1.02	1.29
0.030	—	1.0	—	1.66	—	1.0	—	1.85	1.01	1.65	1.03	1.46	1.05	1.57
0.040	—	1.0	—	1.92	—	1.0	—	2.16	1.01	1.90	1.04	1.69	1.07	1.81
0.050	—	1.0	—	1.96	—	1.0	—	2.20	1.02	1.97	1.05	1.76	1.08	1.89
0.060	—	1.0	—	1.83	—	1.0	—	2.05	1.02	1.87	1.05	1.68	1.08	1.82
0.080	—	1.0	—	1.48	—	1.0	—	1.65	1.02	1.55	1.04	1.39	1.06	1.55
0.10	—	1.0	—	1.24	—	1.0	—	1.38	1.01	1.31	1.03	1.18	1.05	1.32
0.15	—	1.0	—	1.05	—	1.0	—	1.09	1.01	1.10	1.01	1.03	1.04	1.09
0.20	—	1.0	—	1.00	—	1.0	—	1.00	1.00	1.00	1.00	1.00	1.00	1.00

光子エネルギー (MeV)	臓器 ID：46 肩甲骨 線源：海綿質 標的組織		臓器 ID：48 頚椎 線源：海綿質 標的組織		臓器 ID：50 胸椎 線源：海綿質 標的組織		臓器 ID：52 腰椎 線源：海綿質 標的組織		臓器 ID：54 仙骨 線源：海綿質 標的組織		臓器 ID：56 胸骨 線源：海綿質 標的組織	
	AM (活性骨髄)	TM_{50} (骨内膜)	AM (活性骨髄)	TM_{50} (骨内膜)	AM (活性骨髄)	TM_{50} (骨内膜)	AM (活性骨髄)	TM_{50} (骨内膜)	AM (活性骨髄)	TM_{50} (骨内膜)	AM (活性骨髄)	TM_{50} (骨内膜)
0.010	1.00	1.13	1.01	1.06	1.00	1.07	1.00	1.00	1.00	1.00	1.00	1.02
0.015	1.01	1.24	1.02	1.15	1.01	1.16	1.01	1.09	1.01	1.04	1.01	1.10
0.020	1.01	1.38	1.04	1.27	1.02	1.28	1.02	1.19	1.02	1.14	1.02	1.21
0.030	1.03	1.74	1.08	1.56	1.03	1.56	1.04	1.46	1.04	1.40	1.03	1.47
0.040	1.04	2.02	1.11	1.80	1.05	1.79	1.06	1.68	1.06	1.60	1.05	1.69
0.050	1.05	2.09	1.13	1.88	1.06	1.87	1.06	1.75	1.07	1.68	1.06	1.76
0.060	1.05	1.98	1.12	1.81	1.06	1.80	1.06	1.69	1.07	1.62	1.06	1.70
0.080	1.04	1.63	1.09	1.52	1.04	1.52	1.05	1.42	1.05	1.36	1.04	1.43
0.10	1.03	1.37	1.06	1.29	1.03	1.30	1.03	1.21	1.04	1.17	1.03	1.22
0.15	1.01	1.11	1.03	1.07	1.01	1.08	1.01	1.02	1.02	1.03	1.01	1.03
0.20	1.00	1.00	1.00	1.00	1.00	1.00	1.00	1.00	1.00	1.00	1.00	1.00

—は該当なし（NA：not applicabile）を示す。

付属書E　骨格のフルエンスから線量への応答関数：中性子

（**E1**）付属書Dで，フルエンスから線量への応答関数の概念を提示した。この関数により，ICRP標準ファントムにおいて，骨格の光子照射による活性骨髄と骨内膜の吸収線量を計算することができる。この付属書では，骨格組織の中性子照射について，同様の線量応答関数を提示する。これらの関数は，10^{-3} eV から 150 MeV のエネルギー範囲に対して与えられる。これらの関数では，各骨部位の骨梁と髄腔の両方にわたり，反跳陽子の輸送を明確に考慮している。10^{-3} eV から 20 MeV のエネルギー範囲では，水素との衝突のみに由来する反跳陽子を考慮し，20 MeV から 150 MeV の中性子エネルギーでは，すべての骨格組織の原子核との衝突に由来する陽子を考慮している。陽子以外の反跳核については，中性子が相互作用した場所で局所的にエネルギーを沈着すると仮定している（すなわちカーマ近似）。150 MeVを超えると，均質な海綿質の吸収線量は，活性骨髄の吸収線量（誤差＜1％）と骨内膜の吸収線量（誤差＜5％）の両方の合理的な推定値であることが示されている。

E.1　骨部位別の中性子骨格線量評価のための応答関数

（**E2**）骨部位 x においてエネルギー E_n の中性子によってもたらされる骨部位別の骨格組織の吸収線量を評価するための応答関数 R は，以下のように与えられる（Kerr と Eckerman, 1985; Bahadori ら, 2011）。

$$R(r_T \leftarrow r_S, x, E_n) = \frac{D(r_T, x)}{\Phi(E_n, r_S, x)} \tag{E.1}$$

$$= \sum_j \frac{\lambda}{m(r_T, x)} \frac{N_A}{A_j} \sum_r f_j(r)\, m(r, x) \sum_i \int_0^\infty \phi(r_T \leftarrow r, T_i, x)\, \sigma_{i,j}^{\text{prod}}(E_n)\, T_i\, n_{i,j}(T_i, E_n)\, dT_i \tag{E.2}$$

ここで，x はファントム内の様々な骨部位のインデックス（大腿骨上部，頭蓋，その他；長骨については，海綿質領域と髄腔領域は異なる骨部位と見なす），r_T は線量評価における標的組織のインデックス（活性骨髄または骨内膜），r_S は中性子フルエンスが記録される骨部位 x の線源組織のインデックス（海綿質または骨髄髄質），r は海綿質の構成組織のインデックス（骨梁骨，活性骨髄または不活性骨髄），λ は適切な単位を得るための換算係数，N_A はアボガドロ数，A_j は核種 j の原子質量，$f_j(r)$ は線源領域 r における核種 j の質量百分率で表した存

在割合，E_n は骨部位 x の海綿質を通過し，その中で相互作用する可能性のある中性子のエネルギー，$m(r,x)$ は骨部位 x の構成組織 r の質量，$m(r_T,x)$ は骨部位 x の標的組織 r_T の質量，i は考慮している中性子の相互作用の種類を示すインデックス，T_i は中性子の相互作用の種類 i によって構成組織 r において解放される二次荷電粒子のエネルギー，$\phi(r_T \leftarrow r, T_i, x)$ は骨部位 x の構成組織 r において解放される二次荷電粒子エネルギー T_i のうち，骨部位 x の標的組織 r_T に付与される割合，$\sigma_{i,j}^{\text{prod}}(E_n)$ は核種 j の二次粒子 i に対する二次荷電粒子生成断面積，そして $n_{i,j}(T_i, E_n)\mathrm{d}T_i$ は相互作用の種類 i で，エネルギー E_n の中性子により核種 j で解放される T_i と $T_i+\mathrm{d}T_i$ の間のエネルギーの二次荷電粒子の数である。

(**E3**) 本報告書では，式（E.2）を Bahadori ら（2011）によって示された方法を使って評価した。陽子の吸収割合のデータは，40 歳の男性の遺体の骨格にて 32 の骨部位のマイクロコンピュータ断層撮影画像から取得した，直線行路長分布（linear pathlength distributions）を用いた連続減速近似（CSDA）輸送法から得た（Jokisch ら，2011a, b）。式（E.2）から得られた骨部位別の線量応答関数の値を，表形式で表 E.1 に示す。

(**E4**) したがって，骨部位 x における組織 r_T の骨部位別吸収線量 $D(r_T, x)$ は，骨部位別のエネルギー依存中性子フルエンス $\Phi(E_n, r_S, x)$ と，骨部位別のエネルギー依存線量応答関数 $R(r_T \leftarrow r_S, x, E_n)$ の積の積分として決定される。

$$D(r_T, x) = \int_{E_n} \Phi(E_n, r_S, x) R(r_T \leftarrow r_S, x, E_n) \mathrm{d}E_n \tag{E.3}$$

(**E5**) フルエンス評価法は，付属書 D の式（D.4a）と式（D.4b）に示した。エネルギー E_n は，骨格組織を通過し，その中で相互作用する可能性がある中性子のエネルギーであり，コンピュータファントムの外表面に入射する中性子のエネルギーではないことに注意すべきである。

E.2 骨格平均中性子吸収線量

(**E6**) 骨部位別の吸収線量推定値は，臨界事故あるいはホウ素中性子捕捉療法のような，骨格が部分的に照射される場合には重要になり得る。しかし，放射線防護と実効線量の計算の目的のためには，活性骨髄と骨内膜の骨格平均吸収線量が必要となる。そこで，骨格平均吸収線量を骨部位別の吸収線量の質量加重平均として求める。

$$D_{\text{skel}}(r_T) = \sum_x \frac{m(r_T, x)}{m(r_T)} D(r_T, x) \tag{E.4}$$

ここで，$m(r_T, x)$ は骨部位 x における標的組織 r_T の質量，$m(r_T)$ は骨格全体を通じた標的組織 r_T の全質量，そして $D(r_T, x)$ は式（E.3）によって与えられる骨部位別吸収線量である。ICRP の標準男性と標準女性ファントム（成人）の骨格組織の質量は，本報告書の 3.4 節にま

付属書 E　骨格のフルエンスから線量への応答関数：中性子

表 E.1　ICRP *Publication 110* の標準コンピュータファントムの骨部位ごとに中性子エネルギーの関数として表した，活性骨髄（AM）と骨内膜（TM$_{50}$）の中性子フルエンスあたりの骨部位別吸収線量（単位：Gy·m^2）

中性子エネルギー (eV)	臓器 ID：14 上腕骨，上半分 線源：海綿質 標的組織 AM (活性骨髄)	TM$_{50}$ (骨内膜)	臓器 ID：15 上腕骨，上半分 線源：髄腔 標的組織 AM (活性骨髄)	TM$_{50}$ (骨内膜)	臓器 ID：17 上腕骨，下半分 線源：海綿質 標的組織 AM (活性骨髄)	TM$_{50}$ (骨内膜)	臓器 ID：18 上腕骨，下半分 線源：髄腔 標的組織 AM (活性骨髄)	TM$_{50}$ (骨内膜)	臓器 ID：20 前腕骨 線源：海綿質 標的組織 AM (活性骨髄)	TM$_{50}$ (骨内膜)	臓器 ID：21 前腕骨 線源：髄腔 標的組織 AM (活性骨髄)	TM$_{50}$ (骨内膜)
1.00E−03	3.08E−17	1.25E−17	—	6.86E−18	—	6.33E−18	—	6.86E−18	—	6.33E−18	—	6.86E−18
1.50E−03	3.10E−17	1.25E−17	—	6.90E−18	—	6.37E−18	—	6.90E−18	—	6.37E−18	—	6.90E−18
2.00E−03	3.12E−17	1.26E−17	—	6.94E−18	—	6.40E−18	—	6.94E−18	—	6.40E−18	—	6.94E−18
3.00E−03	3.15E−17	1.27E−17	—	7.01E−18	—	6.46E−18	—	7.01E−18	—	6.46E−18	—	7.01E−18
4.00E−03	3.17E−17	1.28E−17	—	7.06E−18	—	6.51E−18	—	7.06E−18	—	6.51E−18	—	7.06E−18
5.00E−03	3.19E−17	1.29E−17	—	7.09E−18	—	6.54E−18	—	7.09E−18	—	6.54E−18	—	7.09E−18
6.00E−03	3.20E−17	1.29E−17	—	7.12E−18	—	6.57E−18	—	7.12E−18	—	6.57E−18	—	7.12E−18
8.00E−03	3.20E−17	1.29E−17	—	7.13E−18	—	6.58E−18	—	7.13E−18	—	6.58E−18	—	7.13E−18
1.00E−02	3.19E−17	1.29E−17	—	7.11E−18	—	6.55E−18	—	7.11E−18	—	6.55E−18	—	7.11E−18
1.50E−02	3.09E−17	1.25E−17	—	6.88E−18	—	6.34E−18	—	6.88E−18	—	6.34E−18	—	6.88E−18
2.00E−02	2.92E−17	1.18E−17	—	6.50E−18	—	5.99E−18	—	6.50E−18	—	5.99E−18	—	6.50E−18
3.00E−02	2.50E−17	1.01E−17	—	5.56E−18	—	5.13E−18	—	5.56E−18	—	5.13E−18	—	5.56E−18
4.00E−02	2.18E−17	8.79E−18	—	4.85E−18	—	4.47E−18	—	4.85E−18	—	4.47E−18	—	4.85E−18
5.00E−02	1.94E−17	7.85E−18	—	4.32E−18	—	3.99E−18	—	4.32E−18	—	3.99E−18	—	4.32E−18
6.00E−02	1.77E−17	7.13E−18	—	3.93E−18	—	3.63E−18	—	3.93E−18	—	3.63E−18	—	3.93E−18
8.00E−02	1.53E−17	6.19E−18	—	3.41E−18	—	3.15E−18	—	3.41E−18	—	3.15E−18	—	3.41E−18
1.00E−01	1.37E−17	5.53E−18	—	3.05E−18	—	2.81E−18	—	3.05E−18	—	2.81E−18	—	3.05E−18
1.50E−01	1.12E−17	4.53E−18	—	2.50E−18	—	2.31E−18	—	2.50E−18	—	2.31E−18	—	2.50E−18
2.00E−01	9.72E−18	3.93E−18	—	2.16E−18	—	2.00E−18	—	2.16E−18	—	2.00E−18	—	2.16E−18
3.00E−01	7.91E−18	3.20E−18	—	1.76E−18	—	1.63E−18	—	1.76E−18	—	1.63E−18	—	1.76E−18
4.00E−01	6.86E−18	2.78E−18	—	1.53E−18	—	1.41E−18	—	1.53E−18	—	1.41E−18	—	1.53E−18
5.00E−01	6.14E−18	2.48E−18	—	1.37E−18	—	1.27E−18	—	1.37E−18	—	1.27E−18	—	1.37E−18
6.00E−01	5.61E−18	2.27E−18	—	1.25E−18	—	1.16E−18	—	1.25E−18	—	1.16E−18	—	1.25E−18
8.00E−01	4.87E−18	1.97E−18	—	1.09E−18	—	1.01E−18	—	1.09E−18	—	1.01E−18	—	1.09E−18
1.00E+00	4.34E−18	1.76E−18	—	9.76E−19	—	9.02E−19	—	9.76E−19	—	9.02E−19	—	9.76E−19
1.50E+00	3.56E−18	1.45E−18	—	8.08E−19	—	7.46E−19	—	8.08E−19	—	7.46E−19	—	8.08E−19
2.00E+00	3.08E−18	1.26E−18	—	7.07E−19	—	6.54E−19	—	7.07E−19	—	6.54E−19	—	7.07E−19
3.00E+00	2.53E−18	1.04E−18	—	5.93E−19	—	5.49E−19	—	5.93E−19	—	5.49E−19	—	5.93E−19
4.00E+00	2.20E−18	9.21E−19	—	5.30E−19	—	4.93E−19	—	5.30E−19	—	4.94E−19	—	5.30E−19
5.00E+00	1.98E−18	8.38E−19	—	4.90E−19	—	4.58E−19	—	4.90E−19	—	4.58E−19	—	4.90E−19

（つづく）

表 E.1 (つづき)

中性子エネルギー (eV)	臓器 ID : 14 上腕骨, 上半分 線源：海綿質 標的組織		臓器 ID : 15 上腕骨, 上半分 線源：髄腔 標的組織		臓器 ID : 17 上腕骨, 下半分 線源：海綿質 標的組織		臓器 ID : 18 上腕骨, 下半分 線源：髄腔 標的組織		臓器 ID : 20 前腕骨 線源：海綿質 標的組織		臓器 ID : 21 前腕骨 線源：髄腔 標的組織	
	AM (活性骨髄)	TM_{50} (骨内膜)	AM (活性骨髄)	TM_{50} (骨内膜)	AM (活性骨髄)	TM_{50} (骨内膜)	AM (活性骨髄)	TM_{50} (骨内膜)	AM (活性骨髄)	TM_{50} (骨内膜)	AM (活性骨髄)	TM_{50} (骨内膜)
6.00E+00	1.82E−18	7.80E−19	—	4.64E−19	—	4.35E−19	—	4.64E−19	—	4.35E−19	—	4.64E−19
8.00E+00	1.60E−18	7.07E−19	—	4.35E−19	—	4.10E−19	—	4.35E−19	—	4.10E−19	—	4.35E−19
1.00E+01	1.45E−18	6.62E−19	—	4.21E−19	—	4.00E−19	—	4.21E−19	—	4.00E−19	—	4.21E−19
1.50E+01	1.24E−18	6.17E−19	—	4.24E−19	—	4.09E−19	—	4.24E−19	—	4.09E−19	—	4.24E−19
2.00E+01	1.13E−18	6.10E−19	—	4.50E−19	—	4.38E−19	—	4.50E−19	—	4.38E−19	—	4.50E−19
3.00E+01	1.03E−18	6.46E−19	—	5.26E−19	—	5.19E−19	—	5.26E−19	—	5.20E−19	—	5.26E−19
4.00E+01	1.01E−18	7.13E−19	—	6.20E−19	—	6.17E−19	—	6.20E−19	—	6.18E−19	—	6.20E−19
5.00E+01	1.01E−18	7.92E−19	—	7.21E−19	—	7.21E−19	—	7.21E−19	—	7.22E−19	—	7.21E−19
6.00E+01	1.04E−18	8.80E−19	—	8.26E−19	—	8.29E−19	—	8.26E−19	—	8.30E−19	—	8.26E−19
8.00E+01	1.13E−18	1.07E−18	—	1.04E−18	—	1.05E−18	—	1.04E−18	—	1.05E−18	—	1.04E−18
1.00E+02	1.23E−18	1.26E−18	—	1.26E−18	—	1.28E−18	—	1.26E−18	—	1.28E−18	—	1.26E−18
1.50E+02	1.55E−18	1.78E−18	—	1.83E−18	—	1.85E−18	—	1.83E−18	—	1.86E−18	—	1.83E−18
2.00E+02	1.91E−18	2.30E−18	—	2.40E−18	—	2.43E−18	—	2.40E−18	—	2.44E−18	—	2.40E−18
3.00E+02	2.64E−18	3.36E−18	—	3.55E−18	—	3.60E−18	—	3.55E−18	—	3.61E−18	—	3.55E−18
4.00E+02	3.39E−18	4.44E−18	—	4.71E−18	—	4.77E−18	—	4.71E−18	—	4.78E−18	—	4.71E−18
5.00E+02	4.14E−18	5.51E−18	—	5.87E−18	—	5.93E−18	—	5.87E−18	—	5.94E−18	—	5.87E−18
6.00E+02	4.90E−18	6.58E−18	—	7.02E−18	—	7.09E−18	—	7.02E−18	—	7.11E−18	—	7.02E−18
8.00E+02	6.40E−18	8.73E−18	—	9.33E−18	—	9.40E−18	—	9.33E−18	—	9.42E−18	—	9.33E−18

中性子エネルギー (eV)	臓器 ID : 23 手首と手 線源：海綿質 標的組織		臓器 ID : 25 鎖骨 線源：海綿質 標的組織		臓器 ID : 27 頭蓋骨 線源：海綿質 標的組織		臓器 ID : 29 大腿骨, 上半分 線源：海綿質 標的組織		臓器 ID : 30 大腿骨, 上半分 線源：髄腔 標的組織		臓器 ID : 32 大腿骨, 下半分 線源：海綿質 標的組織	
	AM (活性骨髄)	TM_{50} (骨内膜)	AM (活性骨髄)	TM_{50} (骨内膜)	AM (活性骨髄)	TM_{50} (骨内膜)	AM (活性骨髄)	TM_{50} (骨内膜)	AM (活性骨髄)	TM_{50} (骨内膜)	AM (活性骨髄)	TM_{50} (骨内膜)
1.00E−03	—	6.33E−18	3.08E−17	1.44E−17	3.08E−17	1.56E−17	3.08E−17	1.25E−17	—	6.86E−18	—	6.33E−18
1.50E−03	—	6.37E−18	3.10E−17	1.45E−17	3.10E−17	1.57E−17	3.10E−17	1.25E−17	—	6.90E−18	—	6.37E−18
2.00E−03	—	6.40E−18	3.12E−17	1.46E−17	3.12E−17	1.58E−17	3.12E−17	1.26E−17	—	6.94E−18	—	6.40E−18
3.00E−03	—	6.46E−18	3.15E−17	1.47E−17	3.15E−17	1.60E−17	3.15E−17	1.27E−17	—	7.01E−18	—	6.46E−18
4.00E−03	—	6.51E−18	3.17E−17	1.48E−17	3.17E−17	1.61E−17	3.17E−17	1.28E−17	—	7.06E−18	—	6.51E−18
5.00E−03	—	6.54E−18	3.19E−17	1.49E−17	3.19E−17	1.62E−17	3.19E−17	1.29E−17	—	7.09E−18	—	6.54E−18
6.00E−03	—	6.57E−18	3.20E−17	1.50E−17	3.20E−17	1.62E−17	3.20E−17	1.29E−17	—	7.12E−18	—	6.57E−18

付属書E 骨格のフルエンスから線量への応答関数：中性子

Energy (MeV)														(つづく)
8.00E-03	—	6.58E-18	—	6.58E-18	1.50E-17	3.20E-17	1.63E-17	3.20E-17	1.29E-17	—	7.13E-18	—	6.58E-18	
1.00E-02	—	6.55E-18	—	6.55E-18	1.49E-17	3.19E-17	1.62E-17	3.19E-17	1.29E-17	—	7.11E-18	—	6.55E-18	
1.50E-02	—	6.34E-18	—	6.34E-18	1.45E-17	3.09E-17	1.57E-17	3.09E-17	1.25E-17	—	6.88E-18	—	6.34E-18	
2.00E-02	—	5.99E-18	—	5.99E-18	1.37E-17	2.92E-17	1.48E-17	2.92E-17	1.18E-17	—	6.50E-18	—	5.99E-18	
3.00E-02	—	5.13E-18	—	5.13E-18	1.17E-17	2.50E-17	1.27E-17	2.50E-17	1.01E-17	—	5.56E-18	—	5.13E-18	
4.00E-02	—	4.47E-18	—	4.47E-18	1.02E-17	2.18E-17	1.10E-17	2.18E-17	8.79E-18	—	4.85E-18	—	4.47E-18	
5.00E-02	—	3.99E-18	—	3.99E-18	9.09E-18	1.94E-17	9.86E-18	1.94E-17	7.85E-18	—	4.32E-18	—	3.99E-18	
6.00E-02	—	3.63E-18	—	3.63E-18	8.26E-18	1.77E-17	8.96E-18	1.77E-17	7.13E-18	—	3.93E-18	—	3.63E-18	
8.00E-02	—	3.15E-18	—	3.15E-18	7.17E-18	1.53E-17	7.77E-18	1.53E-17	6.19E-18	—	3.41E-18	—	3.15E-18	
1.00E-01	—	2.81E-18	—	2.81E-18	6.40E-18	1.37E-17	6.94E-18	1.37E-17	5.53E-18	—	3.05E-18	—	2.81E-18	
1.50E-01	—	2.31E-18	—	2.31E-18	5.25E-18	1.12E-17	5.69E-18	1.12E-17	4.53E-18	—	2.50E-18	—	2.31E-18	
2.00E-01	—	2.00E-18	—	2.00E-18	4.55E-18	9.72E-18	4.93E-18	9.72E-18	3.93E-18	—	2.16E-18	—	2.00E-18	
3.00E-01	—	1.63E-18	—	1.63E-18	3.70E-18	7.91E-18	4.02E-18	7.91E-18	3.20E-18	—	1.76E-18	—	1.63E-18	
4.00E-01	—	1.41E-18	—	1.41E-18	3.21E-18	6.86E-18	3.48E-18	6.86E-18	2.78E-18	—	1.53E-18	—	1.41E-18	
5.00E-01	—	1.27E-18	—	1.27E-18	2.87E-18	6.14E-18	3.12E-18	6.14E-18	2.48E-18	—	1.37E-18	—	1.27E-18	
6.00E-01	—	1.16E-18	—	1.16E-18	2.63E-18	5.61E-18	2.85E-18	5.61E-18	2.27E-18	—	1.25E-18	—	1.16E-18	
8.00E-01	—	1.01E-18	—	1.01E-18	2.28E-18	4.87E-18	2.48E-18	4.87E-18	1.97E-18	—	1.09E-18	—	1.01E-18	
1.00E+00	—	9.02E-19	—	9.02E-19	2.04E-18	4.34E-18	2.21E-18	4.35E-18	1.76E-18	—	9.76E-19	—	9.02E-19	
1.50E+00	—	7.46E-19	—	7.46E-19	1.68E-18	3.56E-18	1.82E-18	3.56E-18	1.45E-18	—	8.08E-19	—	7.46E-19	
2.00E+00	—	6.54E-19	—	6.54E-19	1.46E-18	3.09E-18	1.58E-18	3.09E-18	1.26E-18	—	7.07E-19	—	6.54E-19	
3.00E+00	—	5.49E-19	—	5.49E-19	1.20E-18	2.53E-18	1.30E-18	2.53E-18	1.05E-18	—	5.93E-19	—	5.49E-19	
4.00E+00	—	4.93E-19	—	4.93E-19	1.06E-18	2.21E-18	1.15E-18	2.21E-18	9.23E-19	—	5.30E-19	—	4.93E-19	
5.00E+00	—	4.58E-19	—	4.58E-19	9.62E-19	1.98E-18	1.04E-18	1.98E-18	8.41E-19	—	4.90E-19	—	4.57E-19	
6.00E+00	—	4.35E-19	—	4.35E-19	8.94E-19	1.82E-18	9.65E-19	1.82E-18	7.84E-19	—	4.64E-19	—	4.34E-19	
8.00E+00	—	4.10E-19	—	4.10E-19	8.06E-19	1.61E-18	8.68E-19	1.60E-18	7.12E-19	—	4.35E-19	—	4.10E-19	
1.00E+01	—	4.00E-19	—	4.00E-19	7.51E-19	1.47E-18	8.07E-19	1.46E-18	6.68E-19	—	4.21E-19	—	4.00E-19	
1.50E+01	—	4.09E-19	—	4.09E-19	6.91E-19	1.28E-18	7.38E-19	1.25E-18	6.26E-19	—	4.24E-19	—	4.09E-19	
2.00E+01	—	4.38E-19	—	4.38E-19	6.76E-19	1.18E-18	7.18E-19	1.15E-18	6.23E-19	—	4.50E-19	—	4.37E-19	
3.00E+01	—	5.19E-19	—	5.19E-19	7.02E-19	1.07E-18	7.40E-19	1.06E-18	6.66E-19	—	5.26E-19	—	5.19E-19	
4.00E+01	—	6.17E-19	—	6.17E-19	7.63E-19	1.05E-18	7.99E-19	1.04E-18	7.39E-19	—	6.20E-19	—	6.16E-19	
5.00E+01	—	7.21E-19	—	7.21E-19	8.40E-19	1.07E-18	8.75E-19	1.06E-18	8.25E-19	—	7.21E-19	—	7.20E-19	
6.00E+01	—	8.29E-19	—	8.29E-19	9.25E-19	1.11E-18	9.61E-19	1.09E-18	9.19E-19	—	8.26E-19	—	8.28E-19	
8.00E+01	—	1.05E-18	—	1.05E-18	1.11E-18	1.22E-18	1.15E-18	1.19E-18	1.12E-18	—	1.04E-18	—	1.05E-18	
1.00E+02	—	1.28E-18	—	1.28E-18	1.31E-18	1.35E-18	1.35E-18	1.31E-18	1.33E-18	—	1.26E-18	—	1.28E-18	
1.50E+02	—	1.85E-18	—	1.85E-18	1.82E-18	1.73E-18	1.87E-18	1.68E-18	1.87E-18	—	1.83E-18	—	1.85E-18	
2.00E+02	—	2.43E-18	—	2.43E-18	2.35E-18	2.14E-18	2.41E-18	2.07E-18	2.43E-18	—	2.40E-18	—	2.43E-18	
3.00E+02	—	3.60E-18	—	3.60E-18	3.42E-18	2.99E-18	3.50E-18	2.88E-18	3.55E-18	—	3.55E-18	—	3.60E-18	
4.00E+02	—	4.77E-18	—	4.77E-18	4.50E-18	3.86E-18	4.60E-18	3.71E-18	4.68E-18	—	4.71E-18	—	4.76E-18	
5.00E+02	—	5.93E-18	—	5.93E-18	5.58E-18	4.73E-18	5.70E-18	4.55E-18	5.81E-18	—	5.87E-18	—	5.92E-18	
6.00E+02	—	7.09E-18	—	7.09E-18	6.66E-18	5.60E-18	6.80E-18	5.38E-18	6.93E-18	—	7.02E-18	—	7.08E-18	
8.00E+02	—	9.40E-18	—	9.40E-18	8.81E-18	7.34E-18	9.00E-18	7.04E-18	9.18E-18	—	9.33E-18	—	9.39E-18	

表 E.1 （つづき）

中性子エネルギー (eV)	臓器 ID：33 大腿骨，下半分 線源：髄腔 標的組織		臓器 ID：35 下腿骨 線源：海綿質 標的組織		臓器 ID：36 下腿骨 線源：髄腔 標的組織		臓器 ID：38 足首と足 線源：海綿質 標的組織		臓器 ID：40 下顎骨 線源：海綿質 標的組織		臓器 ID：42 骨盤 線源：海綿質 標的組織		臓器 ID：44 肋骨 線源：海綿質 標的組織	
	AM (活性骨髄)	TM_{50} (骨内膜)	AM (活性骨髄)	TM_{50} (骨内膜)	AM (活性骨髄)	TM_{50} (骨内膜)	AM (活性骨髄)	TM_{50} (骨内膜)	AM (活性骨髄)	TM_{50} (骨内膜)	AM (活性骨髄)	TM_{50} (骨内膜)	AM (活性骨髄)	TM_{50} (骨内膜)
1.00E−03	—	6.86E−18	—	6.33E−18	—	6.86E−18	—	6.33E−18	3.08E−17	1.56E−17	3.08E−17	1.81E−17	3.08E−17	2.35E−17
1.50E−03	—	6.90E−18	—	6.37E−18	—	6.90E−18	—	6.37E−18	3.10E−17	1.57E−17	3.10E−17	1.82E−17	3.10E−17	2.36E−17
2.00E−03	—	6.94E−18	—	6.40E−18	—	6.94E−18	—	6.40E−18	3.12E−17	1.58E−17	3.12E−17	1.83E−17	3.12E−17	2.38E−17
3.00E−03	—	7.01E−18	—	6.46E−18	—	7.01E−18	—	6.46E−18	3.15E−17	1.60E−17	3.15E−17	1.85E−17	3.15E−17	2.40E−17
4.00E−03	—	7.06E−18	—	6.51E−18	—	7.06E−18	—	6.51E−18	3.17E−17	1.61E−17	3.17E−17	1.86E−17	3.17E−17	2.41E−17
5.00E−03	—	7.09E−18	—	6.54E−18	—	7.09E−18	—	6.54E−18	3.19E−17	1.62E−17	3.19E−17	1.87E−17	3.19E−17	2.43E−17
6.00E−03	—	7.12E−18	—	6.57E−18	—	7.12E−18	—	6.57E−18	3.20E−17	1.62E−17	3.20E−17	1.88E−17	3.20E−17	2.44E−17
8.00E−03	—	7.13E−18	—	6.58E−18	—	7.13E−18	—	6.58E−18	3.20E−17	1.63E−17	3.20E−17	1.88E−17	3.20E−17	2.44E−17
1.00E−02	—	7.11E−18	—	6.55E−18	—	7.11E−18	—	6.55E−18	3.19E−17	1.62E−17	3.19E−17	1.87E−17	3.19E−17	2.43E−17
1.50E−02	—	6.88E−18	—	6.34E−18	—	6.88E−18	—	6.34E−18	3.09E−17	1.57E−17	3.09E−17	1.81E−17	3.09E−17	2.35E−17
2.00E−02	—	6.50E−18	—	5.99E−18	—	6.50E−18	—	5.99E−18	2.92E−17	1.48E−17	2.92E−17	1.71E−17	2.92E−17	2.22E−17
3.00E−02	—	5.56E−18	—	5.13E−18	—	5.56E−18	—	5.13E−18	2.50E−17	1.27E−17	2.50E−17	1.46E−17	2.50E−17	1.90E−17
4.00E−02	—	4.85E−18	—	4.47E−18	—	4.85E−18	—	4.47E−18	2.18E−17	1.10E−17	2.18E−17	1.28E−17	2.18E−17	1.66E−17
5.00E−02	—	4.32E−18	—	3.99E−18	—	4.32E−18	—	3.99E−18	1.94E−17	9.85E−18	1.94E−17	1.14E−17	1.94E−17	1.48E−17
6.00E−02	—	3.93E−18	—	3.63E−18	—	3.93E−18	—	3.63E−18	1.77E−17	8.96E−18	1.77E−17	1.04E−17	1.77E−17	1.34E−17
8.00E−02	—	3.41E−18	—	3.15E−18	—	3.41E−18	—	3.15E−18	1.53E−17	7.77E−18	1.53E−17	8.99E−18	1.53E−17	1.17E−17
1.00E−01	—	3.05E−18	—	2.81E−18	—	3.05E−18	—	2.81E−18	1.37E−17	6.94E−18	1.37E−17	8.03E−18	1.37E−17	1.04E−17
1.50E−01	—	2.50E−18	—	2.31E−18	—	2.50E−18	—	2.31E−18	1.12E−17	5.69E−18	1.12E−17	6.58E−18	1.12E−17	8.55E−18
2.00E−01	—	2.16E−18	—	2.00E−18	—	2.16E−18	—	2.00E−18	9.72E−18	4.93E−18	9.72E−18	5.70E−18	9.72E−18	7.40E−18
3.00E−01	—	1.76E−18	—	1.63E−18	—	1.76E−18	—	1.63E−18	7.91E−18	4.01E−18	7.91E−18	4.64E−18	7.91E−18	6.03E−18
4.00E−01	—	1.53E−18	—	1.41E−18	—	1.53E−18	—	1.41E−18	6.86E−18	3.48E−18	6.86E−18	4.03E−18	6.86E−18	5.23E−18
5.00E−01	—	1.37E−18	—	1.27E−18	—	1.37E−18	—	1.27E−18	6.14E−18	3.12E−18	6.14E−18	3.60E−18	6.14E−18	4.68E−18
6.00E−01	—	1.25E−18	—	1.16E−18	—	1.25E−18	—	1.16E−18	5.61E−18	2.85E−18	5.61E−18	3.29E−18	5.61E−18	4.27E−18
8.00E−01	—	1.09E−18	—	1.01E−18	—	1.09E−18	—	1.01E−18	4.87E−18	2.47E−18	4.87E−18	2.86E−18	4.87E−18	3.71E−18
1.00E+00	—	9.76E−19	—	9.02E−19	—	9.76E−19	—	9.02E−19	4.34E−18	2.21E−18	4.35E−18	2.55E−18	4.35E−18	3.31E−18
1.50E+00	—	8.08E−19	—	7.46E−19	—	8.08E−19	—	7.46E−19	3.56E−18	1.82E−18	3.56E−18	2.10E−18	3.56E−18	2.72E−18
2.00E+00	—	7.07E−19	—	6.54E−19	—	7.07E−19	—	6.54E−19	3.09E−18	1.58E−18	3.09E−18	1.82E−18	3.09E−18	2.36E−18
3.00E+00	—	5.93E−19	—	5.50E−19	—	5.93E−19	—	5.49E−19	2.53E−18	1.30E−18	2.53E−18	1.50E−18	2.53E−18	1.94E−18
4.00E+00	—	5.30E−19	—	4.94E−19	—	5.30E−19	—	4.93E−19	2.21E−18	1.14E−18	2.21E−18	1.32E−18	2.21E−18	1.70E−18
5.00E+00	—	4.90E−19	—	4.58E−19	—	4.90E−19	—	4.57E−19	1.99E−18	1.04E−18	1.99E−18	1.19E−18	1.99E−18	1.53E−18
6.00E+00	—	4.64E−19	—	4.35E−19	—	4.64E−19	—	4.34E−19	1.83E−18	9.62E−19	1.83E−18	1.10E−18	1.83E−18	1.41E−18
8.00E+00	—	4.35E−19	—	4.11E−19	—	4.35E−19	—	4.10E−19	1.61E−18	8.65E−19	1.62E−18	9.86E−19	1.62E−18	1.26E−18

付属書 E 骨格のフルエンスから線量への応答関数：中性子

(上段：前ページからの続き)

中性子エネルギー (eV)	臓器ID:46 肩甲骨		臓器ID:48 頸椎		臓器ID:50 胸椎		臓器ID:52 腰椎		臓器ID:54 仙骨		臓器ID:56 胸骨	
	AM (活性骨髄)	TM$_{50}$ (骨内膜)	AM (活性骨髄)	TM$_{50}$ (骨内膜)	AM (活性骨髄)	TM$_{50}$ (骨内膜)	AM (活性骨髄)	TM$_{50}$ (骨内膜)	AM (活性骨髄)	TM$_{50}$ (骨内膜)	AM (活性骨髄)	TM$_{50}$ (骨内膜)
1.00E+01	—	4.21E−19	—	4.21E−19	—	4.00E−19	—	4.00E−19	—	1.47E−19	—	1.48E−18
1.50E+01	—	4.24E−19	—	4.10E−19	—	4.09E−19	—	4.09E−19	—	1.27E−18	—	1.28E−18
2.00E+01	—	4.50E−19	—	4.39E−19	—	4.37E−19	—	4.37E−19	—	1.17E−18	—	1.19E−18
3.00E+01	—	5.26E−19	—	5.22E−19	—	5.19E−19	—	5.19E−19	—	1.09E−18	—	1.11E−18
4.00E+01	—	6.20E−19	—	6.20E−19	—	6.16E−19	—	6.16E−19	—	1.08E−18	—	1.11E−18
5.00E+01	—	7.21E−19	—	7.25E−19	—	7.20E−19	—	7.20E−19	—	1.10E−18	—	1.15E−18
6.00E+01	—	8.26E−19	—	8.33E−19	—	8.28E−19	—	8.28E−19	—	1.13E−18	—	1.20E−18
8.00E+01	—	1.04E−18	—	1.06E−18	—	1.05E−18	—	1.05E−18	—	1.19E−18	—	1.34E−18
1.00E+02	—	1.26E−18	—	1.28E−18	—	1.28E−18	—	1.28E−18	—	1.32E−18	—	1.50E−18
1.50E+02	—	1.83E−18	—	1.86E−18	—	1.85E−18	—	1.85E−18	—	1.48E−18	—	1.96E−18
2.00E+02	—	2.40E−18	—	2.45E−18	—	2.43E−18	—	2.43E−18	—	1.92E−18	—	1.93E−18
3.00E+02	—	3.55E−18	—	3.62E−18	—	3.60E−18	—	3.60E−18	—	2.39E−18	—	2.45E−18
4.00E+02	—	4.71E−18	—	4.80E−18	—	4.76E−18	—	4.76E−18	—	3.37E−18	—	3.50E−18
5.00E+02	—	5.87E−18	—	5.96E−18	—	5.92E−18	—	5.92E−18	—	4.37E−18	—	4.57E−18
6.00E+02	—	7.02E−18	—	7.13E−18	—	7.08E−18	—	7.08E−18	—	5.37E−18	—	5.65E−18
8.00E+02	—	9.33E−18	—	9.45E−18	—	9.39E−18	—	9.39E−18	—	8.70E−18	—	8.88E−18

(下段：表の続き)

中性子エネルギー (eV)	臓器ID:46 肩甲骨		臓器ID:48 頸椎		臓器ID:50 胸椎		臓器ID:52 腰椎		臓器ID:54 仙骨		臓器ID:56 胸骨	
	AM (活性骨髄)	TM$_{50}$ (骨内膜)	AM (活性骨髄)	TM$_{50}$ (骨内膜)	AM (活性骨髄)	TM$_{50}$ (骨内膜)	AM (活性骨髄)	TM$_{50}$ (骨内膜)	AM (活性骨髄)	TM$_{50}$ (骨内膜)	AM (活性骨髄)	TM$_{50}$ (骨内膜)
1.00E−03	3.08E−17	1.56E−17	3.08E−17	2.35E−17	3.08E−17	2.35E−17	3.08E−17	2.35E−17	3.08E−17	2.37E−17	3.08E−17	2.35E−17
1.50E−03	3.10E−17	1.57E−17	3.10E−17	2.36E−17	3.10E−17	2.36E−17	3.10E−17	2.36E−17	3.10E−17	2.39E−17	3.10E−17	2.36E−17
2.00E−03	3.12E−17	1.58E−17	3.12E−17	2.38E−17	3.12E−17	2.38E−17	3.12E−17	2.38E−17	3.12E−17	2.40E−17	3.12E−17	2.37E−17
3.00E−03	3.15E−17	1.60E−17	3.15E−17	2.40E−17	3.15E−17	2.40E−17	3.15E−17	2.40E−17	3.15E−17	2.42E−17	3.15E−17	2.40E−17
4.00E−03	3.17E−17	1.61E−17	3.17E−17	2.41E−17	3.17E−17	2.41E−17	3.17E−17	2.41E−17	3.17E−17	2.44E−17	3.17E−17	2.41E−17
5.00E−03	3.19E−17	1.62E−17	3.19E−17	2.43E−17	3.19E−17	2.43E−17	3.19E−17	2.43E−17	3.19E−17	2.45E−17	3.19E−17	2.43E−17
6.00E−03	3.20E−17	1.62E−17	3.20E−17	2.44E−17	3.20E−17	2.44E−17	3.20E−17	2.44E−17	3.20E−17	2.46E−17	3.20E−17	2.43E−17
8.00E−03	3.20E−17	1.63E−17	3.20E−17	2.44E−17	3.20E−17	2.44E−17	3.20E−17	2.44E−17	3.20E−17	2.47E−17	3.20E−17	2.44E−17
1.00E−02	3.19E−17	1.62E−17	3.19E−17	2.43E−17	3.19E−17	2.43E−17	3.19E−17	2.43E−17	3.19E−17	2.46E−17	3.19E−17	2.43E−17
1.50E−02	3.09E−17	1.57E−17	3.09E−17	2.35E−17	3.09E−17	2.35E−17	3.09E−17	2.35E−17	3.09E−17	2.38E−17	3.09E−17	2.35E−17
2.00E−02	2.92E−17	1.48E−17	2.92E−17	2.22E−17	2.92E−17	2.22E−17	2.92E−17	2.22E−17	2.92E−17	2.25E−17	2.92E−17	2.22E−17
3.00E−02	2.50E−17	1.27E−17	2.50E−17	1.90E−17	2.50E−17	1.90E−17	2.50E−17	1.90E−17	2.50E−17	1.92E−17	2.50E−17	1.90E−17
4.00E−02	2.18E−17	1.10E−17	2.18E−17	1.66E−17	2.18E−17	1.66E−17	2.18E−17	1.66E−17	2.18E−17	1.68E−17	2.18E−17	1.66E−17
5.00E−02	1.94E−17	9.85E−18	1.94E−17	1.48E−17	1.94E−17	1.48E−17	1.94E−17	1.48E−17	1.94E−17	1.50E−17	1.94E−17	1.48E−17
6.00E−02	1.77E−17	8.96E−18	1.77E−17	1.34E−17	1.77E−17	1.34E−17	1.77E−17	1.34E−17	1.77E−17	1.36E−17	1.77E−17	1.34E−17
8.00E−02	1.53E−17	7.77E−18	1.53E−17	1.17E−17	1.53E−17	1.17E−17	1.53E−17	1.17E−17	1.53E−17	1.18E−17	1.53E−17	1.17E−17

(つづく)

表 E.1 (つづき)

中性子エネルギー (eV)	臓器 ID：46 肩甲骨 線源：海綿質 標的組織		臓器 ID：48 頸椎 線源：海綿質 標的組織		臓器 ID：50 胸椎 線源：海綿質 標的組織		臓器 ID：52 腰椎 線源：海綿質 標的組織		臓器 ID：54 仙骨 線源：海綿質 標的組織		臓器 ID：56 胸骨 線源：海綿質 標的組織	
	AM (活性骨髄)	TM$_{50}$ (骨内膜)	AM (活性骨髄)	TM$_{50}$ (骨内膜)	AM (活性骨髄)	TM$_{50}$ (骨内膜)	AM (活性骨髄)	TM$_{50}$ (骨内膜)	AM (活性骨髄)	TM$_{50}$ (骨内膜)	AM (活性骨髄)	TM$_{50}$ (骨内膜)
1.00E−01	1.37E−17	6.94E−18	1.37E−17	1.04E−17	1.37E−17	1.04E−17	1.37E−17	1.04E−17	1.37E−17	1.05E−17	1.37E−17	1.04E−17
1.50E−01	1.12E−17	5.69E−18	1.12E−17	8.54E−18	1.12E−17	8.55E−18	1.12E−17	8.55E−18	1.12E−17	8.64E−18	1.12E−17	8.54E−18
2.00E−01	9.72E−18	4.93E−18	9.72E−18	7.40E−18	9.72E−18	7.40E−18	9.72E−18	7.40E−18	9.72E−18	7.48E−18	9.72E−18	7.40E−18
3.00E−01	7.91E−18	4.01E−18	7.91E−18	6.03E−18	7.91E−18	6.03E−18	7.91E−18	6.03E−18	7.91E−18	6.09E−18	7.91E−18	6.02E−18
4.00E−01	6.86E−18	3.48E−18	6.86E−18	5.23E−18	6.86E−18	5.23E−18	6.86E−18	5.23E−18	6.86E−18	5.29E−18	6.86E−18	5.23E−18
5.00E−01	6.14E−18	3.12E−18	6.14E−18	4.68E−18	6.14E−18	4.68E−18	6.14E−18	4.68E−18	6.14E−18	4.73E−18	6.14E−18	4.67E−18
6.00E−01	5.61E−18	2.85E−18	5.61E−18	4.27E−18	5.61E−18	4.27E−18	5.61E−18	4.27E−18	5.61E−18	4.32E−18	5.61E−18	4.27E−18
8.00E−01	4.87E−18	2.47E−18	4.87E−18	3.71E−18	4.87E−18	3.71E−18	4.87E−18	3.71E−18	4.87E−18	3.75E−18	4.87E−18	3.71E−18
1.00E+00	4.34E−18	2.21E−18	4.35E−18	3.31E−18	4.35E−18	3.31E−18	4.35E−18	3.31E−18	4.35E−18	3.35E−18	4.35E−18	3.31E−18
1.50E+00	3.56E−18	1.82E−18	3.56E−18	2.72E−18	3.56E−18	2.72E−18	3.56E−18	2.72E−18	3.56E−18	2.75E−18	3.56E−18	2.72E−18
2.00E+00	3.09E−18	1.58E−18	3.09E−18	2.36E−18	3.09E−18	2.36E−18	3.09E−18	2.36E−18	3.09E−18	2.38E−18	3.09E−18	2.36E−18
3.00E+00	2.53E−18	1.30E−18	2.53E−18	1.94E−18	2.53E−18	1.94E−18	2.53E−18	1.94E−18	2.53E−18	1.96E−18	2.53E−18	1.94E−18
4.00E+00	2.21E−18	1.14E−18	2.21E−18	1.70E−18	2.21E−18	1.70E−18	2.21E−18	1.70E−18	2.21E−18	1.71E−18	2.21E−18	1.69E−18
5.00E+00	1.99E−18	1.04E−18	1.99E−18	1.53E−18	1.99E−18	1.53E−18	1.99E−18	1.53E−18	1.99E−18	1.55E−18	1.99E−18	1.53E−18
6.00E+00	1.83E−18	9.61E−19	1.83E−18	1.41E−18	1.83E−18	1.41E−18	1.83E−18	1.41E−18	1.83E−18	1.42E−18	1.83E−18	1.41E−18
8.00E+00	1.62E−18	8.64E−19	1.62E−18	1.26E−18	1.62E−18	1.26E−18	1.62E−18	1.26E−18	1.62E−18	1.27E−18	1.62E−18	1.25E−18
1.00E+01	1.47E−18	8.01E−19	1.48E−18	1.15E−18	1.48E−18	1.15E−18	1.48E−18	1.15E−18	1.48E−18	1.16E−18	1.48E−18	1.15E−18
1.50E+01	1.27E−18	7.30E−19	1.28E−18	1.02E−18	1.28E−18	1.02E−18	1.28E−18	1.02E−18	1.28E−18	1.02E−18	1.28E−18	1.01E−18
2.00E+01	1.18E−18	7.08E−19	1.19E−18	9.61E−19	1.19E−18	9.62E−19	1.19E−18	9.63E−19	1.19E−18	9.60E−19	1.19E−18	9.48E−19
3.00E+01	1.10E−18	7.23E−19	1.11E−18	9.34E−19	1.11E−18	9.35E−19	1.11E−18	9.37E−19	1.11E−18	9.27E−19	1.11E−18	9.14E−19
4.00E+01	1.09E−18	7.77E−19	1.11E−18	9.65E−19	1.11E−18	9.66E−19	1.11E−18	9.68E−19	1.11E−18	9.52E−19	1.11E−18	9.38E−19
5.00E+01	1.12E−18	8.48E−19	1.15E−18	1.02E−18	1.15E−18	1.02E−18	1.15E−18	1.02E−18	1.15E−18	1.00E−18	1.15E−18	9.87E−19
6.00E+01	1.17E−18	9.28E−19	1.20E−18	1.09E−18	1.20E−18	1.09E−18	1.20E−18	1.10E−18	1.20E−18	1.07E−18	1.20E−18	1.05E−18
8.00E+01	1.30E−18	1.10E−18	1.34E−18	1.26E−18	1.34E−18	1.26E−18	1.34E−18	1.26E−18	1.34E−18	1.22E−18	1.34E−18	1.20E−18
1.00E+02	1.45E−18	1.29E−18	1.50E−18	1.44E−18	1.50E−18	1.44E−18	1.50E−18	1.44E−18	1.50E−18	1.39E−18	1.50E−18	1.37E−18
1.50E+02	1.88E−18	1.79E−18	1.96E−18	1.93E−18	1.96E−18	1.93E−18	1.96E−18	1.94E−18	1.96E−18	1.86E−18	1.96E−18	1.83E−18
2.00E+02	2.34E−18	2.30E−18	2.45E−18	2.45E−18	2.45E−18	2.45E−18	2.45E−18	2.46E−18	2.45E−18	2.35E−18	2.44E−18	2.31E−18
3.00E+02	3.29E−18	3.34E−18	3.46E−18	3.50E−18	3.45E−18	3.50E−18	3.46E−18	3.52E−18	3.45E−18	3.36E−18	3.45E−18	3.30E−18
4.00E+02	4.26E−18	4.39E−18	4.49E−18	4.57E−18	4.48E−18	4.58E−18	4.48E−18	4.60E−18	4.48E−18	4.38E−18	4.48E−18	4.31E−18
5.00E+02	5.23E−18	5.44E−18	5.52E−18	5.65E−18	5.51E−18	5.65E−18	5.52E−18	5.68E−18	5.51E−18	5.41E−18	5.51E−18	5.32E−18
6.00E+02	6.20E−18	6.48E−18	6.56E−18	6.73E−18	6.55E−18	6.73E−18	6.55E−18	6.76E−18	6.55E−18	6.43E−18	6.54E−18	6.34E−18
8.00E+02	8.15E−18	8.58E−18	8.63E−18	8.88E−18	8.62E−18	8.88E−18	8.63E−18	8.92E−18	8.62E−18	8.48E−18	8.61E−18	8.36E−18

付属書 E　骨格のフルエンスから線量への応答関数：中性子

中性子エネルギー (eV)	臓器 ID：14 上腕骨, 上半分 線源：海綿質 標的組織		臓器 ID：15 上腕骨, 上半分 線源：髄腔 標的組織		臓器 ID：17 上腕骨, 下半分 線源：海綿質 標的組織		臓器 ID：18 上腕骨, 下半分 線源：髄腔 標的組織		臓器 ID：20 前腕骨 線源：海綿質 標的組織		臓器 ID：21 前腕骨 線源：髄腔 標的組織	
	AM (活性骨髄)	TM$_{50}$ (骨内膜)	AM (活性骨髄)	TM$_{50}$ (骨内膜)	AM (活性骨髄)	TM$_{50}$ (骨内膜)	AM (活性骨髄)	TM$_{50}$ (骨内膜)	AM (活性骨髄)	TM$_{50}$ (骨内膜)	AM (活性骨髄)	TM$_{50}$ (骨内膜)
1.00E+03	7.89E−18	1.09E−17	—	1.16E−17	—	1.17E−17	—	1.16E−17	—	1.17E−17	—	1.16E−17
1.50E+03	1.15E−17	1.62E−17	—	1.74E−17	—	1.73E−17	—	1.74E−17	—	1.74E−17	—	1.74E−17
2.00E+03	1.50E−17	2.16E−17	—	2.30E−17	—	2.29E−17	—	2.30E−17	—	2.29E−17	—	2.30E−17
3.00E+03	2.18E−17	3.22E−17	—	3.43E−17	—	3.38E−17	—	3.43E−17	—	3.38E−17	—	3.43E−17
4.00E+03	2.81E−17	4.28E−17	—	4.55E−17	—	4.44E−17	—	4.55E−17	—	4.44E−17	—	4.55E−17
5.00E+03	3.43E−17	5.33E−17	—	5.66E−17	—	5.49E−17	—	5.66E−17	—	5.49E−17	—	5.66E−17
6.00E+03	4.04E−17	6.36E−17	—	6.75E−17	—	6.54E−17	—	6.75E−17	—	6.53E−17	—	6.75E−17
8.00E+03	5.24E−17	8.40E−17	—	8.87E−17	—	8.63E−17	—	8.87E−17	—	8.63E−17	—	8.87E−17
1.00E+04	6.44E−17	1.04E−16	—	1.09E−16	—	1.08E−16	—	1.09E−16	—	1.07E−16	—	1.09E−16
1.50E+04	9.41E−17	1.54E−16	—	1.59E−16	—	1.60E−16	—	1.59E−16	—	1.60E−16	—	1.59E−16
2.00E+04	1.21E−16	2.00E−16	—	2.07E−16	—	2.08E−16	—	2.07E−16	—	2.08E−16	—	2.07E−16
3.00E+04	1.71E−16	2.85E−16	—	2.95E−16	—	2.96E−16	—	2.95E−16	—	2.96E−16	—	2.95E−16
4.00E+04	2.16E−16	3.63E−16	—	3.74E−16	—	3.76E−16	—	3.74E−16	—	3.76E−16	—	3.74E−16
5.00E+04	2.57E−16	4.35E−16	—	4.45E−16	—	4.49E−16	—	4.45E−16	—	4.49E−16	—	4.45E−16
6.00E+04	2.95E−16	5.01E−16	—	5.12E−16	—	5.17E−16	—	5.12E−16	—	5.17E−16	—	5.12E−16
8.00E+04	3.60E−16	6.17E−16	—	6.36E−16	—	6.36E−16	—	6.36E−16	—	6.37E−16	—	6.36E−16
1.00E+05	4.17E−16	7.16E−16	—	7.41E−16	—	7.42E−16	—	7.41E−16	—	7.42E−16	—	7.41E−16
1.50E+05	5.35E−16	9.23E−16	—	9.60E−16	—	9.58E−16	—	9.60E−16	—	9.58E−16	—	9.60E−16
2.00E+05	6.30E−16	1.10E−15	—	1.14E−15	—	1.13E−15	—	1.14E−15	—	1.13E−15	—	1.14E−15
3.00E+05	7.90E−16	1.38E−15	—	1.42E−15	—	1.41E−15	—	1.42E−15	—	1.41E−15	—	1.42E−15
4.00E+05	9.72E−16	1.64E−15	—	1.67E−15	—	1.67E−15	—	1.67E−15	—	1.67E−15	—	1.67E−15
5.00E+05	1.02E−15	1.79E−15	—	1.83E−15	—	1.82E−15	—	1.83E−15	—	1.83E−15	—	1.83E−15
6.00E+05	1.11E−15	1.95E−15	—	2.00E−15	—	1.99E−15	—	2.00E−15	—	1.99E−15	—	2.00E−15
8.00E+05	1.32E−15	2.23E−15	—	2.31E−15	—	2.28E−15	—	2.31E−15	—	2.28E−15	—	2.31E−15
1.00E+06	1.67E−15	2.58E−15	—	2.63E−15	—	2.60E−15	—	2.63E−15	—	2.60E−15	—	2.63E−15
1.50E+06	2.04E−15	2.96E−15	—	3.09E−15	—	3.02E−15	—	3.09E−15	—	3.01E−15	—	3.09E−15
2.00E+06	2.52E−15	3.31E−15	—	3.52E−15	—	3.37E−15	—	3.52E−15	—	3.36E−15	—	3.52E−15
3.00E+06	3.32E−15	3.88E−15	—	4.30E−15	—	3.98E−15	—	4.30E−15	—	3.95E−15	—	4.30E−15
4.00E+06	3.93E−15	4.24E−15	—	4.87E−15	—	4.36E−15	—	4.87E−15	—	4.30E−15	—	4.87E−15

(つづく)

表 E.1 (つづき)

中性子エネルギー (eV)	臓器 ID : 14 上腕骨, 上半分 線源: 海綿質 標的組織		臓器 ID : 15 上腕骨, 上半分 線源: 髄腔 標的組織		臓器 ID : 17 上腕骨, 下半分 線源: 海綿質 標的組織		臓器 ID : 18 上腕骨, 下半分 線源: 髄腔 標的組織		臓器 ID : 20 前腕骨 線源: 海綿質 標的組織		臓器 ID : 21 前腕骨 線源: 髄腔 標的組織	
	AM (活性骨髄)	TM_{50} (骨内膜)	AM (活性骨髄)	TM_{50} (骨内膜)	AM (活性骨髄)	TM_{50} (骨内膜)	AM (活性骨髄)	TM_{50} (骨内膜)	AM (活性骨髄)	TM_{50} (骨内膜)	AM (活性骨髄)	TM_{50} (骨内膜)
5.00E+06	4.15E-15	4.26E-15	—	5.00E-15	—	4.35E-15	—	5.00E-15	—	4.28E-15	—	5.00E-15
6.00E+06	4.38E-15	4.48E-15	—	5.30E-15	—	4.58E-15	—	5.30E-15	—	4.49E-15	—	5.30E-15
8.00E+06	5.00E-15	5.08E-15	—	5.96E-15	—	5.18E-15	—	5.96E-15	—	5.07E-15	—	5.96E-15
1.00E+07	5.43E-15	5.46E-15	—	6.33E-15	—	5.51E-15	—	6.33E-15	—	5.41E-15	—	6.33E-15
1.50E+07	6.26E-15	6.44E-15	—	7.30E-15	—	6.52E-15	—	7.30E-15	—	6.40E-15	—	7.30E-15
2.00E+07	6.62E-15	7.02E-15	—	7.80E-15	—	7.11E-15	—	7.80E-15	—	6.97E-15	—	7.80E-15
3.00E+07	7.09E-15	7.57E-15	—	8.29E-15	—	7.65E-15	—	8.29E-15	—	7.55E-15	—	8.29E-15
4.00E+07	7.52E-15	7.94E-15	—	8.63E-15	—	8.09E-15	—	8.63E-15	—	7.95E-15	—	8.63E-15
5.00E+07	7.76E-15	8.15E-15	—	8.78E-15	—	8.31E-15	—	8.78E-15	—	8.15E-15	—	8.78E-15
6.00E+07	8.02E-15	8.38E-15	—	8.95E-15	—	8.53E-15	—	8.95E-15	—	8.35E-15	—	8.95E-15
8.00E+07	8.68E-15	9.05E-15	—	9.62E-15	—	9.23E-15	—	9.62E-15	—	9.01E-15	—	9.62E-15
1.00E+08	9.40E-15	9.91E-15	—	1.03E-14	—	1.01E-14	—	1.03E-14	—	9.85E-15	—	1.03E-14
1.50E+08	1.26E-14	1.35E-14	—	1.40E-14	—	1.39E-14	—	1.40E-14	—	1.35E-14	—	1.40E-14

中性子エネルギー (eV)	臓器 ID : 23 手首と手 線源: 海綿質 標的組織		臓器 ID : 25 骨鎖 線源: 海綿質 標的組織		臓器 ID : 27 頭蓋 線源: 海綿質 標的組織		臓器 ID : 29 大腿骨, 上半分 線源: 海綿質 標的組織		臓器 ID : 30 大腿骨, 上半分 線源: 髄腔 標的組織		臓器 ID : 32 大腿骨, 下半分 線源: 髄腔 標的組織	
	AM (活性骨髄)	TM_{50} (骨内膜)	AM (活性骨髄)	TM_{50} (骨内膜)	AM (活性骨髄)	TM_{50} (骨内膜)	AM (活性骨髄)	TM_{50} (骨内膜)	AM (活性骨髄)	TM_{50} (骨内膜)	AM (活性骨髄)	TM_{50} (骨内膜)
1.00E+03	—	1.17E-17	9.05E-18	1.09E-17	1.05E-17	1.12E-17	8.69E-18	1.14E-17	—	1.16E-17	—	1.17E-17
1.50E+03	—	1.73E-17	1.32E-17	1.62E-17	1.55E-17	1.66E-17	1.27E-17	1.69E-17	—	1.74E-17	—	1.73E-17
2.00E+03	—	2.29E-17	1.73E-17	2.15E-17	2.03E-17	2.20E-17	1.66E-17	2.24E-17	—	2.30E-17	—	2.29E-17
3.00E+03	—	3.38E-17	2.50E-17	3.18E-17	2.99E-17	3.25E-17	2.40E-17	3.31E-17	—	3.43E-17	—	3.37E-17
4.00E+03	—	4.44E-17	3.23E-17	4.19E-17	3.91E-17	4.29E-17	3.11E-17	4.36E-17	—	4.55E-17	—	4.43E-17
5.00E+03	—	5.49E-17	3.94E-17	5.19E-17	4.82E-17	5.31E-17	3.79E-17	5.40E-17	—	5.66E-17	—	5.48E-17
6.00E+03	—	6.54E-17	4.64E-17	6.18E-17	5.72E-17	6.33E-17	4.46E-17	6.42E-17	—	6.75E-17	—	6.52E-17
8.00E+03	—	8.63E-17	6.01E-17	8.17E-17	7.50E-17	8.35E-17	5.78E-17	8.46E-17	—	8.87E-17	—	8.61E-17

付属書 E 骨格のフルエンスから線量への応答関数：中性子

Energy	C1	C2	C3	C4	C5	C6	C7	C8	C9	C10	C11	C12	C13
1.00E+04	—	1.08E−16	—	7.37E−17	1.02E−16	9.26E−17	1.04E−16	7.10E−17	1.05E−16	—	1.09E−16	—	1.07E−16
1.50E+04	—	1.60E−16	—	1.07E−16	1.51E−16	1.36E−16	1.53E−16	1.03E−16	1.55E−16	—	1.59E−16	—	1.59E−16
2.00E+04	—	2.08E−16	—	1.38E−16	1.97E−16	1.76E−16	1.99E−16	1.33E−16	2.01E−16	—	2.07E−16	—	2.08E−16
3.00E+04	—	2.96E−16	—	1.94E−16	2.81E−16	2.48E−16	2.84E−16	1.86E−16	2.87E−16	—	2.95E−16	—	2.96E−16
4.00E+04	—	3.76E−16	—	2.44E−16	3.58E−16	3.13E−16	3.60E−16	2.34E−16	3.65E−16	—	3.74E−16	—	3.76E−16
5.00E+04	—	4.49E−16	—	2.90E−16	4.29E−16	3.72E−16	4.31E−16	2.78E−16	4.37E−16	—	4.45E−16	—	4.49E−16
6.00E+04	—	5.17E−16	—	3.32E−16	4.94E−16	4.26E−16	4.95E−16	3.18E−16	5.03E−16	—	5.12E−16	—	5.16E−16
8.00E+04	—	6.36E−16	—	4.05E−16	6.09E−16	5.21E−16	6.11E−16	3.88E−16	6.20E−16	—	6.36E−16	—	6.36E−16
1.00E+05	—	7.42E−16	—	4.69E−16	7.10E−16	6.03E−16	7.12E−16	4.50E−16	7.23E−16	—	7.41E−16	—	7.41E−16
1.50E+05	—	9.58E−16	—	5.99E−16	9.21E−16	7.69E−16	9.19E−16	5.75E−16	9.35E−16	—	9.60E−16	—	9.57E−16
2.00E+05	—	1.13E−15	—	7.02E−16	1.09E−15	8.98E−16	1.08E−15	6.75E−16	1.11E−15	—	1.14E−15	—	1.13E−15
3.00E+05	—	1.41E−15	—	8.71E−16	1.38E−15	1.10E−15	1.35E−15	8.40E−16	1.39E−15	—	1.42E−15	—	1.41E−15
4.00E+05	—	1.67E−15	—	1.06E−15	1.64E−15	1.31E−15	1.60E−15	1.03E−15	1.64E−15	—	1.67E−15	—	1.66E−15
5.00E+05	—	1.82E−15	—	1.11E−15	1.78E−15	1.38E−15	1.73E−15	1.08E−15	1.79E−15	—	1.83E−15	—	1.82E−15
6.00E+05	—	1.99E−15	—	1.21E−15	1.95E−15	1.49E−15	1.89E−15	1.18E−15	1.95E−15	—	2.00E−15	—	1.99E−15
8.00E+05	—	2.28E−15	—	1.42E−15	2.25E−15	1.71E−15	2.17E−15	1.38E−15	2.23E−15	—	2.31E−15	—	2.28E−15
1.00E+06	—	2.60E−15	—	1.76E−15	2.58E−15	2.03E−15	2.50E−15	1.71E−15	2.55E−15	—	2.63E−15	—	2.59E−15
1.50E+06	—	3.02E−15	—	2.13E−15	2.96E−15	2.35E−15	2.85E−15	2.08E−15	2.93E−15	—	3.09E−15	—	3.01E−15
2.00E+06	—	3.37E−15	—	2.60E−15	3.30E−15	2.75E−15	3.17E−15	2.54E−15	3.29E−15	—	3.52E−15	—	3.37E−15
3.00E+06	—	3.98E−15	—	3.39E−15	3.83E−15	3.42E−15	3.70E−15	3.30E−15	3.87E−15	—	4.30E−15	—	3.98E−15
4.00E+06	—	4.36E−15	—	3.99E−15	4.16E−15	3.92E−15	4.02E−15	3.89E−15	4.26E−15	—	4.87E−15	—	4.36E−15
5.00E+06	—	4.35E−15	—	4.23E−15	4.11E−15	4.05E−15	3.96E−15	4.10E−15	4.28E−15	—	5.00E−15	—	4.36E−15
6.00E+06	—	4.58E−15	—	4.46E−15	4.25E−15	4.18E−15	4.06E−15	4.31E−15	4.49E−15	—	5.30E−15	—	4.58E−15
8.00E+06	—	5.18E−15	—	5.04E−15	4.76E−15	4.61E−15	4.48E−15	4.91E−15	5.06E−15	—	5.96E−15	—	5.18E−15
1.00E+07	—	5.51E−15	—	5.45E−15	5.09E−15	4.90E−15	4.72E−15	5.35E−15	5.41E−15	—	6.33E−15	—	5.52E−15
1.50E+07	—	6.52E−15	—	6.19E−15	5.98E−15	5.53E−15	5.48E−15	6.16E−15	6.37E−15	—	7.30E−15	—	6.53E−15
2.00E+07	—	7.10E−15	—	6.52E−15	6.49E−15	5.94E−15	6.06E−15	6.58E−15	6.93E−15	—	7.80E−15	—	7.12E−15
3.00E+07	—	7.69E−15	—	6.91E−15	7.04E−15	6.48E−15	6.70E−15	7.11E−15	7.50E−15	—	8.29E−15	—	7.72E−15
4.00E+07	—	8.09E−15	—	7.24E−15	7.43E−15	6.96E−15	7.19E−15	7.54E−15	7.91E−15	—	8.63E−15	—	8.11E−15
5.00E+07	—	8.31E−15	—	7.39E−15	7.63E−15	7.26E−15	7.51E−15	7.77E−15	8.15E−15	—	8.78E−15	—	8.33E−15
6.00E+07	—	8.53E−15	—	7.59E−15	7.85E−15	7.60E−15	7.86E−15	8.03E−15	8.40E−15	—	8.95E−15	—	8.55E−15
8.00E+07	—	9.23E−15	—	8.19E−15	8.45E−15	8.36E−15	8.63E−15	8.72E−15	9.09E−15	—	9.62E−15	—	9.24E−15
1.00E+08	—	1.01E−14	—	8.96E−15	9.25E−15	9.36E−15	9.71E−15	9.52E−15	9.98E−15	—	1.03E−14	—	1.01E−14
1.50E+08	—	1.39E−14	—	1.20E−14	1.26E−14	1.30E−14	1.37E−14	1.28E−14	1.37E−14	—	1.40E−14	—	1.39E−14

(つづく)

ICRP Publication 116

表 E.1 （つづき）

中性子エネルギー (eV)	臓器ID：33 大腿骨，下半分 線源：髄腔 標的組織		臓器ID：35 下腿骨 線源：海綿質 標的組織		臓器ID：36 下腿骨 線源：髄腔 標的組織		臓器ID：38 足首と足 線源：海綿質 標的組織		臓器ID：40 下顎骨 線源：海綿質 標的組織		臓器ID：42 骨盤 線源：海綿質 標的組織		臓器ID：44 肋骨 線源：海綿質 標的組織	
	AM (活性骨髄)	TM_{50} (骨内膜)	AM (活性骨髄)	TM_{50} (骨内膜)	AM (活性骨髄)	TM_{50} (骨内膜)	AM (活性骨髄)	TM_{50} (骨内膜)	AM (活性骨髄)	TM_{50} (骨内膜)	AM (活性骨髄)	TM_{50} (骨内膜)	AM (活性骨髄)	TM_{50} (骨内膜)
1.00E+03	—	1.16E−17	—	1.17E−17	—	1.16E−17	—	1.17E−17	9.72E−18	1.08E−17	1.04E−17	1.06E−17	1.07E−17	1.10E−17
1.50E+03	—	1.74E−17	—	1.74E−17	—	1.74E−17	—	1.73E−17	1.43E−17	1.61E−17	1.53E−17	1.57E−17	1.58E−17	1.63E−17
2.00E+03	—	2.30E−17	—	2.30E−17	—	2.30E−17	—	2.29E−17	1.88E−17	2.13E−17	2.02E−17	2.08E−17	2.09E−17	2.16E−17
3.00E+03	—	3.43E−17	—	3.38E−17	—	3.43E−17	—	3.37E−17	2.74E−17	3.16E−17	2.96E−17	3.08E−17	3.08E−17	3.19E−17
4.00E+03	—	4.55E−17	—	4.44E−17	—	4.55E−17	—	4.43E−17	3.57E−17	4.17E−17	3.88E−17	4.06E−17	4.06E−17	4.21E−17
5.00E+03	—	5.66E−17	—	5.48E−17	—	5.66E−17	—	5.48E−17	4.38E−17	5.18E−17	4.79E−17	5.03E−17	5.03E−17	5.21E−17
6.00E+03	—	6.75E−17	—	6.52E−17	—	6.75E−17	—	6.52E−17	5.18E−17	6.17E−17	5.69E−17	5.99E−17	5.98E−17	6.21E−17
8.00E+03	—	8.87E−17	—	8.61E−17	—	8.87E−17	—	8.61E−17	6.78E−17	8.16E−17	7.46E−17	7.93E−17	7.88E−17	8.19E−17
1.00E+04	—	1.09E−16	—	1.07E−16	—	1.09E−16	—	1.07E−16	8.36E−17	1.01E−16	9.23E−17	9.87E−17	9.78E−17	1.02E−16
1.50E+04	—	1.59E−16	—	1.59E−16	—	1.59E−16	—	1.59E−16	1.23E−16	1.51E−16	1.36E−16	1.47E−16	1.45E−16	1.51E−16
2.00E+04	—	2.07E−16	—	2.08E−16	—	2.07E−16	—	2.08E−16	1.58E−16	1.96E−16	1.76E−16	1.91E−16	1.88E−16	1.96E−16
3.00E+04	—	2.95E−16	—	2.96E−16	—	2.95E−16	—	2.96E−16	2.24E−16	2.80E−16	2.49E−16	2.73E−16	2.67E−16	2.79E−16
4.00E+04	—	3.74E−16	—	3.76E−16	—	3.74E−16	—	3.76E−16	2.82E−16	3.56E−16	3.15E−16	3.47E−16	3.39E−16	3.54E−16
5.00E+04	—	4.45E−16	—	4.49E−16	—	4.45E−16	—	4.49E−16	3.36E−16	4.26E−16	3.76E−16	4.14E−16	4.05E−16	4.23E−16
6.00E+04	—	5.12E−16	—	5.16E−16	—	5.12E−16	—	5.16E−16	3.84E−16	4.90E−16	4.31E−16	4.77E−16	4.65E−16	4.87E−16
8.00E+04	—	6.36E−16	—	6.36E−16	—	6.36E−16	—	6.36E−16	4.71E−16	6.05E−16	5.29E−16	5.89E−16	5.73E−16	5.99E−16
1.00E+05	—	7.41E−16	—	7.40E−16	—	7.41E−16	—	7.41E−16	5.46E−16	7.05E−16	6.15E−16	6.88E−16	6.67E−16	6.98E−16
1.50E+05	—	9.60E−16	—	9.56E−16	—	9.60E−16	—	9.57E−16	6.98E−16	9.14E−16	7.89E−16	8.93E−16	8.61E−16	9.01E−16
2.00E+05	—	1.14E−15	—	1.13E−15	—	1.14E−15	—	1.13E−15	8.19E−16	1.08E−15	9.27E−16	1.06E−15	1.02E−15	1.07E−15
3.00E+05	—	1.42E−15	—	1.41E−15	—	1.42E−15	—	1.41E−15	1.01E−15	1.36E−15	1.15E−15	1.32E−15	1.27E−15	1.33E−15
4.00E+05	—	1.67E−15	—	1.66E−15	—	1.67E−15	—	1.66E−15	1.22E−15	1.62E−15	1.37E−15	1.58E−15	1.52E−15	1.59E−15
5.00E+05	—	1.83E−15	—	1.82E−15	—	1.83E−15	—	1.82E−15	1.29E−15	1.76E−15	1.45E−15	1.72E−15	1.62E−15	1.71E−15
6.00E+05	—	2.00E−15	—	1.99E−15	—	2.00E−15	—	1.99E−15	1.40E−15	1.92E−15	1.57E−15	1.88E−15	1.76E−15	1.86E−15
8.00E+05	—	2.31E−15	—	2.28E−15	—	2.31E−15	—	2.28E−15	1.62E−15	2.21E−15	1.81E−15	2.17E−15	2.02E−15	2.14E−15
1.00E+06	—	2.63E−15	—	2.60E−15	—	2.63E−15	—	2.59E−15	1.96E−15	2.55E−15	2.14E−15	2.51E−15	2.37E−15	2.48E−15
1.50E+06	—	3.09E−15	—	3.02E−15	—	3.09E−15	—	3.01E−15	2.31E−15	2.94E−15	2.47E−15	2.90E−15	2.69E−15	2.81E−15
2.00E+06	—	3.52E−15	—	3.37E−15	—	3.52E−15	—	3.37E−15	2.74E−15	3.29E−15	2.88E−15	3.26E−15	3.08E−15	3.14E−15
3.00E+06	—	4.30E−15	—	3.98E−15	—	4.30E−15	—	3.98E−15	3.49E−15	3.85E−15	3.60E−15	3.84E−15	3.75E−15	3.66E−15

4.00E+06	—	4.87E−15	—	4.36E−15	—	4.87E−15	—	4.36E−15	4.06E−15	4.23E−15	4.16E−15	4.23E−15	4.28E−15	4.03E−15
5.00E+06	—	5.00E−15	—	4.36E−15	—	5.00E−15	—	4.36E−15	4.28E−15	4.25E−15	4.36E−15	4.29E−15	4.44E−15	4.08E−15
6.00E+06	—	5.30E−15	—	4.59E−15	—	5.30E−15	—	4.58E−15	4.49E−15	4.44E−15	4.56E−15	4.49E−15	4.61E−15	4.25E−15
8.00E+06	—	5.96E−15	—	5.20E−15	—	5.96E−15	—	5.18E−15	5.09E−15	5.01E−15	5.15E−15	5.09E−15	5.14E−15	4.82E−15
1.00E+07	—	6.33E−15	—	5.56E−15	—	6.33E−15	—	5.52E−15	5.49E−15	5.39E−15	5.56E−15	5.47E−15	5.50E−15	5.22E−15
1.50E+07	—	7.30E−15	—	6.58E−15	—	7.30E−15	—	6.53E−15	6.31E−15	6.34E−15	6.37E−15	6.41E−15	6.24E−15	6.12E−15
2.00E+07	—	7.80E−15	—	7.17E−15	—	7.80E−15	—	7.12E−15	6.70E−15	6.86E−15	6.77E−15	6.93E−15	6.62E−15	6.62E−15
3.00E+07	—	8.29E−15	—	7.75E−15	—	8.29E−15	—	7.72E−15	7.15E−15	7.40E−15	7.23E−15	7.46E−15	7.07E−15	7.15E−15
4.00E+07	—	8.63E−15	—	8.15E−15	—	8.63E−15	—	8.11E−15	7.54E−15	7.80E−15	7.63E−15	7.86E−15	7.46E−15	7.56E−15
5.00E+07	—	8.78E−15	—	8.36E−15	—	8.78E−15	—	8.33E−15	7.73E−15	8.01E−15	7.84E−15	8.08E−15	7.67E−15	7.78E−15
6.00E+07	—	8.95E−15	—	8.57E−15	—	8.95E−15	—	8.55E−15	7.96E−15	8.23E−15	8.09E−15	8.33E−15	7.93E−15	8.04E−15
8.00E+07	—	9.62E−15	—	9.25E−15	—	9.62E−15	—	9.24E−15	8.60E−15	8.89E−15	8.75E−15	8.99E−15	8.56E−15	8.69E−15
1.00E+08	—	1.03E−14	—	1.01E−14	—	1.03E−14	—	1.01E−14	9.36E−15	9.72E−15	9.55E−15	9.83E−15	9.38E−15	9.55E−15
1.50E+08	—	1.40E−14	—	1.39E−14	—	1.40E−14	—	1.39E−14	1.25E−14	1.32E−14	1.28E−14	1.34E−14	1.26E−14	1.30E−14

中性子エネルギー (eV)	臓器 ID：46 肩甲骨 線源：海綿質		臓器 ID：48 頸椎 線源：海綿質		臓器 ID：50 胸椎 線源：海綿質		臓器 ID：52 腰椎 線源：海綿質		臓器 ID：54 仙骨 線源：海綿質		臓器 ID：56 胸骨 線源：海綿質	
	標的組織		標的組織		標的組織		標的組織		標的組織		標的組織	
	AM (活性骨髄)	TM_{50} (骨内膜)	AM (活性骨髄)	TM_{50} (骨内膜)	AM (活性骨髄)	TM_{50} (骨内膜)	AM (活性骨髄)	TM_{50} (骨内膜)	AM (活性骨髄)	TM_{50} (骨内膜)	AM (活性骨髄)	TM_{50} (骨内膜)
1.00E+03	1.01E−17	1.07E−17	1.07E−17	1.10E−17	1.07E−17	1.10E−17	1.07E−17	1.11E−17	1.07E−17	1.05E−17	1.07E−17	1.04E−17
1.50E+03	1.48E−17	1.58E−17	1.58E−17	1.63E−17	1.58E−17	1.63E−17	1.58E−17	1.64E−17	1.58E−17	1.56E−17	1.58E−17	1.54E−17
2.00E+03	1.95E−17	2.10E−17	2.09E−17	2.16E−17	2.09E−17	2.16E−17	2.09E−17	2.16E−17	2.09E−17	2.05E−17	2.08E−17	2.04E−17
3.00E+03	2.85E−17	3.11E−17	3.09E−17	3.19E−17	3.08E−17	3.20E−17	3.08E−17	3.19E−17	3.08E−17	3.03E−17	3.08E−17	3.02E−17
4.00E+03	3.73E−17	4.11E−17	4.07E−17	4.21E−17	4.06E−17	4.21E−17	4.06E−17	4.20E−17	4.06E−17	3.98E−17	4.05E−17	3.98E−17
5.00E+03	4.58E−17	5.10E−17	5.03E−17	5.21E−17	5.02E−17	5.22E−17	5.03E−17	5.19E−17	5.02E−17	4.93E−17	5.01E−17	4.94E−17
6.00E+03	5.43E−17	6.08E−17	5.99E−17	6.21E−17	5.98E−17	6.22E−17	5.99E−17	6.18E−17	5.98E−17	5.87E−17	5.96E−17	5.89E−17
8.00E+03	7.10E−17	8.05E−17	7.90E−17	8.19E−17	7.88E−17	8.19E−17	7.89E−17	8.16E−17	7.88E−17	7.75E−17	7.86E−17	7.77E−17
1.00E+04	8.76E−17	1.00E−16	9.81E−17	1.02E−16	9.77E−17	1.02E−16	9.79E−17	1.01E−16	9.78E−17	9.66E−17	9.75E−17	9.66E−17
1.50E+04	1.29E−16	1.49E−16	1.45E−16	1.50E−16	1.45E−16	1.50E−16	1.45E−16	1.50E−16	1.45E−16	1.44E−16	1.44E−16	1.43E−16
2.00E+04	1.66E−16	1.94E−16	1.88E−16	1.95E−16	1.88E−16	1.95E−16	1.88E−16	1.96E−16	1.88E−16	1.87E−16	1.87E−16	1.86E−16
3.00E+04	2.34E−16	2.77E−16	2.68E−16	2.78E−16	2.67E−16	2.77E−16	2.67E−16	2.78E−16	2.67E−16	2.68E−16	2.66E−16	2.65E−16
4.00E+04	2.96E−16	3.52E−16	3.40E−16	3.53E−16	3.39E−16	3.52E−16	3.39E−16	3.53E−16	3.39E−16	3.40E−16	3.38E−16	3.37E−16
5.00E+04	3.52E−16	4.20E−16	4.06E−16	4.22E−16	4.04E−16	4.20E−16	4.05E−16	4.21E−16	4.05E−16	4.06E−16	4.03E−16	4.03E−16
6.00E+04	4.03E−16	4.84E−16	4.67E−16	4.85E−16	4.65E−16	4.84E−16	4.66E−16	4.83E−16	4.65E−16	4.68E−16	4.63E−16	4.64E−16

（つづく）

表 E.1 (つづき)

中性子エネルギー (eV)	臓器 ID：46 肩甲骨 線源：海綿質 標的組織		臓器 ID：48 頚椎 線源：海綿質 標的組織		臓器 ID：50 胸椎 線源：海綿質 標的組織		臓器 ID：52 腰椎 線源：海綿質 標的組織		臓器 ID：54 仙骨 線源：海綿質 標的組織		臓器 ID：56 胸骨 線源：海綿質 標的組織	
	AM (活性骨髄)	TM_{50} (骨内膜)	AM (活性骨髄)	TM_{50} (骨内膜)	AM (活性骨髄)	TM_{50} (骨内膜)	AM (活性骨髄)	TM_{50} (骨内膜)	AM (活性骨髄)	TM_{50} (骨内膜)	AM (活性骨髄)	TM_{50} (骨内膜)
8.00E+04*	4.94E−16	5.97E−16	5.75E−16	5.98E−16	5.72E−16	5.97E−16	5.74E−16	5.96E−16	5.73E−16	5.78E−16	5.70E−16	5.73E−16
1.00E+05	5.73E−16	6.97E−16	6.69E−16	6.97E−16	6.67E−16	6.96E−16	6.68E−16	6.96E−16	6.68E−16	6.75E−16	6.64E−16	6.69E−16
1.50E+05	7.32E−16	9.05E−16	8.64E−16	9.02E−16	8.61E−16	9.02E−16	8.63E−16	9.03E−16	8.62E−16	8.79E−16	8.57E−16	8.69E−16
2.00E+05	8.58E−16	1.07E−15	1.02E−15	1.07E−15	1.02E−15	1.07E−15	1.02E−15	1.07E−15	1.02E−15	1.04E−15	1.01E−15	1.03E−15
3.00E+05	1.06E−15	1.34E−15	1.27E−15	1.33E−15	1.27E−15	1.33E−15	1.27E−15	1.33E−15	1.27E−15	1.31E−15	1.26E−15	1.29E−15
4.00E+05	1.27E−15	1.60E−15	1.52E−15	1.59E−15	1.52E−15	1.59E−15	1.52E−15	1.59E−15	1.52E−15	1.57E−15	1.51E−15	1.55E−15
5.00E+05	1.34E−15	1.74E−15	1.62E−15	1.71E−15	1.62E−15	1.71E−15	1.62E−15	1.70E−15	1.62E−15	1.69E−15	1.61E−15	1.68E−15
6.00E+05	1.45E−15	1.90E−15	1.77E−15	1.86E−15	1.76E−15	1.86E−15	1.76E−15	1.85E−15	1.76E−15	1.85E−15	1.75E−15	1.83E−15
8.00E+05	1.67E−15	2.18E−15	2.02E−15	2.13E−15	2.02E−15	2.14E−15	2.02E−15	2.12E−15	2.02E−15	2.13E−15	2.01E−15	2.11E−15
1.00E+06	2.00E−15	2.53E−15	2.38E−15	2.48E−15	2.38E−15	2.48E−15	2.38E−15	2.47E−15	2.38E−15	2.47E−15	2.36E−15	2.48E−15
1.50E+06	2.34E−15	2.92E−15	2.70E−15	2.80E−15	2.70E−15	2.82E−15	2.70E−15	2.80E−15	2.70E−15	2.82E−15	2.69E−15	2.85E−15
2.00E+06	2.76E−15	3.28E−15	3.07E−15	3.13E−15	3.09E−15	3.15E−15	3.08E−15	3.11E−15	3.09E−15	3.18E−15	3.08E−15	3.22E−15
3.00E+06	3.48E−15	3.86E−15	3.73E−15	3.66E−15	3.77E−15	3.69E−15	3.74E−15	3.62E−15	3.77E−15	3.76E−15	3.77E−15	3.79E−15
4.00E+06	4.04E−15	4.26E−15	4.24E−15	4.04E−15	4.31E−15	4.09E−15	4.25E−15	3.99E−15	4.31E−15	4.15E−15	4.32E−15	4.20E−15
5.00E+06	4.23E−15	4.28E−15	4.39E−15	4.09E−15	4.49E−15	4.17E−15	4.40E−15	4.03E−15	4.49E−15	4.23E−15	4.51E−15	4.30E−15
6.00E+06	4.44E−15	4.46E−15	4.55E−15	4.25E−15	4.68E−15	4.35E−15	4.57E−15	4.19E−15	4.67E−15	4.39E−15	4.71E−15	4.49E−15
8.00E+06	5.02E−15	5.01E−15	5.05E−15	4.80E−15	5.24E−15	4.96E−15	5.08E−15	4.75E−15	5.22E−15	4.94E−15	5.28E−15	5.09E−15
1.00E+07	5.41E−15	5.38E−15	5.39E−15	5.19E−15	5.63E−15	5.38E−15	5.43E−15	5.15E−15	5.60E−15	5.32E−15	5.68E−15	5.49E−15
1.50E+07	6.19E−15	6.26E−15	6.11E−15	6.06E−15	6.40E−15	6.30E−15	6.17E−15	6.03E−15	6.35E−15	6.29E−15	6.47E−15	6.40E−15
2.00E+07	6.57E−15	6.77E−15	6.51E−15	6.57E−15	6.79E−15	6.81E−15	6.55E−15	6.51E−15	6.74E−15	6.80E−15	6.87E−15	6.89E−15
3.00E+07	7.03E−15	7.32E−15	6.98E−15	7.11E−15	7.25E−15	7.35E−15	6.99E−15	7.03E−15	7.21E−15	7.31E−15	7.33E−15	7.42E−15
4.00E+07	7.43E−15	7.72E−15	7.40E−15	7.53E−15	7.64E−15	7.76E−15	7.37E−15	7.41E−15	7.60E−15	7.72E−15	7.72E−15	7.82E−15
5.00E+07	7.63E−15	7.94E−15	7.63E−15	7.77E−15	7.85E−15	7.98E−15	7.57E−15	7.61E−15	7.82E−15	7.95E−15	7.93E−15	8.04E−15
6.00E+07	7.89E−15	8.18E−15	7.91E−15	8.05E−15	8.11E−15	8.24E−15	7.82E−15	7.85E−15	8.09E−15	8.22E−15	8.20E−15	8.30E−15
8.00E+07	8.56E−15	8.85E−15	8.58E−15	8.72E−15	8.76E−15	8.89E−15	8.44E−15	8.48E−15	8.75E−15	8.88E−15	8.85E−15	8.96E−15
1.00E+08	9.36E−15	9.73E−15	9.44E−15	9.63E−15	9.58E−15	9.75E−15	9.24E−15	9.30E−15	9.59E−15	9.77E−15	9.67E−15	9.82E−15
1.50E+08	1.26E−14	1.33E−14	1.28E−14	1.31E−14	1.29E−14	1.32E−14	1.24E−14	1.26E−14	1.29E−14	1.33E−14	1.30E−14	1.33E−14

* 8.00E+04 は 8.00×10⁴ を示し，－は該当なし（NA：not applicabile）を示す。

とめられている。

E.3 海綿質の線量を用いた骨格標的組織線量の近似

(**E7**) 中性子に対する線量応答関数の骨格平均値を，活性骨髄，骨髄全体および海綿質のカーマ係数とともに図 E.1 に示す。カーマ係数と活性骨髄および骨内膜の線量応答関数の間の相対差を，海綿骨と骨髄髄質へ入射する中性子エネルギーの関数として図 E.2 に示す。1 eV 未満の中性子エネルギーでは，海綿質カーマは，活性骨髄の吸収線量を約 30％過小評価す

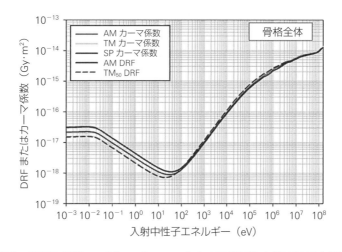

図 E.1 ICRP 標準コンピュータファントムの骨格平均中性子線量応答関数（DRF）とカーマ係数 AM：活性骨髄，TM：全骨髄，TM_{50}：骨内膜，SP：海綿質

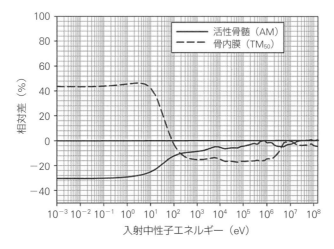

図 E.2 中性子カーマ係数と骨格における活性骨髄（AM）標的および骨内膜（TM_{50}）標的の線量応答関数の間の相対差

ることが分かる。この相対差は，中性子エネルギーが増加するにつれて減少し，30 eV では 20％未満にまで，300 eV では 10％未満にまで，60 keV では 5％未満にまで，そして 20 MeV では 1％未満までになる。8 eV 未満の中性子エネルギーでは，海綿質カーマは，骨内膜の吸収線量を約 45％過大評価することが分かる。この相対差は，8 eV から 1 keV のエネルギー範囲で減少し，300 keV から 1 MeV のエネルギー範囲では，約 15〜20％の間で一定になる。この相対差は，中性子エネルギーが増加するにつれて減少し，約 10 MeV を超えると約 3〜4％になる。

E.4 参考文献

Bahadori, A. A., Johnson, P. B., Jokisch, D. W., et al., 2011. Response functions for computing absorbed dose to skeletal tissues from neutron irradiation. *Phys. Med. Biol.* **56**, 6873-6897.

Jokisch, D. W., Rajon, D. A., Bahadori, A. A., et al., 2011a. An image-based skeletal dosimetry model for the ICRP reference adult—specific absorbed fractions for neutron-generated recoil protons. *Phys. Med. Biol.* **56**, 6857-6872.

Jokisch, D. W., Rajon, D. A., Patton, P. W., et al., 2011b. Methods for the inclusion of shallow marrow and adipose tissue in pathlength-based skeletal dosimetry. *Phys. Med. Biol.* **56**, 2699-2713.

Kerr, G. D., Eckerman, K. F., 1985. Neutron and photon fluence-to-dose conversion factors for active marrow of the skeleton. In: Schraube, H., Burger, G., Booz, J. (Eds.), Proceedings of the Fifth Symposium on Neutron Dosimetry. Commission of the European Communities, Luxembourg, pp. 133-145, 17-21 September 1984, Munich, Germany.

付属書 F　眼の水晶体の吸収線量を評価するための特別な考察

（**F1**）　ICRP *Publication 103*（ICRP, 2007）には，最近の研究は，眼の水晶体の放射線感受性が従来考えられていたよりも高い可能性を示唆していることが述べられている。その後，眼の水晶体の放射線感受性についての詳細な再評価（ICRP, 2012）により，2007 年勧告（ICRP, 2007）がリスクを過小評価しているかもしれないと想定するまでに至っている。動物モデルと被ばくしたヒトの集団からの新しいデータは，水晶体の混濁が，白内障を引き起こすと一般に考えられているよりもはるかに低い線量で起こることを示唆している。これらの知見は，(1) 低い吸収線量でしきい値が存在する，あるいは (2) しきい線量値が全くない，のどちらかと一致する。放射線誘発白内障に対するしきい線量は，現在，急性被ばくと分割被ばくの両方についておよそ 0.5 Gy であると考えられており，これは様々な最近の疫学的研究と一致している。その結果，眼の水晶体の職業上の年等価線量限度は，150 mSv から，定められた 5 年間の平均として 20 mSv に引き下げ，単年では 50 mSv を上回らない線量にすることが勧告された（ICRP, 2012）。

（**F2**）　眼の水晶体の年線量限度は，等価線量 H_T で与えられている。そして，定義上，この値は，水晶体の体積にわたって平均された平均吸収線量 $D_{T,R}$ に基づく。ICRP 第 1 専門委員会は，今後も白内障誘発に関わる幹細胞の位置の評価を継続していくが，この付属書の線量評価では，眼の水晶体の平均吸収線量を引き続き使用する。

（**F3**）　しかし，眼の水晶体の組織内で，白内障誘発に関して電離放射線被ばくに対する感度に大きな違いがあることはよく知られている（Charles と Brown, 1975）。1955 年という早い時期においてでさえ，ICRP は最初の一般的勧告（ICRP, 1955）において，「臓器における放射線の空間分布が非常に不均一な場合には，物理的線量の平均値は，身体全体としての正常な生理的機能に関連した臓器の潜在的損傷を必ずしも示すことにはならない。したがって，そのような場合には，線量が最も高い臓器内の局所的な体積を考慮する必要がある。これは，重要な体積と呼ばれるかもしれない……。眼の水晶体にとっての重要な体積は，細胞核がある体積である」ということを述べた。この知見が，いくつかのグループが，水晶体内の感受性の高い細胞集団の線量という課題を，特に電子（Behrens ら, 2009, 2010; Behrens と Dietze, 2010, 2011a; Nogueira ら, 2011）や低エネルギー光子（Behrens と Dietze, 2011b）のような眼の水晶体内で急な線量勾配を有する弱透過性放射線に対して，より深く追求する動機となった。最近では中性子に対する水晶体の線量評価の課題が研究されている（Manger ら, 2011）。

(F4) 標準コンピュータファントム（ボクセルサイズは，男性で $2.137 \times 2.137 \times 8 \mathrm{~mm}^3$，女性で $1.775 \times 1.775 \times 4.84 \mathrm{~mm}^3$）では，眼の水晶体が比較的低いレベルの解像度で表されている。このため，課題グループは，急な線量勾配をもたらす照射に対する線量換算係数を評価するために，電子，光子および中性子に対して，眼と水晶体の様式化されたモデルを採用することを決めた。Behrens ら（2009）の眼モデルは，Charles と Brown（1975）の推奨データに基づいており，このモデルを光子，電子および中性子照射に対して採用した（図 F.1）。電子照射については，裸眼モデルの被ばくを仮定した（図 F.2 左）。光子と中性子照射の計算（Behrens と Dietze, 2011b; Manger ら, 2011）では，その眼のモデルを，光子では Adam と Eva（Kramer ら，1982）を平均した数学モデルの頭部（図 F.2 右）に組み入れ，中性子では UF-ORNL 数学ファントム（Han ら，2006）に組み入れた。

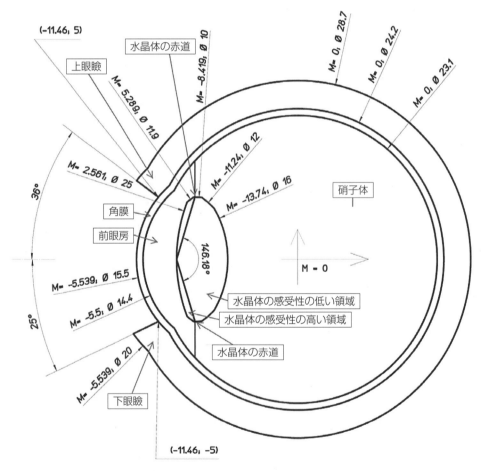

図 F.1　モンテカルロ計算で，Behrens ら（2009）により採用された詳細な様式化された眼モデル。 寸法はすべて mm で示した。M は球の中心の x 位置を，Ø は対応する直径を示す。（口絵参照）

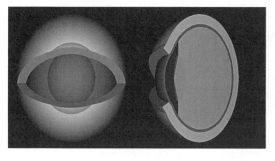

図 F.2　モンテカルロ計算でモデル化された眼の三次元図（左）。様式化された頭部ファントムに組み入れられた眼モデルの側面図（右）（Behrens と Dietze，2011b）。（カラーは口絵参照）

（**F5**）　様式化されたファントムのより精緻な水晶体ジオメトリーにおける線量換算係数は，以下の照射条件について計算した。光子は，前方-後方（AP），後方-前方（PA），側方（LAT）および回転（ROT）ジオメトリーで 5 keV から 10 MeV，電子は AP ジオメトリーで 100 keV から 12 MeV，そして，中性子は AP，LAT および ROT ジオメトリーで 0.001 eV から 10 MeV である。

（**F6**）　眼の水晶体の基準データセットは，以下のように定めた。すなわち，(1) 光子では 10 keV から 2 MeV までのエネルギーで AP，PA，LAT および ROT ジオメトリー，(2) 電子では 100 keV から 10 MeV までのエネルギーで AP ジオメトリー，そして (3) 中性子では 0.001 eV から 4 MeV のエネルギーで AP，LAT および ROT ジオメトリー。眼の水晶体の線量換算係数は，図 F.1 と図 F.2 に示した様式化された眼モデルのファントムを使った計算から評価した。他のすべてのエネルギー，照射ジオメトリーおよび他の放射線タイプ（すなわち，陽電子，陽子，ミュー粒子，パイ中間子，ヘリウムイオン）に対しては，男性と女性の標準コンピュータファントム内の眼の水晶体の換算係数の平均として，基準換算係数を評価した。電子のデータを除いて，基準データは，両眼の平均として評価した。電子については，片眼の裸眼でシミュレーションを行った。LAT ジオメトリーにおける換算係数は，左右の LAT ジオメトリーにおける換算係数の算術平均値である。

F.1　光　　子

（**F7**）　Behrens と Dietze（2011b）は，様式化された頭部ファントム［様式化された Adam と Eva ファントム（Kramer ら，1982）の頭部の平均サイズ］における眼の照射シミュレーションを，AP，PA，LAT および ROT ジオメトリーで入射する単一エネルギー光子の幅広い平行ビームに対して行った。図 F.2 に詳細な様式化されたモデルを示す。計算は，モンテカルロコード EGSnrc で行われた。この研究では，眼の水晶体の平均吸収線量に加え

212   付属書F　眼の水晶体の吸収線量を評価するための特別な考察

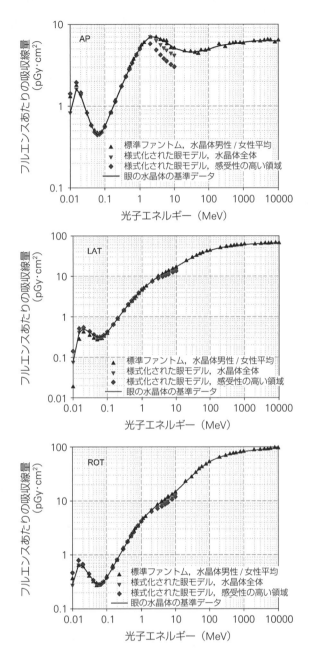

図 F.3 男性および女性標準コンピュータファントムと様式化された眼モデル（Behrens と Dietze, 2011b）を使って計算した前方－後方（AP），側方（LAT），回転（ROT）照射に対するフルエンスあたりの眼の水晶体の吸収線量（単位：pGy·cm^2）。感受性の高い領域のデータも示している。すべての換算係数は，両眼の平均値である。実線の曲線は基準データを示す。

ICRP Publication 116

て，水晶体の感受性の高い領域の平均吸収線量も考慮された．図 F.3 には，AP, LAT および ROT ジオメトリーについて，Behrens と Dietze のデータを，標準コンピュータファントムを用いて計算した水晶体の線量とともに示す．すべての換算係数は，左右の眼の換算係数の算術平均値として評価した．

（**F8**）　図 F.3 から，AP ジオメトリーに対して約 20 keV 未満の，それ以外のジオメトリーに対しては 50 keV 未満の光子エネルギーを除き，およそ 2 MeV までは，様式化されたモデルを使って Behrens と Dietze により評価された水晶体線量と，標準コンピュータファントムで計算した水晶体線量は良く一致していることが分かる．2 MeV を超えると，様式化されたモデルのデータは，標準コンピュータファントムのデータより小さくなる傾向がある．さらに，図 F.3 から，1 MeV までのエネルギーの光子に対して，水晶体の感受性の高い領域の吸収線量は，基準値によって適切に表されることが分かる．

（**F9**）　保守的なアプローチをとるために，2 MeV までのエネルギーでは，様式化されたモデルからのデータを AP, PA, LAT および ROT ジオメトリーにおける基準換算係数に採用した．その他のすべての状況では，基準水晶体換算係数は，男性および女性標準コンピュータファントムの水晶体線量換算係数の平均として評価した．平滑化処理した眼の水晶体の吸収線量の基準換算係数を，表 F.1 に示す．

F.2　電　　子

（**F10**）　図 F.4 には，AP ジオメトリーに対し，様式化された眼モデルで Behrens ら（2009, 2010）が計算した水晶体線量換算係数を，標準コンピュータファントムで計算された水晶体線量換算係数とともに示す．1 MeV 未満では，詳細な様式化された眼モデルの水晶体線量の方が，標準コンピュータファントムの低解像度の水晶体モデルの線量より著しく小さいことが分かる．これは，男性標準ファントムの左右それぞれの眼には，ファントムの外表面に位置し真空と直接接する水晶体ボクセルが 1 つずつあり，これが実際のジオメトリーと異なるためである．しかし，1 MeV から 10 MeV の間のエネルギーでは，これらの値には良い一致が見られる．

（**F11**）　本報告書で考慮している照射ジオメトリーのなかで，1 MeV 未満の電子エネルギーで唯一重要な水晶体の線量は，AP ジオメトリーで入射する電子によって生じる．したがって，電子エネルギーが 1 MeV 未満では，AP ジオメトリーのデータは，その他のジオメトリーにおける線量についても保守的な高めの推定値と見なすことができる．ISO 照射で 1 MeV を超えるエネルギー，そして PA 照射ですべてのエネルギーに対して，標準コンピュータファントムと詳細な眼モデルの間に有意差がないと予測される．

（**F12**）　上述の考察の結果として，本報告書に示した AP 照射に対する基準換算係数は，

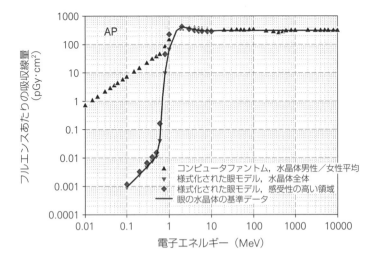

図 F.4 男性および女性標準コンピュータファントムと様式化された眼モデル（Behrens ら，2010）を使って計算した前方－後方（AP）照射における電子フルエンスあたりの眼の水晶体の吸収線量（単位：pGy·cm²）。感受性の高い領域のデータも示している。すべての換算係数は，両眼の平均値である。実線の曲線は基準データを示す。

100 keV から 10 MeV のエネルギーについては，様式化されたモデル（Behrens ら，2010）の計算結果を採用した。ISO ジオメトリーで 1 MeV 未満のエネルギーの電子については，AP ジオメトリーと同じ換算係数を使用した。他のすべての状況については，基準データは，標準コンピュータファントムから得た値の平均として評価した。平滑化処理した眼の水晶体の吸収線量の基準換算係数を，表 F.2 に示す。

F.3 中性子

(**F13**) Manger ら（2011）は，Behrens と Dietze（2011b）の眼モデルを UF-ORNL 成人ファントム（Han ら，2006）の頭部に組み入れ，AP，LAT および ROT ジオメトリーで入射する単一エネルギー中性子の幅広い平行ビームに対して照射シミュレーションを行った。計算は，0.001 eV から 10 MeV までのエネルギーについて，モンテカルロコード MCNPX バージョン 2.6.0（Pelowitz，2008）で行われた。この研究では，眼の水晶体の平均吸収線量に加えて，水晶体の感受性の高い領域の吸収線量も考慮された。モデル化された眼の三次元図を図 F.1 と図 F.2 に示す。AP，LAT および ROT ジオメトリーにおける水晶体全体と感受性の高い領域のフルエンスあたりの線量を図 F.5 に示す。Manger らは，すべての中性子エネルギー範囲およびすべての照射ジオメトリーにわたり，感受性の高い領域の線量は水晶体全体の線量とほぼ同じであり，最大の差は入射中性子エネルギーが最小の場合の 13％であると結論づけ

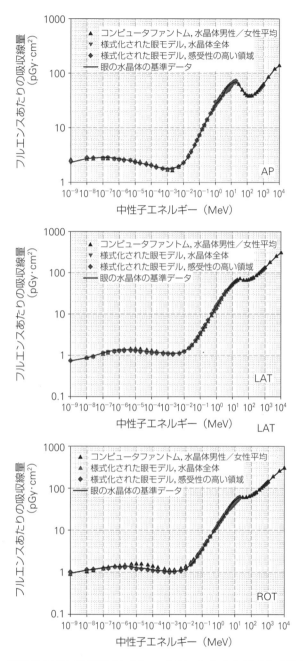

図 F.5 男性および女性標準コンピュータファントムと様式化された眼モデル（Manger ら，2011）を使って計算した，前方－後方（AP），側方（LAT），回転（ROT）ジオメトリーにおける中性子フルエンスあたりの眼の水晶体の吸収線量（単位：pGy·cm²）。感受性の高い領域のデータも示している。すべての換算係数は，両眼の平均値である。実線の曲線は基準データを示す。

た。中性子の入射方向に関係なく，水晶体の感受性の高い領域と水晶体全体の吸収線量に大きな差は見られなかった。このことは，感受性の高い領域と水晶体全体のフルエンスに大きな差はないことから予測された。

(**F14**) 図 F.5 には，標準ファントムを使って計算した水晶体の線量換算係数も示している。様式化されたモデルを使って評価した水晶体の吸収線量と標準コンピュータファントムで計算した水晶体の吸収線量は，およそ 20 MeV までは非常に良く一致していることが分かる。さらに，ほとんどの中性子エネルギーで，水晶体の感受性の高い領域の吸収線量は基準値によって適切に表されることも分かる。AP と ROT ジオメトリーでの中性子入射において良く一致していることから，他のすべての照射ジオメトリーについても標準コンピュータファントムを使って計算した換算係数は，水晶体全体と感受性の高い領域のより詳細なモデルについて得られる換算係数を適切に表すと考えられることが結論づけられた。

(**F15**) したがって，本報告書に示した基準換算係数は，AP，LAT および ROT ジオメトリーでの中性子入射に対し，4 MeV までのエネルギーについては，Manger ら (2011) の結果を採用した。他のすべての基準水晶体換算係数は，標準コンピュータファントムで計算した男性と女性の平均値として評価した。平滑化処理した眼の水晶体の吸収線量の基準換算係数を，表 F.3 に示す。

F.4 参 考 文 献

Behrens, R., Dietze, G., 2010. Monitoring the eye lens: which dose quantity is adequate? *Phys. Med. Biol.* **55**, 4047-4062.

Behrens, R., Dietze, G., 2011a. Corrigendum. Monitoring the eye lens: which dose quantity is adequate? *Phys. Med. Biol.* **56**, 511.

Behrens, R., Dietze, G., 2011b. Dose conversion coefficients for photon exposure of the human eye lens. *Phys. Med. Biol.* **56**, 415-437.

Behrens, R., Dietze, G., Zankl, M., 2009. Dose conversion coefficients for electron exposure of the human eye lens. *Phys. Med. Biol.* **54**, 4069-4087.

Behrens, R., Dietze, G., Zankl, M., 2010. Corrigendum. Dose conversion coefficients for electron exposure of the human eye lens. *Phys. Med. Biol.* **55**, 3937-3945.

Charles, M. W., Brown, N., 1975. Dimensions of the human eye relevant to radiation protection (dosimetry). *Phys. Med. Biol.* **20**, 202-218.

Han, E. Y., Bolch, W. E., Eckerman, K. F., 2006. Revisions to the ORNL series of adult and pediatric computational phantoms for use with the MIRD schema. *Health Phys.* **90**, 337-356.

ICRP, 1955. Recommendations of the International Commission on Radiological Protection. *Br. J. Radiol.* **28**(Suppl. 6), 1-92.

ICRP, 2007. The 2007 Recommendations of the International Commission on Radiological Protection. ICRP Publication 103. *Ann. ICRP* **37**(2-4).

ICRP, 2012. ICRP statement on tissue reactions and early and late effects of radiation in normal tissues and organs: threshold doses for tissue reactions in a radiation protection context. ICRP Publication 118. *Ann. ICRP* **41**(1-3).

Kramer, R., Zankl, M., Williams, G., et al., 1982. The Calculation of Dose from External Photon Exposures Using Reference Human Phantoms and Monte Carlo Methods. Part I: the Male (Adam) and Female (Eva) Adult Mathematical Phantoms. GSF Report S-885. GSF-National Research Centre for Environment and Health, Neuherberg.

Manger, R. P., Bellamy, M. B., Eckerman, K. F., 2011. Dose conversion coefficients for neutron exposure to the lens of the human eye. *Radiat. Prot. Dosim.* doi:10.1093/rpd/ncr202.

Nogueira, P., Zankl, M., Schlattl, H., et al., 2011. Dose conversion coefficients for monoenergetic electrons incident on a realistic human eye model with different lens cell populations. *Phys. Med. Biol.* **56** (21), 6919–6934.

Pelowitz, D. B. (Ed.), 2008. MCNPX User's Manual, Version 2.6.0. LA-CP-07-1473. Los Alamos National Laboratory, Los Alamos, NM.

表 F.1 いろいろなジオメトリーで入射する単一エネルギー光子に対するフルエンスあたりの眼の水晶体の吸収線量（単位：pGy·cm²）

エネルギー (MeV)	AP (前方－後方)	PA (後方－前方)	LAT (側方)	ROT (回転)	ISO (等方)
0.01	0.833	—	0.0762	0.277	0.247
0.015	1.62	—	0.417	0.657	0.393
0.02	1.35	—	0.501	0.616	0.409
0.03	0.812	0.0048	0.422	0.432	0.342
0.04	0.581	0.0201	0.353	0.336	0.282
0.05	0.483	0.0328	0.317	0.294	0.248
0.06	0.450	0.0417	0.312	0.285	0.244
0.07	0.455	0.0504	0.322	0.293	0.251
0.08	0.482	0.0590	0.347	0.314	0.265
0.10	0.559	0.0780	0.416	0.376	0.313
0.15	0.838	0.142	0.642	0.580	0.484
0.2	1.13	0.225	0.912	0.810	0.686
0.3	1.74	0.427	1.45	1.28	1.13
0.4	2.30	0.659	1.97	1.75	1.59
0.5	2.83	0.907	2.46	2.21	2.04
0.6	3.34	1.17	2.94	2.65	2.46
0.8	4.26	1.71	3.81	3.46	3.23
1.0	5.06	2.23	4.62	4.18	3.93
1.5	6.30	3.49	6.30	5.65	5.27
2.0	7.04	4.63	7.61	6.75	6.34
3.0	6.93	6.89	9.85	8.41	8.06
4.0	6.60	9.07	11.3	9.63	9.62
5.0	6.29	10.8	12.5	10.6	10.7
6.0	5.96	12.4	13.4	11.3	11.8
8.0	5.44	15.6	15.2	13.1	13.9
10.0	5.05	18.8	17.0	14.7	15.8
15.0	4.82	26.9	20.7	18.6	20.4
20.0	4.64	35.8	23.8	22.2	23.4
30.0	4.52	53.5	28.8	28.4	29.7
40.0	4.58	69.6	32.7	33.7	34.6
50.0	4.64	83.5	35.3	37.9	40.0
60.0	4.68	95.7	37.6	41.5	43.4
80.0	4.80	118	41.1	47.4	51.3
100	4.92	135	43.7	52.4	57.9
150	5.22	162	48.0	59.6	65.6
200	5.39	180	50.8	64.3	71.7
300	5.60	199	53.9	69.7	81.3
400	5.70	214	56.1	73.1	87.5
500	5.80	224	57.4	75.7	91.7
600	5.86	232	58.5	77.6	95.9
800	5.96	243	59.9	80.1	104
1,000	6.01	251	60.6	82.0	108
1,500	6.15	264	62.0	84.6	115
2,000	6.22	273	63.0	86.7	122
3,000	6.28	285	64.0	89.2	129
4,000	6.29	293	64.8	90.9	137
5,000	6.29	299	65.4	92.2	143
6,000	6.28	304	66.1	93.4	146
8,000	6.25	313	67.0	95.6	148
10,000	6.22	320	67.1	97.5	149

表 F.2 いろいろなジオメトリーで入射する単一エネルギー電子に対するフルエンスあたりの眼の水晶体の吸収線量（単位：pGy·cm²）

エネルギー (MeV)	AP (前方－後方)	PA (後方－前方)	ISO (等方)
0.01	—	—	—
0.015	—	—	—
0.02	—	—	—
0.03	—	—	—
0.04	—	—	—
0.05	—	—	—
0.06	—	—	—
0.08	—	—	—
0.10	9.4E−4	—	9.4E−4
0.15	0.0017	—	0.0017
0.2	0.0026	—	0.0026
0.3	0.0048	7.3E−7	0.0048
0.4	0.0078	1.2E−5	0.0078
0.5	0.0115	7.3E−5	0.0115
0.6	0.0406	2.6E−4	0.0406
0.7	1.46	6.4E−4	1.46
0.8	9.97	0.0013	9.97
1.0	69.1	0.0026	22.6
1.5	307	0.0070	47.3
2.0	414	0.0141	71.0
3.0	373	0.0312	99.7
4.0	332	0.0592	115
5.0	314	0.114	123
6.0	306	0.171	128
8.0	302	0.375	142
10.0	301	0.675	160
15.0	309	1.98	184
20.0	311	4.07	208
30.0	309	19.0	240
40.0	309	78.3	262
50.0	309	170	277
60.0	309	246	290
80.0	309	300	304
100	309	329	316
150	309	372	330
200	309	401	336
300	309	440	349
400	308	458	365
500	308	472	374
600	308	483	381
800	308	506	395
1,000	308	524	405
1,500	308	559	422
2,000	309	586	434
3,000	308	626	454
4,000	308	657	470
5,000	308	682	477
6,000	308	704	483
8,000	307	740	492
10,000	307	762	498

* 9.4E−4 は 9.4×10⁻⁴ を示す。

表 F.3　いろいろなジオメトリーで入射する単一エネルギー中性子に対するフルエンスあたりの眼の水晶体の吸収線量（単位：pGy·cm²）

エネルギー (MeV)	AP (前方−後方)	PA (後方−前方)	LAT (側方)	ROT (回転)	ISO (等方)
1.0E−9	2.32	0.283	0.735	0.949	0.786
1.0E−8	2.73	0.329	0.868	1.12	0.848
2.5E−8	2.80	0.327	0.963	1.20	0.855
1.0E−7	2.87	0.322	1.14	1.28	0.863
2.0E−7	2.86	0.331	1.24	1.34	0.871
5.0E−7	2.79	0.356	1.32	1.39	0.890
1.0E−6	2.71	0.378	1.35	1.40	0.915
2.0E−6	2.63	0.395	1.37	1.40	0.949
5.0E−6	2.52	0.406	1.37	1.37	1.00
1.0E−5	2.38	0.406	1.34	1.32	1.04
2.0E−5	2.28	0.419	1.31	1.27	1.07
5.0E−5	2.16	0.452	1.25	1.22	1.09
1.0E−4	2.06	0.472	1.22	1.15	1.09
2.0E−4	1.95	0.483	1.18	1.13	1.08
5.0E−4	1.82	0.483	1.16	1.08	1.05
0.001	1.77	0.479	1.13	1.05	1.02
0.002	1.80	0.477	1.11	1.06	1.01
0.005	1.97	0.465	1.14	1.10	1.04
0.01	2.28	0.446	1.27	1.23	1.13
0.02	2.93	0.424	1.51	1.52	1.35
0.03	3.59	0.417	1.76	1.77	1.55
0.05	4.77	0.420	2.24	2.36	1.94
0.07	5.86	0.417	2.71	2.84	2.29
0.10	7.29	0.415	3.38	3.49	2.78
0.15	9.38	0.423	4.38	4.49	3.52
0.2	11.1	0.440	5.30	5.41	4.20
0.3	14.1	0.493	6.95	6.91	5.45
0.5	18.3	0.644	9.86	9.47	7.64
0.7	21.5	0.837	12.2	11.5	9.58
0.9	25.4	1.07	14.4	13.4	11.3
1.0	27.0	1.19	15.6	14.5	12.2
1.2	29.0	1.47	17.5	16.2	13.8
1.5	30.6	1.94	20.1	18.2	15.9
2.0	34.2	2.86	23.9	21.0	19.2
3.0	40.5	5.02	30.1	26.5	24.7
4.0	47.0	7.41	35.2	31.8	29.2
5.0	52.8	9.88	38.4	36.6	33.1
6.0	57.2	12.3	42.0	40.5	36.4
7.0	59.2	14.7	45.2	43.4	39.4
8.0	61.2	17.0	47.9	46.0	42.0
9.0	62.8	19.2	50.4	48.2	44.3
10.0	64.2	21.3	52.6	50.3	46.4
12.0	66.2	25.2	56.3	53.8	50.1
14.0	67.7	28.7	59.3	56.5	53.2
15.0	68.2	30.4	60.6	57.5	54.5
16.0	68.7	32.0	61.8	58.5	55.8
18.0	69.3	35.0	63.8	59.8	58.0
20.0	69.4	37.8	65.5	60.7	59.9
21.0	69.1	39.1	66.3	60.9	60.8
30.0	62.8	49.5	70.7	60.2	66.9

* 1.0E−9 は 1.0×10⁻⁹ を示す。

(つづく)

表 F.3 （つづき）

エネルギー (MeV)	AP (前方-後方)	PA (後方-前方)	LAT (側方)	ROT (回転)	ISO (等方)
50.0	49.3	65.7	65.6	60.5	74.5
75.0	42.0	79.1	65.2	63.3	79.4
100	39.3	88.7	66.6	66.7	82.3
130	38.2	97.6	69.1	70.7	84.8
150	38.1	103	71.0	73.4	86.0
180	38.3	109	73.8	77.2	87.5
200	38.7	113	75.7	79.6	88.4
300	41.5	130	85.0	90.8	91.6
400	44.7	145	93.4	101	94.1
500	48.1	159	101	109	96.2
600	51.3	172	108	117	98.1
700	54.4	184	115	124	99.9
800	57.3	195	121	131	102
900	60.2	206	127	137	103
1,000	62.9	217	133	143	105
2,000	84.7	299	177	186	119
5,000	119	431	249	254	157
10,000	138	552	302	300	215

付属書G 局所皮膚等価線量を評価するための特別な考察

（G1） ICRP *Publication 103*（ICRP, 2007）において，委員会は，ICRP *Publication 60*（ICRP, 1991）に示した実効線量限度と，皮膚，手／足および眼に関する等価線量限度を維持し，組織反応（確定的影響）の発生防止に適用できる等価線量限度を検討した。また，新たな情報，特に眼に関して進展があれば，更なる考察が必要である旨を注記した。眼の水晶体線量の評価につきその後加わった考察について，読者は，本報告書の付属書Fを参照されたい。

（G2） 放射線防護において，特定の臓器または組織にわたって平均化した吸収線量の平均値は，確率的影響による損害と関連づけられる。臓器と組織の吸収線量を平均し，様々な臓器と組織の加重平均線量を合算することは，放射線防護量である「実効線量」の基礎をなすものである。平均値が臓器または組織のすべての領域の吸収線量をどの程度表しているかは，外部被ばくの場合，被ばくの均一性と入射放射線の範囲に依存する。極端な部分被ばくの場合は，たとえ組織等価線量や実効線量が線量限度未満であるとしても，組織損傷が生じる可能性がある。弱透過性放射線（例えば電子）の被ばくによるこのような状況を考慮するために，局所的な皮膚線量に対して特別な限度が定められている。

（G3） 放射線リスクにさらされる皮膚組織である表皮の基底細胞は，標準ファントムのボクセルジオメトリーによって表すことができない（ボクセルサイズは，男性で$2.137 \times 2.137 \times 8$ mm^3，女性で$1.775 \times 1.775 \times 4.84$ mm^3）（ICRP, 2009）。基底細胞層の起伏と細胞の限定された厚みから，実際上，衣服で保護されずに入射放射線に直接被ばくする皮膚のほとんどの部分に対して，感受性の高い層の深さを指定するには，50 μmから100 μm（または5〜10 mg/cm^2）の範囲が適切であると考えられる。実際の線量評価のために，委員会は，この細胞層の合理的な平均深さとして70 μmの深さを使用することを勧告している（ICRP, 1991, 2007）。委員会は，確率的影響の場合には，等価線量は皮膚の全面積で平均することができ，20 mSvの年実効線量限度が十分な防護を与えると述べている（ICRP, 1991, 2007）。それゆえ，ボクセルファントムでの計算から導出され，本報告書のCD-ROMにある皮膚の換算係数（フルエンスあたりの線量）は，実効線量の評価に適しており，そして，その年限度20 mSvとともに用いれば，皮膚の確率的影響の発生を制限するのに十分である。しかし，これらの換算係数は，組織反応（確定的影響）に関連する局所的な皮膚被ばくに対して指定された等価線量を評価するための根拠とはならない。等価線量は，名目深さ70 μmにおいて，被ばくした面積に関係なく，被ばくした皮膚1 cm^{2}で平均すべきである。この線量に適用される年限度は

500 mSv である（ICRP, 1991, 2007）。

（**G4**）この付属書では，組織等価スラブに平行ビームで垂直入射する電子とアルファ粒子の輸送をシミュレーションしたモンテカルロ計算によって導出した，フルエンスあたりの局所的な皮膚線量のデータを示す。この目的のため，組織等価の立方体（$10 \times 10 \times 10$ cm^3）の表面中央に直径 7 cm の円状ビームを入射させたシミュレーションを，モンテカルロコード MCNPX バージョン 2.6.0（Pelowitz, 2008）で行った。吸収線量は，皮膚表面の下 50 µm の中心に置かれた面積 1 cm^2 で高さ 50 µm の円柱の体積にわたって平均した（すなわち，50～100 µm の深さにわたって平均した）。粒子の垂直入射条件が，いかなる角度分布の換算係数をも包含することを保証している*。換算係数は，表 G.1 と表 G.2 に示されており，図 G.1 と図 G.2 に図示されている。

（**G5**）上述したように，本報告書添付の CD-ROM に収載した皮膚の線量換算係数は，男性と女性のコンピュータファントムのすべての皮膚ボクセルにわたって平均されており，その

表 G.1 皮膚に垂直に入射する単一エネルギー電子のフルエンスあたりの局所皮膚吸収線量（*D/Φ*）（単位：pGy·cm^2）

エネルギー（MeV）	*D/Φ*	エネルギー（MeV）	*D/Φ*
0.01	1.22E−03	0.40	4.41E+02
0.015	2.80E−03	0.50	3.82E+02
0.02	4.73E−03	0.60	3.43E+02
0.03	8.85E−03	0.80	3.15E+02
0.04	1.47E−02	1.0	3.04E+02
0.05	2.10E−02	1.5	2.84E+02
0.06	1.37E+01	2.0	2.80E+02
0.07	2.15E+02	3.0	2.64E+02
0.08	6.62E+02	4.0	2.59E+02
0.09	1.08E+03	5.0	2.59E+02
0.10	1.40E+03	6.0	2.59E+02
0.15	1.21E+03	8.0	2.67E+02
0.20	8.41E+02	10.0	2.62E+02
0.30	5.38E+02		

* 1.22E−3 は 1.22×10^{-3} を示す。

表 G.2 皮膚に垂直に入射する単一エネルギーアルファ粒子のフルエンスあたりの局所皮膚吸収線量（*D/Φ*）（単位：µGy·cm^2）

エネルギー（MeV）	*D/Φ*	エネルギー（MeV）	*D/Φ*
6.5	0.00111	8.5	0.128
6.8	0.0256	9.0	0.150
7.0	0.0420	9.5	0.172
7.5	0.0752	10.0	0.180
8.0	0.103		

*（訳注）70 µm の深さの等価線量は，粒子の入射角度と入射エネルギーに依存し，この文章が意図する垂直入射の換算係数が最大になる条件は限られている。70 µm 等価線量に対する電子の入射角度およびエネルギー依存性については，ICRP *Publication 74* の（**272**）-（**278**）項において詳しく検討されている。

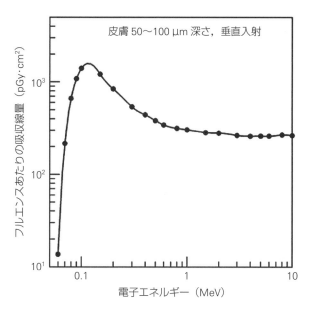

図 G.1 皮膚に垂直に入射する単一エネルギー電子のフルエンスあたりの局所皮膚吸収線量

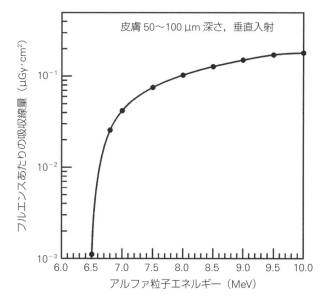

図 G.2 皮膚に垂直に入射する単一エネルギーアルファ粒子のフルエンスあたりの局所皮膚吸収線量

結果は，実効線量換算係数を導き出すために用いられている。両ファントムのボクセルの厚さ（男性 2.137 mm，女性 1.775 mm）は，ここでは皮膚表面から 50〜100 μm にあるとしている基底細胞層の厚みよりはるかに大きい。本付属書で表にまとめた局所皮膚線量換算係数は，以下の点で標準ファントムによって計算した皮膚線量換算係数と異なる。すなわち，(1) 外側の

角質化した皮膚層（50 μm）を考慮し，(2) 換算係数は，照射された基底細胞の質量にわたって平均している。基底細胞層に到達するだけのエネルギーがない入射電子とヘリウムイオン（アルファ粒子）については，局所皮膚線量換算係数はゼロであり，したがって，コンピュータファントムのすべての皮膚ボクセルにおけるエネルギー沈着を平均することによって導出した皮膚線量換算係数よりも数値的には小さくなる。入射粒子が，基底細胞層に到達して透過するだけのエネルギーがある場合，局所皮膚線量換算係数は，標準ファントムで計算されCD-ROMに収載されている皮膚線量換算係数よりも大きくなる。これは，標準ファントムで計算した皮膚線量換算係数が，指定された被ばくジオメトリー下で照射されたかどうかにかかわらず，コンピュータファントムのすべての皮膚ボクセルにわたって平均した値だからである。これらのエネルギーでは，局所皮膚線量換算係数は，すべての被ばくジオメトリーにおいて，人体で平均された換算係数を上回る。

G.1 参考文献

ICRP, 1991. 1990 Recommendations of the International Commission on Radiological Protection. ICRP Publication 60. *Ann. ICRP* **21**(1-3).

ICRP, 2007. The 2007 Recommendations of the International Commission on Radiological Protection. ICRP Publication 103. *Ann. ICRP* **37**(2-4).

ICRP, 2009. Adult reference computational phantoms. ICRP Publication 110. *Ann. ICRP* **39**(2).

Pelowitz, D. B. (Ed.), 2008. MCNPX User's Manual, Version 2.6.0. LA-CP-07-1473. Los Alamos National Laboratory, Los Alamos, NM.

付属書H　航空機乗務員の線量評価のための上半球半等方照射の実効線量

(**H1**) 本報告書では，様々なモンテカルロ放射線輸送コードを使って ICRP/ICRU 成人標準ファントム（ICRP, 2009）で計算した臓器吸収線量換算係数と実効線量換算係数を与えている。理想化された全身照射ジオメトリーである前方 - 後方（AP），後方 - 前方（PA），左側方（LLAT），右側方（RLAT），回転（ROT）および等方（ISO）ジオメトリーを考慮しており，これらのジオメトリーは，ほとんどの職業的に被ばくする人々の場を模擬するために推奨されている（ジオメトリーの説明は 3.2 節参照）。

(**H2**) ICRP は，商用ジェット機の運行中における宇宙線による航空機乗務員の被ばくを職業被ばくと見なすべきであると勧告している（ICRP, 1991, 2007）。2010 年に「航空機乗務員の宇宙放射線被ばくによる線量の検証のための基準データ（Reference Data for the Validation of Doses from Cosmic Radiation Exposures of Aircraft Crew）」（ICRU, 2010）と題する ICRU/ICRP 共同報告書が出版された。航空機乗務員の年線量評価は，他の研究調査でも，実効線量率の放射線輸送計算に基づいている。周辺線量当量と実効線量との関係より，周辺線量当量の値から実効線量を計算することが可能である。

(**H3**) 航空機の巡航高度では，粒子フルエンス率と航空機乗務員の実効線量に寄与する銀河宇宙線由来の主要成分は下方向を向いている（Ferrari と Pelliccioni, 2003; Battistoni ら, 2004, 2005; Sato と Niita, 2006; Sato ら, 2008, 2011）。このバイアスが及ぼす影響の大きさは，航空機の構造による遮蔽の程度にも一部依存する。これは，特に中性子について当てはまる（Ferrari ら, 2004）。しかし，上半球半等方（superior hemisphere semi-isotropic, SS-ISO）照射, ISO 照射および航空機乗務員の照射を模擬した条件の間の違いは大きくない（Sato ら, 2011）。

(**H4**) 巡航高度の航空機という場において，周辺線量当量から実効線量を推定するために，ISO または SS-ISO ジオメトリーの換算係数のいずれかを使うことによる不確かさは，測定や計算におけるその他の不確かさに比べて小さい。ICRU Report 84（ICRU, 2010）では，周辺線量当量から SS-ISO 照射に対する実効線量への換算係数が，航空機乗務員の被ばく評価のために選ばれている。

(**H5**) 換算係数は，次のモンテカルロコードを使って決定した。すなわち，光子，電子，陽電子は EGS4；中性子，陽子は PHITS；ミューマイナス粒子とミュープラス粒子は

FLUKA；パイマイナス中間子とパイプラス中間子は FLUKA と PHITS である。これらのコードに関する詳細な情報は，3.3 節を参照。統計的不確かさは，標準的な照射ジオメトリー（AP，PA，その他）で見られた値とほぼ同じであった。それらの値は，4.1 節から 4.6 節で述べたように，光子，電子／陽電子，中性子および陽子では 5％未満，ミュー粒子とパイ中間子では 0.5％未満であった。

（H6） SS-ISO 照射に対するフルエンスから実効線量への換算係数は，添付 CD-ROM に収載されている。これらの換算係数は，粒子フルエンスから周辺線量当量への換算係数（Pelliccioni, 2000）と共に，大気中の粒子フルエンス率と基準条件（Ferrari ら，2001），並びに実効線量と周辺線量当量との関係（ICRU, 2010）を確立するために使われた。

（H7） ISO ジオメトリーは，立体角あたりの粒子フルエンスが方向に依存しない放射線場と定義されていることに注意すべきである。したがって，ISO に対する換算係数［cc(ISO)］は，以下の式によって SS-ISO の換算係数［cc(SS-ISO)］と IS-ISO の換算係数［cc(IS-ISO)］と関連づけられる。

$$\mathrm{cc}(\mathrm{ISO}) = \frac{\mathrm{cc}(\mathrm{SS\text{-}ISO}) + \mathrm{cc}(\mathrm{IS\text{-}ISO})}{2} \tag{H.1}$$

上方向成分の換算係数［すなわち，下半球半等方（inferior hemisphere semi-isotropic）cc(IS-ISO)］は，上記の式から導出できる。

H.1 参考文献

Battistoni, G., Ferrari, A., Pelliccioni, M., et al., 2004. Monte Carlo calculation of the angular distribution of cosmic rays at flight altitudes. *Radiat. Prot. Dosim.* **112**, 331-343.

Battistoni, G., Ferrari, A., Pelliccioni, M., et al., 2005. Evaluation of the doses to aircrew members taking into consideration the aircraft structures. In: Smart, D. F., Worgul, B. V. (Eds.), Space Life Sciences: Aircraft and Space Radiation Environment. Elsevier Science, Oxford, pp. 1645-1652.

Ferrari, A., Pelliccioni, M., 2003. On the conversion coefficients for cosmic ray dosimetry. *Radiat. Prot. Dosim.* **104**, 211-220.

Ferrari, A., Pelliccioni, M., Rancati, T., 2001. Calculation of the radiation environment caused by galactic cosmic rays for determining air crew exposure. *Radiat. Prot. Dosim.* **93**, 101-114.

Ferrari, A., Pelliccioni, M., Villari, R., 2004. Evaluation of the influence of aircraft shielding on the aircrew exposure through an aircraft mathematical model. *Radiat. Prot. Dosim.* **108**, 91-105.

ICRP, 1991. 1990 Recommendations of the International Commission on Radiological Protection. ICRP Publication 60. *Ann. ICRP* **21**(1-3).

ICRP, 2007. The 2007 Recommendations of the International Commission on Radiological Protection. ICRP Publication 103. *Ann. ICRP* **37**(2-4).

ICRP, 2009. Adult reference computational phantoms. ICRP Publication 110. *Ann. ICRP* **39**(2).

ICRU, 2010. Reference Data for the Validation of Doses from Cosmic Radiation Exposures of Aircraft Crew. ICRU Report 84. International Commission on Radiation Units and Measurements, Bethesda, MD.

Pelliccioni, M., 2000. Overview of fluence-to-effective dose and fluence-to-ambient dose equivalent conversion coefficients for high energy radiation calculated using the FLUKA code. *Radiat. Prot. Dosim.* **88**, 279–297.

Sato, T., Endo, A., Zankl, M., et al., 2011. Fluence-to-dose conversion coefficients for aircrew dosimetry based on the new ICRP recommendations. *Prog. Nucl. Sci. Technol.* **1**, 134–137.

Sato, T., Niita, K., 2006. Analytical functions to predict cosmic-ray neutron spectra in the atmosphere. *Radiat. Res.* **166**, 544–555.

Sato, T., Yasuda, H., Niita, K., et al., 2008. Development of PARMA: PHITS-based analytical radiation model in the atmosphere. *Radiat. Res.* **170**, 244–259.

付属書I 基準データの評価に使用した方法

（I1）本報告書に示す線量換算係数の基準データは，表4.1に挙げたいくつかのグループが，様々なモンテカルロ放射線輸送コードで計算した線量換算係数を平均化および平滑化することで評価された。本付属書では，男性標準ファントムにおける中性子照射に対する副腎の線量換算係数の評価手順を例にとって，基準データの評価手順を述べる。

（I2）男性の副腎について，4つのモンテカルロコード（PHITS，FLUKA，MCNPXおよびGEANT4）によって計算された吸収線量換算係数を図I.1に示す。すべてのデータの整合性を注意深く検討し，データの違いの原因を分析した。もし，その違いがモンテカルロコードで適切でない輸送や相互作用モデルを使用したことに起因する場合には，そのデータは基準データの評価から外した。

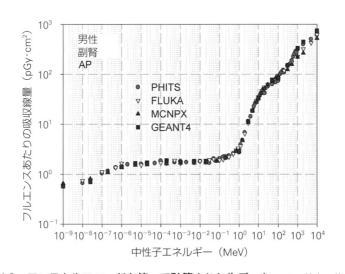

図I.1 モンテカルロコードを使って計算された生データ AP：前方‐後方

（I3）図I.1に示した採用されたすべての生（オリジナル）データから，課題グループDOCALによって指定されたエネルギー点での平均値を求めた。次に，図I.2に示すように，様々なスムージング関数を使ってデータフィッティングを行い，中性子エネルギーの関数として吸収線量換算係数の滑らかな曲線を得た。データフィッティングに使用した平滑化関数は，三次スプライン，最小二乗Bスプライン，非一様有理Bスプライン（de Boor，1978）である。平滑化処理により得られたデータ曲線を使って，指定されたエネルギー点での吸収線量換

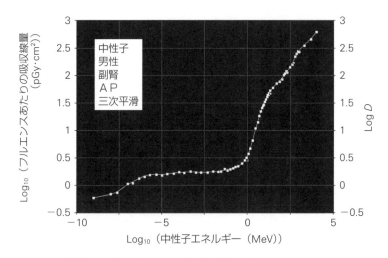

図 I.2 平均値と三次スプライン平滑化を使って得られたそれらのフィッティング曲線。 x 軸と y 軸は対数 - 対数目盛に変換されている。AP：前方 - 後方。

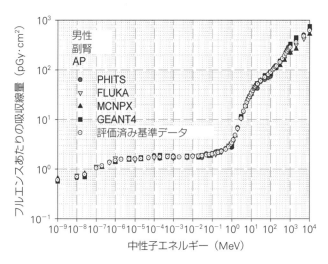

図 I.3 評価済み基準データとモンテカルロコードによって計算された生データとの比較 AP：前方 - 後方

算係数を評価した。

（I4） 評価した値は，生データと比較して妥当性を確認し（図 I.3），基準データセットとして定めた。

I.1 参 考 文 献

de Boor, C., 1978. A Practical Guide to Splines. Springer-Verlag, New York.

付属書J　CD-ROMユーザーガイド

（**J1**）　本報告書に添付したCD-ROMは，2007年勧告（ICRP, 2007）に従って，成人の標準男性と標準女性（ICRP, 2002, 2007）を表すICRP/ICRU標準ファントム（ICRP, 2009）を使って計算した，様々な種類の外部被ばくにおける実効線量と臓器吸収線量の基準換算係数を提供している。

（**J2**）　CD-ROMは，13のフォルダから構成されており，すべてのフォルダの内容はASCIIフォーマットで作成されている。フォルダ"Skeletal fluence to dose response functions"は，Microsoft Excelフォーマットでもデータを提供している。

（**J3**）　フォルダ内の表の数値（"Skeletal fluence to dose response functions"を除く）は，実効線量換算係数と臓器線量換算係数の基準値であり，これらは，ICRP/ICRU標準ファントムと様々なモンテカルロ放射線輸送コードで計算され（3.1節と3.3節参照），その後に平均化と平滑化の手法（付属書I参照）を適用して導出されたものである。

（**J4**）　フォルダ"Effective"のデータは，光子，電子，陽電子，中性子，陽子，ミューマイナス粒子とミュープラス粒子，パイマイナス中間子とパイプラス中間子，並びにヘリウムイオンに対する実効線量換算係数の基準値を示した表である。

- 換算係数は，以下の全身の理想化された照射ジオメトリーについて示されている。前方-後方（AP），後方-前方（PA），左側方（LLAT），右側方（RLAT），回転（ROT）および等方（ISO）（ジオメトリーの説明は3.2節参照）。
- フルエンスから実効線量への換算係数は，ICRP *Publication 103*（ICRP, 2007）で記述されている手順に従い，臓器線量換算係数，放射線加重係数 w_R および組織加重係数 w_T から導出された。
- 実効線量は，入射粒子フルエンスで規格化し，$pSv \cdot cm^2$ の単位で表されている。10 MeV*までのエネルギーの光子については，自由空気中の空気カーマ K_a あたりの実効線量の換算係数もSv/Gyの単位で表にまとめられている。

（**J5**）　"Photons"，"Electrons"，"Positrons"，"Neutrons"，"Protons"，"Negative pions"，"Positive pions"，"Negative muons"，"Positive muons"，および"He_ions"のフォルダのデ

＊（訳注）　本文とCD-ROMの表には20 MeVまでのデータが記載されており，20 MeVまでのエネルギーについて利用可能である。本書の（**117**），（**124**），（**A3**）の各項においても同様。

ータは，それぞれの粒子と考慮した個々の照射ジオメトリーに対して，以下の臓器の吸収線量換算係数の基準値を示した表である。

- 赤色（活性）骨髄，結腸，肺，胃，乳房，卵巣，精巣，膀胱壁，食道，肝臓，甲状腺，骨内膜，脳，唾液腺，皮膚，残りの組織，副腎，胸郭外（ET）領域，胆嚢，心臓，腎臓，リンパ節，筋肉，口腔粘膜，膵臓，前立腺，小腸，脾臓，胸腺，子宮／子宮頸部および眼の水晶体。標的臓器とそれぞれの略号のリストについては，表4.2を参照。
- 換算係数は，以下の全身の理想化された照射ジオメトリーについて示されている。AP，PA，LLAT，RLAT，ROTおよびISO（ジオメトリーの説明は3.2節参照）。
- データは，男性と女性のファントムについて別々に示されている。
- 臓器吸収線量は，粒子フルエンスで規格化し，pGy·cm^{2}の単位で表されている。

(**J6**) フォルダ"Effective_SS_ISOandISO"のデータは，上半球半等方（SS-ISO）照射ジオメトリーとISOジオメトリーにおける，光子，電子，陽電子，中性子，陽子，パイマイナス中間子とパイプラス中間子，並びに，ミューマイナス粒子とミュープラス粒子に対するフルエンスから実効線量への換算係数を示した表である。

- 実効線量は，入射粒子フルエンスで規格化し，pSv·cm^{2}の単位で表されている。

(**J7**) フォルダ"Skeletal fluence to dose response functions"には，2つのExcelスプレッドシートがある。1つは光子（付属書D－光子DRF），もう1つは中性子（付属書E－中性子DRF）のスプレッドシートである。さらに，付属書DとEの以下の表に対応する5つのASCIIファイルが与えられている。

- 表D.1 光子DRF：ICRP *Publication 110* の標準ファントムの骨部位ごとに光子エネルギーの関数として表した，活性骨髄（AM）と骨内膜（TM$_{50}$）の光子フルエンスあたりの骨部位別吸収線量（Gy·m^2）
- 表D.2 MEAC比，男性：ICRPの標準男性ファントム（成人）の骨部位ごとに光子エネルギーの関数として表した，活性骨髄（AM）の海綿質（SP）に対する質量エネルギー吸収係数の比，および骨髄全体（TM）の海綿質または骨髄髄質（MM）のいずれかに対する質量エネルギー吸収係数の比
- 表D.3 MEAC比，女性：ICRPの標準女性ファントム（成人）の骨部位ごとに光子エネルギーの関数として表した，活性骨髄（AM）の海綿質（SP）に対する質量エネルギー吸収係数の比，および骨髄全体（TM）の海綿質または骨髄髄質（MM）のいずれかに対する質量エネルギー吸収係数の比
- 表D.4 DEF：骨部位ごとに光子エネルギーの関数として表した，活性骨髄（AM）と骨内膜（TM$_{50}$）の線量増加ファクターS
- 表E.1 中性子DRF：ICRP *Publication 110* の標準コンピュータファントムの骨部位ごとに中性子エネルギーの関数として表した，活性骨髄（AM）と骨内膜（TM$_{50}$）の中性子フ

ルエンスあたりの骨部位別吸収線量（Gy･m²）

（J8） その他の Excel スプレッドシート（表3.1＆表3.2）と，このシートに対応する2つの ASCII ファイル（表3.1，表3.2）は，以下の情報を含んでいる。

- ICRP の標準男性と標準女性コンピュータファントム（成人）の，血液成分を含めた活性骨髄，不活性骨髄および骨梁の元素組成
- ICRP の標準男性と標準女性コンピュータファントム（成人）の骨格組織質量

（J9） 最後に，CD-ROM には，上述のフォルダに収録されている基準臓器線量と実効線量の換算係数を，表とグラフの形式で簡単に呼び出すことができる Excel スプレッドシート（ICRP116-DB）が含まれている。

＊**注意** CD-ROM 収載のファイルは，次の番号で利用可能となる。 → 9e85827554

J.1 参考文献

ICRP, 2002. Basic anatomical and physiological data for use in radiological protection: reference values. ICRP Publication 89. *Ann. ICRP* **32**(3/4).

ICRP, 2007. The 2007 Recommendations of the International Commission on Radiological Protection. ICRP Publication 103. *Ann. ICRP* **37**(2-4).

ICRP, 2009. Adult reference computational phantoms. ICRP Publication 110. *Ann. ICRP* **39**(2).

ICRP Publication 116
外部被ばくに対する放射線防護量
のための換算係数

2015 年 3 月 27 日　初版第 1 刷発行

翻訳　遠　藤　　章

編集　ＩＣＲＰ勧告翻訳検討委員会

発行　公益社団法人 日本アイソトープ協会
〒113-8941　東京都文京区本駒込二丁目 28 番 45 号
電　話　学術・出版 (03)5395-8082
ＵＲＬ　　　http://www.jrias.or.jp

発売所　丸善出版株式会社

© The Japan Radioisotope Association, 2015　　　Printed in Japan

印刷・製本　中央印刷株式会社

ISBN 978-4-89073-247-0　C3340